**冶金专业教材和工具书经典传承国际传播工程**
Project of the Inheritance and International Dissemination
of Classical Metallurgical Textbooks & Reference Books

职 业 本 科 "十 四 五" 规 划 教 材

冶金工业出版社

# 冶炼设备维护与检修
## （第 3 版）

主编 时彦林 李爽 齐素慈

U0319664

扫码输入刮刮卡密码
查看本书数字资源

北 京
冶 金 工 业 出 版 社
2024

## 内 容 提 要

本书分为上中下 3 篇。上篇（1~8 章）为高炉冶炼设备及其维修，中篇（9~12 章）为转炉炼钢设备及其维修，下篇（13~19 章）为连续铸钢设备及其维修。内容分别介绍了设备的工作原理、结构特点、维修维护要点以及常见故障判断和处理。特别是第 18 章内容包括设备管理本质、全面生产维护管理、点检定修制，以便学生对设备管理内容有所了解；第 19 章内容包括先驱人物、绿色发展、冶炼技术历程等，以激发学生的民族自豪感与自信心，使学生树立绿色发展、创新驱动的发展理念。

本书内容丰富，有关视频、动画以二维码形式置于相关知识点处，读者扫描二维码即可观看，便于学习和理解。

本书可作为普通高等院校、高等职业院校冶金技术等相关专业教材，也可供有关工程技术工作人员参考。

**图书在版编目（CIP）数据**

冶炼设备维护与检修/时彦林，李爽，齐素慈主编 . —3 版 . —北京：冶金工业出版社，2024. 7. —（职业本科"十四五"规划教材）. ISBN 978-7-5024-9927-3

Ⅰ. TF307

中国国家版本馆 CIP 数据核字第 2024GQ6686 号

**冶炼设备维护与检修（第 3 版）**

| | | | |
|---|---|---|---|
| 出版发行 | 冶金工业出版社 | 电　话 | (010)64027926 |
| 地　址 | 北京市东城区嵩祝院北巷 39 号 | 邮　编 | 100009 |
| 网　址 | www. mip1953. com | 电子信箱 | service@ mip1953. com |

责任编辑　杜婷婷　俞跃春　美术编辑　吕欣童　版式设计　郑小利
责任校对　石　静　责任印制　禹　蕊
三河市双峰印刷装订有限公司印刷
2005 年 10 月第 1 版，2018 年 1 月第 2 版，2024 年 7 月第 3 版，2024 年 7 月第 1 次印刷
787mm×1092mm　1/16；23.25 印张；515 千字；349 页
定价 59.00 元

投稿电话　(010)64027932　投稿信箱　tougao@cnmip. com. cn
营销中心电话　(010)64044283
冶金工业出版社天猫旗舰店　yjgycbs. tmall. com
（本书如有印装质量问题，本社营销中心负责退换）

# 冶金专业教材和工具书经典传承国际传播工程
## 总　序

钢铁工业是国民经济的重要基础产业，为我国经济的持续快速增长和国防现代化建设提供了重要支撑，做出了卓越贡献。当前，新一轮科技革命和产业变革深入发展，中国经济已进入高质量发展新时代，中国钢铁工业也进入了高质量发展的新时代。

高质量发展关键在科技创新，科技创新离不开高素质人才。党的二十大报告指出："教育、科技、人才是全面建设社会主义现代化国家的基础性、战略性支撑。必须坚持科技是第一生产力、人才是第一资源、创新是第一动力，深入实施科教兴国战略、人才强国战略、创新驱动发展战略，开辟发展新领域新赛道，不断塑造发展新动能新优势。"加强人才队伍建设，培养和造就一大批高素质、高水平人才是钢铁行业未来发展的一项重要任务。

随着社会的发展和时代的进步，钢铁技术创新和产业变革的步伐也一直在加速，不断推出的新产品、新技术、新流程、新业态已经彻底改变了钢铁业的面貌。钢铁行业必须加强对科技进步、教育发展及人才成长的趋势研判、规律认识和需求把握，深化人才培养体制机制改革，进一步完善相应的条件支撑，持续增强"第一资源"的保障能力。中国钢铁工业协会《"十四五"钢铁行业人力资源规划指导意见》提出，要重视创新型、复合型人才培养，重视企业家培养，重视钢铁上下游复合型人才培养。同时要科学管理，丰富绩效体系，进一步优化人才成长环境，造就一支能够支撑未来钢铁行业高质量发展的人才队伍。

高素质人才来源于高水平的教育和培训，并在丰富多彩的创新实践中历练成长。以科技创新为第一动力的发展模式，需要科技人才保持知识的更新频率，站在钢铁发展新前沿去思考未来，系统性地将基础理论学习和应用实践学习体系相结合。要深入推进职普融通、产教融合、科教融汇，建立高等教育+职业教育+继续教育和培训一体化行业人才培养体制机制，及时把钢铁科技创新成果转化为钢铁从业人员的知识和技能。

一流的专业教材是高水平教育培训的基础，做好专业知识的传承传播是当代中国钢铁人的使命。20 世纪 80 年代，冶金工业出版社在原冶金工业部的领导支持下，组织出版了一批优秀的专业教材和工具书，代表了当时冶金科技的水平，形成了比较完备的知识体系，成为一个时代的经典。但是由于多方面的原因，这些专业教材和工具书没能及时修订，导致内容陈旧，跟不上新时代的要求。反映钢铁科技最新进展和教育教学最新要求的新经典教材的缺失，已经成为当前钢铁专业人才培养最明显的短板和痛点。

为总结、提炼、传播最新冶金科技成果，完成行业知识传承传播的历史任务，推动钢铁强国、教育强国、人才强国建设，中国钢铁工业协会、中国金属学会、冶金工业出版社于 2022 年 7 月发起了"冶金专业教材和工具书经典传承国际传播工程"（简称"经典工程"），组织相关高校、钢铁企业、科研单位参加，计划用 5 年左右时间，分批次完成约 300 种教材和工具书的修订再版和新编，以及部分教材和工具书的对外翻译出版工作。2022 年 11 月 15 日在东北大学召开了工程启动会，率先启动了高等教育和职业教育教材部分工作。

"经典工程"得到了东北大学、北京科技大学、河北工业职业技术大学、山东工业职业学院等高校，中国宝武钢铁集团有限公司、鞍钢集团有限公司、首钢集团有限公司、河钢集团有限公司、江苏沙钢集团有限公司、中信泰富特钢集团股份有限公司、湖南钢铁集团有限公司、包头钢铁（集团）有限责任公司、安阳钢铁集团有限责任公司、中国五矿集团公司、北京建龙重工集团有限公司、福建省三钢（集团）有限责任公司、陕西钢铁集团有限公司、酒泉钢铁（集团）有限责任公司、中冶赛迪集团有限公司、连平县昕隆实业有限公司等单位的大力支持和资助。在各冶金院校和相关钢铁企业积极参与支持下，工程相关工作正在稳步推进。

征程万里，重任千钧。做好专业科技图书的传承传播，正是钢铁行业落实习近平总书记给北京科技大学老教授回信的重要指示精神，培养更多钢筋铁骨高素质人才，铸就科技强国、制造强国钢铁脊梁的一项重要举措，既是我国钢铁产业国际化发展的内在要求，也有助于我国国际传播能力建设、打造文化软实力。

让我们以党的二十大精神为指引，以党的二十大精神为强大动力，善始善终，慎终如始，做好工程相关工作，完成行业知识传承传播的使命任务，支撑中国钢铁工业高质量发展，为世界钢铁工业发展做出应有的贡献。

中国钢铁工业协会党委书记、执行会长

2023 年 11 月

# 第 3 版前言

本书在第 2 版基础上，增加了 3 项内容：一是将视频、动画以二维码形式置于相关知识点处，学生通过手机扫描二维码即可观看，便于学习和理解；二是增加了设备管理基础，以便学生对设备管理本质、全面生产维护管理、点检定修制有所了解；三是增加了"冶金故事汇"栏目，内容包括先驱人物、绿色发展、冶炼发展历程等，能激发学生的民族自豪感与自信心，增强学生使命感，使学生树立绿色发展、创新驱动的发展理念。

本书以职业能力和技术创新能力培养为重点，充分体现职业性、实践性和创新性。

（1）挖掘思政元素，突出育人功能：在专业内容讲授的同时，注意体现劳动光荣、技能宝贵、创造伟大的理念，注重培养学生的劳动精神、劳模精神和工匠精神；在专业知识、能力、技能培养的同时，落实德技兼修，融入思政元素，积极引导学生树立正确价值观、人生观。通过实训设计培养劳动精神、工匠精神，实现立德树人功能。

（2）突出学生主体，培养创新能力：贯彻落实国家职教本科教育文件要求，突出学生主体性，满足学生职业发展和个性发展需求，将"冶金故事汇"内容进行有机融入，注重培养学生的批判性和创造性思维，增强学生使命感，树立创新驱动发展的理念。鼓励学生在实训设计中的创新设计，激发学生文化创新创造活力，增强实现中华民族伟大复兴的精神力量。

（3）对接职业标准，设计教学内容：本书依据专业教学标准和职业标准制定，其内容与冶金机电设备点检"1+X"证书标准相对接，适应冶金行业转型升级，并紧跟设备点检发展趋势，将新技术、新工艺、新规范纳入教学内容。实现了"岗课赛证"融通，将设备点检岗位技能要求、国家职业技能等级证书内容有机融入书中。

（4）融合理论实践，提升培养质量：重视技能，强化实训。通过理论讲授，指导学员实训设计的高效开展和技能提高；通过学生技能实训，促进理论知识的运用和理解。书中理论和实训紧紧围绕人才培养质量提高这一核心，使理论与实践形成一个有机的整体。

本书入选中国钢铁工业协会、中国金属学会和冶金工业出版社组织的"冶金专业教材和工具书经典传承国际传播工程"第一批立项教材。

本书是新形态融媒体教材，能实现线上线下立体教学。本书内容呈现形式多样，不仅有纸质形式，还增加了二维码链接，学生可扫描二维码学习微课、现场视频、图片等颗粒化教学资源。本书还有与之配套的职教云、学习通等网络课程资源。

本书由河北工业职业技术大学时彦林、李爽、齐素慈担任主编，山西工程职业学院郝赳赳、河北科技工程职业技术大学张海臣、济源职业技术学院张晓杰担任副主编，河北工业职业技术大学袁建路任主审，河北工业职业技术大学付菁媛、张保玉、韩立浩及济源职业技术学院秦凤婷、莱芜职业技术学院亓俊杰参编。

本书在编写过程中，参考了有关资料和文献，在此向资料和文献的作者表示感谢。

由于编者水平所限，书中不妥之处，敬请广大读者批评指正。

编　者
2023 年 12 月

# 第 2 版前言

本书是按照人力资源和社会保障部的规划，受中国钢铁工业协会和冶金工业出版社的委托，在编委会的组织安排下，参照冶金行业职业技能标准和职业技能鉴定规范，根据冶金企业的生产实际和岗位群的技能要求编写的。书稿经人力资源和社会保障部职业培训教材工作委员会办公室组织专家评审通过，由人力资源和社会保障部职业能力建设司推荐作为冶金行业职业技能培训教材。

为适应冶金工业的蓬勃发展、技术的不断进步以及冶金企业职工的技能培训需求，编者在保持第 1 版书原有特色的基础上，对第 1 版进行了修订。本次修订删除了第 1 版中的设备维修基础内容，对高炉冶炼设备及其维修、转炉炼钢设备及其维修的内容进行了大幅修改，并增加了连铸机主要参数的计算与确定的内容。

本书由河北工业职业技术学院时彦林和石家庄钢铁股份责任有限公司李鹏飞担任主编，河北工业职业技术学院张士宪、齐素慈，河北钢铁集团钢铁技术研究院李双江担任副主编，北京科技大学包燕平教授主审。参加编写工作的还有河北工业职业技术学院赵晓萍、郝宏伟、李秀娜、何红华、刘杰、王丽芬。

由于编者水平所限，书中不足之处，恳请读者批评指正。

编　者
2016 年 10 月

# 第1版前言

本书是按照劳动和社会保障部的规划，受中国钢铁工业协会和冶金工业出版社的委托，在编委会的组织安排下，参照冶金行业职业技能标准和职业技能鉴定规范，根据冶金企业的生产实际和岗位群的技能要求编写的。书稿经劳动和社会保障部职业培训教材工作委员会办公室组织专家评审通过，由劳动和社会保障部培训就业司推荐作为冶金行业职业技能培训教材。

随着冶金企业的蓬勃发展，技术的不断进步，冶金企业职工的技能培训需求十分迫切。本书针对我国冶金工业目前的技术装备水平而编写，以适应冶金企业机械维修岗位技能培训的需要。

本书内容分为四个部分：第一部分为设备维修基础知识，第二部分为高炉冶炼设备及其维修，第三部分为转炉炼钢设备及其维修，第四部分为连续铸钢设备及其维修，分别介绍了设备的工作原理、结构特点、维修维护要点、常见故障判断和处理。

本书由河北工业职业技术学院时彦林和石家庄钢铁股份责任有限公司李鹏飞主编，河北工业职业技术学院刘杰、何红华和王丽芬副主编，燕山大学李宪奎教授主审。参加编写工作的还有河北工业职业技术学院郝宏伟、李秀娜，石家庄钢铁股份责任有限公司胡向阳，济南钢铁公司王连杰。

由于编者水平所限，书中不足之处在所难免，恳请读者批评指正。

编　者

# 目　　录

课件下载

——————————·上篇　高炉冶炼设备及其维修·——————————

1　高炉炼铁生产概况 1

1.1　高炉炼铁生产的工艺流程及主要设备 1
1.1.1　高炉生产的工艺流程 1
1.1.2　高炉车间设备的要求 2
1.2　高炉生产技术经济指标 4
1.2.1　高炉生产的主要技术经济指标 4
1.2.2　提高高炉生产技术经济指标的途径 6
1.3　高炉座数和容积的确定 6
1.3.1　生铁产量的确定 6
1.3.2　高炉炼铁车间总容积的确定 7
1.3.3　高炉座数的确定 7
1.4　高炉炼铁车间平面布置 7
1.4.1　高炉炼铁车间平面布置应遵循的原则 7
1.4.2　高炉炼铁车间平面布置形式 8
思考题 10

2　高炉本体设备 11

2.1　高炉内型 11
2.1.1　炉缸 12
2.1.2　炉腹 12
2.1.3　炉腰 13
2.1.4　炉身 13
2.1.5　炉喉 13
2.2　高炉钢结构 13
2.2.1　炉壳 13
2.2.2　炉体支柱 13

2.2.3　炉顶框架　　　　　　　　　　　　　15
2.2.4　炉体平台与走梯　　　　　　　　　　16
2.3　高炉炉衬　　　　　　　　　　　　　　　16
2.3.1　高炉炉衬破损原因　　　　　　　　　16
2.3.2　高炉用耐火材料　　　　　　　　　　17
2.4　高炉基础　　　　　　　　　　　　　　　18
2.4.1　高炉基础的负荷　　　　　　　　　　18
2.4.2　高炉基础的要求　　　　　　　　　　18
2.5　高炉风口、渣口、铁口　　　　　　　　　19
2.5.1　风口装置　　　　　　　　　　　　　19
2.5.2　渣口装置　　　　　　　　　　　　　20
2.5.3　铁口装置　　　　　　　　　　　　　20
2.6　高炉冷却设备　　　　　　　　　　　　　21
2.6.1　冷却的作用　　　　　　　　　　　　21
2.6.2　冷却设备　　　　　　　　　　　　　22
思考题　　　　　　　　　　　　　　　　　　26


3　供料设备　　　　　　　　　　　　　　　　　28

3.1　供料系统基本概念　　　　　　　　　　　28
3.1.1　对供料系统的要求　　　　　　　　　28
3.1.2　供料系统的形式和布置　　　　　　　28
3.2　贮矿槽、贮焦槽及给料机　　　　　　　　30
3.2.1　贮矿槽与贮焦槽　　　　　　　　　　30
3.2.2　给料机　　　　　　　　　　　　　　31
3.3　槽下筛分、称量、运输　　　　　　　　　32
3.3.1　槽下筛分　　　　　　　　　　　　　32
3.3.2　槽下称量　　　　　　　　　　　　　34
3.3.3　槽下运输　　　　　　　　　　　　　35
3.4　料车坑　　　　　　　　　　　　　　　　36
思考题　　　　　　　　　　　　　　　　　　36


4　上料设备　　　　　　　　　　　　　　　　　37

4.1　料车上料机　　　　　　　　　　　　　　37
4.1.1　斜桥和绳轮　　　　　　　　　　　　37
4.1.2　料车　　　　　　　　　　　　　　　40

4.1.3　料车卷扬机　　　　　　　　　　　　　　42

4.1.4　料车在轨道上的运动　　　　　　　　46

4.2　带式上料机　　　　　　　　　　　　　　　47

4.2.1　带式上料机的组成　　　　　　　　　48

4.2.2　带式上料机的维修　　　　　　　　　49

思考题　　　　　　　　　　　　　　　　　　　50


5　炉顶设备　　　　　　　　　　　　　　　　　51

5.1　炉顶设备概述　　　　　　　　　　　　　　51

5.1.1　对炉顶设备的要求　　　　　　　　　51

5.1.2　炉顶设备形式分类　　　　　　　　　51

5.2　料钟式炉顶设备　　　　　　　　　　　　　52

5.2.1　炉顶设备组成及装料过程　　　　　52

5.2.2　固定受料漏斗　　　　　　　　　　52

5.2.3　布料器组成及基本形式　　　　　　53

5.2.4　装料器组成及维护　　　　　　　　61

5.3　无钟式炉顶设备　　　　　　　　　　　　　66

5.3.1　无钟式炉顶特点及分类　　　　　　66

5.3.2　并罐式无钟式炉顶结构　　　　　　67

5.3.3　无钟式炉顶布料与控制　　　　　　80

思考题　　　　　　　　　　　　　　　　　　　82


6　铁、渣处理设备　　　　　　　　　　　　　83

6.1　风口平台与出铁场　　　　　　　　　　　　83

6.1.1　概述　　　　　　　　　　　　　　83

6.1.2　铁沟与撇渣器　　　　　　　　　　85

6.1.3　流嘴　　　　　　　　　　　　　　86

6.1.4　出铁场的排烟除尘　　　　　　　　87

6.2　开口机　　　　　　　　　　　　　　　　　88

6.2.1　钻孔式开口机　　　　　　　　　　89

6.2.2　冲钻式开口机　　　　　　　　　　90

6.3　堵铁口机　　　　　　　　　　　　　　　　91

6.3.1　液压泥炮特点　　　　　　　　　　91

6.3.2　矮式液压泥炮　　　　　　　　　　92

思考题　　　　　　　　　　　　　　　　　　　94

**7  煤气除尘设备**      95

  7.1  煤气处理的要求      95
  7.2  煤气除尘设备      95
    7.2.1  煤气除尘设备分类      95
    7.2.2  评价煤气除尘设备的主要指标      96
    7.2.3  常见煤气除尘系统      96
    7.2.4  粗除尘设备      98
    7.2.5  半精除尘设备      100
    7.2.6  精除尘设备      102
  思考题      108

**8  送风系统设备**      109

  8.1  热风炉设备      109
    8.1.1  热风炉工作原理      109
    8.1.2  热风炉的形式      110
    8.1.3  燃烧器      113
    8.1.4  热风炉阀门      114
  8.2  高炉鼓风机      118
    8.2.1  高炉鼓风机的要求      118
    8.2.2  高炉鼓风机的类型      119
    8.2.3  高炉鼓风机的选择      123
    8.2.4  提高风机出力措施      124
  思考题      124

—————————— 中篇  转炉炼钢设备及其维修 ——————————

**9  氧气转炉炼钢车间概况**      125

  9.1  氧气转炉车间布置      125
    9.1.1  氧气转炉车间的组成      125
    9.1.2  主厂房各跨间的布置      125
  9.2  氧气转炉炼钢车间主要设备      126
  思考题      129

## 10  转炉主体设备　　130

### 10.1　转炉炉体　　130
10.1.1　炉壳　　130
10.1.2　炉衬　　134
### 10.2　炉体支撑装置　　136
10.2.1　托圈与耳轴　　136
10.2.2　炉体与托圈连接装置　　138
10.2.3　耳轴轴承装置　　140
### 10.3　炉体倾动机构　　142
10.3.1　倾动机构的要求和类型　　142
10.3.2　倾动机构的参数　　146
思考题　　149

## 11  吹氧和供料设备　　150

### 11.1　吹氧设备　　150
11.1.1　供氧系统　　150
11.1.2　氧枪　　151
11.1.3　氧枪升降机构　　155
11.1.4　换枪机构　　158
### 11.2　供料设备　　159
11.2.1　铁水供应设备　　159
11.2.2　废钢供应设备　　161
11.2.3　散状材料供应设备　　162
11.2.4　铁合金供应设备　　164
思考题　　165

## 12  烟气净化和回收设备　　166

### 12.1　转炉烟气的特点和处理方法　　166
12.1.1　转炉烟气的特点　　166
12.1.2　转炉烟气的处理及净化方法　　167
### 12.2　烟气净化系统　　169
12.2.1　净化系统的类型　　169
12.2.2　烟气净化装置检查　　173
12.2.3　烟气净化装置检修　　174

　　12.2.4　烟气净化装置使用　　174

　12.3　烟气净化和回收设备　　176

　　12.3.1　烟罩　　176

　　12.3.2　烟道　　177

　　12.3.3　文氏管　　179

　　12.3.4　脱水器　　181

　12.4　含尘污水的处理　　184

　思考题　　185

──────── ▪ 下篇　连续铸钢设备及其维修 ▪ ────────

**13　连续铸钢概况及主要参数的确定**　　187

　13.1　连续铸钢工艺过程及设备组成　　187

　　13.1.1　连续铸钢的生产工艺流程　　187

　　13.1.2　连铸机的设备　　188

　13.2　连铸机的分类及连铸优越性　　188

　　13.2.1　连铸机的分类　　188

　　13.2.2　连续铸钢的优越性　　190

　13.3　连铸机主要参数的计算与确定　　191

　　13.3.1　铸坯断面　　191

　　13.3.2　拉坯速度　　192

　　13.3.3　液相穴深度和冶金长度　　193

　　13.3.4　弧形半径　　194

　　13.3.5　连铸机生产能力　　198

　思考题　　200

**14　浇铸设备**　　201

　14.1　钢包回转台　　201

　　14.1.1　回转台的转臂　　202

　　14.1.2　回转台的推力轴承　　202

　　14.1.3　回转台的塔座　　202

　　14.1.4　回转装置　　203

　　14.1.5　钢包升降和称量装置　　203

14.1.6　钢包回转台工作特点和主要参数　204

14.2　中间包　205

14.2.1　包壳、包盖　206

14.2.2　内衬　206

14.2.3　挡渣墙　207

14.2.4　滑动水口　207

14.2.5　中间包主要工艺参数　209

14.3　中间包车　210

14.3.1　中间包车的类型　210

14.3.2　中间包车的结构　212

思考题　213


15　结晶器和结晶器振动设备　214

15.1　结晶器　214

15.1.1　结晶器的主要参数　214

15.1.2　结晶器的结构　216

15.1.3　结晶器宽度及锥度的调整、锁定　219

15.1.4　结晶器检查与维护　221

15.2　结晶器振动设备　222

15.2.1　振动规律　222

15.2.2　振动参数　224

15.2.3　结晶器振动机构　225

15.2.4　振动状况检测　227

思考题　228


16　铸坯导向、冷却及拉矫设备　230

16.1　小方坯连铸机铸坯导向及拉矫设备　230

16.1.1　小方坯铸坯导向设备　230

16.1.2　小方坯拉坯矫直设备　231

16.2　大方坯连铸机铸坯导向及拉矫设备　233

16.2.1　大方坯铸坯导向设备　233

16.2.2　大方坯拉坯矫直设备　233

16.3　板坯连铸机铸坯导向及拉矫设备　236

16.3.1　板坯铸坯导向设备　236

16.3.2　有牌坊机架的拉矫机　239

16.3.3 板坯拉矫机维护和检修 240
16.4 二冷区冷却设备 243
16.4.1 喷嘴类型 243
16.4.2 喷嘴的布置 244
16.4.3 二冷喷嘴状态的维护和检查 245
16.4.4 二次冷却总水量及各段分配 246
思考题 248

17 铸坯切割设备 249
17.1 火焰切割机 249
17.1.1 火焰切割机的结构 249
17.1.2 火焰切割机的维护 254
17.2 机械剪切机 255
17.2.1 电动摆动式剪切机 255
17.2.2 液压剪 257
思考题 259

18 设备管理基础 260
18.1 设备管理的发展过程 260
18.1.1 事后维修（Breakdown Maintenance，BM）阶段 261
18.1.2 预防维修（Preventive Maintenance，PM）阶段 261
18.1.3 生产维修（Productive Maintenance，PM）阶段 263
18.1.4 全面生产维护（Total Productive Maintenance，TPM） 265
18.2 设备管理的本质 266
18.2.1 设备技术管理 266
18.2.2 设备经济管理 268
18.3 全面生产维护管理（TPM） 269
18.3.1 TPM 管理的核心 269
18.3.2 TPM 新定义 270
18.3.3 TPM 推进 274
18.3.4 自主保全开展方法和事例 275
18.3.5 六源标准 278
18.4 点检定修制 280
18.4.1 点检与点检制 280
18.4.2 定修与定修制 298

　18.4.3　点检定修制　　302
18.5　设备管理模式实例　　302
　18.5.1　宝钢设备管理概述　　302
　18.5.2　宝钢设备点检定修制　　307
思考题　　313

**19　冶金故事汇　　315**

北京科技大学牢记嘱托，努力培养新时代的钢铁脊梁
　——百炼成钢攀高峰　　315
春秋战国钢铁的冶炼　　319
独特的中国钢铁冶炼　　321
钢铁情谊，像多瑙河水永流长　　324
汉代的钢铁冶炼技术　　326
集结！坚决打赢关键核心技术攻坚战
　——论深入学习贯彻党的二十大精神　　328
悉心浇铸祖国"钢铁脊梁"　　330
协同创新　推动钢铁工艺技术的进步　　334
在传承与奋进中擦亮"冶金建设国家队"金字招牌　　337
在建设现代化产业体系中挺起"钢铁脊梁"　　340
中国合金钢与铁合金生产的奠基人之一——周志宏　　345

参考文献　　349

# 上篇　高炉冶炼设备及其维修

 # 高炉炼铁生产概况

课件

视频
高炉炼铁

## 1.1　高炉炼铁生产的工艺流程及主要设备

在钢铁联合企业中，炼铁生产处于先行环节。高炉炼铁是目前获得大量生铁的主要手段。

### 1.1.1　高炉生产的工艺流程

高炉生产时，铁矿石、燃料（焦炭）、熔剂（石灰石等）由炉顶装入，热风从高炉下部的风口鼓入炉内。燃料中的炭素和热风中氧发生燃烧反应后，产生大量的热和还原性气体，使炉料加热和还原。铁水从铁口放出，铁矿石中的脉石和熔剂结合成炉渣从渣口排出。

要实现高炉冶炼，除了高炉本体系统外，还有与之相匹配的供料系统、上料系统、装料系统、渣铁处理系统、煤气除尘系统、送风系统和喷吹系统。图1-1为高炉生产流程简图。

（1）高炉本体系统。高炉本体是冶炼生铁的主体设备，它是由耐火材料砌筑的竖立式圆筒形炉体。其包括炉基、炉衬、炉壳、冷却设备、支柱及炉顶框架。其中炉基为钢筋混凝土和耐热混凝土结构，炉衬用耐火材料砌筑，其余设备均为金属构件。在高炉的下部设有风口、铁口和渣口，上部设有炉料装入口和煤气导出口。

（2）供料系统。供料系统包括贮矿槽、贮焦槽、振动筛、给料机、称量等设备。其主要任务是保证连续、均衡地供应高炉冶炼所需的原料，及时、准确、稳定地将合格原料送入高炉炉顶装料系统。

（3）上料系统。上料系统包括料车、斜桥和卷扬机（或皮带上料机）等设备。其主要任务是把料仓输出的原料、燃料和熔剂经筛分、称量后按一定比例一批一批地有程序地送到高炉炉顶，并将其卸入炉顶装料设备。

（4）装料系统。钟式炉顶包括受料漏斗、旋转布料器、大小料钟和大小料斗等一系列

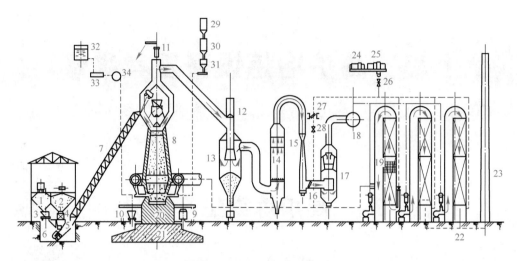

图 1-1　高炉生产流程简图

1—贮矿槽；2—焦仓；3—称量车；4—焦炭筛；5—焦炭称量漏斗；6—料车；7—斜桥；8—高炉；9—铁水罐；
10—渣罐；11—放散阀；12—切断阀；13—除尘器；14—洗涤塔；15—文氏管；16—高压调节阀组；
17—灰泥捕集器（脱水器）；18—净煤气总管；19—热风炉；20—基墩；21—基座；22—热风炉烟道；
23—烟囱；24—蒸汽透平；25—鼓风机；26—放风阀；27—混风调节阀；28—混风大闸；
29—收集罐；30—贮煤罐；31—喷吹罐；32—贮油罐；33—过滤器；34—油加压泵

设备；无料钟炉顶包括料罐、密封阀与旋转溜槽等一系列设备。其主要任务是将炉料装入高炉并使之合理分布，同时防止炉顶煤气外逸。

（5）渣铁处理系统。渣铁处理系统包括出铁场、开口机、泥炮、堵渣口机、炉前吊车、铁水罐车及水冲渣设备等。主要任务是及时处理高炉排放出的渣、铁，保证高炉生产正常进行。

（6）煤气除尘系统。煤气除尘系统包括煤气管道、重力除尘器、洗涤塔、文氏管、脱水器、布袋除尘器等设备。其主要任务是回收高炉煤气，使其含尘量降至 10 mg/m³ 以下，以满足用户对煤气质量的要求。

（7）送风系统。送风系统包括鼓风机、热风炉及一系列管道和阀门等设备。其主要任务是连续可靠地供给高炉冶炼所需热风。

（8）喷吹系统。喷吹系统包括原煤的储存、运输、煤粉的制备、收集及煤粉喷吹等设备。其主要任务是均匀稳定地向高炉喷吹大量煤粉，以煤代焦，降低焦炭消耗。

图 1-2 为高炉生产工艺流程和主要设备方框图。

### 1.1.2　高炉车间设备的要求

高炉生产是一个庞大和复杂的系统。使用的设备种类繁多，五花八门。这些设备不仅承受巨大的载荷，而且在高温、高压和多粉尘的条件下工作，设备零件易于磨损和侵蚀。为了确保高炉生产顺利进行，对高炉车间设备提出了很高的要求。

（1）满足生产工艺的要求。衡量设备的好坏，首先看是否能满足工艺要求。例如：高炉装料设备，首先要看是否能均匀布料，密封性能如何。而且当生产工艺革新之后，设备

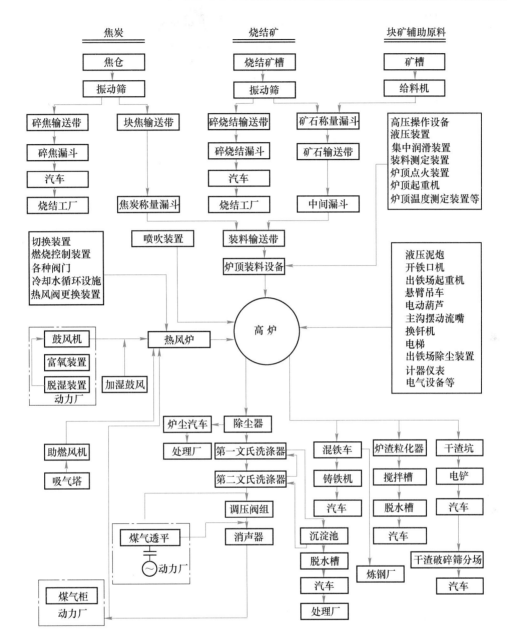

图 1-2 高炉生产工艺流程和主要设备方框图

也应随之革新和研制。

（2）要有高度的可靠性。高炉生产线上各种机械设备必须安全可靠，而且动作灵活准确，有足够的强度、刚度和稳定性等。因为一台机器发生故障，就可能使高炉休风甚至停炉。

（3）长寿命并易于维修。由于高炉生产连续性很强，且一代寿命很长（从开炉到大修或两次大修之间的工作日，一般为 7~8 年，个别高炉达 20 年），机械设备又处于高温、高压、多尘的环境之中，加之煤气的吹刷作用，因此要保持良好的密封，具有抗磨、抗振、耐热能力。此外，高炉设备损坏后要易于修理，在平时要易于检查和维护。

（4）结构简单，易于实现自动化。高炉生产十分繁忙且生产环境恶劣，劳动强度大。随着高炉的大型化，对高炉生产实现自动化控制提出了迫切的要求。这对提高产量和质量、改善劳动条件和安全生产都是必不可少的。

（5）设备要定型化和标准化。高炉设备的定型化和标准化对应设计、制造和维修管理都有很大的好处。对于已经试验成功的设备，都应该做好标准设计。标准化并不妨碍对设备进行改进和采用新的设备。标准化并不等于一劳永逸，同样要对设备不断改进或进行新的标准化工作。

## 1.2 高炉生产技术经济指标

高炉生产的技术水平和经济效果可用技术经济指标来衡量。这些指标不但在高炉生产操作中十分重要，而且与设备的设计、维护和管理工作也有密切的关系。

### 1.2.1 高炉生产的主要技术经济指标

（1）高炉有效容积利用系数 $\eta_V$。高炉有效容积利用系数是指 1 m³ 高炉有效容积一昼夜生产生铁的吨数，即高炉每昼夜产铁量（$P$）与高炉有效容积（$V_n$）的比值。

$$\eta_V = \frac{P}{V_n} \tag{1-1}$$

$\eta_V$ 越高，说明高炉的生产率越高。高炉的利用系数与高炉的有效容积有关。目前，一般大型高炉超过 2.0 t/(m³·d)，一些先进高炉达到 2.2~2.3 t/(m³·d)。小型高炉的 $\eta_V$ 更高，达到 2.8~3.2 t/(m³·d)。

（2）焦比 $K$。焦比是生产 1 t 生铁所消耗的焦炭量，即高炉昼夜消耗的干焦量 $Q_K$ 和昼夜产铁量 $P$ 之比。

$$K = \frac{Q_K}{P} \tag{1-2}$$

焦炭的消耗量占生铁成本的 30%~40%，欲降低生铁成本必须力求降低焦比。焦比大小与冶炼条件密切相关，一般情况下焦比为 450~500 kg/t，喷吹煤粉可以有效降低焦比。

（3）油比、煤比。生产 1 t 生铁喷吹的重油量为油比，喷吹的煤粉量为煤比。

喷吹的单位重量或单位体积的燃料所能代替的冶金焦炭量为置换比。重油的置换比为 1~1.35 kg/kg，煤粉置换比为 0.7~0.9 kg/kg，天然气置换比为 0.7~0.8 kg/m³，焦炉煤气置换比为 0.4~0.5 kg/m³。

（4）燃料比。燃料比是指生产 1 t 生铁消耗的焦炭和喷吹煤粉的总和，这是国际上通用的概念。

特别注意燃料比和传统综合焦比的区别：

$$燃料比 = 焦比 + 煤比$$

$$综合焦比 = 焦比 + 煤比 \times 置换比$$

（5）冶炼强度 $I$ 和燃烧强度 $J_A$。冶炼强度是指每昼夜、1 m³ 高炉有效容积消耗的焦炭量，即高炉一昼夜内消耗的焦炭量 $Q_K$ 与有效容积 $V_n$ 的比值：

$$I = \frac{Q_K}{V_n} \tag{1-3}$$

冶炼强度表示高炉的作业强度。它与鼓入高炉的风量成正比。在焦比不变或增加不多情况下，冶炼强度越高，高炉利用系数也就越高，高炉产量越大。目前国内外大型高炉的冶炼强度为 1.05 左右。

高炉利用系数、焦比和冶炼强度有如下关系：

$$\eta_V = \frac{I}{K} \tag{1-4}$$

燃烧强度 $J_A$ 是指 1 m² 炉缸截面积每昼夜消耗的燃料重量，即高炉一昼夜内消耗的焦炭量 $Q_K$ 与炉缸截面积 $A$ 的比值：

$$J_A = \frac{Q_K}{A} \tag{1-5}$$

（6）焦炭负荷 $H$。焦炭负荷是每昼夜装入高炉的矿石量 $P_0$ 和焦炭消耗量 $Q_K$ 的比值：

$$H = \frac{P_0}{Q_K} \tag{1-6}$$

（7）冶炼周期 $t$。冶炼周期是炉料在高炉内停留的时间，令 $t$ 表示冶炼周期，则计算公式为：

$$t = \frac{24V_n}{PV(1-\varepsilon)} = \frac{24}{\eta_V V(1-\varepsilon)} \tag{1-7}$$

式中　　$V_n$ ——高炉有效容积，m³；

$\quad\quad P$ ——高炉日产铁量，t；

$\quad\quad V$ ——每吨生铁所需炉料体积，m³；

$\quad\quad \varepsilon$ ——炉料在高炉内的体积缩减系数。

由上式可知，冶炼周期与利用系数成反比。

（8）休风率。休风时间占规定作业时间（即日历时间减去按计划进行大、中修时间）的百分数称为休风率。休风率反映了设备维护和高炉操作的水平。通常 1% 的休风率至少要减产 2%。一般休风率应控制在 1% 以下。

（9）生铁成本。生产 1 t 合格生铁所消耗的所有原料、燃料、材料、水电、人工等一切费用的总和，单位为元/t。

（10）高炉一代寿命。高炉一代寿命是从点火开炉到停炉大修之间的冶炼时间。大型高炉一代寿命为 10~15 年。

判断高炉一代寿命结束的准则主要是高炉生产的经济性和安全性。如果高炉的破损程度已使生产陷入效率低、质量差、成本高、故障多、安全差的境地，就应考虑停炉大修或改建。

高炉生产总的要求是高产、优质、低耗、长寿。所谓先进的经济技术指标主要是指合适冶炼强度、高焦炭负荷、高利用系数、低焦比、低冶炼周期、低休风率。这些指标除与冶炼操作有直接关系外，还与设备是否先进，设计、维修、管理是否合理有密切的关系。因此，设备工作人员对上述各项经济技术指标必须给予足够的重视。

### 1.2.2　提高高炉生产技术经济指标的途径

（1）精料。精料是高炉优质、高产、低耗的基础。精料的基本内容是提高矿石品位、稳定原料的化学成分、提高整粒度和熟料率等几个方面。稳定的化学成分对大型高炉的顺利操作有重要意义。而炉料的粒度不仅影响矿石的还原速度，而且影响料柱的透气性。具体措施是尽量采用烧结矿和入炉前最后过筛等。

（2）综合鼓风。综合鼓风包括喷吹天然气、重油、煤粉等代替焦炭，它是降低焦比的重要措施。此外还有富氧鼓风、高风温等内容。

（3）高压操作。高压操作是改善高炉冶炼过程的有效措施，它可以延长煤气在炉内的停留时间，提高产量，降低焦比，同时可以减少炉尘吹出量。

（4）计算机的控制。高炉实现计算机控制后可以使原料条件稳定和计量准确，热风炉实现最佳加热，有利于提高风温和减少热耗。从而达到提高产量、降低焦比和成本的目的。

（5）高炉大型化。采用大型高炉，经济上有利，其单位产量的投资及所需劳动力都较少。

## 1.3　高炉座数和容积的确定

高炉炼铁车间建设高炉的座数，既要考虑尽量增大高炉容积，又要考虑企业的煤气平衡和生铁量的均衡，所以一般应根据车间规模，建设两座或三座为宜。

### 1.3.1　生铁产量的确定

设计任务书中规定的生铁年产量是确定高炉车间年产量的依据。

如果任务书给出多种品种生铁的年产量，如炼钢铁与铸造铁，则应换算成同一品种的生铁。一般是将铸造铁乘以折算系数，换算为同一品种的炼钢铁，求出总产量。折算系数与铸造铁的硅质量分数有关，见表 1-1。

表 1-1　铸造铁折算成炼钢铁的折算系数

| 铸铁代号 | Z15 | Z20 | Z25 | Z30 | Z35 |
|---|---|---|---|---|---|
| 硅质量分数/% | 1.25~1.75 | 1.75~2.25 | 2.25~2.75 | 2.75~3.25 | 3.25~3.75 |
| 折算系数 | 1.05 | 1.10 | 1.15 | 1.20 | 1.25 |

如果任务书给出钢锭产量，则需要做出金属平衡，确定生铁年产量。首先算出钢液消耗量，这时要考虑浇铸方法、喷溅损失和短锭损失等，一般单位钢锭的钢液消耗系数为1.010~1.020，再由钢液消耗量确定生铁年产量。吨钢的铁水消耗取决于炼钢方法、炼钢炉容积大小、废钢消耗等因素，一般为1.050~1.100 t，技术水平较高、炉容较大的选低值；反之，取高值。

### 1.3.2　高炉炼铁车间总容积的确定

计算得到的高炉炼铁车间生铁年产量除以年工作日，即得出高炉炼铁车间日产量：

$$高炉车间日产量 = \frac{年产量}{年工作日}$$

高炉年工作日一般取日历时间的95%。

根据高炉炼铁车间日产量和高炉有效容积利用系数可以计算出高炉炼铁车间总容积：

$$高炉车间总容积 = \frac{日产量}{高炉有效容积利用系数}$$

高炉有效容积利用系数一般直接选定。大高炉选低值，小高炉选高值。利用系数的选择应该既先进又留有余地，保证投产后短时间内达到设计产量。如果选择过高则达不到预定的生产量，选择过低则使生产能力得不到发挥。

### 1.3.3　高炉座数的确定

高炉炼铁车间的总容积确定之后就可以确定高炉座数和一座高炉的容积。设计时，一个车间的高炉容积最好相同。这样有利于生产管理和设备管理。

高炉座数要从两方面考虑：一方面从投资、生产效率、管理等方面考虑，数目越少越好；另一方面从铁水供应、高炉煤气供应的角度考虑，则希望数目多些。确定高炉座数的原则应保证在1座高炉停产时，铁水和煤气的供应不致间断。近年来新建企业一般只有2~4座高炉。

## 1.4　高炉炼铁车间平面布置

### 1.4.1　高炉炼铁车间平面布置应遵循的原则

合理的平面布置应符合下列原则：

(1) 在工艺合理、操作安全、满足生产的条件下，应尽量紧凑，并合理地共用一些设备与建筑物，以求少占土地和缩短运输线、管网线的距离；

(2) 有足够的运输能力，保证原料及时入厂和产品（副产品）及时运出；

(3) 车间内部铁路、道路布置要畅通；

(4) 要考虑扩建的可能性，在可能条件下留一座高炉的位置。在高炉大修、扩建时施工安装作业及材料设备堆放等不得影响其他高炉正常生产。

## 1.4.2 高炉炼铁车间平面布置形式

高炉炼铁车间平面布置形式根据铁路线的布置可分为以下几种。

（1）一列式布置。一列式高炉平面布置如图1-3所示。

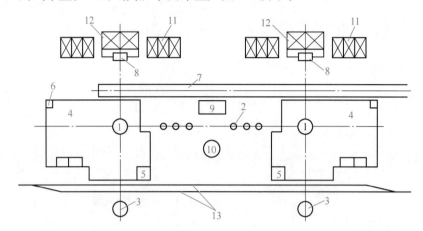

图1-3　一列式高炉平面布置图

1—高炉；2—热风炉；3—重力除尘器；4—出铁场；5—高炉计器室；6—休息室；7—水渣沟；

8—卷扬机室；9—热风炉计器室；10—烟囱；11—贮矿槽；12—贮焦槽；13—铁水罐停放线

这种布置是将高炉与热风炉布置在同一列线，出铁场也布置在高炉同一列线上成为一列，并且与车间铁路线平行。这种布置的优点是：可以共用出铁场和炉前起重机、热风炉值班室和烟囱，节省投资；热风炉距高炉近，热损失少。其缺点是：运输能力低，在高炉数目多、产量高时，运输不方便，特别是在一座高炉检修时车间调度复杂。

（2）并列式布置。并列式高炉平面布置如图1-4所示。

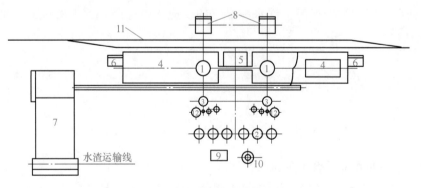

图1-4　并列式高炉平面布置图

1—高炉；2—热风炉；3—重力除尘器；4—出铁场；5—高炉计器室；6—休息室；7—水渣沟；

8—卷扬机室；9—热风炉计器室；10—烟囱；11—铁水罐车停放线；12—洗涤塔

这种布置是将高炉与热风炉分设于两列线上，出铁场布置在高炉同一列线上，车间铁路线与高炉列线平行。这种布置的优点是：可以共用一些设备和建筑物，节省投资；高炉间距离近。其缺点是：热风炉距高炉远，热风炉靠近重力除尘器，劳动条件不好。

（3）岛式布置。岛式高炉平面布置如图1-5所示。

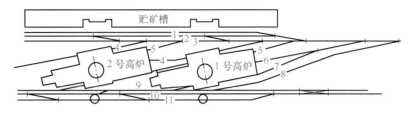

图 1-5　岛式高炉平面布置图（包钢）

1—碎焦线；2—空渣罐车走行线；3—重渣罐车走行线；4—上渣出渣线；5—下渣出渣线；

6—耐火材料线；7—出铁线；8—联络线；9—重铁水罐车走行线；

10—空铁水罐车走行线；11—煤气灰装车线

岛式布置形式在20世纪50年代初出现于苏联，我国武钢、包钢也采用这种形式。这种布置形式的特点是每座高炉及其出铁场、热风炉、渣铁罐停放线等自成体系，不受相邻高炉的影响。高炉、热风炉的中心线与车间的铁路干线的交角一般为11°～13°，并设有多条清灰、炉前辅助材料专用线和辅助线，独立的渣铁罐停放线可以从两个方向配罐和调车，因此可以极大地提高运输能力和灵活性。

岛式布置高炉间距较大，增加占地面积，管道线延长，而且不易实现炉前冲水渣。此种布置形式适合于高炉座数较多、容积较大、渣铁运输频繁的大型高炉车间。

（4）半岛式布置。半岛式炼铁车间平面布置如图1-6所示。

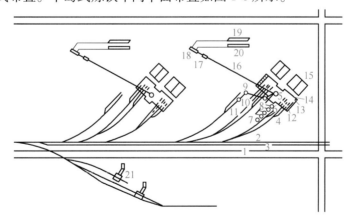

图 1-6　半岛式炼铁车间平面布置

1—公路；2，3—铁路调度线；4—铁水罐车停放线；5—高炉；6—热风炉；

7—烟囱；8—重力除尘器；9—第一文氏管；10—第二文氏管；11—卸灰线；

12—炉前100 t吊车；13—小型吊车；14—水渣搅拌槽；15—干渣坑；

16—上料胶带机；17—驱动室；18—装料漏斗库；19—焦炭仓；

20—矿石、辅助原料槽；21—铸铁机

　　半岛式布置形式在美国和日本的大型高炉车间得到了广泛的应用。我国宝钢即采用这种布置形式。

　　半岛式布置的特点是每座高炉都设有独立的有尽头的渣铁罐停放线，高炉和热风炉的列线与车间铁路干线成一定夹角，夹角可达 45°，每个出铁口均设有两条独立的停罐线，给多出铁口和多出铁场的大型高炉车间运输带来方便。具有多出铁口和多出铁场的日产万吨的高炉多采用此种布置。

## 思　考　题

1-1　高炉生产的工艺流程是什么？

1-2　高炉车间主要设备有哪些，对设备有什么要求？

1-3　高炉生产的主要经济指标有哪些？

1-4　提高高炉生产经济指标的途径有哪些？

1-5　精料的内容有哪些？

1-6　怎样确定高炉座数和容积？

1-7　合理的高炉车间平面布置应考虑哪些原则？

1-8　高炉车间平面布置有哪几种形式，各有什么特点？

# 2 高炉本体设备

高炉本体是炼铁的主体设备，其结构如图 2-1 所示。

高炉本体主要包括高炉内型、高炉钢结构、高炉炉衬、高炉基础、高炉风口、渣口、铁口以及高炉冷却设备等。

## 2.1 高炉内型

现代高炉内型由炉缸、炉腹、炉腰、炉身和炉喉五段组成，其名称和符号如图 2-2 所示，其中炉缸、炉腰和炉喉呈圆筒形，炉腹呈倒锥台形，炉身呈截锥台形。

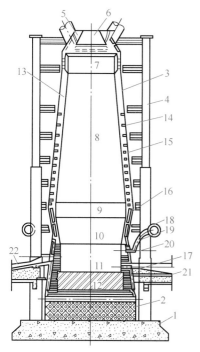

图 2-1　高炉本体结构

1—基座；2—基墩；3—炉壳；4—支柱；
5—大料斗；6—大料钟；7—炉喉；8—炉身；
9—炉腰；10—炉腹；11—炉缸；12—炉底；
13—炉衬；14—冷却水箱；15—冷却板；
16—镶砖冷却壁；17—光面冷却壁；
18—热风围管；19—热风弯管；20—风口；
21—铁口平台；22—渣口平台

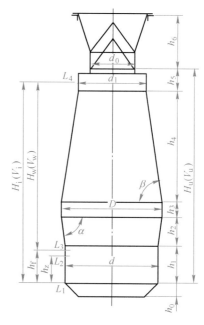

图 2-2　高炉内型尺寸表示法

（单位：直径、高度、距离均为 mm，体积为 $m^3$）

$d$—炉缸直径；$D$—炉腰直径；$d_1$—炉喉直径；$d_0$—大钟直径；
$h_f$—铁口中心线至风口中心线距离；$h_z$—铁口中心线至渣口
中心线距离；$V_i$—高炉内容积；$V_w$—高炉工作容积；
$V_u$—高炉有效容积；$H_u$—高炉有效高度；$h_1$—炉缸高度；
$h_2$—炉腹高度；$h_3$—炉腰高度；$h_4$—炉身高度；$h_5$—炉喉高度；
$h_6$—炉顶法兰盘至大钟下降位置底面（无钟顶旋转溜槽垂直位置
底端）即零料线的高度；$h_0$—死铁层高度；$\alpha$—炉腹角；$\beta$—炉身角；
$L_1$—铁口中心线；$L_2$—渣口中心线；$L_3$—风口中心线；$L_4$—大钟下降
位置底面以下 1000 mm（日）或 915 mm（美）的水平面（零料线）

高炉内型要具备以下条件：

（1）能燃烧较多数量的燃料，在炉缸形成环形循环区，有利于活跃炉缸和疏松料柱，能贮存一定量的渣和铁；

（2）适应炉料下降和煤气上升的规律，减少炉料下降和煤气上升的阻力，为顺行创造条件，有效地利用煤气的热能和化学能，降低燃料消耗；

（3）易于生成保护性的渣皮，有利于延长炉衬寿命，特别是炉身下部的炉衬寿命。

我国规定料线零位定在大钟开启时的底面标高；无料钟高炉的料线零位一般定在旋转溜槽垂直状态的下端标高或炉喉高度上沿。有效高度（$H_u$）是从出铁口中心线到料线零位的距离，有效容积（$V_u$）是指有效高度（$H_u$）范围内炉型所包括的容积。

美国、西欧及其他一些国家规定高炉料线零位是取大钟开启时底面下 915 mm 处。日本高炉料线零位是取大钟开启时底面下 1000 mm 处。料线零位至铁口中心线之间的容积为内容积，料线零位至风口中心线之间的容积为工作容积（$V_w$）。大量的统计表明 $V_w \approx 0.8V_u$。

**2.1.1**　**炉缸**

炉缸部分用于暂时贮存铁水和熔渣，燃料在风口带进行燃烧。因而炉缸的大小与贮存渣铁的能力以及燃料燃烧的能力，也就是与生铁的生产能力有直接关系。

炉缸直径与燃料燃烧量之间的关系应考虑原料特性、炉顶压力和其他操作条件。

在炉缸的高度方向从下面起设置出铁口、出渣口和送风口。设计出铁口和出渣口的间距时要考虑至少能贮存一次出渣铁的量，并有一定空余的容积，而且还应考虑由于风口使传热变差的影响。现在大型高炉取 2.2~2.8 m。出渣口和风口的间距根据炉渣的生成量取 1.2~1.4 m。出铁口到风口之间的容积对内容积之比取 12%~14%。从风口到炉腹下面取 0.5~0.6 m，从炉底上面到出铁口下端的间距，在开炉初期为了保护炉底砖取 1.3~1.5 m。

出铁口数目取决于每日出铁能力、出铁次数、出铁时间和铁沟修理时间等。一般出铁量在 2500 t/d 以下设置一个出铁口，2500~6000 t/d 设置两个出铁口，6000~10000 t/d 设置三个出铁口，也有用四个出铁口的高炉，出铁口的角度一般取为 10°~15°。

风口数目的确定要使送入高炉内的热风沿高炉周围方向均匀分布，每个风口由均衡的送风能力以及从构造上的限制来决定。风口直径一般取 130~160 mm。

出渣口数通常为 1~2 个，也有没有出渣口的高炉。

**2.1.2**　**炉腹**

从炉身和炉腰下降的炉料在炉腹内熔化，其形状做成下部直径比上部直径小。炉腹角为 80°~83°，而高度为 3~4 m。炉腹和炉腰都是高温带，是炉料的熔化带，因此也是耐火材料被侵蚀最激烈的部分。

### 2.1.3　炉腰

炉腰是高炉最大直径部分，炉腰直径由炉缸直径、炉腹角和炉腹高度所决定。（炉腰直径）$^2$/（炉缸直径）$^2$ = 1.20~1.25。考虑到炉腹高度、炉身角和炉身高，炉腰高度取 3 m 左右。

### 2.1.4　炉身

炉身角过小时，煤气多由炉墙边缘上升易损伤炉墙砖，而炉身角过大时，则增大炉料与炉墙间的摩擦力，妨碍炉料平稳下降，同时也容易损伤炉墙。一般大型高炉炉身角采用 81°~83°，炉身高度一般取 16~18 m。

### 2.1.5　炉喉

根据炉身角和炉身高度决定炉喉直径，（炉喉直径）$^2$/（炉缸直径）$^2$ = 0.5~0.55，炉喉处煤气流速取 1.0 m/s 左右，炉喉高度为 1.5~2.0 m。

## 2.2　高炉钢结构

高炉的钢结构包括炉壳、炉体支柱、炉顶框架、平台和梯子等。

视频　高炉
钢结构

### 2.2.1　炉壳

炉壳是高炉的外壳，里面有冷却设备和炉衬，顶部有装料设备和煤气上升管，下部坐落在高炉基础上，是不等截面的圆筒体。

炉壳的主要作用是固定冷却设备、保证高炉砌砖的牢固性、承受炉内压力和起到炉体密封作用，有的还要承受炉顶荷载和起到冷却内衬作用（外部喷水冷却时）。因此，炉壳必须具有一定强度。

### 2.2.2　炉体支柱

炉体支柱形式主要取决于炉顶和炉身的荷载传递到基础的方式、炉体各部分的炉衬厚度、冷却方法等。

目前高炉炉体支柱形式主要有以下几种。

（1）炉缸支柱式。炉缸支柱式结构，如图 2-3 所示。

因为炉体承重和受热最突出的部分在高炉下部，根据"力"与"热"分离的原则（承重不受热、受热不承重），采用炉缸支柱式结构。这种结构的载荷传递如图 2-4 所示。

炉腹和炉缸的炉衬只用来承受炉内高温，不再承受上部的载荷，厚度可适当减薄。

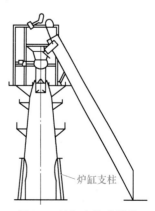

图 2-3　炉缸支柱式结构

图 2-4　炉缸支柱式结构载荷传递

这种结构节省钢材，降低投资，但炉身炉壳易受热、受力变形，一旦失稳，更换困难，并可导致装料设备偏斜。同时炉子下部净空紧张，不利风口、渣口的更换。这种结构形式多用于中小型高炉。

（2）炉缸炉身支柱式。炉缸炉身支柱式结构，如图 2-5 所示。

随着高炉冶炼的不断强化，承重和受热的矛盾在高炉上部也更加突出，所以出现了炉身支柱。此时，炉顶装料设备和导出管部分负荷仍由炉顶钢圈和炉壳传递至基础。而炉顶框架和大小钟等设备及导出管支座放在炉顶平台上，经炉身支柱通过炉腰支圈传给炉缸支柱以下基础。这种结构减轻了炉身炉壳的荷载，在炉衬脱落炉壳发红变形时不致使炉顶偏斜。但仍未改进下部净空的工作条件；高炉开炉后炉身上涨，被抬离炉缸支柱；炉腰支圈与炉缸、炉身支柱连接区形成一个薄弱环节，容易损坏。

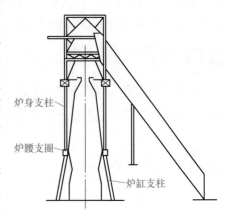

图 2-5　炉缸炉身支柱式结构

（3）炉顶框架（或塔）式。大框架是一个从炉基到炉顶的四方形（大跨距可用六方形）框架结构。它承担炉顶框架上的负荷和斜桥的部分荷重。装料设施和炉顶煤气导出管道的荷载仍经炉壳传到基础。按框架和炉体之间力的关系可分为两种。

1）大框架自立式如图 2-6 所示。框架与炉体间没有力的联系。故要求炉壳的曲线平滑，类似一个大管柱。

2）大框架环梁式如图 2-7 所示。框架与炉体间具有力的联系。用环形梁代替原炉腰支圈，以减少炉体下部炉壳荷载。环形梁则支撑在框架上，也有的将环形梁设在炉身部

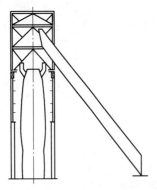

图 2-6　大框架自立式结构

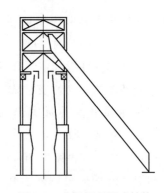

图 2-7　大框架环梁式结构

位，用以支撑炉身中部以上的载荷。

大框架式的特点：风口平台宽敞，适于多风口、多出铁场的需要，有利于炉前操作和炉缸炉底的维护；大修时易于更换炉壳及其他设备；斜桥支点可以支在框架上，与支在单面门形架上相比，稳定性增加。但缺点是钢材消耗较多。

（4）自立式。自立式结构如图 2-8 所示。炉顶全部载荷均由炉壳承受，并传递至基础，炉体四周平台、走梯也支撑在炉壳上。因而操作区的工作净空大，结构简单，钢材耗量少。但未贯彻分离原则，带来诸多麻烦，如炉壳更换难等。

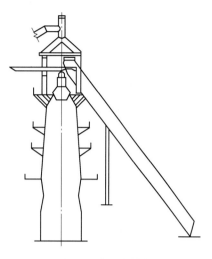

图 2-8　自立式结构

近年来，采用无钟炉顶大大减轻了炉顶的载荷，大部分设备可安装在框架上，皮带上料系统也具有与炉体无关的独立门形支架，为金属结构的简化和稳定创造了良好的条件。目前，大中型高炉采用框架自立式结构较多。

### 2.2.3　炉顶框架

炉顶框架是设置在炉顶平台上面的钢结构支承架。它主要支撑受料漏斗、大小料钟平衡杆机构及安装大梁等。炉顶框架必须具有足够高的强度和刚性，以避免歪斜和因过度摇摆而引起装料设备工作失常。

炉顶框架结构形式有 A 字形和门形两种。A 字形结构简单，节省钢材。我国高炉采用门形炉顶框架的较多。门形炉顶框架由两个门形钢架和杆件构成，如图 2-9 所示。门形钢架一般为 24~40 mm 厚钢板焊成或槽钢制成。拉杆由各种型钢构成，并在靠除尘器一侧做成拆卸的结构，以方便吊装设备时拆卸。

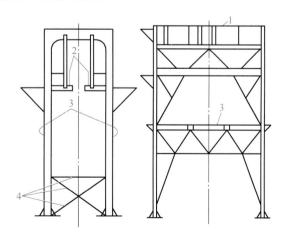

图 2-9　炉顶门形框架

1—平衡杆梁；2—安装梁；3—受料斗梁；4—可拆卸的拉杆

### 2.2.4 炉体平台与走梯

高炉炉体凡是在设置有人孔、探测孔、冷却设施及机械设备的部位，均应设置工作平台，以便于检修和操作。各层工作平台之间用走梯连接。我国宝钢 1 号高炉炉体平台设置情况如图 2-10 所示及见表 2-1。

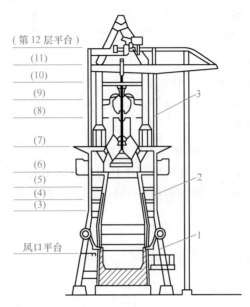

图 2-10　炉体钢结构及炉体平台
1—下部框架；2—上部框架；3—炉顶框架；(3)~(12)—炉体平台

表 2-1　宝钢 1 号高炉炉体各层平台

| 名　称 | 标高/m | 主要用途 | 支持结构 | 铺板材料 |
|---|---|---|---|---|
| 第 3 层 | 27.700 | 炉体周围检修用 | 下部框架 | 花纹钢板、部分筛格板 |
| 第 4 层 | 33.200 | 炉体周围检修用 | 上部框架 | 花纹钢板 |
| 第 5 层 | 37.200 | 安装炉身煤气取样器 | 上部框架 | 花纹钢板 |
| 第 6 层 | 41.909 | 更换活动炉喉保护板 | 上部框架 | 花纹钢板 |
| 第 7 层 | 49.700 | 更换炉顶装料设备 | 上部框架 | 花纹钢板 |
| 第 8 层 | 58.700 | 检修密封阀 | 上升管 | 花纹钢板 |
| 第 9 层 | 64.200 | 支持固定漏斗 | 上升管 | 花纹钢板 |
| 第 10 层 | 69.700 | 检修胶带输送机头轮 | 上升管 | 花纹钢板 |
| 第 11 层 | 75.200 | 检修炉顶起重机 | 炉顶框架 | 花纹钢板 |
| 第 12 层 | 79.700 | 安装炉顶平衡杆 | 炉顶框架 | 筛格板 |

## 2.3 高炉炉衬

### 2.3.1 高炉炉衬破损原因

高炉炉衬一般是以陶瓷材料（黏土质和高铝质）和炭质材料（炭砖和炭捣石墨等）

砌筑。炉衬的侵蚀和破坏与冶炼条件密切相关，各部位侵蚀破损机理并不相同。归纳起来，炉衬破损机理主要有以下几个方面：

（1）高温渣铁的渗透和侵蚀；

（2）高温和热震破损；

（3）炉料和煤气流的摩擦冲刷及煤气炭素沉积的破坏作用；

（4）碱金属及其他有害元素的破坏作用。

高炉炉体各部位炉衬的工作条件及炉衬本身的结构都是不相同的，即各种因素对不同部位炉衬的破坏作用以及炉衬抵抗破坏作用的能力均不相同。因此，各部位炉衬的破损情况也各异，如图 2-11 所示。

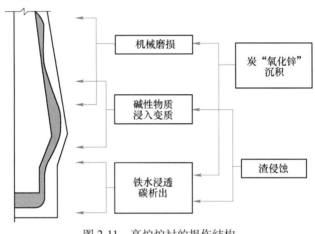

图 2-11　高炉炉衬的损伤结构

### 2.3.2　高炉用耐火材料

目前高炉常用的耐火材料主要有陶瓷质材料和炭质材料两类。

（1）陶瓷质耐火材料。陶瓷耐火材料包括高炉常用的黏土砖、高铝砖、刚玉砖等。高炉用黏土砖和高铝砖应满足下列要求。

1）$Al_2O_3$ 质量分数要高，以保证有足够高的耐火度，使砖在高温下的工作性能强。

2）$Fe_2O_3$ 质量分数要低，主要是为限制炭黑的沉积和防止它由于与 $SiO_2$ 生成低熔点物质而降低耐火度。

3）荷重软化开始温度要高。因为高炉砌体是在高温和很大压力条件下工作的。

4）重烧线收缩（也称残余收缩）要小，使砌体在高温下产生裂缝的可能性减小，避免渣、铁及其他沉积物渗入砖缝侵蚀耐火砌体。

5）气孔率，特别是显气孔率要低，防止炭黑等沉积和增加抗磨性。

（2）炭质耐火材料。近代高炉逐渐大型化，冶炼强度也有所提高，炉衬热负荷加重，炭质耐火材料所具有的独特性能使其逐渐成为高炉炉底和炉缸砖衬的重要部分。炭质耐火材料的特点如下。

1）耐火度高。碳实际上是不熔化的物质，在 3500 ℃时升华，所以用在高炉上既不熔化，也不软化。

2）炭质耐火材料具有很好的抗渣性。除高 FeO 渣外，即使含氟高、流动性非常好的渣也不能侵蚀它。

3）有良好的导热性和导电性。用在炉底、炉缸以及其他有冷却器的地方，能充分发挥冷却器的效能，延长炉衬寿命。

4）体膨胀系数小，热稳定性好，不易发生开裂，防止渣铁渗透。

5）碳和石墨在氧化气氛中氧化成气态，400 ℃能被氧化，500 ℃和水汽作用，700 ℃开始和 $CO_2$ 作用，均生成 CO 气体而被损坏。碳化硅在高温下也缓慢发生氧化作用。这些都是炭质耐火材料的主要缺点。

（3）不定形耐火材料。不定形耐火材料主要有捣打料、喷涂料、浇注料、泥浆和填料等。按成分可分为炭质不定形耐火材料和黏土质不定形耐火材料。不定形耐火材料与定型耐火材料相比，具有成型工艺简单、能耗低、整体性好、抗热震性强、耐剥落等优点，同时还可减小炉衬厚度，改善导热性等。

## 2.4　高炉基础

高炉基础是高炉下部的承重结构，它的作用是将高炉全部荷载均匀地传递到地基。高炉基础由埋在地下的基座部分和地面上的基墩部分组成，如图 2-12 所示。

### 2.4.1　高炉基础的负荷

高炉基础承受的荷载有静负荷、动负荷和热应力的作用，其中温度造成的热应力的作用最危险。

（1）静负荷。高炉基础承受的静负荷包括高炉内部的炉料重量、渣、铁液重量、炉体本身的砌砖重量、金属结构重量、冷却设备及冷却水重量、炉顶设备重量等，另外还有炉下建筑、斜桥、卷扬机等分布在炉身周围的设备重量。

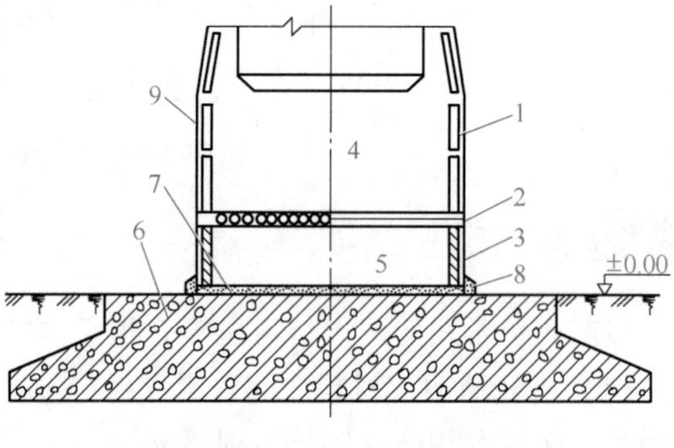

图 2-12　高炉基础

1—冷却壁；2—水冷管；3—耐火砖；4—炉底砖；
5—耐热混凝土基墩；6—钢筋混凝土基座；
7—石墨粉或石英砂层；8—密封钢环；9—炉壳

（2）动负荷。生产中常有崩料、坐料等，其加给炉基的动负荷是相当大的，设计时必须考虑。

（3）热应力的作用。炉缸中贮存着高温的铁液和渣液，炉基处于一定的温度下。由于高炉基础内温度分布不均匀，一般是里高外低，上高下低，这就在高炉基础内部产生了热应力。

### 2.4.2　高炉基础的要求

对高炉基础的要求如下。

（1）高炉基础应把高炉全部荷载均匀地传给地基，不允许发生沉陷和不均匀的沉陷。高炉基础下沉会引起高炉钢结构变形，管路破裂。不均匀下沉将引起高炉倾斜，破坏炉顶正常布料，严重时不能正常生产。

（2）具有一定的耐热能力。一般混凝土只能在 150 ℃ 以下工作，250 ℃ 便有开裂，400 ℃ 时失去强度，钢筋混凝土 700 ℃ 时失去强度。过去由于没有耐热混凝土基墩和炉底冷却设施，炉底破损到一定程度后，常引起基础破坏，甚至爆炸。采用水冷炉底及耐热基墩后，可以保证高炉基础很好地工作。

## 2.5 高炉风口、渣口、铁口

### 2.5.1 风口装置

#### 2.5.1.1 风口结构

风口装置如图 2-13 所示。风口装置由与热风围管相贯通的锥形管（喇叭管）、鹅颈管（进风弯管）、球面连接件（球面法兰）、弯管（三通管）、直管以及风口水套等组成。为了更换风口方便，直管能够拆卸，弯管上带有窥视孔，也可用膨胀节代替球面接触。

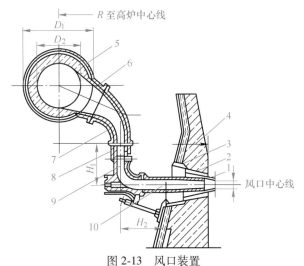

视频  风口

图 2-13  风口装置

1—小套；2—二套；3—大套；4—风口法兰；5—热风围管；
6—锥形管；7—鹅颈管；8—连接件；9—弯管；10—直管

风口装配如图 2-14 所示。风口大套与炉壳用螺栓或用焊接连接。二套、三套和风口（二套和风口有时做成两段）都用铜制成，接触面做成锥形，依次进行装配。热风与重油或焦油或煤粉等燃料能够同时由风口喷嘴喷进炉内，喷吹燃料的喷嘴装在风口上或者装在直吹管上。

风口大套与大套法兰盘，一般在制造厂预装调整后，配合一起刻出垂直于水平中心线四条沟痕，作为安装时的基准。

高炉休风时，高炉内的煤气往往倒流进热风围管或热风总管，为防止倒流，一般都装

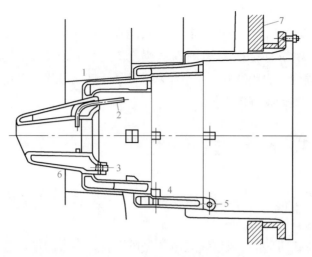

图 2-14　风口装配图

1—风口耐火砖；2—喷吹燃料喷嘴；3—风口小套；4—风口二套；5—风口大套；6—风口；7—炉壳

有放散阀把炉内的煤气放散到大气中去。

2.5.1.2　风口常见故障及处理方法

风口常见故障及处理方法，见表 2-2。

表 2-2　风口常见故障及处理方法

| 常 见 故 障 | 故 障 原 因 | 处 理 方 法 |
|---|---|---|
| 风口进风少、风口不活 | 热风围管内衬砖脱落或风口灌渣造成堵塞 | 及时维护检查 |
| 各连接球面跑风 | 各连接球面未清理干净或安装不合适 | 清理干净、正确安装 |
| 各部位烧红 | 各部位内衬脱落造成烧红 | 及时维护检查 |
| 风口中、小套烧坏、漏水、放炮、崩漏 | 炉缸堆积、风口套老化 | 及时维护检查、更换 |

## 2.5.2　渣口装置

渣口装置如图 2-15 所示，它由四个水套及其压紧固定件组成。渣口小套用青铜或紫铜铸成的空腔式水套，常压操作高炉直径为 50~60 mm，高压操作高炉为 30~45 mm。渣口三套也为青铜铸成的中空水套，渣口二套和渣口大套是铸有螺旋形水管的铸铁水套。

渣口大套固定在炉壳的法兰盘上，并用铁屑填料与炉缸内的冷却壁相接，保证良好的气密性。渣口和各套的水管都用和炉壳相接的挡板压紧。高压操作的高炉，内部有巨大的推力，会将渣口各套抛出，故在各套上加了用楔子固定的挡杆。

中小型高炉渣口可减为三个水套构成。国外部分薄壁炉缸的高炉，其渣口也有由三个水套组成的。

## 2.5.3　铁口装置

铁口装置主要是指铁口套。铁口套的作用是保护铁口处的炉壳。铁口套一般用铸钢制

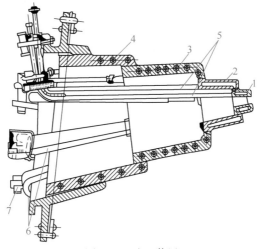

图 2-15　渣口装置

1—小套；2—三套；3—二套；4—大套；5—冷却水管；6—压杆；7—楔子

成，并与炉壳铆接或焊接。考虑不使应力集中，铁口套的形状一般做成椭圆形，或四角大圆弧半径的方形。铁口套结构，如图 2-16 所示。

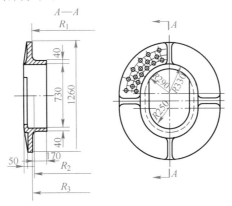

图 2-16　铁口套结构（单位：mm）

## 2.6　高炉冷却设备

### 2.6.1　冷却的作用

冷却的作用主要包括：

（1）降低炉衬温度，使炉衬保持一定的强度，维持高炉合理工作空间，延长高炉寿命和安全生产；

（2）使炉衬表面形成保护性渣皮，保护炉衬并代替炉衬工作；

（3）保护炉壳、支柱等金属结构，使其不致在热负荷作用下遭到损坏；

（4）有些冷却设备可起支撑部分砖衬的作用。

高炉对冷却介质的一般要求是热容大、传热系数大、成本低、易获得、储量大、便于输送。常用的冷却介质有水、空气、汽水混合物，即水冷、风冷、汽化冷却三种。

（1）最普遍的冷却介质是水，它的热容大，传热系数大，便于输送，成本低，是较理想的冷却介质。水分为普通工业净化水、软水和纯水。

1）普通工业净化水是天然水经过沉淀及过滤处理后，去掉了水中大部分悬浮物的水，但这种水易结水垢，冷却设备易烧坏，水量和能耗也较大。

2）软水是经过软化处理去除了水中钙、镁等离子后的水，软水硬度低、杂质少，对冷却设备的腐蚀小且结垢少。

3）纯水即脱盐水，纯水比软水指标更好，对设备的腐蚀和结垢极少，是理想的冷却介质。

（2）汽化冷却以汽和水的混合物作冷却介质，耗水量低，汽化潜热大，又能回收低压蒸汽，但对热流强度大的区域（如风口），冷却效果不佳且不易检漏，故没有被大量采用。

（3）空气比水的导热性差，热容只有水的 1/4，在热流强度大时冷却器易过热。所以，风冷一般用于冷却强度要求不大的部位，如炉底处。同时空气冷却有被淘汰的趋势。

## 2.6.2　冷却设备

高炉冷却设备按结构不同可分为外部喷水冷却装置、冷却壁、插入式冷却器等炉体冷却设备，还有风口、渣口、热风阀等专用设备的冷却以及炉底冷却。

### 2.6.2.1　外部喷水冷却装置

此法利用环形喷水管或其他形式通过炉壳冷却炉衬，如图 2-17 所示。

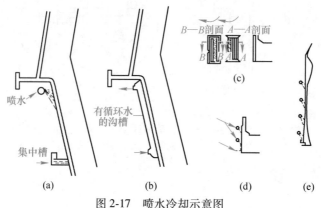

图 2-17　喷水冷却示意图

（a）喷水；（b）沟槽；（c）炉缸侧墙冷却外套；（d）（e）喷水冷却

喷水管直径为 50~150 mm，管上有直径 5~8 mm 的喷水孔，喷射方向朝炉壳斜上方倾斜 45°~60°。为了避免水的喷溅，炉壳上安装防溅板，防溅板与炉壳间留 8~10 mm 的缝隙，以便冷却水沿炉壳向下流入排水槽。

这种喷水冷却装置简单易于检修，造价低廉，对冷却水质的要求不高，但冷却不能深入。这种喷水冷却装置适用于炭质炉衬和小型高炉冷却。实际应用中，大中型高炉在炉役末期冷却器被烧坏或严重脱落时，为维持生产采用喷水冷却。

### 2.6.2.2 冷却壁

冷却壁是内部铸有无缝钢管的大块金属板冷却件。冷却壁安装在炉壳与炉衬之间,并用螺栓固定在炉壳上,均为密排安装。冷却壁的金属板是用来传热和保护无缝钢管的。

冷却壁一般为铸铁件,内部无缝钢管呈蛇形布置,用以通冷却介质(水或汽水混合物)。在风口、渣口部位要安装异形冷却壁,以适应开孔的需要。

冷却壁结构形式,按其表面镶砖与不镶砖分为镶砖冷却壁和光面冷却壁两种。

#### A 镶砖冷却壁

镶砖冷却壁的特点是在金属板表面镶有耐火砖,导热效率较低,但当炉衬被侵蚀后,所镶耐火砖抗磨损能力强,并在其表面容易形成稳定的保护性渣皮,代替耐火砖衬工作。因此,镶砖冷却壁一般用于炉腹、炉腰及炉身下部,并直接与黏土砖或高铝砖炉衬相接触。

现代的冷却壁一般按照新日铁开发的形式分为4代,第3代和第4代的显著特点是:

(1) 设置边角冷却水管;

(2) 背部增设蛇形冷却水管;

(3) 强化凸台部位冷却;

(4) 冷却壁与部分或全部耐火材料实现一体化。镶砖冷却壁用的镶嵌材料,过去一般为黏土砖或高铝砖,现一般采用SiC砖、半石墨化SiC砖、铝炭砖等。四代镶砖冷却壁的结构如图2-18所示。

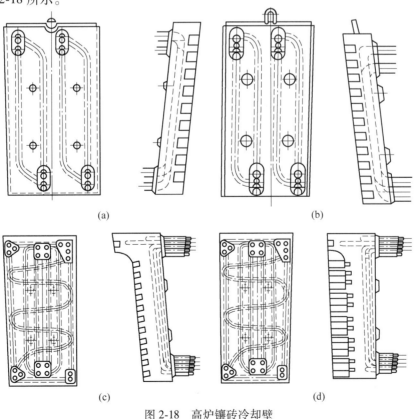

(a)

(b)

(c)

(d)

图 2-18　高炉镶砖冷却壁

(a) 第1代;(b) 第2代;(c) 第3代;(d) 第4代

### B　光面冷却壁

光面冷却壁的特点是金属板表面不镶砖，导热能力较强，但抗磨损能力不如镶砖冷却壁强。光面冷却壁一般用于炉底四周和炉缸。炉腹以上采用炭质耐火砖砌筑时，也采用光面冷却壁冷却。光面冷却壁与炉衬砌体之间一般为炭素捣打料层。光面冷却壁的结构如图2-19所示。

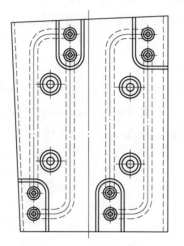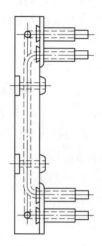

图 2-19　高炉光面冷却壁

过去冷却壁本体一般都采用普通灰口铸铁，为了提高寿命改为含 Cr 耐热铸铁，进而发展为球墨铸铁和铜质的。使用铜冷却壁的优点非常明显，其壁体温度比球墨铸铁的壁体温度低，温度波动也小；形成的渣皮更稳定，热损失大幅度降低；壁体温度更低也使得渣皮脱落后重建的时间更短；安装铜冷却壁部位的热流强度明显降低。铜冷却壁的结构如图2-20所示。

冷却壁与其他形式冷却器比较具有的优点是：炉壳不需开设大孔，炉壳密封性好，不会破坏炉壳强度，采取紧密布置，冷却均匀，炉衬内壁光滑平整，有利于炉料顺利下降；镶砖冷却壁表面能形成保护性渣皮，使高炉工作年限延长。其主要缺点是：冷却深度不如冷却板和支梁式水箱大，烧毁后拆换困难，普通冷却壁没有支撑上部炉衬砖的能力，并且容易断裂。

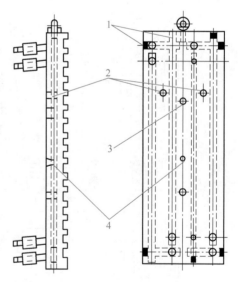

图 2-20　铜冷却壁结构
1—铜塞子；2—螺栓孔；3—销钉孔；
4—热电偶位置

#### 2.6.2.3　插入式冷却器

此类冷却器有支梁式水箱、扁水箱、冷却板等，均埋设在砖衬内，冷却深度较深，但是为点冷却，炉役后期，内衬工作面凹凸不平，不利于炉料下降，炉壳开孔多对炉壳强度和密封也带来不利影响。

A　支梁式水箱

支梁式水箱为铸有无缝钢管的楔形冷却器,如图 2-21 所示。它有支撑上部砖衬的作用,并可维持较厚的砖衬,水箱本身有与炉壳固定的法兰圈,所以密封性好,同时重量较轻,便于更换。

B　扁水箱

扁水箱由铸铁铸成,内铸有无缝钢管,如图 2-22 所示,一般用于炉身和炉腰。

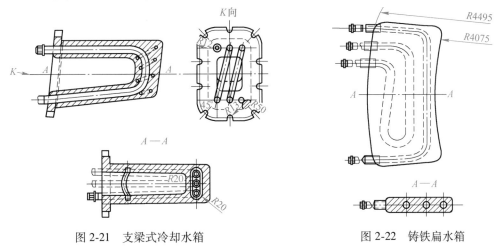

图 2-21　支梁式冷却水箱　　　　　　图 2-22　铸铁扁水箱

C　冷却板

冷却板分为铸铜冷却板、铸铁冷却板、埋入式冷却板等。铸铜冷却板在局部需要加强冷却时采用,铸铁冷却板在需要保护炉腰托圈时采用,埋入式铸铁冷却板是在需要起支撑内衬作用的部位采用。各种形式的冷却板如图 2-23 所示。

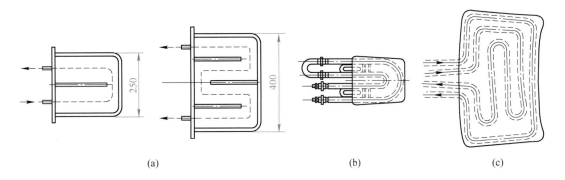

(a)　　　　　　　　　　　　(b)　　　　　　　　　　　　(c)

图 2-23　冷却板（单位:mm）

（a）铸铜冷却板;（b）埋入式冷却板;（c）铸铁冷却板

冷却板安装时埋设在砖衬内,其前面端部距高炉炉衬的工作表面砖厚一般为 230~345 mm,即一块砖长厚。冷却板使用部位,通常用于厚壁炉腰、炉腰托圈及厚壁炉身中下部砖衬的冷却。也有的高炉,炉腹至炉身均采用密集式铜冷却板冷却。

#### 2.6.2.4　炉底冷却装置

采用炭砖炉底的高炉，炉底一般都应设置冷却装置。炉底冷却的目的是防止高炉炉基过热破坏及由于热应力造成的基墩开裂破坏。综合炉底结构同时采用炉底冷却，能大大地改善炉底砖衬的散热效果，提高炉底寿命。炉底冷却装置是在炉底耐火砖砌体底面与基墩表面之间安装通风或通水的无缝钢管。炉底砌筑前将炉底冷却用的无缝钢管埋在碳捣层中。冷却管直径一般为 φ146 mm，壁厚为 8~14 mm。冷却管安装布置的原则是炉底中央排列较密，越往边沿排列逐步变稀。炉底风冷管布置，如图 2-24 所示。

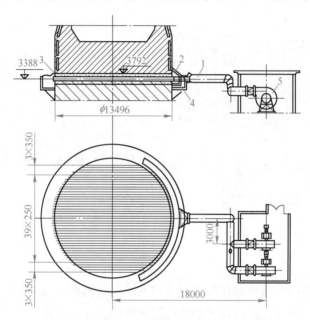

图 2-24　2000 m³ 高炉炉底风冷管布置图（单位：mm）

1—进风管；2—进风箱；3—防尘板；4—风冷管；5—鼓风机

水冷炉底和风冷炉底的冷却管管径、布置方式及碳捣层等基本相同，只是冷却介质不同。

风冷炉底的通风方式，有自然通风和强制通风两种。自然通风不需要通风机等设备，但冷却强度不如强制通风大。一般中型高炉炉底采取自然通风冷却的较普遍，大型高炉炉底则采取强制通风冷却。

水冷炉底的供水方式也有两种：一种是炉底冷却水管与供水总管接通，靠炉体给水总管供水；另一种是利用炉缸的冷却排水管供水，以节约冷却水。

#### 思 考 题

2-1　高炉炉型由哪几部分组成？

2-2　高炉钢结构由哪几部分组成？

2-3　高炉炉壳常见故障有哪些，原因是什么？

2-4 炉体支柱有几种形式，各有何特点？

2-5 高炉炉衬破损原因有哪些，高炉用耐火材料有几种？

2-6 高炉基础承受哪些负荷？

2-7 高炉风口结构如何？

2-8 冷却壁有几种，各有何特点？

# 3 供料设备

课件

视频　供料系统

## 3.1 供料系统基本概念

在高炉生产中，料仓（又称料槽）上下所有的设备称为供料设备。供料设备由原料的输送、给料、排料、筛分、称量等设备组成。其基本职能是按照冶炼工艺要求，将各种原、燃料按重量配成一定料批，按规定程序给高炉上料机供料。

### 3.1.1 对供料系统的要求

对供料系统的要求主要包括：

（1）适应多品种的要求，生产率要高，能满足高炉生产日益增长所需的矿石和焦炭的数量；

视频　供料系统
一现场

（2）在运输过程中，对原料的破碎要少；在组成料批时，对供应原料要进行最后过筛；

（3）设备力求简单、耐磨，便于操作和检修，使用寿命长；

（4）原料称量准确，维持装料的稳定，这是操作稳定的一个重要因素。用电子秤称量时，其误差应小于 5%；

（5）各转运环节和落料点都有灰尘产生，应有通风除尘设备。

### 3.1.2 供料系统的形式和布置

目前我国高炉供料系统有以下三种形式。

#### 3.1.2.1 称量车、料车式上料

我国过去建的高炉，一般采取称量车称量及运输，通过料车和斜桥将炉料运到炉顶。这种炉后供料系统的布置，一般是贮矿槽列线与斜桥垂直，两个贮焦槽紧靠斜桥两侧。当矿石品种单一、贮矿槽容积较大、槽数较少时，贮矿槽可成单排布置；当矿石品种复杂、贮矿槽容积小而个数较多时，可成双排布置，以缩短供料线长度，缩短运输距离，如图 3-1 所示。

视频　槽上

视频　槽上
一现场

#### 3.1.2.2 称量漏斗、料车式上料

采用称量漏斗称量，槽下运料采用胶带运输机。这种供料方式将称量和运输分开，设备职能单一，可以简化设备构造，增强使用的可靠性，并为提高生产能力和实现自动化操作创造了条件，如图 3-2 所示。

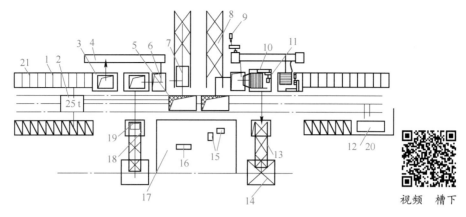

图 3-1　称量车运料系统布置示意图

1—贮矿槽；2—称量车；3—焦炭仓；4—焦炭运输胶带；5—矿石中间漏斗；6—焦炭称量漏斗；7—料车；

8—斜桥；9—焦炭运输带电机；10—滚子筛；11—滚子筛电机；12—称量车修理库；13—碎焦斜桥；14—碎焦仓；

15—焦炭秤头；16—指示盘；17—操作室；18—料车坑；19—碎焦车；20—称量车引渡机；21—贮矿槽

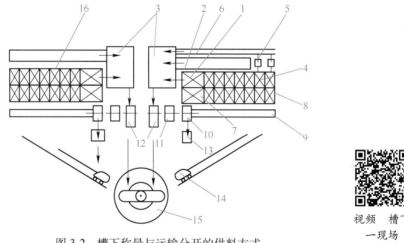

图 3-2　槽下称量与运输分开的供料方式

1—主矿仓；2—链带运输机；3—矿石称量漏斗；4—杂矿仓；5—杂矿称量漏斗；

6—杂矿运输皮带机；7—主焦仓；8—备用焦仓；9—焦炭胶带运输机；10—焦炭筛；

11—焦炭称量漏斗；12—料车；13—焦末仓；14—焦末料车；15—高炉；16—备用矿仓

　　采用这种供料系统时，设置两个容积比较大的主焦仓和主矿仓以及一些容积比较小的备用焦仓和备用矿仓。在料车坑两侧分别设置矿石称量漏斗和焦炭称量漏斗，在杂矿仓出口处设置杂矿及熔剂称量漏斗。焦炭和矿石称量漏斗中的料，靠落差向料车供料，而杂矿称量漏斗中的料靠胶带运输机向料车供料，主焦炭仓和主矿石仓的料可以直接放入其称量漏斗，其余焦仓、矿仓的料则靠胶带运输机或链板机（热烧结矿）运入其称量漏斗。

　　这种设置集中称量漏斗的供料方式，适合于矿石品种比较单一的高炉，不适于矿石品种复杂的高炉。矿石品种复杂时，可以采取分散称量，即在每个矿仓下设置独立的称量漏斗，或者采取分散称量与集中称量相结合设置称量漏斗的方式。

### 3.1.2.3　称量漏斗、皮带机上料

高炉容积的大型化，要求提高高炉后供料能力，为此，国内外大型高炉采用皮带运输机供料的已越来越多。我国宝钢 1 号高炉采用皮带机供料系统，如图 3-3 所示。

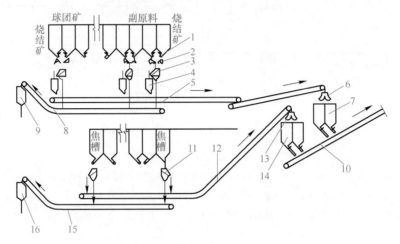

图 3-3　皮带运输机供料系统示意图

1—闸门；2—电动机振动给料机；3—烧结矿振动筛；4—称量漏斗；5—矿石皮带输送机；6—矿石转换溜槽；
7—矿石中间料斗；8—粉矿皮带输送机；9—粉矿料斗；10—上料皮带输送机；11—焦炭振动筛；
12—块焦皮带输送机；13—焦炭转换溜槽；14—焦炭中间称量漏斗；15—粉焦皮带输送机；16—粉焦料斗

采用皮带运输机供料的供料系统，一般矿石采取分散称量，分别设置矿石称量漏斗和矿石中间料斗，将料卸到上料皮带输送机的皮带上；焦炭靠设置在上料皮带运输机上的集中称量漏斗称量后，借助于自身的落差卸到上料皮带输送机上，熔剂和杂矿设置一个称量漏斗，靠落差卸到上料皮带输送机的皮带上输送。

## 3.2　贮矿槽、贮焦槽及给料机

### 3.2.1　贮矿槽与贮焦槽

贮矿槽和贮焦槽位于高炉一侧，它起原料的贮存作用，解决高炉连续上料和车间间断供料的矛盾，当贮矿槽与贮焦槽之前的供料系统设备检修或因事故造成短期间断供料时，可依靠槽内的存量，维持高炉生产。由于贮矿槽和贮焦槽都是高架式的，可以利用原料的自重下滑进入下一工序，有利于实现配料等作业的机械化和自动化。

贮矿槽的容积及个数主要取决于高炉的有效容积、矿石品种及需要贮存的时间。贮矿槽可以成单列设置，也可以成双列设置。双列设置时，槽下运输显得比较拥挤，工作条件较差，检修设备不方便。贮矿槽的数目在有条件时，应尽量减少。单个贮矿槽的容积，一般小高炉为 $50 \sim 100 \, m^3$，大中型高炉为 $100 \, m^3$ 以上。贮矿槽的总容积相当于高炉有效容积的倍数，一般小型高炉为高炉有效容积的 3.0 倍以上，中型高炉为 2.5 倍左右，大型高炉

为 1.6~2.0 倍，可以满足高炉 12~24 h 的矿石消耗量。

贮焦槽的数目与高炉的上料方式有关。当采用称量车称量、料车式上料时，一般只在料车坑两侧各设置一个贮焦槽；当炉后采用称量漏斗称量、皮带输送机供料时，贮焦槽个数可以多些，并不一定都要设置在料车坑两侧，也可单独成列设置。贮焦槽的总容积根据高炉有效容积而定。贮焦槽总容积一般为高炉有效容积的 0.53~1.5 倍。我国某些高炉的贮矿槽、贮焦槽的容积与个数见表 3-1。

**表 3-1　我国某些高炉的贮矿槽及贮焦槽**

| 高炉有效容积/m³ | 贮 矿 槽 | | | | 贮 焦 槽 | | | |
| --- | --- | --- | --- | --- | --- | --- | --- | --- |
| | 一个贮矿槽容积/m³ | 一座高炉贮矿槽数/个 | 总容积/m³ | 为高炉容积的倍数 | 一个贮焦槽容积/m³ | 一座高炉贮焦槽数/个 | 总容积/m³ | 为高炉容积的倍数 |
| 4063 | 560×6<br>140×6<br>170×2<br>60×2 | 16 | 4696 | 1.16 | 450 | 6 | 2700 | 0.66 |
| 2025 | | | 2664 | 1.32 | 170×2<br>102×12 | 14 | 1564 | 0.78 |
| 1513 | 75 | 37 | 2775 | 1.83 | 400 | 2 | 800 | 0.53 |
| 1436 | 75 | 38 | 2850 | 1.96 | 400 | 2 | 800 | 0.56 |
| 1385 | 75 | 38 | 2850 | 2.06 | 400 | 2 | 800 | 0.58 |
| 1053 | 75 | 30 | 2250 | 2.13 | 400 | 2 | 800 | 0.76 |
| 620 | 105 | 110 | 1155 | 1.87 | 192 | 2 | 384 | 0.62 |
| 300 | 42.5 | 16 | 680 | 2.26 | 97 | 2 | 194 | 0.64 |

### 3.2.2　给料机

#### 3.2.2.1　电磁式振动给料机

电磁式振动给料机由给料槽 1、激振器 6、减振器 7 三部分组成，其结构如图 3-4 所示。通过弹簧减振器 7 把给料机整体吊挂在料仓的出口处。激振器 6 与给料槽槽体 1 之间通过弹簧 4 连接。

激振器的工作原理是：交流电源经过单相半波整流，当线圈接通后，在正半周电磁线圈有电流通过，衔铁和铁芯之间便产生一脉冲电磁力相互吸引。这时槽体向后运动，激振器的主弹簧发生变形，储存了一定的势能。在后半周线圈中无电流通过，电磁力消失，在弹簧的作用下，衔铁和铁芯朝相反方向离开，槽体向前运动。这样，电磁振动给料机就以 3000 次/min 的频率往复振动。

电磁振动给料器有以下特点：

（1）给料均匀，与电子称量装置连锁控制，实现给料量自动控制；

（2）由于物料前进呈跳跃式，料槽磨损很小；

（3）由于设备没有回转运动的零件，故不需要润滑，维护比较简单，设备质量小；

（4）能够输送小于 300 ℃的炽热物料；

（5）不宜用于黏性过大的矿石或散装料；

（6）噪声大、电磁铁易发热、弹簧寿命短。

### 3.2.2.2  电机式振动给料机

电机式振动给料机由槽体 1、激振器 2 和减振器 3 三部分组成，其结构如图 3-5 所示。

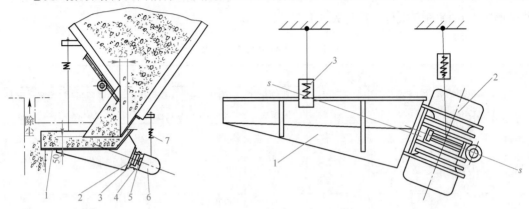

图 3-4  电磁振动给料机结构示意图

1—给料槽；2—连接叉；3—衔铁；4—弹簧组；
5—铁芯；6—激振器；7—减振器

图 3-5  电机式振动给料机

1—槽体；2—激振器；3—减振器

电机式振动给料机由成对电动机组成，激振器和槽体是用螺钉固接在一起的。振动电机可安装在槽体的端部，也可安装在槽体的两侧。振动电机的每轴端装有偏心质量，两轴做反向回转，偏心质量在转动时就构成了振动的激振源，驱动槽体产生往复振动。两振动电机一般无机械联系，靠运转中自同步产生沿 s-s 方向的往复运动。

电机式振动给料机的优点有：更换激振器方便，振动方向角容易调整，特别是激励可根据振幅需要进行无级调整。

### 3.2.2.3  给料机维护检查

（1）各紧固件紧固是否完好无松动，弹簧是否有移动、错位。

（2）箱体料斗不磨碰周围物体、箱体无开裂变形，磨损是否严重。

（3）除尘密封装置完好。

（4）给料是否均匀、顺畅。及时调整振动角度，以利于下料。

（5）给料机吊挂的磨损量要小于 50%；给料槽无严重磨损和漏料；振动电极底座固定牢固、无位移。

## 3.3  槽下筛分、称量、运输

### 3.3.1  槽下筛分

振动筛种类较多，如图 3-6 所示。

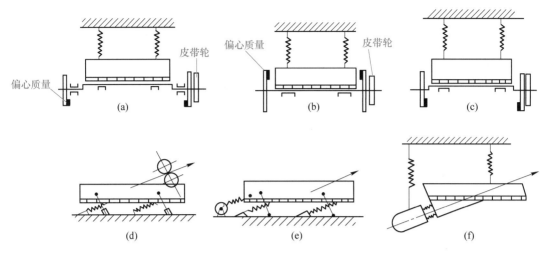

图 3-6　各种振动筛机构原理

（a）半振动筛；（b）惯性振动筛；（c）自定中心振动筛；（d）双轴惯性筛；（e）共振筛；（f）电磁振动筛

按筛体在工作中的运动轨迹来分，可分为平面圆运动和定向直线运动两种。属于平面圆运动的有半振动筛、惯性振动筛和自定中心振动筛；属于定向直线运动的有双轴惯性筛、共振筛和电磁振动筛。

视频　振动筛动画

概率筛是一种多层筛分机械，利用颗粒通过筛孔的概率差异来完成筛分。筛箱上通常安置 3~6 层筛板，筛板从上到下的倾角逐渐递增，而筛孔尺寸逐层递减。概率筛的主要特点是多层筛面、大筛孔和大倾角。这种大筛孔、大倾角的筛面大大减小了物料在筛孔中堵塞的可能性，使物料能迅速透筛，从而提高了筛分机的分离效率和单位面积的处理能力。目前多用于筛分烧结矿、生矿和焦炭等物料。由于它体积小，可以分别安装在每个贮矿槽的下面。

首钢采用共振式概率筛，结构如图 3-7 所示。共振式概率筛优点是单位面积处理物料量大，筛分效率高；体积小，给料和筛分设备合在一起，不需要另加给料机，由于设计了给料段，不用闸门开闭进行给料和停料，操作简单可靠，便于自动化；烧结矿筛和焦炭筛结构相同，互换性好，采用全密闭结构防尘性能好；采用耐磨橡胶筛网噪声小。

武钢采用自定中心振动筛，如图 3-8 所示。由于振动使筛面和筛体的任何部分都进行着圆周运动，筛面倾斜角度多为 15°~20°。在振动筛上加可调式振动给料机后，烧结矿过筛，先经过漏斗闸门，自流到振动给料机上形成小于 40° 的休止角。筛分时由电气控制先启动振动筛，后启动振动给料机，烧结矿则从给料机均匀地卸到已经启动的振动筛上。通过调整振动给料机的安装角度以改变卸料流量，从而控制筛上料层厚度。在保证上料速度的前提下，把料层控制在最薄的程度，将会显著提高筛分效率。武钢 1 号高炉烧结矿的粒度分析，改造前小于 15 mm 的为 11% 左右，改造后降到 8% 左右。

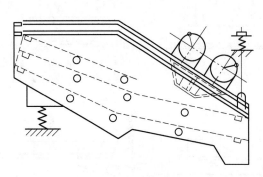

图 3-7　共振式概率筛

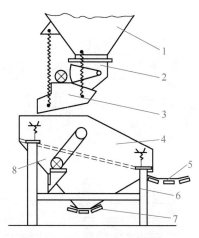

图 3-8　自定中心振动筛

1—料仓；2—料斗闸门；3—振动给料器；4—自定中心振动筛；
5—上料皮带；6—振动筛支架；7—返矿皮带；8—返矿漏斗

### 3.3.2　槽下称量

槽下称量设备主要有称量车和称量漏斗。

#### 3.3.2.1　称量车

称量车是一种带有称量和装卸机构的电动运输车辆。称量车主要由称量斗及其操纵机构、行走机构、车架、操作室及开闭矿槽闸门机构等几部分组成。

称量车适用于高炉原料品种较多或热烧结矿和球团矿的供料。由于称量车称料量小、结构复杂、维修工作量大、人工操作条件差及实现机械化自动化操作较为困难等，一般新建的高炉，已很少采用槽下供料。但是，有的厂对称量车进行了技术改造，采用遥控和程序控制，实现了称量车的机械化和自动化操作，也取得了较好的生产效果。

国内高炉采用的称量车按最大载重量分为 2.5 t、5 t、10 t、20 t、25 t、30 t 和 40 t 几种类型。

#### 3.3.2.2　称量漏斗

称量漏斗按其传感原理的不同，分为机械式称量漏斗和电子式称量漏斗。机械式称量漏斗又称为杠杆式称量漏斗。

A　杠杆式称量漏斗

如图 3-9 所示，杠杆式称量漏斗由以下三部分组成。

视频
称量斗

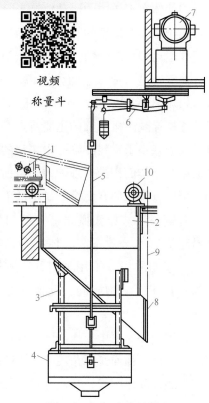

图 3-9　杠杆式称量漏斗

1—筛分机；2—漏斗本体；3—称量支架；
4—称量底座；5—传力杠杆；6—称量杠杆
系统；7—秤头；8—漏斗启闭闸板；
9—驱动闸板的钢绳；
10—电动驱动装置

（1）漏斗本体。由钢板焊接而成，经称量支架 3 支撑在称量底座 4 上。

（2）称量机构。称量底座 4 的承重是经刀口杠杆和传力杠杆 5，与称量杠杆系统 6 相连接，由秤头 7 显示重量。

（3）漏斗闸门启闭机构。在漏斗的卸料嘴处装有闸板 8，闸板 8 经卷筒钢绳牵引，在导槽内上下移动。闸门的开启可用液压传动。

杠杆式称量漏斗具有刀刃口磨损变钝后称量精度降低的缺点。而且杠杆系统比较复杂，整个尺寸比较大。所以目前国内外高炉的炉后称量广泛采用电子式称量漏斗来代替杠杆式称量漏斗。

B　电子式称量漏斗

如图 3-10 所示，电子式称量漏斗由传感器 1、固定支座 2、称量漏斗本体 3 及启闭闸门组成。三个互成 120°的传感器 1 设置在漏斗外侧突圈与固定支座之间，构成稳定的受力平面。料重通过传力滚珠 4 及传力杆 5 作用在传感器上。

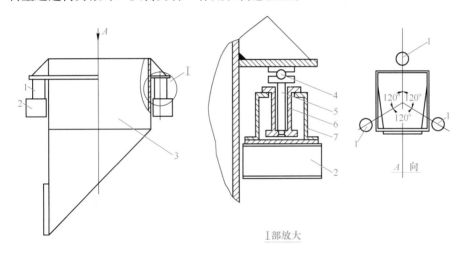

Ⅰ部放大

图 3-10　电子式称量漏斗

1—传感器；2—固定支座；3—称量漏斗本体；4—传力滚珠；

5—传力杆；6—传感元件；7—保护罩

### 3.3.3　槽下运输

槽下供料运输普遍采用胶带运输机供料。胶带运输机供料与称量漏斗称量相配合，是高炉槽下实现自动化操作的最佳方案。

对于双料车上料的高炉，由于料槽分别设置在料车坑的两侧，如果原料品种较单一，在一般情况下，可在料车坑两侧各设置一条胶带机供料，称量漏斗可以在料车坑两侧集中设置或分散设置。如果原料中某种原料较多，如烧结矿，可单独为该种原料设置一条胶带机供料，其他矿石则另外设置胶带机供料。

槽下筛除的筛下物矿粉和焦粉应分别设置胶带机运出车间，或者在矿槽附近分别设置矿末料仓和焦末料仓，暂时贮存，然后用胶带机或汽车等运输机械运出车间。

## 3.4 料车坑

在料车坑内通常安装有称量焦炭、矿石用的称量漏斗或中间漏斗、料车、碎焦仓及其自动闭锁器、碎焦卷扬机，还有排除坑内积水的污水泵等。图 3-11 是 1000 m³ 高炉料车坑的剖面图。

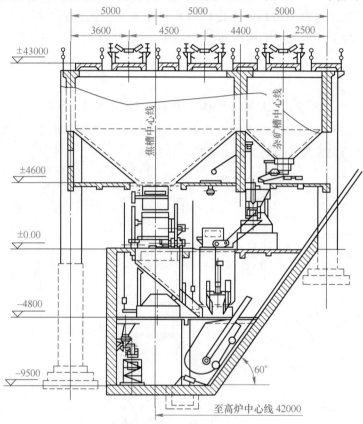

图 3-11　1000 m³ 高炉料车坑剖面图（单位：mm）

料车坑四壁为钢筋混凝土墙体，地下水位高的地区，料坑壁应设防水层，料车坑底面应有 1%～3% 的排水坡度，把水集中到坑的一角，由污水泵排出。

## 思 考 题

3-1　现代高炉对供料系统有哪些要求？

3-2　高炉供料的形式有几种？

3-3　贮矿槽作用有哪些，对贮矿槽应注意哪些问题？

3-4　给料机的形式有几种，各有何特点？

3-5　振动筛有哪几种形式，各有何特点？

3-6　称量漏斗的形式有几种，各有何特点？

3-7　料车坑有哪些主要设备？

# **4** 上料设备

课件

视频
料车上料

高炉冶炼对上料设备有下列要求。

(1) 有足够的上料能力。不仅满足目前高炉产量和工艺操作(如赶料线)的要求,还要考虑生产率进一步增长的需要。

(2) 长期、安全、可靠地连续运行。为保证高炉连续生产,要求上料机各构件具有足够的强度和耐磨性,使之具有合理的寿命。为了安全生产,上料设备应考虑在各种事故状态下的应急安全措施。

(3) 炉料在运送过程中应避免再次破碎。为确保冶炼过程中炉气的合理分布,必须保证炉料按一定的粒度入炉,要求炉料在上料过程中不再出现粉矿。

(4) 有可靠的自动控制和安全装置,最大程度地实现上料自动化。

(5) 结构简单,维修方便。

## 4.1 料车上料机

料车式上料机主要由斜桥、斜桥上铺设的轨道、两个料车、料车卷扬机及牵引用钢丝绳、绳轮等组成,如图4-1所示。

### 4.1.1 斜桥和绳轮

#### 4.1.1.1 斜桥

现代高炉的斜桥都采用焊接的桁架结构,在斜桥的下弦上铺有两对平行的轨道,供料车行驶。为了防止料车的脱轨和确保卸料安全,在桁架上安装了与轨道处于同一垂直面上且与之平行的护轮轨。

斜桥的支撑一般采用两个支点,一个支点在近于地面或料车坑的壁上,另一个支点为平面桁架支柱,允许桥架有一定的纵向弹性变形。斜桥在平面桁架支柱以上的部分是悬臂的,与高炉本体分开,这样炉壳的变形就不会引起斜桥变形。上绳轮配置在斜桥悬臂部分的端部。

#### 4.1.1.2 料车轨道

在斜桥下弦铺设的料车轨道分三段,分别为料坑直轨段、中部直轨段和炉顶卸料曲轨段。为了充分利用料车有效容积,使料车多装些炉料,料坑直轨段倾角为60°,最小不宜小于50°;中部直轨段是料车高速运行段,要求道轨安装规矩,确保高速运行料车平稳通过,倾角为$\alpha = 45° \sim 60°$;炉顶卸料曲轨段使料车达到炉顶时能顺利自动地卸料和返回。三段轨道相连接处均应有过渡圆弧段。

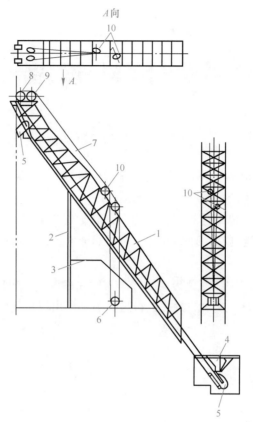

图 4-1 料车上料机结构

1—斜桥；2—支柱；3—料车卷扬机室；4—料车坑；5—料车；6—料车卷扬机；7—钢绳；8~10—绳轮

炉顶卸料曲轨段应满足如下要求：

（1）料车在曲轨上运行要平稳，应保证车轮压在轨道上而不出现负轮压；

（2）满载料车行至卸料轨道极限位置时，炉料应快速、集中、干净、准确地倒入受料漏斗中，减小炉料粒度及体积偏析；

（3）空料车在曲轨顶端，能张紧钢绳并能靠自重自动返回；

（4）料车在曲轨上运行的全过程中，在牵引钢绳中引起的张力变化应平缓过渡，不能出现冲击载荷；

（5）卸料曲轨的形状应便于加工制造。

能满足上述要求的形式有多种，过去常用曲线型导轨［见图 4-2（a）］，而近来则主要采用直线型卸料导轨［见图 4-2（b）］，这两种导轨优缺点比较见表 4-1。

表 4-1 两种卸料导轨的比较

| 导 轨 形 式 | 曲线型导轨 | 直线型导轨 |
| --- | --- | --- |
| 结构 | 比较复杂 | 简单 |
| 卸料偏析 | 较小 | 较大 |
| 钢绳张力变化 | 较好 | 较差 |
| 空料车自返条件 | 较差 | 较好 |

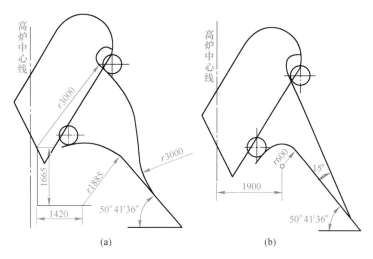

图 4-2　卸料曲轨的形式（单位：mm）

（a）曲线型；（b）直线型

### 4.1.1.3　绳轮

图 4-1 所示的上料机有两对绳轮（一对在斜桥顶端，另一对在中部）用于钢绳的导向。目前应用较多的为整体铸钢绳轮，如图 4-3 所示，其材质为 ZG45B，槽面淬火硬度大于 280HBR，绳轮轴支撑在球面滚子轴承上。滚动轴承支座固定在支架上。

绳轮的安装位置和钢绳方向一致，否则钢绳很容易磨损。

露天运转的绳轮，应采用集中润滑系统，按时加油，保证绳轮得到充分的润滑，其轴承温度小于 65 ℃（手触不超过 3 s），无异常声音。

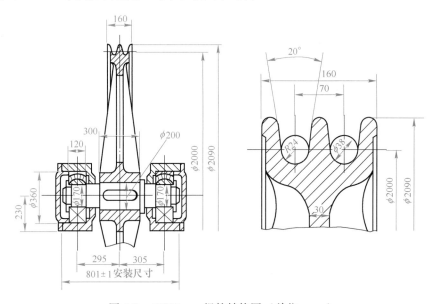

图 4-3　$\phi$2000 mm 绳轮结构图（单位：mm）

### 4.1.2　料车

料车上料机工作原理如图 4-4 所示。

料车卷扬机牵引两个料车，各自在斜桥轨道上行走，两个料车
运动方向相反，装有炉料的料车上行，另一个空料车下行。为了使
上行料车行驶到斜桥顶端时能够自动卸料，把斜桥顶部的料车走行
轨道做成曲轨形，称为主曲轨。在主曲轨外侧装有能使料车倾翻的
辅助曲轨，其轨距比主曲轨宽，并位于主曲轨之上。当料车前轮沿
着主曲轨前进时，后轮则通过轮面过渡到辅助曲轨上并继续上升，
使料车后部逐渐抬起。当前轮行至主曲轨终点时，料车就以前轮为
中心进行倾翻，自动将炉料卸入炉顶受料漏斗中，卷扬机反转时，
卸完料的空车由于本身的自重而从辅助曲轨上自行退下。同时另一
个装有炉料的料车沿着斜桥另一侧轨道上行。如此周而复始地进行
上料作业。

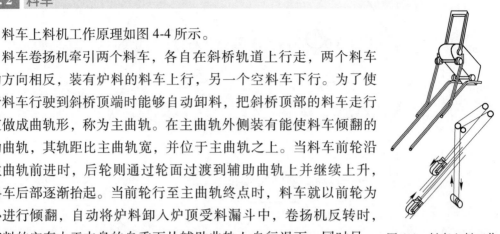

图 4-4　料车上料工作
原理示意图

如图 4-5 所示，料车主要由三部分组成，即车体部分、行走部分和车辕部分。

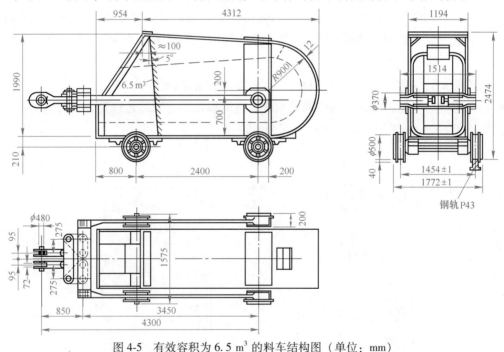

图 4-5　有效容积为 6.5 m³ 的料车结构图（单位：mm）

#### 4.1.2.1　车体部分

车体由 9~15 mm 厚的钢板焊成，底部和两侧用铸造锰钢或白口铸铁衬板保护。为了
卸料通畅和便于更换，它们用埋头螺钉与车体相连接。为了防止嵌料，车体四角制成圆弧
形，以防止炉料在交界处积塞。在料车尾部的上方开有小孔，便于人工把撒在料坑内的炉
料重新装入车内。另外在车体前部的两外侧各焊有一个小搭板，用来在料车下极限位置时

搁住车辕，以免车辕与前轮相碰。

车身外形有斜体与平体两种形式。斜体式倒料集中，减少偏析，多用在大中型高炉上。平体式制作容易，多用在小型高炉上。

#### 4.1.2.2 行走部分

料车的底部安装有四个车轮，前面两个车轮只有一个轮面，轮缘在轨道内侧。后面两个车轮都有两个轮面，轮缘在两个轮面之间。当料车进入卸料曲轨时前轮继续沿着内曲轨运行，后轮则利用外侧轮面沿着外轨运行，使料车能倾斜卸料。

料车的车轮装置有转轴式和心轴式两种。

A 转轴式

如图 4-6 所示，车轮与车轴采用静配合或键连接，固定在一起旋转。轴在滚动轴承内转动。车轮轴的滚动轴承装在可拆分的轴承箱内。轴承箱上部固定在车体上，下部和上部螺钉相连。这种结构拆装比较方便。其优点是转轴结构固定牢固、安全可靠，并采取整体更换；其缺点是当卸料曲轨安装不平行时，车轮磨损不均匀。

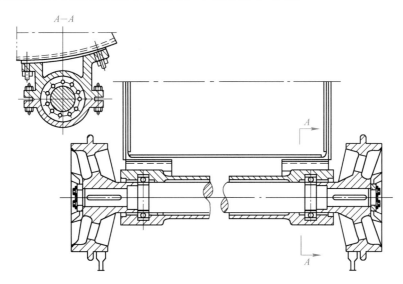

图 4-6 转轴式料车轴结构

B 心轴式

如图 4-7 所示，车轮与车轴轴端采用动配合结构。允许轴两端的车轮不同步运转。因此不发生瞬时打滑现象，避免了转轴式结构的缺点。这种结构的优点是轮子磨损较均匀、结构较简单；其缺点是轮轴侧向端面固定较差，车轮容易脱落。

#### 4.1.2.3 车辕部分

如图 4-8 所示，车辕装置是一门形框架，通过耳轴 10 与车身 11 两侧活动连接。

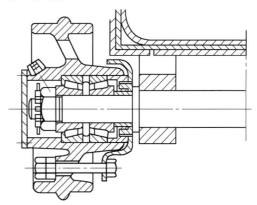

图 4-7 心轴式料车后轮

用来牵引料车运行。采用双钢丝绳牵引时，钢丝绳连接在车辕横梁 5 中部的张力平衡装置上，使两条钢丝绳受力平衡。采用双钢丝绳牵引料车，既安全，又可减少每根钢丝绳的直径，因而卷筒的直径也减小。

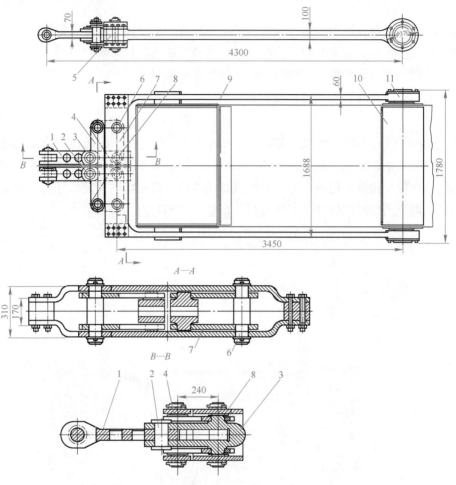

图 4-8　钢丝绳张力平衡装置（单位：mm）

1—调节杆；2、6、8—销轴；3—拉杆；4—横杆；5—车辕横梁；
7—摇杆；9—车辕架；10—耳轴；11—车身

　　车辕上的钢丝绳张力平衡器由两个三角形摇杆 7、横杆 4、销轴 8、车辕架 9 及拉杆 3 等组成。摇杆 7 用销轴 6 铰接在车辕横梁 5 上，另两端和横杆 4 及拉杆 3 相铰接，拉杆 3 通过销轴 2 与调节杆 1 连接。当张力不平衡时，两个三角形摇杆各自绕销轴 6 做反向转动用以调节，如图 4-9 所示。

### 4.1.3　料车卷扬机

#### 4.1.3.1　料车卷扬机的结构

图 4-10 所示为用于 1513 m³ 高炉的标准型料车卷扬机示意图。

A 机座

机座用来支撑卷扬机的各部件,将卷扬机所承受的负载,通过地脚螺栓传给地基。机座由两部分组合,电动机和工作制动器安装在左机座上,传动齿轮和卷筒安装在右机座上,这样确保卷筒轴线安装的正确性。大中型高炉料车卷扬机机座多采用铸铁件拼装结构,吸振效果好,传动平稳。小型高炉料车卷扬机机座多采用型钢焊接结构,制造简单,但吸振能力较差。

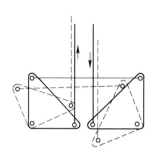

图 4-9 钢丝绳张力平衡示意图

B 驱动系统

(1) 双电机驱动,可靠性大。两台电动机型号和特性相同,同时工作。当其中一台电动机出现故障,另一台可在低速正常载荷或正常速度低载下继续运转工作,保证高炉生产的连续性。

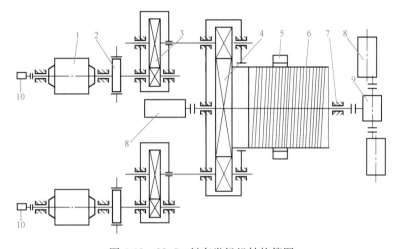

图 4-10 22.5 t 料车卷扬机结构简图

1—电动机;2—工作制动器;3—减速器;4—齿轮传动;5—钢绳松弛断电器;6—卷筒;
7—轴承座;8—行程断电器;9—水银离心断电器;10—测速发电机

(2) 采用直流电动机,用发电机的电动机组控制,具有良好的调速性能,调速范围大,使料车在轨道上以不同速度运动,既可保证高速运行,又可保证平稳启动、制动。有些厂用可控硅整流装置向直流电动机的电枢供电,既省电功率又大,同时体积又小。

(3) 由于传动力矩大,常采用人字齿轮传动,但大模数人字齿轮加工制造时难以保证足够的精度,再加上安装时的偏差,可能会造成人字齿轮两侧受力不均匀,甚至不能保证啮合。为了保证人字齿轮的啮合性,各传动轴中只有一根轴的一端限定了轴向位置,其余各轴,在轴向均可窜动。通常将卷筒轴一端限定为轴向移动。

C 安全系统

为了保证料车卷扬机安全可靠地运行,卷扬机应设有行程断电器、水银离心断电器、钢绳松弛断电器等。

(1) 为了保证料车以规定的速度运行,卷扬机装有行程断电器(见图 4-10 中的 8)

和水银断电器（见图 4-10 中的 9），它们通过传动机构与卷筒轴相连接。

行程断电器按行程的函数实行速度控制。行程断电器使卷扬机第一次减速在进入卸料曲轨之前 12 m 处开始，使料车在卸料曲轨上以低速运行。第二次减速在停车前 3 m 开始，在行程终点增强电气动力制动，接通工作制动器，卷扬机就停下来。行程断电器安装在卷筒轴两端，用圆锥齿轮传动。

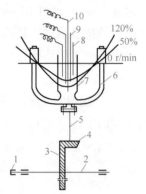

电气设备控制失灵时，采用水银断电器来控制速度。曲轨上的速度不应超过最大卷扬速度的 40%~50%，直线段轨道上的速度不应超过最大卷扬速度的 120%。当速度失常时，它自动切断电路。水银断电器的工作原理如图 4-11 所示。

用透明绝缘材料做成"山"字形连通器，竖直安装在卷筒输出轴上，通过锥齿轮 3、4 传动，绕其竖轴 5 回转。其转速变化反映卷筒转速的变化。在连通器 6 内灌入水银。在中心管 7 内，自上口悬挂套装在一起的不同长度的金属套管与芯棒，彼此绝缘并通过导线导出；当卷扬机停车时，静止的水银水平面将套管与金属棒之间短路，形成常闭接点。卷扬机工作、连通器旋转时，水银在离心力作用下呈下凹曲面，从而切断相应的接点。当卷扬机转速为正常转数的 50% 时接触点 8 的电路断开，以此来控制料车在斜桥卸料曲轨段上的速度。而当转速为正常

图 4-11　水银离心断电器

1—联轴节；2—传动轴；

3，4—锥齿轮；5—竖轴；

6—连通器；7—中心管；

8~10—触点

转数的 120% 时，水银与接触点 9 断开，此时制动器就进行制动，卷扬机就停转，以此来控制料车在斜桥直线段的速度。

（2）钢绳松弛断电器。钢绳松弛断电器如图 4-12 所示，主要用来防止钢绳松弛。如果由于某种原因，料车下降时被卡住，钢绳松弛，当故障一旦排除料车突然下降，将产生巨大冲击，钢绳可能断裂，料车掉道。钢绳松弛断电器有两个，安装在卷筒下的每一个边，分别供左右料车的钢绳使用。当钢绳松弛时，钢绳压在横梁上，通过杠杆 2 使断电器 3 起作用，卷扬机便停车。

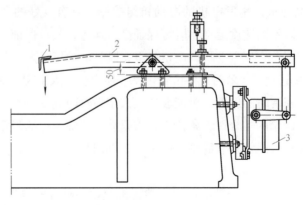

图 4-12　钢绳松弛断电器

1—横梁；2—杠杆；3—断电器

### 4.1.3.2 维修注意事项

（1）料车钢绳伸入卷筒后一般采用多个钢绳卡固定。绳卡靠其螺栓的拧紧力把钢绳压扁，卡子之间压紧的方向错开 30°～90°，以使卡子之间钢绳变形不一致，从而使摩擦阻力增大，提高钢绳的有效承载能力。

（2）卷扬机轴承一般都采用自动给油。给油量要求适量，否则轴承会发热，降低设备的使用寿命。

料车卷扬机常见故障及处理方法见表 4-2。

**表 4-2 料车卷扬机常见故障及处理方法**

| 故　障 | 故　障　原　因 | 处　理　方　法 |
|---|---|---|
| 料车卷扬机齿接手连接螺栓经常松动以致剪断 | （1）两台电动机启动不同步，或转速不一致；<br>（2）抱闸不同步，或电机转动前抱闸未打开 | （1）调整电动机启动时间和转速，使其一致；<br>（2）调节抱闸启动时间使其一致，或调整抱闸张开间隙，使其均匀并在 1.5～2.0 mm 范围内 |
| 振动大有噪声 | （1）设备在基础上调整安装得不精确，或相连接两轴的同心度偏差大；<br>（2）联轴器径向位移大，或连接装配不当；<br>（3）转动部分不平衡；<br>（4）基础不牢固；<br>（5）齿轮啮合不好 | （1）重新找正，找水平；<br>（2）更换联轴器或重新调整装配；<br>（3）检查安装情况，纠正错误；<br>（4）加固基础；<br>（5）重新安装、调整 |
| 轴承温度过高 | （1）轴承间隙过小；<br>（2）接触不良或轴线不同心；<br>（3）润滑剂过多或不足；<br>（4）润滑剂的质量不符合要求 | （1）更换轴承，调整间隙；<br>（2）重新调整找正；<br>（3）减少或增加润滑剂；<br>（4）更换合适的润滑剂 |
| 轴承异响 | （1）如果出现"得得"音，则可能是轴承有伤痕，或内外圈破裂；<br>（2）如果出现打击音，则滚道面剥离；<br>（3）如果出现"咯咯"音，则说明轴承间隙过大；<br>（4）如果产生金属声音，则说明润滑剂不足或异物侵入；<br>（5）如果产生不规则音，则说明滚动体有伤痕、剥离或保持架磨损、破缺 | （1）更换轴承并注意使用要求；<br>（2）更换轴承；<br>（3）更换轴承；<br>（4）补充润滑剂或清洗更换润滑剂；<br>（5）更换轴承 |
| 齿轮声响和振动过大 | （1）装配啮合间隙不当；<br>（2）齿轮加工精度不良；<br>（3）两轮轴线不平行或两轮与轴不垂直；<br>（4）齿轮磨损严重或检修吊装时碰撞，齿轮局部变形，或润滑不良 | （1）调整间隙；<br>（2）修理或更换齿轮；<br>（3）调整或修理、更换齿轮；<br>（4）更换或修理齿轮，或改善润滑条件 |
| 料车轮啃轨道 | （1）车轮窜动间隙大；<br>（2）轨道变形 | （1）调整间隙；<br>（2）修理轨道 |

### 4.1.4　料车在轨道上的运动

如图 4-13 所示，将料车在斜桥轨道上运动的过程分成六个阶段。

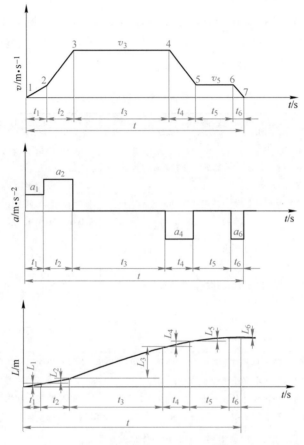

图 4-13　钢绳速度、加速度和行程曲线

（1）启动段。实料车由料车坑启动开始运行。同时位于炉顶的空料车，在自重的作用下自炉顶卸料曲线极限位置下行，为防止空料车牵引钢绳松弛，要求实料车启动加速度必须小于空料车自返加速度在牵引钢绳方向的分量。故加速度 $a_1$ 应小些，一般 $a_1 = 0.2 \sim 0.4 \, \mathrm{m/s^2}$。

启动段料车行程 $L_1$ 设计时多定为：$L_1 = 1 \, \mathrm{m}$。

（2）加速段。此时空料车即将退出卸料曲轨进入直线轨道，实料车走出料车坑进入直轨段。为提高上料机上料能力，加快料车运行，加速段末速度 $v_2$ 等于料车高速匀速运行速度 $v_3$，通常定为 $v_3 = 3 \sim 4 \, \mathrm{m/s}$。

加速段加速度通常选为：$a_2 = 0.4 \sim 0.8 \, \mathrm{m/s^2}$。

（3）高速运行段。上下行料车以高速匀速度运行。

（4）减速段。此时实料车接近卸料曲轨段。通常选用：$a_4 = -(0.4 \sim 0.8) \mathrm{m/s^2}$。

本段末速度选用：$v_4 = 0.5 \sim 1$ m/s。

（5）低匀速运行段。此时实料车在卸料曲轨上匀速运行。空料车接近料车坑终端。本段运行速度：$v_5 = v_4 = 0.5 \sim 1$ m/s。

（6）制动段。上下行料车各自运行向终端位置。制动加速度值通常选用：$a_6 = -(0.4 \sim 0.8)$ m/s$^2$。

## 4.2　带式上料机

随着高炉的大型化，料车上料已满足不了生产需要，需采用皮带上料。图 4-14 为带式上料机示意图。

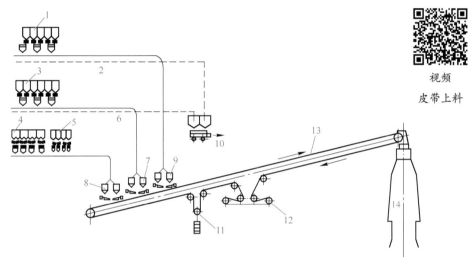

视频
皮带上料

图 4-14　带式上料机示意图

1—焦炭料仓；2—碎焦；3—烧结矿料仓；4—矿石料仓；5—辅助原料仓；6—筛下的烧结矿；
7—烧结矿集中斗；8—矿石及辅助原料集中斗；9—焦炭集中斗；10—运走；
11—张紧装置；12—传动装置；13—带式上料机；14—高炉中心线

焦炭、矿石等原料，分别运送到料仓中。再根据高炉装料制度的要求，经过自动称量，将各种不同炉料分别装入各自的集中斗里。上料皮带是连续不停地运行的，炉料按照上料程序，由集中斗下部的给料器均匀地分布到皮带上，并运送到高炉炉顶。批量的大小取决于炉顶受料装置的容积。

和料车上料机比较，带式上料机具有以下特点：

（1）工艺布置合理。料仓距离高炉远，使高炉周围空间自由度大，有利于高炉炉前布置多个出铁口；

（2）上料能力强。满足了高炉大型化以后大批量的上料要求；

（3）上料均匀，对炉料的破碎作用较小；

（4）设备简单、投资较小。

（5）工作可靠、维护方便、动力消耗少，便于自动化操作。

但是带式运输机的倾角一般不超过 12°，水平长度在 300 m 以上，占地面积大；必须要求冷料，热烧结矿需经冷却后才能运送。严格控制炉料，不允许夹带金属物，以防止造成皮带被刮伤和纵向撕裂的事故。

### 4.2.1　带式上料机的组成

带式上料机由皮带及上下托辊、装料漏斗、头轮及尾轮、张紧装置、换辊装置、驱动装置、换带装置、皮带清扫除尘装置及机尾、机头检测装置组成。

（1）皮带。采用钢绳芯高强度皮带，国产钢绳芯高强度皮带已有系列标准。钢绳芯胶带如图 4-15 所示。

这种皮带具有寿命长、抗拉力强、受拉时延伸率小、运输能力大等优点。但也具有皮带横向强度低、容易断丝的缺点。

钢绳芯皮带的接头很重要，一般皮带制成 100 多米长的带卷，在现场安装时逐段连接。连接接头一般都用硫化法。硫化接头的形式有对接、搭接、错位搭接等，其中错位搭接法（见图 4-16）能充分利用橡胶与钢丝绳的粘着力，接头强度可达皮带本身强度的 95%以上。

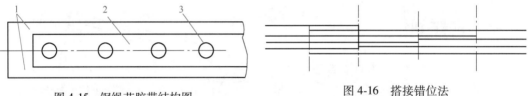

图 4-15　钢绳芯胶带结构图

1—上下覆盖胶；2—芯胶；3—钢芯

图 4-16　搭接错位法

（2）上下托辊。采用三托辊 30°槽形结构。

（3）装料漏斗。在料仓放料口安装的电磁振动给料器及分级筛将炉料放入装料漏斗，炉料经装料漏斗流到皮带上。

（4）头轮及尾轮。头轮设置在卸料终端，设置在炉顶受料装置的上方。尾轮通过轴承座支持在基础座上。

（5）张紧装置。在皮带回程，利用重锤将皮带张紧。

（6）换辊小车机构。通过运动在皮带走廊一侧的换辊小车来换辊，如图 4-17 所示。

（7）驱动装置。驱动装置多为双卷筒四电机（其中一台备用）的驱动方式（见图 4-18）以减少皮带的初拉力。在电机与减速器间安设液力联轴器来保证启动平稳，负荷均匀。如采用可调油量式的液力联轴器，则能调节两卷筒各个电机的负荷，使其平衡。

炉顶环境较差，为了便于维修，带式上料机的传动装置都安装在地面上。

（8）换带装置。在驱动装置中的一个张紧滚筒上设置换带驱动装置。换带时打开主驱动系统的链条接手，然后利用旧皮带，牵引新皮带在换带驱动装置的带动下更新皮带，如图 4-18 所示。

（9）皮带清扫除尘装置。在机尾皮带返程段，设置橡胶螺旋清洁滚筒，压缩空气喷嘴、水喷嘴、橡胶刮板、回转刷及负压吸尘装置，如图 4-19 所示。

（10）带式上料机的料位检测。如图 4-20 所示，A、B 两个检测点分别给出一个料堆的矿石或焦炭的料尾已经通过的判断，解除集中卸料口的封锁，发出下一个料堆可以卸到皮带机上的指令，卸料口到检测点的距离 L，也就是两个料堆之间的距离，应保证炉顶装料设备的准备动作能够完成。

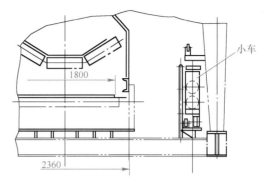

图 4-17　换辊小车装置（单位：mm）

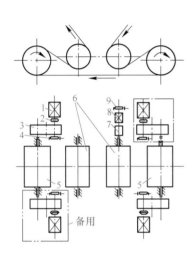

图 4-18　皮带式上料机驱动系统示意图

1—电动机；2—液力耦合器；3—减速器；

4—制动器；5—驱动滚筒；6—导向滚筒；

7—行星减速机；8—电动机；9—制动器

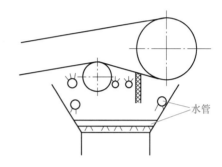

图 4-19　皮带清洗除尘装置

图 4-20　上料机原料位置检测点

料头到达 C 检测点时，给出炉顶设备动作指令，并把炉顶设备动作信号返回。料头到达 D 检测点时，如炉顶设备的有关动作信号未返回，上料机停机；如炉顶设备的有关动作信号已返回，料头通过检测点。当料尾通过 D 检测点时，向炉顶装料设备发出动作信号。

**4.2.2　带式上料机的维修**

4.2.2.1　检修

A　准备工作

（1）检修前必须弄清检修项目，做好分工安排，检修人员必须注解所检修的部位及结构，做好准备工作。

（2）检修人员必须和岗位操作人员及操作室取得联系后，切断电源，挂上检修牌，才可进行检修。

　　B　检修内容

　　（1）检修驱动装置时，认真细心拆卸零件，不能乱堆乱放，要放好并做上标记，以便提高检修速度。

　　（2）拆卸轴承及联轴器时不要用锤直接敲打，要用顶丝或千斤顶顶出或拉出。

　　（3）减速机拆卸后，检查各部件磨损情况、轴径椭圆情况及齿轮磨损情况，以及连接键是否松动。

　　（4）更换皮带、托辊及清扫器。

4.2.2.2　常见故障及处理方法

带式上料机常见故障及处理方法见表4-3。

表4-3　带式上料机常见故障及处理方法

| 故　　障 | 故　障　原　因 | 处　理　方　法 |
|---|---|---|
| 皮带表面严重磨损划伤 | 运输料中有杂物 | 清除杂物 |
| 皮带跑偏 | 调整不及时，皮带质量或胶接不合格 | 及时调整，换用高质量皮带 |
| 滚筒筒体严重磨损 | 维护不及时 | 及时维护 |
| 滚筒轴承温度升高，有杂音 | 加油不及时，油品污染 | 及时加油 |
| 托辊卡死 | 托辊轴承失效 | 更换轴承 |
| 托辊严重磨损 | 托辊严重磨损 | 更换托辊 |

思　考　题

4-1　斜桥的支撑为什么与炉皮分开？

4-2　卸料曲轨的要求有哪些？

4-3　料车结构包括几部分？

4-4　料车卷扬机减速机齿轮为什么都采用人字齿轮，所有传动轴承中为什么只有一个是固定的？

4-5　料车卷扬机为何采用双电机牵引？

4-6　料车自返条件是什么？

4-7　如何保证料车运行的稳定性？

4-8　如何保证料车卷扬机的安全？

4-9　对带式上料机传动装置的要求有哪些，带式上料机有哪些主要附设装置？

4-10　皮带上料的最大优点是什么？

# 5 炉顶设备

课件

炉顶设备用来接受上料机提升到炉顶的炉料，将其按工艺要求装入炉喉，使炉料在炉内合理分布，同时起密封炉顶的作用。炉顶设备主要包括装料、布料、探料和均压等部分。

## 5.1 炉顶设备概述

### 5.1.1 对炉顶设备的要求

为了使炉顶装料设备的寿命能维持高炉一代炉龄，炉顶装料设备应满足下列要求：

（1）能够满足炉喉合理布料的要求，在炉况失常时能够灵活地将炉料分布到指定的部位；

（2）保证炉顶密封可靠，满足高压操作要求，防止高压脏煤气泄漏冲刷设备；

（3）能抵抗炉料的冲击磨损、煤气流的冲刷磨损以及化学腐蚀；

（4）结构简单，检修方便，容易维护，能实现自动化操作；

（5）要有足够高的强度和刚性，能抵抗高温和急剧的温度变化所产生的应力作用。

### 5.1.2 炉顶设备形式分类

（1）按上料方式，炉顶设备分为料车式及皮带运输机式。

（2）按装料方式，炉顶设备分为料钟式、钟阀式及无料钟炉顶。其中料钟式炉顶又分为双钟式、三钟式和四钟式几种。增加料钟个数的目的是为了加强炉顶煤气的密封，但使炉顶装料设备的结构更加复杂化。我国高炉普遍采用双钟式炉顶结构。钟阀式炉顶是在双钟式炉顶的基础上发展起来的，其主要目的也是为了加强炉顶煤气的密封。钟阀式炉顶由于贮料罐个数的不同又分为双钟双阀和双钟四阀两种，目前这两种炉顶我国高炉均有采用。无料钟炉顶很好地解决了高炉炉顶的密封问题，而且还为灵活布料创造了条件。无料钟炉顶已成为目前国内外大型高炉优先选用的炉顶装料、布料方案。无料钟炉顶由于贮料罐位置的不同，分为双罐并联式和双罐串联式，而双罐串联式有代替双罐并联式的趋势。

（3）按炉顶布料方式，主要有马基式布料器、空转及快速布料器以及溜槽布料等。其中马基式布料器由于密封复杂，又容易损坏而逐步被淘汰。空转及快速布料器二者结构基本相同，但布料操作方式各异，前者为不带料旋转，后者为带料旋转。溜槽布料由于布料调节更加灵活方便，为国内高炉广泛采用。

（4）按炉顶煤气压力高低，分为常压炉顶和高压炉顶。高压炉顶结构比常压炉顶复杂，它包括均压系统。由于高压炉顶操作有利于高炉强化冶炼，国内外大小炉容的高炉均普遍推广采取高压炉顶操作。炉顶压力的提高是依靠高压调节阀组的操纵来实现的。

## 5.2　料钟式炉顶设备

### 5.2.1　炉顶设备组成及装料过程

马基式布料器双钟式炉顶是钟式炉顶设备的典型代表，如图5-1、图5-2所示。

#### 5.2.1.1　设备组成

炉顶装料设备主要由受料料斗、布料器（由小料钟和小料钟料斗等组成）、装料器（由大料钟、大钟料斗和煤气封罩等组成）、料钟平衡和操纵设备（也有采用液压控制的，从而取消平衡装置）、探料设备等部分组成。

炉顶还有煤气导出系统的上升与下降管，在上升管顶端设有均压和休风时放散炉喉煤气的放散阀，为了安装和更换炉顶设备用的安装梁、移动小车和旋臂超重机，以及为维护和检查炉顶设置的大小平台等。

#### 5.2.1.2　装料过程

炉料由料车按一定程序和数量倒入小钟料斗，然后根据布料器工作制度旋转一定角度，打开小料钟，把小料钟料斗内的炉料装入大料钟料斗。一般来说，小料钟工作四次以后，大料钟料斗内装满一批料。待炉喉料面下降到预定位置时，提起探料设备，同时发出装料指示，打开大料钟（此时小料钟应关闭），把一批炉料装入炉喉料面。

现代高炉都实行高压操作，炉顶压力一般为0.07~0.25 MPa，在这种情况下，大料钟受到很大的浮力。为了顺利打开大料钟，需要在大、小料钟之间的空间内通入均压煤气，为顺利打开小料钟，要把大、小料钟之间均压煤气放掉，因此，炉顶设有均压和放散阀门系统。

### 5.2.2　固定受料漏斗

受料漏斗用来承接从料车卸下的炉料，把它导入到布料器。受料漏斗的形状与上料方式有关。图5-3是用料车上料时采用的一种结构形式。

它的作用是使左右两个料车倒出的炉料顺利地进入小钟漏斗内。为了下料通畅，受料漏斗的倾斜侧壁，特别是在四个拐角上与水平面应有足够的角度（至少45°，最好为60°）。焊接外壳的内表面由铸造锰钢板用螺栓固定，作为耐磨内衬。迎料的几块容易损坏，更换困难，因此缝隙处焊有挡板，形成"料打料"，以延长衬板的使用寿命。

为了便于安装，通常受料漏斗沿纵断面分为两半，用螺栓连接。整个受料漏斗由两根槽钢支持在炉顶框架上，它与旋转布料器不连接在一起。

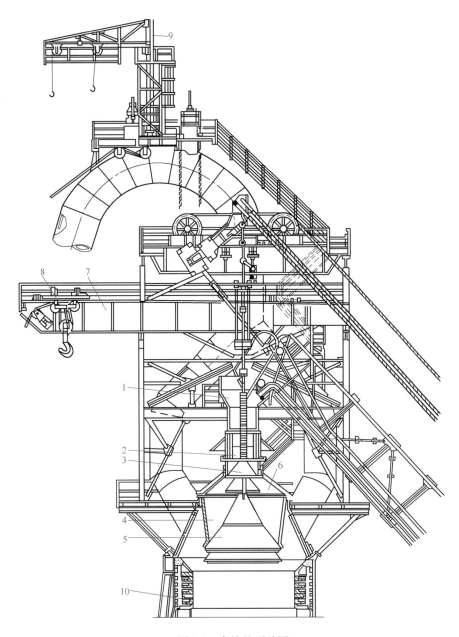

图 5-1 高炉炉顶总图

1—受料漏斗；2—布料器漏斗；3—小料钟；4—大料斗；5—大料钟；6—煤气封罩；

7—安装梁；8—安装小车；9—旋转式起重机；10—炉喉钢砖

## 5.2.3 布料器组成及基本形式

### 5.2.3.1 合理布料的意义和要求

从炉顶加入炉料不只是一个简单的补充炉料的工作，因为炉料加入后的分布情况影响着煤气与炉料间相对运动或煤气流分布。如果上升煤气和下降炉料接触好，煤气的化学能

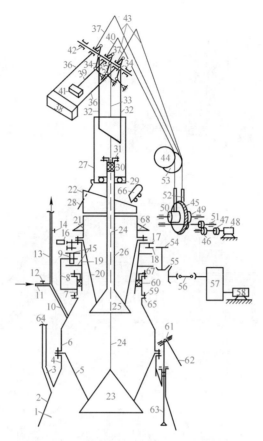

图 5-2  炉顶装料设备详细示意图

1—炉喉；2—炉壳；3—煤气上升管；4—炉顶支圈；5—大钟料斗；6—煤气封罩；7—支托环；8—托架；9—支托辊；10—均压放散管；11—均压煤气管；12—大料钟均压阀；13—小料钟均压放散管；14—小料钟均压放散阀；15—外料斗法兰（上有环行轨道）；16—水平挡辊；17—外料斗上缘法兰；18—大齿圈；19—外料斗；20—小钟料斗；21—小钟料斗上段；22—受料漏斗；23—大料钟；24—大钟拉杆；25—小料钟；26—小钟拉杆；27—小料钟吊架；28—防扭杆；29—止推轴承（平球架）；30—大小料钟拉杆之间的密封填料；31—填料压盖；32—大钟吊杆；33—小钟吊杆；34—大钟吊杆导向器；35—小钟吊杆导向器；36—大钟平衡杆长臂；37—大钟平衡杆短臂；38—大钟平衡重锤；39—小钟平衡杆长臂；40—小钟平衡杆短臂；41—小钟平衡重；42，51—轴承；43—钢丝绳；44—小料钟导向滑轮；45—料钟卷扬机大齿轮；46—传动齿轮；47—联轴器；48，58—电动机；49—大钟卷筒；50—小钟卷筒；52—板式关节链条；53—大钟导向滑轮；54—齿轮；55—锥齿轮；56—万向联轴节；57—减速箱；59—连接螺栓；60—布料器密封填料；61—探尺导向滑轮；62—通探尺卷扬机的钢丝绳；63—探尺；64—通煤气放散阀；

65—煤气封罩上法兰；66—上料小车；67—填料压盖；68—防尘罩

和热能得到充分利用，炉料得到充分预热和还原，此时高炉能获得很好的生产技术经济指标。煤气流的分布情况取决于料柱的透气性，如果炉料分布不均，则煤气流自动地向孔隙较大的大块炉料集中处通过，煤气的热能和化学能就不能得到充分利用，这样不但影响高炉的冶炼技术经济指标，而且会造成高炉不顺行，发生悬料、塌料、管道和结瘤等事故。

根据高炉炉型和冶炼特点，炉顶布料应有下列几方面要求：

（1）周向布料应力求均匀；

（2）径向布料应根据炉料和煤气流分布情况进行径向调节；

（3）要求不对称布料，当高炉发生管道或料面偏斜时，能进行定点布料或扇形布料。

料车式高炉炉顶装料设备的最大缺点是炉料分布不均。料车只能从斜桥方向将炉料通过受料漏斗装入小料斗中，因此在小料斗中产生偏析现象，大粒度炉料集中在料车对面，粉末料集中在料车一侧，堆尖也在这侧，炉料粒度越不均匀，料车卸料速度越慢，这种偏析现象越严重，如图5-4所示。这种不均匀现象在大料斗内和炉喉部分仍然重复着。为了消除这种不均匀现象，通常采用的措施是将小料斗改成旋转布料器，或者在小料斗之上加快速旋转漏斗和空转定点漏斗。

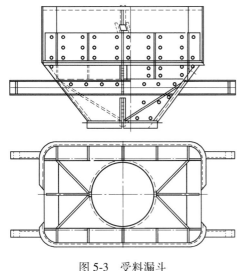

图 5-3　受料漏斗

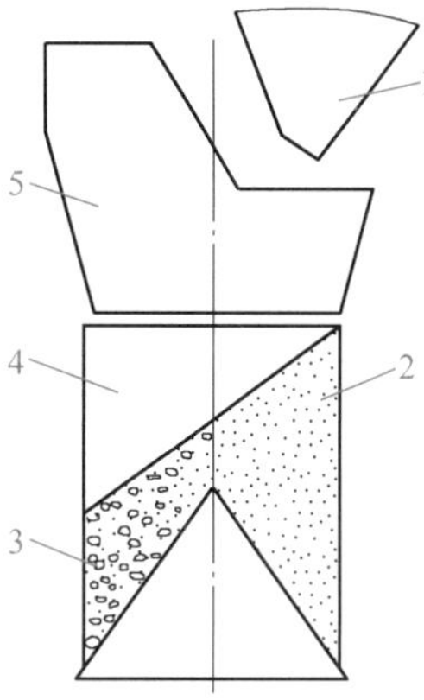

图 5-4　原料在小钟料斗内的不均匀性

1—料车；2—小块原料集中于堆尖；3—大块原料滚到最低处；

4—小钟料斗；5—受料漏斗

### 5.2.3.2　马基式布料器

马基式布料器的结构如图5-5所示。

马基式布料器曾经是料车式上料的高炉炉顶普遍采用的一种布料设备。它由小料斗、小料钟、布料旋转斗的支撑及传动机构以及密封装置等几部分组成。布料旋转斗的支撑是通过它上面的滑道支撑在三个辊轮上，辊轮固定在其外壳的支座上。布料斗的旋转是通过它上面与传动机构相连的传动大齿轮的转动来带动。布料旋转斗与外壳之间的煤气密封，一般采用石棉绳通油润滑密封。

马基式布料器布料时，电动机驱动布料斗旋转，依靠小料斗与小料钟之间的摩擦力使小料钟和小钟拉杆一起转动。当小料斗内的炉料的堆尖位置达到一定的角度时打开小料钟将炉料卸下，达到布料的目的。布料过程中，小料钟之所以能够旋转是因为小料钟拉杆与其吊挂结构之间是采用平面止推轴承连接的。

小料斗每装一车料后旋转不同角度，再打开小钟料斗。通常，后一车料比前一车料旋转递增60°，即0°、60°、120°、180°、240°、300°。有时为了操作灵活，在设计上有的做成15°一个点。为了传动迅速，当转角超过180°时，采用反方向旋转的方法，如240°就可

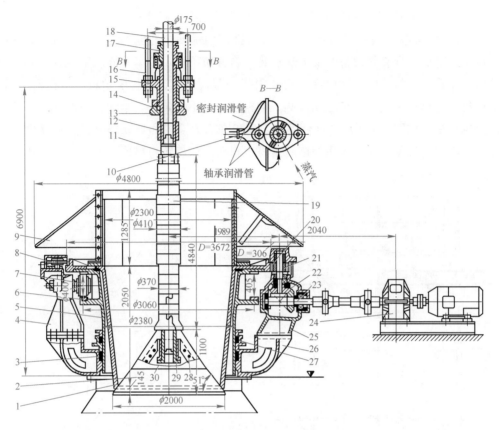

图 5-5 1033 m³ 高炉布料器剖面图（单位：mm）

1—小料斗（小钟漏斗）；2—小钟；3—下填料密封；4—支座；5—旋转圆筒；6—跑道；7—支撑辊；
8—定心辊；9—防尘罩；10—润滑管；11—小钟拉杆；12—小钟拉杆的上段；13—填料；14—止推轴承；
15—两半体的异形夹套；16—小钟吊杆；17—密封装置；18—大钟拉杆；19—拉杆保护套；20—齿圈；
21—小齿轮；22—锥齿轮；23—水平轴；24—减速机；25—立式齿轮箱；26—布料器支座；
27—上填料密封；28—小钟两半体的连接螺栓；29—铜套；30—锁紧螺母

变为向反方向旋转 120°。

马基式布料器具有必要的布料调节手段，运行较平稳。对于使用冷矿常压炉顶操作的高炉，基本上能满足布料要求。马基式布料器的主要缺点是：布料斗与其外壳之间的填料密封维护困难，寿命短，难以满足高压炉顶操作要求，小料钟拉杆的平面止推轴承容易磨损，维护、检修困难。因此，新设计的高炉均已不再采用马基式布料器。

A 小钟漏斗（小料斗）

小钟漏斗（小料斗）分上下两部分，上部分是单层，下部分分内外料斗。下部分外料斗的上缘固定着两个法兰，在法兰之间装有三个支撑辊。

外料斗由铸钢 ZG35 或 ZG50Mn2 制成，下部圆筒部分也可由厚钢板卷成焊接。外料斗起密封和固定大齿圈作用。为防止煤气漏出，在外料斗外表面需光滑加工，以减少填料密封的摩擦阻力和保证密封效果，如图 5-6 所示。外料斗的寿命比内料斗约长两倍。

内料斗上部圆筒部分用钢板焊成，其内表面用锰钢板保护。下部是铸钢件，与小钟接触的表面上堆焊有硬质合金，并加以磨光。内料斗承受炉料的冲击和摩擦。

B　小钟及其拉杆

小钟为锥状。小钟一般采用焊接性能好的 ZG35Mn2 锰钢铸成，为了增加抗磨性，也有用 ZG50Mn2 铸钢件。大、中型高炉的小钟为便于拆卸，一般做成纵向分两瓣体，安装时在内侧用螺栓连接成整体，但也有采用整体浇铸的。考虑到小钟下部段密封面需要加工，为了拆换方便，目前不少高炉的小料钟做成横向分上下两段，在内侧用螺栓连接成整体。

小钟直径尺寸大小主要应考虑小钟打开卸料时卸下的炉料首先落在大钟与大料斗接触处附近，随后落下的炉料落在先卸下的炉料面上。这样可以减少下落炉料对大钟和大料斗的冲击磨损，也可减少炉料的破碎。小料钟锥面水平夹角为 50°~55°，为了加强小钟与小料斗接触处的密封，小钟也可以采取与大料钟相类似的双折角，即锥面水平夹角下部为 65°，上部为 50°~55°。

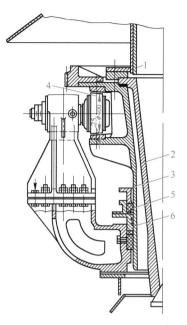

图 5-6　布料器的支撑和密封
1—料斗上部的加高部分；2—小钟料斗；
3—外料斗；4—支撑辊；5—填料密封；
6—迷路密封

小钟和小钟料斗的接触表面用"堆 667"等硬质合金堆焊，也有把整个表面都堆焊的。但除接触表面外，无需加工磨光。

小钟拉杆是中空的，用厚壁无缝钢管焊成，大钟拉杆通过其中心，它的外径可达 220 mm，壁厚达 22 mm，长达 10 m 以上。为了防上炉料冲击，拉杆上套有许多由两半体扣搭起来的锰钢保护套。小钟拉杆的上端，通过拉杆上接头架在止推轴承上，下端则通过螺纹与小钟固接。

C　小钟拉杆与小料钟的连接装置

小钟拉杆与小料钟的连接装置如图 5-7 所示。小钟拉杆 2 穿进小钟 1 后用螺纹与下接头 3 连接，为了防止螺纹松扣在小钟拉杆下端开有犬牙形的沟槽，沟槽内装有具有同样犬牙沟槽的防松环 4，两犬牙交错地插在一起。下接头底部用螺栓与法兰盘 5 连接在一起，法兰盘 5 与大钟拉杆之间装有定心铜瓦 6，定心铜瓦与大杆之间一般有 1.5~2.0 mm 的间隙。为了防止高压煤气从小钟连接处逸出，造成割断小钟事故，在小钟拉杆和小钟装好以后再焊上密封板 7，焊死各漏煤气处。

D　支托装置

在图 5-5 中，布料器的环形支座 26 固定在煤气封罩上，环形支座上装有三个支撑辊 7 和三个定心辊 8，三个支撑辊在一般情况下只和外料斗的上法兰的跑道接触以支撑小钟料斗，支撑辊的下辊面与下面导轨之间间隙为 2~3 mm。当钟间容积过高时，布料器被托起，这时支撑辊和下跑道接触以承受炉顶煤气的托力。在支撑辊的架子上安有水平挡辊，它们对布料器起定心作用，防止布料器旋转时偏离高炉中心线。定心辊和支撑辊的材质为 45 钢或 40 钢，辊面硬度 HRC>40。支撑辊轴为 40Cr，支撑辊的锥角取 16°。

E 小钟拉杆与吊架的连接装置

小钟拉杆与吊架的连接装置如图 5-8 所示。小钟拉杆 1 通过螺纹与小钟拉杆突缘 4 连接在一起，小料斗旋转时，由于摩擦力的作用，小钟及其拉杆也随同旋转，拉杆突缘通过止推轴承 3 将小钟拉杆和小料钟吊挂在轴承盒 2 上，轴承盒上端法兰与吊杆 5 连接。这样小钟拉杆就可自由旋转。为了安全保险，在轴承盒下部，有一个专门的铰链点，与防扭槽钢相连，该槽钢插入受料漏斗的窗口内，只许吊杆上下移动，限制它随小钟拉杆一起转动。另外，如果由于某种原因使吊杆发生偏转，防扭装置会自动地触动一个开关，使布料器驱动系统断电停止运转，同时发出信号报警。

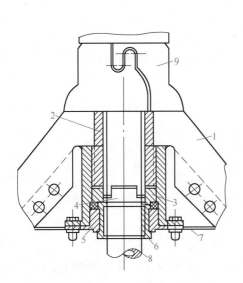

图 5-7 小钟拉杆与小料钟连接装置

1—小钟；2—小钟拉杆；3—小钟拉杆下接头；
4—带犬牙形沟槽的防松环；5—法兰盘；
6—定心铜瓦；7—密封板；8—大钟拉杆；
9—小钟拉杆护瓦

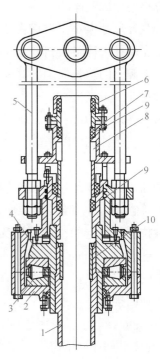

图 5-8 小钟拉杆止推轴承部件

1—小钟拉杆；2—轴承盒；
3—止推轴承；4—小钟拉杆突缘；
5—吊杆；6，7，9—填料密封；
8，10—定心铜套

F 密封装置

布料器需要作回转运动；大、小钟拉杆要作上下来回相对运动，运动部件的密封也就显得至关重要了。密封不好，带有压力的脏煤气会加速对设备的冲刷和磨损。

如图 5-6 所示为布料器旋转漏斗的密封。外料斗与支托环之间采用二道"干封法"，即用内加铜丝的石棉绳作为填料，上面用法兰盘压紧。为了减少摩擦，填料中大多放有石墨粉并定期加入润滑脂。填料总高度达 200 mm，当填料磨损后，一般可采用重新调整压盖螺栓的办法提高密封效果。3~6 个月更换一次。

图 5-8 所示为大、小钟拉杆之间的密封。在轴承上下、钟杆之间均有填料密封。定心铜套 8、10 可以做成迷路密封结构，并不断通入蒸汽。

G 驱动和传动机构

传动系统的布置应注意避免布料器附近的煤气可能燃烧以及烟尘的污染，故把电机、减速箱和其他高速传动件放置在远离布料器的房间内，然后用十字接头联轴节经传动轴、锥齿轮对和小齿轮带动齿圈，使外漏斗旋转，从而使小料斗旋转，达到沿圆周方向均匀布料的目的。这里使用十字头联轴节除考虑加长传动距离外，还应考虑到布料器由于某些原因（如高炉开炉温度升高，布料器随高炉上涨）使布料器产生轴向窜动时仍能保证正常传动。安装时把布料器装得比圆柱齿轮箱那一头低一些。

### 5.2.3.3 快速布料器和空转布料器

快速布料器和空转布料器的结构、布料原理基本相同，不同的是快速布料器为连续布料，布料斗带料连续旋转，而空转布料器为定点布料，布料斗不带料旋转；快速布料器为双卸料口，而空转布料器为单卸料口。

A 快速旋转布料器

快速旋转布料器实现了旋转件不密封、密封件不旋转。它在受料漏斗与小料斗之间加一个旋转漏斗，当上料机向受料漏斗卸料时，炉料通过正在快速旋转的漏斗，使料在小料斗内均匀分布，消除堆尖。其结构如图 5-9 (a) 所示。

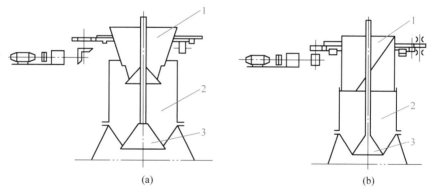

图 5-9 布料器结构示意图

(a) 快速旋转布料器；(b) 空转螺旋布料器
1—旋转漏斗；2—小料斗；3—小钟

快速旋转布料器的容积为料车有效容积的 0.3~0.4 倍，转速与炉料粒度及漏斗开口尺寸有关，过慢布料不均，过快由于离心力的作用，炉料漏不尽。部分炉料剩余在快速旋转布料器里，当漏斗停止旋转后，炉料又集中落入小料斗中形成堆尖，一般转速为 1.0~2.0 r/min。

快速旋转布料器开口大小与形状，对布料有直接影响，开口小布料均匀，但易卡料，开口大则反之，所以开口直径应与原燃料粒度相适应。

### B　空转布料器

空转布料器与快速布料器的构造基本相同，只是旋转漏斗的开口做成单嘴，并且旋转时不卸料，卸料时不旋转，如图 5-9（b）所示。小料钟关闭后，旋转漏斗单向慢速（3.2 r/min）空转一定角度，然后上料系统再通过受料漏斗、静止的旋转漏斗向小料斗内卸料。若转角为 60° 则相当于马基式布料器，所以一般采用每次旋转 53°、57° 或 63°。这种操作制度使高炉内整个料柱比较均匀，料批的堆尖在炉内成螺旋形，不像马基式布料器那样固定，而是扩展到整个炉喉圆周上，因而能改善煤气的利用。有的厂，例如本钢 2000 m³ 高炉的布料器，既能快速旋转，也能定点布料，但必须有两套传动装置。

空转布料器与马基式布料器比较，具有下列优点：

（1）布料旋转斗设置在小料斗上面，不需要考虑设置布料密封装置，为高压炉顶操作创造了条件；

（2）由于取消了密封装置，结构简单，工作可靠性增加，易于维护，检修方便，寿命长；

（3）布料器不带料旋转而以低速空转，能耗低，磨损小。

由于旋转漏斗容积较小，没有密封的压紧装置，所以传动装置的动力消耗较少。例如，255 m³ 高炉用马基式布料器时传动功率为 11 kW，用快速旋转漏斗时为 7.5 kW，而空转螺旋布料器只需 2.8 kW。2000 m³ 高炉这三者分别是 30 kW、10 kW、4.2 kW。

因此，我国目前中、小型高炉都普遍采用空转布料器布料。快速布料器由于在布料时容易出现卡料、布料偏析严重等事故，同时要求炉料粒度也比较严格，因此国内高炉目前已很少有采用快速布料器进行快速布料操作，有的高炉已将快速布料器改成了空转布料器操作。

#### 5.2.3.4　旋转布料器的维护

旋转布料器能够保证长期的正常运行，在很大程度上取决于良好的维护保养。旋转布料器的维护保养着重点是在密封、润滑、紧固、调整和清扫等几方面。

布料器的密封装置的作用在于防止煤气从所存在的间隙中漏出，从而减少由带尘煤气的冲刷所造成的设备磨损。旋转布料器有两个部位需要密封：一是转动的外料斗与不动的支托环之间的密封；二是大钟拉杆和小钟接杆之间的密封。

为了建立"高压"生产，人们经过不断的努力，使密封有了很大改进。

为了克服双层填料密封容易漏气和不好维护的缺点，转动的外料斗与不动的支托环之间的密封采用了三层填料密封，如图 5-10 所示，为不停风更换上层填料创造了方便条件。同对在布料器减速箱的低速轴上安装一链轮，通过它和一对齿轮带动一台柱塞油泵，布料器每转动一次，油泵就工作一次，把润滑油送到填料与旋转漏斗之间。这种办法使石棉填料的寿命提高一倍。

大小钟拉杆之间的密封。图 5-11 所示是由两层自封式胶圈代替过去的填料密封。每层叠放三个橡胶圈，中间设有进油环。这种胶圈有两个凹槽，大小钟拉杆间煤气压力越大时，两侧 Y 形胶圈唇边在煤气压力下贴在大钟拉杆和密封座上就越紧，密封效果也越好，故叫做自封式密封胶圈。

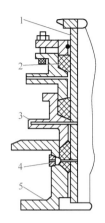

图 5-10　布料器的三层填料密封

1—旋转漏斗；2—石棉填料；3—填料法兰；

4—润滑管接头；5—布料器底座

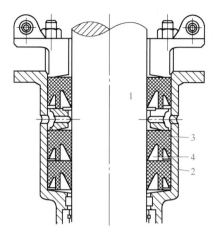

图 5-11　自封式胶圈密封装置图

1—大杆；2—密封座（填料盒）；

3—密封胶圈；4—胶圈凹槽

自封式胶环密封的优点是工作可靠，密封效果好，能满足炉顶煤气压力为 0.13 MPa 高压炉顶大小钟杆之间的密封要求。值得注意的是，为了防止工作温度过高而使橡胶环老化，要求其环境温度要低于 200 ℃，并用足够量的稀油加以润滑。稀油润滑既起减小摩擦的作用，又能起到冷却降温作用。

炉顶煤气压力大于 0.13 MPa 的高炉，其大小料钟拉杆之间的密封在采取上述机械密封的同时，还在机械密封部位通入高压氮气，切断炉内煤气流进入大小料钟拉杆之间的缝隙，这种双重密封方式使密封更加可靠。我国宝钢 1 号高炉大小料钟拉杆之间采用这种机械、通氮气双重密封结构，使高炉的炉顶煤气压力能保持在 0.25 MPa 的高压下操作。

布料器填料密封处、各支撑辊和水平挡辊的滚动轴承等处的润滑为油脂润滑，供油方式有集中和分散两种形式。大中型高炉一般采用集中润滑，由电动油泵自动给油。油脂润滑站设在主卷扬机室内，沿斜桥铺设两条给油主管，将油送到炉顶及绳轮轴承；中型高炉可采用手动给油泵供油，手动干油站一般设在炉顶布料器电动机机房内，布料器减速箱的润滑采用稀油润滑。

布料器在工作过程中，对各部连接螺栓必须经常地进行检查、紧固，绝不允许有任何松动现象。

布料器在运转过程中，对各传动齿轮的啮合间隙应定期进行检查和调整，保证各零部件的正常使用而不致损坏，确保设备的正常运行。对于密封装置，经常检查其密封效果，或增加填料，或压紧压盖螺栓。要检查气封的蒸汽是否畅通，蒸汽压力是否足够。

布料器各部位应保持清洁，由设备维护人员负责清扫，每周应清扫 2~3 次。

### 5.2.4　装料器组成及维护

装料器用来接受从小料斗卸下的炉料，并把炉料合理地装入炉喉。装料器主要由大钟、大料斗、大钟拉杆和煤气封罩等组成，如图 5-12 所示。它是炉顶设备的核心。要求密封性能好、耐腐蚀、耐冲击、耐磨，还要能耐温。它能满足常压高炉和炉顶压力不很高（小于 0.15 MPa）的高炉的基本要求。

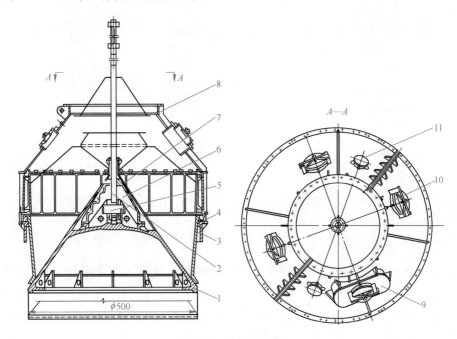

图 5-12 装料器结构

1—大钟；2—大钟拉杆；3—大钟料斗；4—炉顶支圈；5—楔块；6—保护钟；
7—保护罩；8—煤气封罩；9，10—检修孔；11—均压管接头

### 5.2.4.1 大钟料斗

大钟料斗是配合大钟进行炉喉布料的主要部件，它直接托在炉顶钢圈上。其有效容积能容纳一个料批的炉料（3～6 车）。材质由铸钢 ZG35 整体铸造，常用高炉壁厚 50～60 mm，高压高炉可达 80 mm，料斗壁的倾角为 85°～86°。大钟料斗的料斗下缘没有加强筋，使其具有良好的弹性。这样，高压操作时，在大钟向上的巨大压力下，可以发挥大料斗的弹性作用，使两者紧密接触，做到弹性大料斗和刚性大料钟的良好配合。

为了加强密封，增强大钟料斗和大料钟接触面处的抗磨能力，在大钟料斗和大钟的接触表面焊有硬质合金，经过研磨加工，装配后的间隙不大于 0.05 mm。

对于大型高炉而言，大钟料斗由于尺寸很大，加工运输困难，所以常做成两段体。这样当大钟料斗下部磨损时，可以只更换下部，上部继续使用。

### 5.2.4.2 大钟

大钟是炉喉径向布料的关键部件，悬挂于大钟拉杆上，采用 ZG35 整体铸造，壁厚不能小于 50 mm，一般为 60～80 mm。大钟的倾角，由理论计算可知，落料最快时的最佳倾角为 52°～53°，一般取 53°。

目前大型高炉已普遍采用双折角，如图 5-13 所示。将大钟料斗的接触面常加工成 60°～68°。注意：角度不能过大，只要小于 90°，$\rho$ 就不会楔住（$\rho$ 为钢与钢摩擦角）。通

过计算，$\beta$ 角最大为 73°。

采用双折角大钟的优点有：

（1）这样炉料落下时能跳过密封接触面而落入炉内，减少对接触面的磨损，起"跳料台"的作用；

（2）增加大钟关闭时对大钟料斗的压紧力，使钟和料斗密合得更好，计算表明，当 $\beta$ 角由 53° 增大到 62°，大钟对大钟料斗的压紧力增大约 28%，使大钟料斗更容易变形，进一步发挥刚性钟柔性斗的优越性；

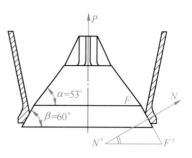

图 5-13　双折角大钟

（3）由于大钟下面的倾角比上面大，减轻了导入的煤气对大钟上表面的吹损。

为了保证大钟和大钟料斗密切接触，减少磨损，大钟和大钟料斗的接触面是一个环形带，带宽 100~150 mm，堆焊 5~8 mm 硬质合金并且进行精密加工，接触带的缝隙不大于 0.05 mm。

为加强大钟下部刚性，大钟下部内侧有水平刚性环和垂直加强筋使钟与料斗之间压力增大，有利于发挥刚性钟柔性斗的优越性。

### 5.2.4.3　大钟与钟杆的连接

大钟与钟杆的连接方式有挠性连接与刚性连接两种。

挠性连接采用铰链连接或球面头连接，大钟可以自由活动，如图 5-14 所示。当大钟与大钟料斗中心不一致时，大钟仍能将大料斗关闭。但是当大钟上面料不均匀时，大钟下降时会偏料和摆动，使炉料分布不均。

刚性连接是大钟与大钟杆之间用楔子来固定，如图 5-15 所示，这样可以减少摆动，从而保证炉料更合理地装入炉内，也可以减少大钟关闭时对大钟料斗的偏心冲击，但是刚性连接在下述三种情况时易使大钟拉杆弯曲：大钟上下气体压力差过大时而要强迫大钟下降；炉内炉料装得过满而强迫大钟下降；大钟一侧表面黏附着炉料时下降。

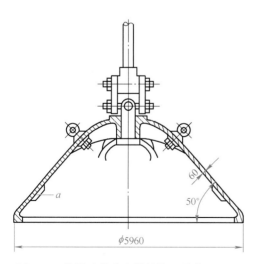

图 5-14　挠性连接的大钟结构（单位：mm）

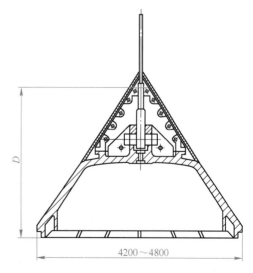

图 5-15　刚性连接的大钟结构（单位：mm）

为了保护连接处不受损害，在大钟上有铸钢的保护钟和钢板焊成的保护罩。保护钟分成两半，用螺栓连接，保护钟与大钟之间的连接如图 5-16 所示。保护罩则焊成整体，以便形成光滑表面，避免炉料的积附。

#### 5.2.4.4    大钟拉杆

大钟拉杆的长度可达 14～15 m，直径为 175～200 mm，加工、运输和存放时都必须十分小心，防止弯曲。由于在工作中容易被脏煤气吹损，特别是在下端小钟定心瓦处及大、小钟拉杆之间的密封处。因此，在生产中必须保证大小钟之间的密封始终是良好的。

若大钟拉杆与大钟用楔固定，其间没有相对运动，楔销与楔销孔是经过精加工的，装配时必须是紧配合，一旦出现配合过松时就要加工一个圆垫，放入大钟拉杆的顶端。圆垫的厚度要依拉杆顶端与大钟配合孔深度的间隙而定。其目的是使大钟拉杆的顶端在楔销固定后能顶住大钟。为了拆卸方便开有检修孔，拆卸时从孔中打入专用楔铁而使拉杆松动。

#### 5.2.4.5    煤气封罩

煤气封罩与大料斗相连接，是封闭大小料钟之间的外壳，一般用钢板焊接成两半式锥体结构。为了使料钟间的有效容积能满足最大料批同装的要求和强化冶炼的需要，应为料车有效容积的 6 倍以上。它由两部分组成，上部为圆锥形，下部为圆柱形。在锥体部分有两个均压阀的管道接头孔和四个人孔，如图 5-17 所示。四个人孔中三个小的人孔为日常维修时的检视孔，一个大的椭圆形人孔用于检修时，放进或取出半个小料钟。

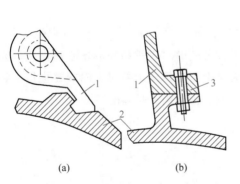

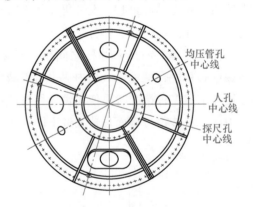

图 5-16    大料钟和保护钟之间的两种连接
（a）直接连接；（b）螺栓连接
1—保护钟；2—大钟；3—螺栓

图 5-17    煤气封罩

煤气封罩的上端有法兰盘与布料器支托架相连接，下端也有法兰盘与炉顶钢圈相连接。安装时下法兰与炉顶钢圈用螺栓固定，为保证其接触处不漏煤气，除在煤气封罩下法兰与炉顶钢圈法兰之间加伸缩密封环外，还在大钟料斗法兰上下面加石棉绳，如图 5-18 所示。

近年来，为了省事，有的厂将伸缩密封环改为钢板，直接焊于煤气封罩法兰与炉顶钢圈法兰上；也有的厂取消了钢板和大钟漏斗法兰上的石棉绳，直接将大钟漏料斗法兰的上下法兰缝焊接起来。即在大、小钟定心和找正工作完成、法兰螺栓都已装上后，才能开展焊接工作，焊完以后，通过试漏来检查焊缝是否焊好。一般是采用先关闭大、小钟及相关阀门，然后打开大、小钟间的蒸气阀门，以此来检查确定。

5.2.4.6 装料器维护

A 大钟和大料斗损坏原因

大钟在常压下可以使用 3~5 年，大料斗可以工作 8~10 年。可是在高压操作（当炉顶压力大于 0.2 MPa 时），大钟一般只能工作 1.5 年左右，有的甚至只有几个月。大钟和大料斗损坏的主要原因是荒煤气通过大钟与大料斗接触面的缝隙时产生磨损，以及炉料对其工作表面的冲击磨损。高压操作时装料器一旦漏气，就会加速损坏。更换装料器时要拆卸整个炉顶设备，需时一周，直接影响高炉的生产率。大钟与大料斗产生缝隙的主要原因如下。

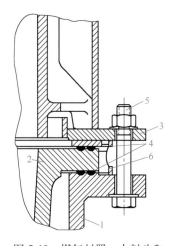

图 5-18　煤气封罩、大料斗和炉顶钢圈之间的连接

1—炉顶钢圈；2—大料斗；3—煤气封罩；
4—石棉绳；5—螺栓；6—伸缩密封

（1）设备制造及加工带来的缺陷。大钟和大料斗无论质量还是体积都很大，加工制造较困难，不合格的设备不得应用于高炉，更不能用于高压操作。要求间隙小于 0.08 mm，75% 以上的长度应小于 0.03 mm，各厂在提高装料设备的寿命上，往往提出了更高的要求。

（2）安装设备时质量上的问题。为了保证安装质量应该在各方面提出严格要求，如在运输和吊装过程中要避免碰撞和变形，准确地按照高炉中心线安装大料斗，大料斗与炉顶法兰应同心；大料斗与大钟的中心必须吻合，否则会出现局部冲击变形，产生缝隙。

（3）原料的摩擦对设备的损坏。大型高炉每天有万吨以上炉料通过大小料钟。由于高炉不断强化，单位时间内加入的原料数量不断增加；焦比不断降低，矿石和烧结矿量相对增加，这会加速磨损装料设备。从下落炉料来看，炉料从小钟落入大钟之上的轨迹是一个抛物线，如果物料落在大钟表面，对大钟表面磨损特别厉害。

B 大钟或大钟料斗冲刷磨漏的判断

（1）从大、小钟间压力差计图表上可以看出，当大钟或大钟料斗吹漏后，小钟均压阀打开时，压力下降缓慢，而且不能到零；并且小钟向大钟布第一车料、第二车料、第三车料或第四车料时，压差计线条长短基本一致，而且接近炉顶压力。

（2）当大钟吹漏后，小钟向大钟布一批料的第一车料时，尤其是布焦炭料时，小块焦从小钟打开的瞬间飞出，随着缝隙增大，飞出的焦炭颗粒也会慢慢增大。

（3）小钟均压阀打开时冒黄烟。当大钟和大钟漏斗接触面漏煤气严重，甚至钟、斗穿孔，更换又不具备条件，只有采取焊补的办法应急处理一下。但接触面焊补后要用砂轮打磨，这样处理后必须降压生产，持续时间也不能过长。

C 提高大钟和大料斗措施

（1）采用刚性大钟与柔性大料斗结构。在炉喉温度条件下，大钟在煤气托力和平衡锤的作用下，给大料斗下缘一定的作用力，大料斗的柔性使它能够在接触面压紧力的作用下，发生局部变形，从而使大钟与大料斗密切闭合。

（2）采用双倾斜角的大钟，即大钟下部的倾角为 53°，下部与大料斗接触部位的倾角为 60°。

（3）在接触带堆焊硬质合金，提高接触带的抗磨性，大钟与大料斗间即使产生缝隙，也因有耐磨材质的保护而延长寿命。

（4）在大料斗内充压，减小大钟上下压差。这一方法是向大料斗内充入半净化煤气或氮气，使得大钟上下压差变得很小，甚至没有压差。由于压差的减小和消除，从而使通过大钟与大料斗间的缝隙的煤气流速减小或没有流通，也就减小或消除了磨损。

## 5.3 无钟式炉顶设备

### 5.3.1 无钟式炉顶特点及分类

#### 5.3.1.1 无钟式炉顶特点

（1）布料灵活。无料钟炉顶的布料溜槽不但可作回转运动，并且可作倾角的调控，因此有多种布料形式（环形布料、螺旋布料、定点布料、扇形布料）。布料效果理想，能满足炉顶调剂的要求。

视频　无钟式
炉顶

（2）布料与密封分开，用两层密封阀代替原有料钟密封，由大面积密封改为小面积密封，提高了炉顶压力。一般钟式炉顶压力在 0.15~0.17 MPa，无钟炉顶一般可达 0.25 MPa，最高可达 0.35 MPa。且密封阀不受原料的摩擦和磨损，寿命期较长。

（3）炉顶结构简化，炉顶设备重量减轻，炉顶总高度降低，使整个炉顶设备总投资减少，维修方便。无料钟炉顶高度比钟阀式低 1/3，设备质量减小到钟阀式高炉的 1/3~1/2。整个炉顶设备的投资减少到双钟双阀或双钟四阀炉顶的 50%~60%。阀和阀座体小且轻便，可以整体更换或某个零件单独更换。

#### 5.3.1.2 无钟式炉顶分类

按照料罐布置方式不同，主要分为并罐和串罐两种形式，也有设计成串并罐形式的。

PW 公司早期推出的无钟炉顶设备是并罐式结构，直到今天，仍然有着广泛的市场。串罐式无料钟炉顶设备出现得较晚，是 1983 年由 PW 公司首先推出的，并于 1984 年投入运行，它的出现以及随之而来的一系列改进，使得无料钟炉顶装料设备有了一个崭新的面貌。

##### A　并罐式无钟炉顶

并罐式无钟炉顶结构如图 5-19 所示。并罐式无钟炉顶特点是：两个贮料罐并列安装在高炉中心线两侧，卸料支管中心线与中心喉管中心线成一定夹角。当从贮料罐卸出的炉料较少时，通过中心喉管卸下的炉料容易产生不均匀下落，即炉料偏向于卸料罐的对面或呈蛇形状态落下，以致造成通过溜槽布入炉喉的炉料出现体积和粒度不均匀，影响布料调节效果。另外，并罐式炉顶的贮料罐下密封阀安装在阀箱中，充压煤气的上浮力作用会使贮料罐称量值的准确性受到影响，必须进行称量补偿。当一个料罐出现故障时，另一个还可以维护生产。

B 串罐式无料钟炉顶

串罐式无料钟炉顶如图 5-20 所示。串罐式无料钟炉顶的特点是：这种炉顶由布置在高炉中心线上的旋转料罐和其下面的密封料罐串联组成，密封贮料罐卸料支管中心线与波纹管中心线以及高炉中心线一致。因此，避免了下料和布料过程中的像并罐式那样的粒度和体积偏析。并且这种炉顶结构的下罐为称量料罐，它与下密封阀是硬连接在一起的，料罐的充压与卸压均不会影响称量值的准确性。当一个料罐出现故障时，高炉要休风，但投资少，结构简单，事故率要低，维修量相应减少。串罐式比并罐式更具有优越性。

C 串并罐式无料钟炉顶

串并罐式无料钟炉顶由至少两个并列的受料罐与其下面的一个中心密封贮料罐串联成上下两层贮料罐，如图 5-21 所示。

并罐式、串罐式及串并罐式无料钟炉顶结构，除料罐的布置位置不同外，它们主要部分的构造都大致相同。

## 5.3.2 并罐式无钟式炉顶结构

并罐式无钟式炉顶主要由受料漏斗、料罐、密封阀、料流调节阀、中心喉管、眼镜阀、溜槽及驱动装置等组成。

### 5.3.2.1 受料漏斗

受料漏斗有带翻板的固定式和带轮子可左右移动的活动式受料漏斗两种。带翻板的固定式受料漏斗通过翻板来控制向哪个称量料罐卸料；带有轮子的受料漏斗，可沿滑轨左右移动，将炉料卸到任意一个称量料罐。受料漏斗外壳是钢板焊接结构，内衬为含 $w(Cr)=$ 25% 的高铬铸铁衬板。

### 5.3.2.2 料罐

料罐其作用是接受、贮存炉料和均压室作用，内壁有耐磨衬板加以保护。在称量料罐上口设有上密封阀，下部装有下密封阀，在下密封阀的上部设有料流调节阀，也称下截流阀。每个料罐的有效容积为最大矿石批重或最大焦炭批重的 1.0~1.2 倍。上密封阀直径可取大些，因为主要考虑把受料漏斗接过来的炉料尽量在 30 s 内装入料罐，一般取 1400~1800 mm。下密封阀直径和下截流阀水力学半径尽可能小为宜，过大易造成下料流量偏大，

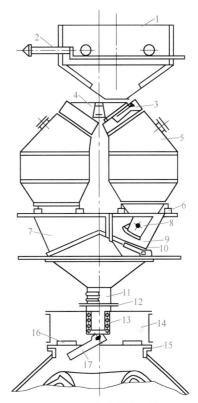

图 5-19 并罐式无料钟炉顶

1—移动受料漏斗；2—液压缸；3—上密封阀；
4—叉形漏斗；5—固定料仓；6—称量传感器；
7—阀箱；8—溜嘴；9—料流调节阀；
10—下密封阀；11—波纹管；12—眼镜阀；
13—中心喉管；14—布料器传动气密箱；
15—炉顶钢圈；16—冷却板；17—布料溜槽

造成布料周向偏析；过小造成卡料，且影响生产能力。下密封阀直径700~1000 mm。与叉形漏斗的连接中间为一段不锈钢做成的波纹管连接，不能进行刚性连接。

料罐设有电子秤，用以监视料罐料满、料空、过载和料流速度等情况，同时发出信号指挥上下密封阀的开启、关闭动作和料流阀调节阀的开度，指挥布料溜槽在螺旋布料方式下何时进行倾动。有的高炉料罐没有电子秤，但有雷达或放射性同位素$^{60}$Co来测量料罐料满、料空信号。

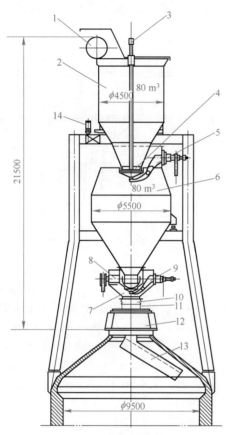

图5-20　串罐式无料钟炉顶

1—带式上料机；2—旋转料罐；3—油缸；
4—托盘式料门；5—上密封阀；6—密封料罐；
7—卸料漏斗；8—料流调节阀；9—下密封阀；
10—波纹管；11—眼镜阀；12—气密箱；
13—溜槽；14—驱动电机

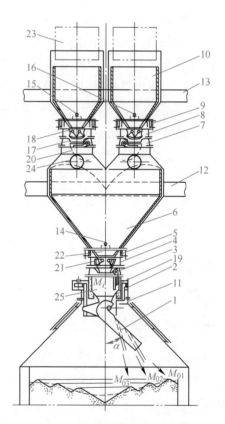

图5-21　串并罐式无料钟炉顶

1—溜槽；2—传动箱；3，7—密封阀；
4，8—节流阀；5，9—波纹管；6—中心料罐；
10—受料罐；11—钢圈；12，13—炉顶钢架；
14~16—γ射线装置；17，18—流线形漏斗；
19—下密封阀盖；20—上密封阀轨迹；
21—双扇形料门；22—波纹管漏斗；
23—料车；24—人孔；25—空腔

### 5.3.2.3　料流调节阀

图5-22为原料从料流调节阀流出示意图。料流调节阀由一块弧形板所组成，由液压缸驱动，安装在料罐下部料口的端头。料流调节阀的作用有两个：一是避免原料与下密封

阀接触，以防止密封阀磨损；二是可调节阀的开度，控制料流大小，与布料溜槽合理配合而达到各种形式布料的要求，与炉料接触处采用耐磨衬板。

#### 5.3.2.4 中心喉管

中心喉管是料罐内炉料入炉的通道，它上面设有一叉形管和两个称量料罐相连。中心喉管和叉形管内均设有衬板。为减少料流对中心喉管衬板的磨损及防止料流将中心喉管磨偏，在叉形管和中心喉管连接处，焊上一定高度的挡板，用死料层保护衬板，结构如图 5-23 所示。但是挡板不宜过高，否则会引起卡料。中心喉管的高度应尽量长一些，一般是其直径的 2 倍以上，以免炉料偏行，中心喉管内径应尽可能小，但要能满足下料速度，并且又不会引起卡料，一般为 $\phi500 \sim 700$ mm。

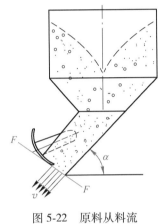

图 5-22 原料从料流
调节阀流出示意图

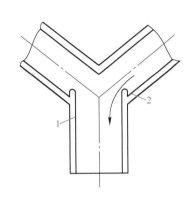

图 5-23 叉形管简图
1—叉形管；2—挡板

#### 5.3.2.5 密封阀

密封阀用于料罐密封，保证高炉压力操作。因此对它的性能要求为密封性能好和耐磨性能好。根据不同位置，分为上密封阀和下密封阀，两者结构完全一样，只是安装时阀盖和阀座的位置不同。密封面采用软硬接触，阀座采用合金钢制造，接触面为牙齿形，阀座外围装设有一个电加热圈，阀座加热过程中产生弱振动使其不粘料，不积灰垢。阀盖上装有硅橡胶圈，以保证密封严密。传动装置采用液压油缸，行程位置由接近开关控制。图 5-24 为密封阀总图。这种阀密封性能好，不粘料。但最怕杂物卡住，一旦卡住，高压煤气流就冲刷接触面，破坏密封性。

阀瓣"开"时，先从阀座上垂直离开 10~12 mm，然后再以轴心绕弧线运动把阀瓣全开，为装入炉料创造条件。"关"的动作与此相反，先是弧线运动，后垂直运动。开、关的动力是两个液压缸，其中一个是专管阀瓣的离合、垂直运动，另一个是专管阀瓣的弧线运动。密封阀的开、关机构，是一个空心轴 15，它装在阀壳密封轴颈 17 中。此轴中心有一个连杆 9 和 11，它们支撑着 1、2、3、6、7、8 六个部件。此轴中心有一个连杆 19 可做往复运动。

轴颈 17 上也有一个连杆与液压缸 21 相连，液压缸作往复运动，使空心轴 15 做旋转

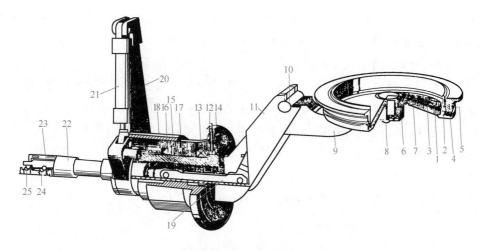

图 5-24    密封阀总图

1—阀瓣；2—硅橡胶圈；3—盖板；4—加热圈；5—阀体；6—轴；7—轴承；8—保护罩；9，11，19—连杆；
10—小轴；12—密封；13，16—滚柱轴承；14—主轴外壳；15—空心轴；17—轴颈；18—密封；
20—弧线运动支臂；21，22—液压缸；23—程序控制器；24—备用传送器；25—限位开关

运动，把阀瓣全开或全关。

液压缸 22 与空心轴内的连杆 19 相连。液压缸动作时，连杆产生推或拉的动作使阀瓣做上下垂直运动，从阀座上离开 10~12 mm。如果是上密封阀，液压缸和连杆往回收是开，下密封阀往里推是开。在关的时候其动作与开相反。

控制机构上的电控设备均有两个接近型限位开关 25，它指示密封阀阀门的"开"或"关"的位置，并把此信号传到主控室的仪表盘上，其中有一个为备用。

5.3.2.6    眼镜阀

眼镜阀的作用是在高炉休风时，把无料钟部分与炉内隔开。即使是在有轻微煤气或蒸汽的状态下，更换料斗衬板，更换各种阀、中心喉管及其他部件，都能确保安全作业。

图 5-25 所示为眼镜阀立体示意图。该阀的特点是阀板具有通孔端及盲板切断端，形似眼镜形，其上有 4 个冲程油缸，阀板上下都有密封胶圈，阀的上部法兰上装有膨胀节。传动部分采用液压马达带动链轮转，以此来拖动阀板前后移动。即由 1 个带轨道框架和链轮槽道、2 个阀板（一个盲板、一个通孔板）、其两面均有硅橡胶圈、1 个带链轮的驱动油马达、4 个冲程油缸组成。

眼镜阀动作包括顶开阀板和移动阀板两个动作。启动冲程油缸，则固定在齿轮箱法兰上的 4 个冲程油缸 18 首先将阀的上法兰 6 顶开 7.5 mm，使之与阀板脱开。同时随着上行的还有与膨胀节法兰固定在一起的拉板 5 及升降轨道 2，当轨道 2 上升到 7.5 mm 时，轨道与导向轮 3 接触时，油缸活塞继续上升，不仅膨胀节法兰 7、眼镜阀上法兰 6、拉板 5 上升，轨道 2 也跟着继续上行，同时与轨道接触的导向轮 3 及阀板 1 也开始上行，脱离下法兰，这样再行 8.5 mm，活塞到位，升降轨道与外轨道平齐，而且阀板 1 与上法兰 6 间隙 7.5 mm，与下法兰间隙 8.5 mm，阀板可以自由移动。此时启动液压马达，带动阀板移动，

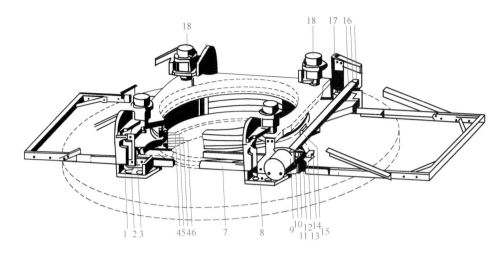

图 5-25　眼镜阀立体示意图

1—阀板；2—轨道；3—导向轮；4—"O"形密封圈；5—拉板；6—阀板支架（上、下法兰）；
7—法兰；8，14—托架；9—液压马达；10—耦合器；11—压盖；12—轴承；13—链轮；
15—轴套；16—传动轴；17—支架；18—冲程油缸

移动距离由限位开关控制，到位后冲程油缸泄压。由于这 4 个冲程油缸装有预压紧力弹簧，在弹簧力的作用下，轨道 2 恢复到原位，密封圈又被压紧。这里要说明的是，阀板中间有实体和空心之分，起隔断和连通作用。但不管是隔断还是连通，圆周的密封结构形式是相同的。

为了安全保险起见，设置了手摇泵。当停电检修时可用手摇泵开、关眼镜阀。

### 5.3.2.7　布料器

#### A　布料器传动机构

根据布料要求，布料器的旋转溜槽应有绕高炉中心线的回转运动和在垂直平面内改变溜槽倾角的运动，这两种运动可以同时进行，也可分别独立进行。

（1）图 5-26 是布料器传动方案之一。

布料器传动系统由行星减速箱 A(1~9) 和气密箱 B(10~27) 两大部件组成。布料器气密箱通过壳体 27 支持在高炉炉壳 28 上。行星减速箱支持在气密箱的顶盖 26 上。气密箱直接处于炉喉顶部，为了保证轴承和传动零件的工作温度，箱内工作温度不应超过 50 ℃，所以必须通冷却气体进行冷却，冷却气的压力比炉喉压力应大 0.01~0.015 Pa，以防炉内荒煤气进入气密箱内。冷却气由密封箱底板与气密箱侧壁之间的间隙 C 排入炉内。行星减速箱处于大气环境中工作，不必通冷却气体，只有齿轮 10 和 11 的同心轴伸入气密箱内，因此需要转轴密封。

布料器的旋转圆筒上部装有大齿轮 12，由主电机 $n_1$ 经锥齿轮对和两对圆柱齿轮（3、5、10 和 12）使其旋转。旋转圆筒下部固定有隔热屏风 18，跟着一起旋转。

旋转圆筒下部的圆柱体 25 伸入炉内，它是布料溜槽 19 的悬挂和回转点。溜槽的尾部通过螺杆 16 和方螺母 17 与浮动齿轮 14 相连。当溜槽环形布料时，它和旋转圆筒一起转

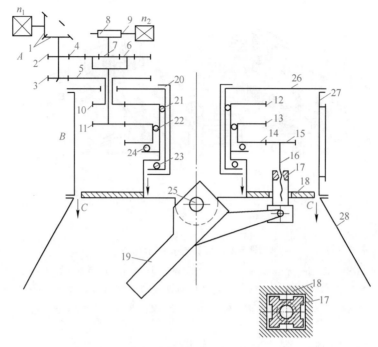

图 5-26　溜槽倾角采用尾部螺杆传动时的布料器传动系统

1~5，7，10~15—齿轮；6—行星齿轮（共 3 个）；8，9—蜗轮蜗杆；16—螺杆；17—升降螺母；

18—旋转屏风；19—溜槽；20—中心喉管；21，22—径向轴承；23，24—推力向心轴承；

25—溜槽回转轴；26—顶盖；27—布料器外壳；28—炉喉外壳；$n_1$，$n_2$—主副电机

动，倾角不变。这时副电机 $n_2$ 不动，运动由主电机 $n_1$ 经两条路线使气密箱内的两个大齿轮 12 和 13 转动。即一条路线是由齿轮 3、5 和 10 使大齿轮 12 转动，另一条由齿轮 2、4（齿轮 4 有内外齿）、行星齿轮 6 和齿轮 11 使浮动大齿轮 13 转动。这时，两个大齿轮以及旋转圆筒都以同一速度旋转。小齿轮 15、螺杆 16 和螺母 17 也一起绕高炉中心线旋转，不发生相对运动，这时溜槽的倾角不变。

溜槽的倾角可以在布料器旋转时变动，也可以在布料器不旋转时变动。当需要调节倾角时，开动副电机 $n_2$，使中心的小太阳齿轮 7 转动，从而使行星齿轮 6 的转速增大或减小（视电机转动的方向而定），使浮动齿轮 13 和 14（双联齿轮）的转速大于或小于大齿轮 12（也即旋转圆筒）的转速。这时齿轮 15 沿浮动齿轮 14 滚动，使螺杆 16 相对于旋转圆筒产生转动，带动螺母 17 在屏风 18 的方孔内做直线运动，溜槽的倾角发生变化。

（2）图 5-27 是国外使用的无料钟炉顶布料器的立体简图和传动系统简图。

溜槽传动系统的工作原理是：当电动机 1 工作、电动机 24 不工作时，电动机 1 一方面通过联轴器 28 和齿轮 2、3、5、6、7 使齿轮 8 转动。与齿轮 8 固连在一起的旋转圆筒 9、底板 29、蜗轮传动箱 C、耳轴 18 和溜槽 20 也一同转动。而电动机 1 另一方面通过联轴器 28、齿轮 2、3、4 和行星齿轮 a、b、g 及系杆 H、齿轮 10，使双联齿轮 11 与 12 转动。由于电动机 1 带动齿轮 8 和 12，两个转动的总传动比设计得完全相同，即齿轮 8 和 12

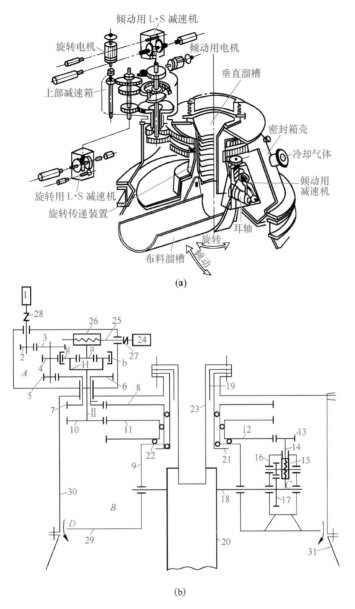

图 5-27　无料钟炉顶布料器的立体简图和传动系统简图

（a）无料钟炉顶布料器的立体简图；（b）传动系统简图

1—旋转电动机；2~5，8，10，13，16，17—圆柱齿轮；6，7，11，12—双联齿轮；

9—旋转圆筒；14，25—蜗杆；15，26—蜗轮；18—耳轴；19—套管；20—溜槽；21—固定喉管；

22—滚动轴承；23—中心喉管；24—溜槽摆动电动机；27，28—联轴器；29—气密箱底板；

30—气密箱壳；31—高炉外壳；a，b，H，g—行星轮系

是同步的，因此齿轮 13 与齿轮 12 之间无相对运动，所以此时溜槽只有转动而无倾动。

当电动机 1 不工作而倾动电动机 24 工作时，通过蜗杆 25、蜗轮 26、中心齿轮 a、行星齿轮 g、系杆 H、齿轮 10、双联齿轮 11 和 12、齿轮 13、蜗杆 14、蜗轮 15、齿轮 16 与 17 以及耳轴 18，使溜槽只倾动而不转动。

当电动机 1 和 24 同时工作时，由于行星轮系的差动作用，就使得大齿轮 8 和 12 之间也产生差动，从而使传动齿轮 13 与齿圈 12 之间产生了相对运动，此时溜槽既有转动又有倾动。

图 5-26 和图 5-27 的传动系统的差别仅在于溜槽倾角调整机构有所不同。图 5-26 是用螺杆传动，而图 5-27 采用蜗轮蜗杆传动。用螺杆传动时，方杆螺母 17（图 5-26）不但要承受轴向力，同时还有侧向力，在屏风 18 的方孔内做直线运动，润滑不便，摩擦较大，工作不太可靠。改用图 5-27 的蜗轮箱传动后，通过蜗杆、蜗轮、小齿轮和扇形齿轮，使溜槽驱动轴通过花键连接带动溜槽旋转。溜槽驱动轴支撑在蜗轮箱内，润滑条件较好，工作比较可靠。

（3）图 5-28 是国内设计使用的一种无料钟炉顶布料器的传动系统。它与国外传动系统不同之处如下。1）上部主电机通过锥齿轮 $Z_1$、$Z_2$，太阳轮 $Z_a$ 和齿轮 $Z_7$、$Z_8$ 带动圆筒旋转，比原结构减少了一层齿轮，少了一对分箱面，使行星箱简化，安装调整比较方便。2）溜槽的摆动采用双边驱动，以增加传递扭矩，但需解决传动时，两边受力均衡问题。3）下部隔热屏风采用固定式，不再与圆筒一起旋转。它可以通水冷却，使炉喉的辐射热不易传入气密箱内，并减少冷却气的用量。

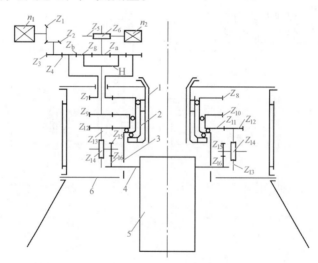

图 5-28　国内设计布料器传动系统

1—中心喉管；2—固定圆筒；3—旋转圆筒；4—驱动轴；5—溜槽；6—冷却屏风；

$Z_a$—中心太阳轮齿数；$Z_b$—大太阳轮内齿齿数；$Z_g$—行星轮齿数；$n_1$—主电机转速，r/min；

$n_2$—副电机转速，r/min；H—行星轮的系杆

1）环形布料时，两个大齿轮 $Z_8$、$Z_{10}$ 同步的条件。环形布料时，溜槽只做旋转运动，不作摆动。这时副电机 $n_2$ 不动，中心太阳轮 $Z_a$ 固定，而且应使两个大齿轮 $Z_8$、$Z_{10}$ 的转速 $n_8$ 和 $n_{10}$ 相等，则

$$n_8 = \frac{n_1}{\dfrac{Z_2}{Z_1} \cdot \dfrac{Z_4}{Z_3} \cdot \dfrac{Z_8}{Z_7}} \tag{5-1}$$

$$n_{10} = \frac{n_1}{\dfrac{Z_2}{Z_1} \cdot \dfrac{Z_4}{Z_3} \cdot i_{bH}^a \cdot \dfrac{Z_{10}}{Z_9}} \tag{5-2}$$

若 $n_8 = n_{10}$ ，则得：

$$\frac{Z_8}{Z_7} = \frac{Z_{10}}{Z_9} \cdot i_{bH}^a \tag{5-3}$$

当中心小太阳轮 a 固定，大太阳轮 b（内齿）主动，动力由内齿轮 b 传递到系杆 H 时的速比 $i_{bH}^a$ 为：

$$i_{bH}^a = 1 + \frac{Z_a}{Z_b} \tag{5-4}$$

当中心小太阳轮 a 主动，大太阳轮 b（内齿）固定，动力由中心太阳轮 a 传递到系杆 H 时的速比 $i_{aH}^b$ 为：

$$i_{aH}^b = 1 + \frac{Z_b}{Z_a} \tag{5-5}$$

将式（5-4）代入式（5-3）得：

$$\frac{Z_8}{Z_7} = \frac{Z_{10}}{Z_9}\left(1 + \frac{Z_a}{Z_b}\right) \tag{5-6}$$

式（5-6）是两个大齿轮同步关系，在设计布料器的传动系统时，有关齿轮的齿数必须符合式（5-6）的关系。此外，齿轮 $Z_7$ 和 $Z_8$、$Z_9$ 和 $Z_{10}$ 同在两根轴上，必须使两对齿轮的中心距相等。

2）溜槽倾角调整的转动速度。调整溜槽倾角与主电机无关，完全取决于副电机的转速 $n_2$ 和由副电机至溜槽驱动轴之间的传动比。溜槽倾角调整的转速 $n_{16}$ 为：

$$n_{16} = \frac{n_2}{\dfrac{Z_6}{Z_5} \cdot i_{aH}^b \cdot \dfrac{Z_{10}}{Z_9} \cdot \dfrac{Z_{12}}{Z_{11}} \cdot \dfrac{Z_{14}}{Z_{13}} \cdot \dfrac{Z_{16}}{Z_{15}}} \tag{5-7}$$

将式（5-5）代入式（5-7）得：

$$n_{16} = \frac{n_2}{\dfrac{Z_6}{Z_5} \cdot \left(1 + \dfrac{Z_b}{Z_a}\right) \cdot \dfrac{Z_{10}}{Z_9} \cdot \dfrac{Z_{12}}{Z_{11}} \cdot \dfrac{Z_{14}}{Z_{13}} \cdot \dfrac{Z_{16}}{Z_{15}}} \tag{5-8}$$

选定了调整溜槽倾角的转速 $n_{16}$ 和 $n_2$ 后就可按式（5-8）分配速比和各齿轮的齿数。

传动机构设计时还应考虑，第一级减速比 $Z_6/Z_5$（见图 5-28）或 $Z_{26}/Z_{25}$（见图 5-27）采用单头蜗杆传动，以利自锁在修理或调整抱闸时不会由于溜槽的自动倾翻力矩而转动。此外，带动溜槽的最后一级圆柱齿轮的被动轮应采用扇形齿轮，这样不但可以缩短溜槽驱动轴和屏风之间的距离，而且在更换溜槽时能使溜槽摆成水平，便于更换。

**B 气密箱**

气密箱是布料器的主体部件，设计时寿命应尽可能达到一代炉龄。为了保证布料器正常工作，必须使布料器的最高温度不超过 70 ℃，正常温度应控制在 40 ℃左右。必须对箱体内不断通入冷却气（氮气或半净煤气）。冷却气要求：（1）进气温度一般小于 30 ℃，最高不得大于 40 ℃，冷却气含尘量（煤气）小于 5 mg/m³，最高不大于 10 mg/m³；（2）冷却气的压力比炉喉煤气压力高 0.01~0.15 MPa，当炉喉压力变化时，冷却气的压力也应能自动调整；（3）箱体内冷却气气流分布正确，来保证运动零件的正常温度。

为了简化控制，可以采用定容鼓风机，只要选用的定容鼓风机的额定压力超过炉喉最高压力，就可以保证鼓风机鼓入一定量的冷却气。设有两套鼓风机，一套工作，一套备用。当气密箱温度超过 70 ℃时，需要加大冷却气量，可以同时开两台风机。

气密箱的温度用热电偶测定，热电偶应均匀地沿气密箱的圆周分布。

（1）图 5-29 是气密箱的一种结构。为了通入氮气或半净煤气冷却气密箱，设有进气口 7 和两条排气缝 8。为了使两条排气缝的宽度在运转中保持稳定，气密箱内零件的定心必须准确，运转必须稳定。并且必须采用结构紧凑，支持牢靠，并且在长期运转中能维持较高精度的支撑结构。这种结构的气密箱把所有的运动零件都安装在旋转圆筒 1 上，然后通过大轴承支持在中心固定圆筒 4 上。中心固定圆筒挂在固定法兰盘 2 上。

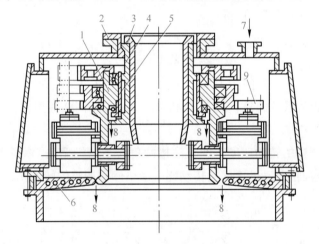

图 5-29　布料器气密箱的结构（1）

1—旋转圆筒；2—固定法兰；3—中心喉管；4—中心固定圆筒；5—中心固定圆筒的外套；
6—水冷却屏风；7—冷却气入口；8—排气缝；9—蜗轮箱主动小齿轮

旋转圆筒 1 通过两个大轴承支撑在固定圆筒上。下面是推力向心轴承，主要是为了承受轴向力，同时也可以承受径向力。上面的轴承是纯径向轴承，可以承受齿轮传动的径向力，也可以和推力轴承一起抵抗溜槽的倾翻力矩。

浮动大齿轮（双联齿轮）也是采用两个同类型的轴承支撑在旋转圆筒 1 上。采用这种轴承的优点是可以承受轴向和径向力外，主要是安装和使用过程中不必调整轴承间隙，能长期保持运转精度。缺点是采用四个完全不同的轴承，制造工作量加大。

中心固定圆筒的外套上有三个径向供油孔；上下层油孔分别供给径向轴承和推力轴承，中层油孔穿过旋转圆筒润滑双联齿轮的两个轴承。

（2）图5-30是气密箱的另一种结构。这种结构不但通入冷却气，而且在底部有水冷却屏风，中心喉管的外围也设有水冷固定圆筒15，这样冷却气用量大为减少。

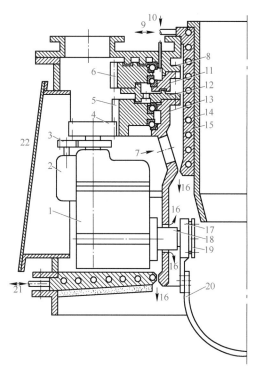

图 5-30　布料器气密箱的结构（2）

1—蜗轮减速箱；2—稀油泵；3—小齿轮；4—弹性齿轮；5—浮动大齿轮；6—大齿轮；7—冷却气通道；

8—顶盖；9—冷却水入口和出口；10—干油润滑入口；11—轴承座法兰盘；12—连接法兰盘；13—旋转圆筒；

14—中心喉管；15—水冷固定圆筒；16—冷却气排出口；17—溜槽驱动臂；18—花键轴保护套；

19—驱动臂保护板；20—溜槽；21—冷却水入口和出口管；22—工作孔

这种气密箱采用四个相同的推力向心球轴承，由于轴承型号相同，有利于订货和制造。四个轴承布置在同一直径上，有利于中心喉管直径的扩大，对于大型高炉采用这种结构比较有利。成对使用的推力轴承在安装时要考虑方便地调整轴承间隙，可在 8 和 11 的法兰面之间加可调垫片来解决。

轴承座法兰盘 11 是用螺栓连接把载荷传递到顶盖上的。由于螺栓处于冷却区域内，又有水冷却的中心固定圆筒保护，不会产生蠕变现象。

大轴承采用干油润滑。干油通过输油管 10（在圆周上共有四个）进入气密箱内的上面两个大轴承，然后通过连接法兰盘 12 的孔进入下面两个轴承。

两个大齿轮同样用干油润滑（图5-30中未画出）。两个蜗轮箱上的小齿轮 4 和齿轮对 3 也有同样的润滑油进行润滑。

蜗轮箱内部的零件采用稀油润滑，在箱体上安有稀油泵 2，其动力由蜗杆轴通过小齿轮对 3 传动。当调整溜槽倾角时，通过齿轮对 3 带动油泵 2。油泵 2 把辅助油箱的润滑油吸出，经过滤油器和油管送到蜗轮箱内部，喷到蜗轮蜗杆和齿轮上。

两个蜗轮箱支撑在旋转圆筒 13 的托架（筋板）上，它和旋转圆筒一起旋转。因此，滤油器和辅助油箱（因涡轮箱的存油量很少）都要安装在托架上跟着一起转动。如果要简化润滑，也可以考虑采用干油润滑，这只有在高炉休风时打开气密箱的工作孔 22 用油枪打入干油。

国外第一个无料钟炉顶的溜槽是单边传动的，由于驱动轴对溜槽的扭矩较大，容易使溜槽开裂。图 5-29 和图 5-30 采用了双边传动。

由于制造和安装等原因，双边传动受力可能不均匀，甚至于只有一边驱动，另一边反而形成阻力。因此，可以采取以下两项措施来解决双边传动均衡问题。

1）蜗杆轴上的小齿轮（图 5-29 中的 9 或图 5-30 中的 3）的键槽不要事先加工出来，可以在装配试调合适后划线再加工。这一措施只能解决双边传动和溜槽的装配问题，但由于零件制造有误差，传动过程中受力仍会出现不均匀，还必须采取第 2）项措施。

2）把蜗杆轴上的小齿轮做成弹性结构，如图 5-31 所示。它由齿圈 1 和轮芯 8 组成。齿圈和轮芯之间的径向力通过轮芯的辐板和突缘 4 直接传递。齿圈和轮芯之间的扭矩则要通过弹簧 2 和 7（共有三对）传递。为了限制弹簧的最大负荷，在弹簧内装有套筒 3。当弹簧压缩到一定程度以后，齿圈的凸块 5 碰到套筒 3 可以直接传递扭力。

C　溜槽驱动轴和溜槽的悬挂结构

图 5-32 是溜槽驱动轴和溜槽的悬挂结构图。

溜槽的驱动轴是花键轴。溜槽和驱动轴连接的部位受扭力较大，一般宜单独制作，选用较好的耐热合金钢或普通镍铬合金钢。这一部分称为驱动臂。驱动臂 15 和溜槽 13 之间有滑道相配，用螺栓联结。溜槽的尾部有挡板 12（图 5-33 中的 1），它是焊在溜槽端部的。通过上述结构，螺栓基本上不受剪力，溜槽的重量由滑道和尾部的挡板（图 5-33 中的 2 和 1）传递到驱动臂上。

溜槽的驱动臂和驱动轴是布料器的关键零件，也是整个布料器的薄弱环节。它受扭矩较大，又处在炉喉内工作，除应选用较好的材质外，还应考虑冷却措施。图 5-32 驱动轴的外表面和内部是通冷却气的。为了正确引导花键槽表面的气流，并避免冷却气和炉内的脏煤气相混，设有保护套 11。为使冷却气能够冷却溜槽驱动臂 15 的内表面，把驱动轴 6 做成空心的。通过的气流在轴端部拐弯沿驱动臂表面向四周扩散出去。驱动臂内侧保护板 14 可以保证上述冷却气沿驱动臂表面的正确流动，并避免炉喉脏煤气混入。

D　溜槽本体

图 5-33 为溜槽的一种结构。布料溜槽直接悬挂在中心喉管下面，既要承受高温的辐射，还要承受炉料的冲击磨损，对它的衬板要求经久耐用，并且在生产过程中拆卸、安装方便。它是一个半圆形的槽体，本体用铸钢制造，内表面堆焊有硬质合金，它的衬板是成阶梯形安装的。为了提高其刚性和减小溜槽的倾翻力矩，溜槽本体做成锥形，即前端小一些，后部大一些。后部壁厚也大一些，溜槽尾部侧壁除了有与驱动臂卡靠用的导轨外，还有与其连接用的螺钉孔。

更换溜槽时，打开炉喉检修孔和布料器检修孔，把溜槽调整到接近水平位置，然后用专用吊具吊平溜槽。同时，卸去驱动轴 6 的尾部轴向限位板 4 （见图 5-32），利用驱动轴端部的螺纹孔接上一个长螺杆，然后用千斤顶把两个驱动轴同时往外抽移一段距离，使花键轴的头部脱离驱动臂的花键孔。这样就可以把溜槽及其上的驱动臂一起吊出炉外。换新溜槽的顺序和上述过程相反。

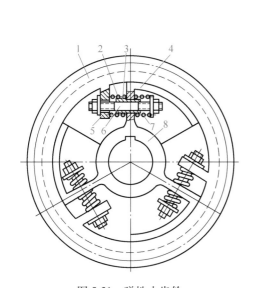

图 5-31　弹性小齿轮

1—齿圈；2，7—弹簧；3—套筒；

4—轮芯的辐板和突缘；5—齿圈的凸块；

6—双头螺栓；8—轮芯

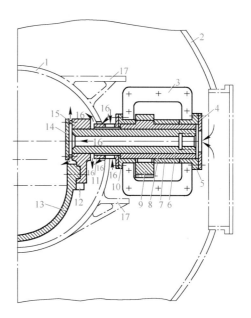

图 5-32　溜槽的驱动轴和溜槽的悬挂结构

1—旋转圆筒；2—气密箱外壳；3—蜗轮箱；

4—轴向限位板；5—轴向定位衬套；6—驱动轴；

7—内花键轴；8—套筒；9—扇形齿轮；

10—轴向定位衬套；11—花键轴保护套；

12—溜槽尾端挡板；13—溜槽；14—驱动臂保护板；

15—驱动臂；16—冷却气气路；17—蜗轮箱托架

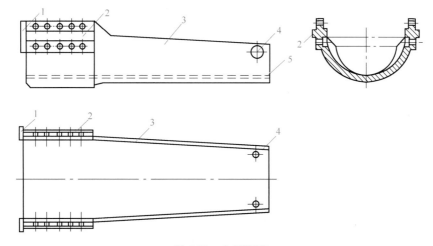

图 5-33　布料溜槽

1—轴向挡板；2—滑道；3—溜槽本体；4—换溜槽用圆孔；5—硬质合金层

### 5.3.3 无钟式炉顶布料与控制

#### 5.3.3.1 溜槽布料方式

无料钟炉顶的布料溜槽不但可做回转运动,并且可作倾角的调控,因此有多种布料方式,即环形布料、定点布料、螺旋布料、扇形布料,如图 5-34 所示。

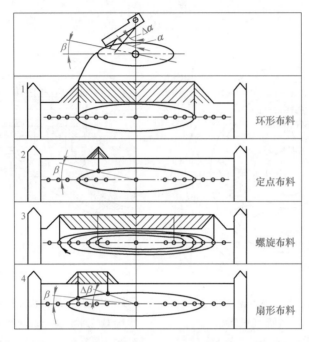

图 5-34 四种典型的布料方式

除了以上四种基本布料方式外,在环形布料和螺旋布料的基础上,还有不均匀环形布料、不均匀螺旋布料,以及环形和螺旋形混合布料等。不均匀环形布料是在环形布料过程中几个或每个溜槽倾角 $\alpha$ 位置上的布料圈数不相等。不均匀螺旋布料是在螺旋布料过程中溜槽在各倾角位置上的布料圈数不相同。环形和螺旋形混合布料则是在一次布料过程中既有环形布料又有螺旋布料。布料时溜槽旋转圈数和倾动角均由电子计算机自动选定。

溜槽布料举例如下:

某高炉采用溜槽环形布料,一批料的装料次序为:$C_1\downarrow C_2\downarrow O_1\downarrow O_2\downarrow$,设每下一次料溜槽旋转 5 圈,即焦批 10 圈、矿批 10 圈,共 20 圈,设定 10 个溜槽倾角位置点的倾角度数见表 5-1。

表 5-1 倾角度数

| 倾角位置点号 | 1 | 2 | 3 | 4 | 5 | 6 | 7 | 8 | 9 | 10 |
| --- | --- | --- | --- | --- | --- | --- | --- | --- | --- | --- |
| 倾角度数/(°) | 49 | 47 | 46 | 44 | 43 | 41 | 38 | 35 | 31 | 24 |

布一批料所选择的溜槽倾角位置为:$C_1\downarrow$,22244;$C_2\downarrow$,33377;$O_1\downarrow$,44455;$O_2\downarrow$,66555。

即一批料的布料过程为：$C_1\downarrow$，溜槽倾角在 47°旋转 3 圈，在 44°旋转 2 圈。$C_2\downarrow$，溜槽倾角在 46°旋转 3 圈，在 38°旋转 2 圈。$O_1\downarrow$，溜槽在 44°旋转 3 圈，在 43°旋转 2 圈。$O_2\downarrow$，溜槽倾角在 41°旋转 2 圈，在 43°旋转 3 圈。

一批料的溜槽倾角位置及旋转圈数的组合称为布料程序。

在考虑溜槽布料程序时，当采用环形或螺旋布料，为了减小布料的开始和终了由于下料量变化较大对布料准确性的影响，要求一个贮料罐的装料量不得少于使溜槽旋转 3~4 圈的料流量。布料操作控制溜槽倾角的方法，可以按时间（即溜槽旋转圈数）或按料罐重量的变化进行控制。一般采取控制溜槽旋转圈数的方式较多，只有在称量检测水平较高的高炉上才有采用按重量变化的方法来控制溜槽倾角位置的。布料过程中的料流量是依靠调节料流阀的开度控制的，而料流量还与炉料的粒度等性质有关，难以用理论计算出料流阀的准确开度，生产中料流量与料流阀开度之间的关系一般都是通过实际测定得到的。提高料流阀的制造精度和控制系统的控制准确性是实现准确控制料流量的基本条件。

### 5.3.3.2 无钟式炉顶优点

无钟式炉顶与有钟式炉顶的布料相比有下列优点。

（1）可以把原料布到整个料面上，包括在大钟下面的广大面积。图 5-35 为大钟布料 a 和旋转溜槽布料 b 的对比，料钟式只能环形布料，无料钟式炉顶可以把料布到炉喉的整个料面。

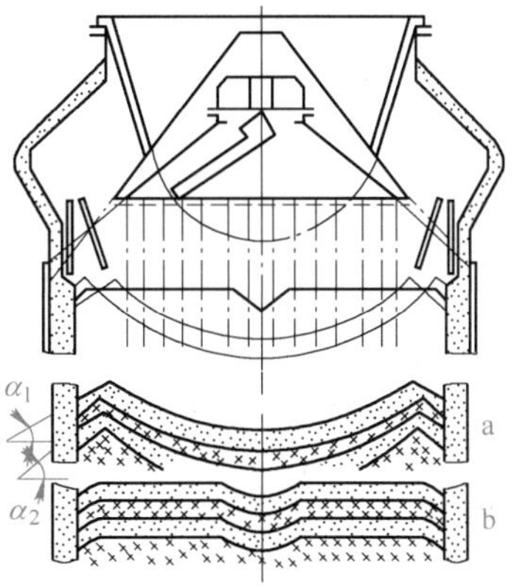

（2）围绕高炉中心线可以实现任何宽度的环形布料，每次布料的料层厚度可以很薄。

（3）可以减少原料的偏析和滚动，各处的透气性比较均匀。

（4）由于原料由一股小料流装入炉内，不影响炉喉煤气的通道，因此由煤气带出的炉尘比料钟装料的少。用大钟装料时，原料猛然从大钟上一起落下，减小了煤气的通道，增加了煤气的速度，从而增加炉尘的吹出量。

图 5-35　用大钟布料和旋转溜槽布料的对比（$\alpha_1 < \alpha_2$）

a—大钟布料；b—旋转溜槽布料

（5）有利于整个高炉截面的化学反应。采用"之"字形装料，即把环形装料和螺旋布料结合起来，使高炉煤气在炉内上升时走曲折的道路，延长煤气和炉料的接触时间，有利于煤气能量的利用。

（6）可以实现非对称性的布料，如定点布料或定弧段的扇形布料。当高炉料柱发生偏行或"管道"时，可以及时采取有效的补救措施。

### 5.3.3.3 装料、布料操作

装料操作包括装料方法和均压制度。并罐式无料钟炉顶向贮料罐装料，一般采取焦矿左右料罐轮换装料。均压制度一般分为正常均压制和辅助均压制。正常均压制是当贮料罐上密封阀关闭后立即充压，辅助均压制是在贮料罐下密封阀打开前才进行充压。均压时向料罐充压，一般是用半净煤气进行一次充压，用氮气进行二次充压。

并罐式炉顶设备的装料、布料顺序如下。

装料前将受料斗移至对应罐之上，打开该罐放散阀，开启上密封阀，装完一批料后，关上密封阀和放散阀，此时如果料罐电子秤发出超重信号，将不允许关上密封阀，只能在非连锁状态下放料，处理好后再向料罐内均压。

当料线下降到需装料位置时，探尺提起至安全坡位位置，同时溜槽启动旋转，料罐均压阀打开，均压好后打开下密封阀。待布料溜槽转到预定的布料起始位置时，控制系统使料流调节阀打开到规定的开度，炉料按规定的卸料时间通过中心喉管经布料溜槽布入炉内。当料仓卸空后由测力仪（电子秤）发出信号，先关闭料流节流阀，再关闭下密封阀，然后打开放散阀，溜槽回到原等待位置。

当第一个料罐往炉内布料时，第二个料罐可以接受装料，两个料罐交替工作，使炉顶装料具有足够的能力。

一般装料与布料操作的程序控制是连锁的，对连锁的要求如下：（1）垂直探尺提升到机械零位，水平探尺退回到原位后才允许布料溜槽启动；（2）下密封阀未关闭严密时，上密封阀不能打开；（3）下密封阀未全打开时，料流调节阀不能打开；（4）贮料罐内有炉料时，禁止打开上密封阀，避免重复装料；（5）一个贮料罐的下密封阀打开时，另一个贮料罐的下密封阀禁止打开。

## 思 考 题

5-1  对炉顶装料设备应该有哪几方面的要求？

5-2  大钟和大料斗的结构如何？

5-3  大钟与大料斗损坏的主要原因是什么？如何提高大钟与大料斗的寿命，应采取哪些措施？

5-4  双钟炉顶的大钟为什么采用双折角形式？

5-5  空转布料器与马基式布料器比较有哪些优点？

5-6  双钟高炉炉顶设备的哪些部位需要加强密封处理？分析在这些部位可以采取的密封措施。

5-7  炉顶液压传动和机械传动相比有哪些优点？

5-8  什么是变径炉喉，它有哪几种形式？

5-9  无料钟炉顶的主要优点是什么，并罐式和串罐式无料钟炉顶在结构和炉料分布方面有何不同？

5-10  无料钟炉顶的溜槽是如何旋转的，如何摆动的？

5-11  无料钟炉顶旋转溜槽布料有哪几种基本布料方式，这几种基本布料方式各有何特点？举例说明螺旋布料操作方法。

5-12  气密箱内的氮气压力为什么要高于炉顶煤气压力？

# 6 铁、渣处理设备

课件

铁、渣处理系统的主要设备包括风口平台与出铁场、开口机、堵铁口机、堵渣口机、换风口机、渣罐车、铁水罐车、铸铁机以及炉渣水淬设施等。

## 6.1 风口平台与出铁场

视频 渣铁系统

### 6.1.1 概述

在高炉下部，沿高炉炉缸风口前设置的工作平台为风口平台。为了操作方便，风口平台一般比风口中心线低 1150~1250 mm，应该平坦并且还要留有排水坡度，其操作面积随炉容大小而异。操作人员在这里可以通过风口观察炉况、更换风口、检查冷却设备、操纵一些阀门等。

视频 炉前
工作场景

出铁场是布置铁沟、安装炉前设备、进行出铁放渣操作的炉前工作平台。出铁场和操作平台上设置有渣铁处理设备、主沟铁沟等修理更换设备、能源管道（水、煤气、氧气、压缩空气）、风口装置和更换风口的设备、炉体冷却系统和燃料喷吹系统的设备、起重设备、材料和备品备件堆置场、集尘设备、人体降温设备、照明设备以及炉前休息室、操作室、值班室等。在出铁场上把这些布置合理，使用方便，减轻体力劳动，改善环境，保证出铁出渣等操作的顺利进行是设计时必须考虑的事项。为了减轻劳动强度，采用可更换的主沟和铁沟，开口机换杆、泥炮操作、吊车操作采用遥控，铁水罐车自动称量，渣铁口用电视监视等。设置大容量效果好的炉前集尘设备以改善环境，渣铁沟和流嘴加设保护盖，改变了炉前的操作状况。

出铁场一般比风口平台约低 1.5 m。出铁场面积的大小，取决于渣铁沟的布置和炉前操作的需要。出铁场长度与铁沟流嘴数目及布置有关，而高度则要保证任何一个铁沟流嘴下沿不低于 4.8 m，以便机车能够通过。根据炉前工作的特点，出铁场在主铁沟区域应保持平坦，其余部分可做成由中心向两侧和由铁口向端部随渣铁沟走向一致的坡度。

出铁场布置形式有以下几种：1 个出铁口 1 个矩形出铁场；双出铁口 1 个矩形出铁场；3 个或 4 个出铁口两个矩形出铁场和 4 个出铁口圆形出铁场，出铁场的布置随具体条件而异。目前 1000~2000 m³ 高炉多数设 2 个出铁口、2000~3000 m³ 高炉设 2~3 个出铁口，对于 4000 m³ 以上的巨型高炉则设 4 个出铁口，轮流使用，基本上连续出铁。

图 6-1 为宝钢 1 号高炉出铁场的平面布置图。宝钢 1 号高炉是 4063 m³ 巨型高炉，出铁场可以处理干渣、水渣两种炉渣，设有两个对称的出铁场，4 个铁口，每个出铁场

上设置两个出铁口。出铁场分为主跨和副跨，主跨跨度 28 m，铁沟及摆动溜嘴布置在主跨；副跨跨度 20 m，渣沟、残铁罐设置在副跨。每个出铁口都有两条专用的鱼雷罐车停放线，并且与出铁场垂直，这样可以缩短铁沟长度，减少铁沟维修工作量，减小铁水温度降。

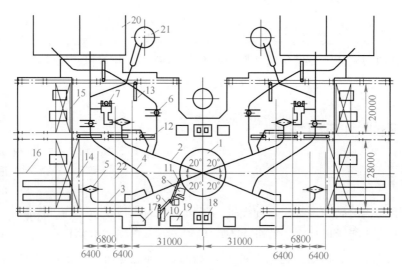

图 6-1　宝钢 1 号高炉出铁场的平面布置（单位：mm）

1—高炉；2—活动主铁沟；3—支铁沟；4—渣沟；5—摆动流嘴；6—残铁罐；7—残铁罐倾翻台；
8—泥炮；9—开口机；10—换钎机；11—铁口前悬臂吊；12—出铁场间悬臂吊；13—摆渡悬臂吊；
14—主跨吊车；15—副跨吊车；16—主沟、摆动流嘴修补场；17—泥炮操作室；18—泥炮液压站；
19—电磁流量计室；20—干渣坑；21—水渣粗粒分离槽；22—鱼雷罐车停放线

图 6-2 为日本福山厂 4 号高炉（4197 m³）出铁场的平面布置图。

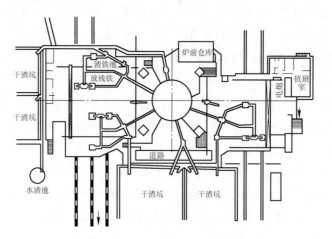

视频　出铁场

图 6-2　日本福山厂 4 号高炉出铁场的平面布置

风口平台和出铁场的结构有两种：一种是实心的，两侧用石块砌筑挡土墙，中间填充卵石和砂子，以渗透表面积水，防止铁水流到潮湿地面上，造成"放炮"现象，这种结构常用于小高炉；另一种是架空的，它是支持在钢筋混凝土柱子上的预制钢筋混凝土板或直接捣制成的钢筋混凝土平台。其下面可做仓库和存放沟泥、炮泥，填充 1.0~1.5 m 厚的砂子。渣铁沟底面与楼板之间，为了绝热和防止渣铁沟下沉，一般要砌耐火砖或红砖基础层，最上面立砌一层红砖或废耐火砖。

### 6.1.2　铁沟与撇渣器

#### 6.1.2.1　主铁沟

从高炉出铁口到撇渣器之间的一段铁沟称为主铁沟。它是在 80 mm 厚的铸铁槽内，砌一层 115 mm 的黏土砖，上面捣以炭素耐火泥。容积大于 620 m³ 的高炉主铁沟长度为 10~14 m，小高炉为 8~11 m，过短会使渣铁来不及分离。主铁沟的宽度是逐渐扩张的，这样可以减小渣铁流速，有利于

视频　渣铁分离

渣铁分离，一般铁口附近宽度为 1 m，撇渣器处宽度为 1.4 m 左右。主铁沟的坡度，一般大型高炉为 9%~12%，小型高炉为 8%~10%，坡度过小渣流速太慢，延长出铁时间；坡度过大流速太快，降低撇渣器的分离效果。为解决大型高压高炉在剧烈的喷射下渣铁难分离的问题，主铁沟加长到 15 m，加宽到 1200 mm，深度增大到 1200 mm，坡度可以减小至 2%。

高压操作的高炉出铁时，铁水呈射流状从铁口射出，落入主铁沟处的沟底最先损坏，修补频繁。为此大型高炉采用贮铁式主铁沟，沟内贮存一定深度的铁水，使铁水射流落入时不直接冲击沟底。此外，贮铁式主铁沟内衬还避免了大幅度急冷急热的温度变化，实践证明，贮铁式主铁沟寿命较干式主铁沟长久。大型高炉主铁沟贮铁深度为 450~600 mm，沟顶宽度为 1100~1500 mm。

某厂 4 号高炉干式主铁沟与贮铁式主铁沟断面尺寸如图 6-3 所示。

视频　渣铁制度

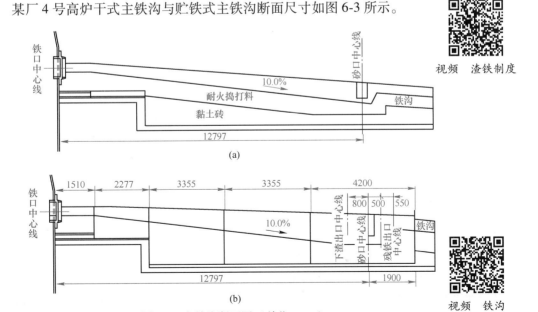

视频　铁沟

图 6-3　主铁沟断面图（单位：mm）

（a）干式；（b）贮铁式

#### 6.1.2.2　撇渣器

撇渣器（渣铁分离器）又称为砂口或小坑，它是保证渣铁分离的装置，如图 6-4 所示。利用渣铁密度的不同，用挡渣板把渣挡住，铁水从下面穿过，达到渣铁分离的目的。近年来由于不断改进撇渣器（如使用炭捣或炭砖砌筑的撇渣器），寿命可达几周至数月，大大减轻了工人的劳动强度，而且工作可靠性增加。为了使渣铁很好地分离，必须有一定的渣层厚度，通常是控制大闸开孔的上沿到铁水流入铁沟入口处（小坝）的垂直高度与大闸开孔高度之比，一般为 2.5~3.0，有时还适当提高撇渣器内贮存的铁水量（一般在 1 t 左右），上面盖以焦末保温。每次出铁可以轮换残铁，数周后才放渣一次以提高撇渣器的寿命。现在有的高炉已做成活动的主铁沟和活动的砂口，可以在炉前冷却的状态下修好，更换时吊起或按固定的轨道拖入即可。

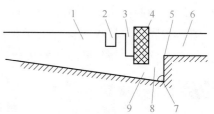

图 6-4　撇渣器构造

1—主铁沟；2—下渣沟砂坝；3—残铁沟砂坝；
4—挡渣板；5—沟头；6—支铁沟；
7—残铁孔；8—小井；9—砂口眼

视频　下渣沟

#### 6.1.2.3　支铁沟和渣沟

支铁沟是从撇渣器后至铁水摆动流槽或铁水流嘴的铁水沟。大型高炉支铁沟的结构与主铁沟相同，坡度一般为 5%~6%，在流嘴处可达 10%。

渣沟的结构是在 80 mm 厚的铸铁槽内捣一层垫沟料，铺上河砂即可，不必砌砖衬，这是因为渣液遇冷会自动结壳。渣沟的坡度在渣口附近较大，为 20%~30%，流嘴处为 10%，其他地方为 6%。下渣沟的结构与渣沟结构相同。

### 6.1.3　流嘴

流嘴是指铁水从出铁场平台的铁沟进入到铁水罐的末端那一段，其构造与铁沟类似，只是悬空部分的位置不易炭捣，常用炭素泥砌筑。小高炉出铁量不多，可采用固定式流嘴。大高炉渣沟与铁沟及出铁场长度要增加，所以新建的高炉多采用摆动式流嘴。要求渣铁罐车双线停放，以便依次移动罐位，大大缩短渣铁沟的长度，也缩短了出铁场长度。

摆动铁沟流嘴如图 6-5 所示，它由曲柄连杆传动装置、沟体、摇枕、底架等组成。内部有耐火砖的铸铁沟体支持在摇枕上，而摇枕套在轴上，轴通过滑动轴承支撑在底架上，在轴的一端固定着杠杆，通过连杆与曲柄相接，曲柄的轴颈联轴节与减速机的出轴相连，开动电动机，经减速机、曲柄带动连杆，促使杠杆摆动，从而带动沟体摆动。沟体摆动角度由主令控制器控制，并在底架和摇枕上设有限制开关。为了减轻工作中出现的冲击，在连杆中部设有缓冲弹簧。在采用摆动铁沟时，需要有两个铁水罐并列在铁轨上，可按主罐列和辅助罐列来分，辅助罐列至少需要由两个铁水罐组成。摆动铁沟流嘴一般摆动角度 30°，摆动时间 12 s，驱动电动机功率 8 kW。

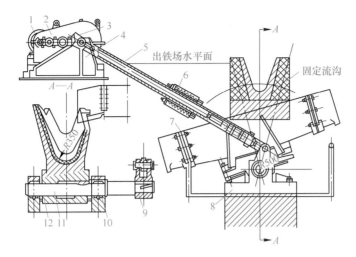

视频 摆动流嘴

图 6-5 摆动铁沟流嘴

1—电动机；2—减速机；3—曲轴；4—支架；5—连杆；6—弹簧缓冲器；
7—摆动铁沟沟体；8—底架；9—杠杆；10—轴承；11—轴；12—摇枕

### 6.1.4 出铁场的排烟除尘

在开出铁口时将产生粉尘。在出铁过程中，高温铁水流经的路径都会产生烟尘，以出铁口和铁水流入铁水罐时产生的烟尘最多。为了保证出铁场的工作环境和工作人员的身体健康，必须在出铁场设置排烟除尘设备。

排烟除尘系统由烟尘收集设备、烟尘输送设备、除尘设备、粉尘输送设备等组成。其作用主要是将出铁场各处产生的烟尘收集起来，经烟尘输送管道送到除尘器进行除尘。其设备有吸尘罩、管道和抽风机等。

目前较完善的出铁场烟尘的排除设备包括以下三部分：

（1）出铁口、铁水沟、挡渣器、摆动铁沟及渣铁罐处都设有吸尘罩，将烟尘抽至管道中；

（2）出铁口及主铁水沟的上部设有垂幕式吸尘罩，将烟尘排至管道中；

（3）出铁场厂房密闭，屋顶部位设有排烟尘管道。

将以上三部分烟尘管道连在一起组成总管道，将烟尘汇集排送到除尘器进行除尘。

烟尘收集设备主要是吸尘罩。吸尘罩分为垂幕式吸尘罩和伞形吸尘罩两种。高炉出铁场除采用垂幕式吸尘罩外，其他各尘源点均采用伞形吸尘罩。

出铁口和主铁沟上方设有垂幕式吸尘罩。垂幕罩是由罩垫、幕布和炉体形成一个较高大的空间，将烟尘收集起来，并排至烟尘管道中。垂幕罩只是当打开出铁口和堵出铁口时才应用，因为这时产生的烟尘量最多。为此垂幕应能升降，当不用时将垂幕升起。每面的垂幕均设有独立的卷扬设备能够将垂幕升起。垂幕由幕布、幕布连接件、保险链及吊挂件等组成。垂幕布是用石棉和玻璃纤维制成，表面附以铝箔贴面，以提高其耐热性能。这种垂幕罩的吸尘效果好，经济性也好。

抽风机是布袋式除尘器中的关键设备，用于抽集烟尘输送给除尘器进行除尘及反吹清除黏附在布袋上的粉尘。除尘用抽风机为双吸口离心式抽风机；清灰用抽风机为单吸口离心式抽风机。

除尘器为出铁场排烟除尘系统的主体设备，从各尘源点收集起来的烟尘均抽送给除尘器进行除尘。宝钢1号高炉出铁场均采用布袋式除尘器。

## 6.2　开口机

设在高炉炉缸一定部位的铁口，是用于排放铁水的孔道。在孔道内砌筑耐火砖，并填充耐火泥封住出口。在铁口内部有与炉料及渣铁水接触的熔融状态结壳。结壳外是呈喇叭状的填充耐火泥。在其周围为干固的旧堵泥套和渣壳及被侵蚀的炉衬砖等，如图6-6所示。打穿铁口出铁时要求孔道按一定倾角开钻，放出渣铁后能在炉底保留部分铁水俗称死铁层，目的是保持炉底温度，防止炉底结壳不断扩大而影响出铁量。

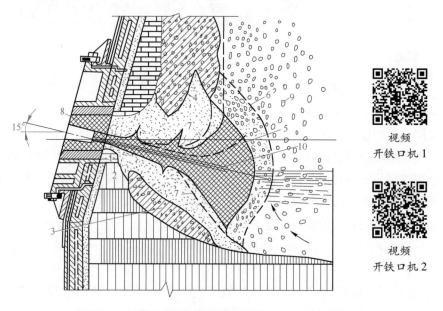

视频
开铁口机1

视频
开铁口机2

图6-6　出铁口内堵口泥的分布状况

1，2—砌砖；3—渣壳；4—旧堵泥口；5—堵口时挤入的新堵口泥；6—堵口泥最多可能位置；
7—出铁后被侵蚀的边缘线；8—出铁泥套；9—炉缸中焦炭；10—开穿前出铁口孔道

在实际生产中，打开出铁口方法可有下面几种：

（1）用钻头钻到赤热层后退出，然后用人工，气锤或氧气打开或烧穿赤热层；

（2）用钻杆送进机构，一直把铁口钻通，然后快速退回；

（3）采用具有双杆的开口机，先用一钻孔杆钻到赤热的硬层，然后用另一根通口杆把铁口打开，以防止钻头被铁水烧坏；

（4）在泥炮堵完泥后，立即用钻头钻到一定深度，然后换上捅杆捅开口，捅杆留在铁口不动，待下次出铁时，由开口机将捅杆拨出。

开口机按动作原理可分为钻孔式开口机和冲钻式开口机，但不管何种开口机，都应满足下列条件：

（1）开孔的钻头应在出铁口中开出具有一定倾斜角度的直线孔道，其孔道孔径应小于100 mm；

（2）在开铁口时，不应破坏覆盖在铁口区域炉缸内壁上的耐火泥；

（3）开铁口的一切工序都应机械化，并能进行远距离操纵，保证操作工人的安全；

（4）开口机尺寸应尽可能小，并在开完铁口后远离铁口。

### 6.2.1 钻孔式开口机

钻孔式开口机由三部分组成，如图 6-7 所示。

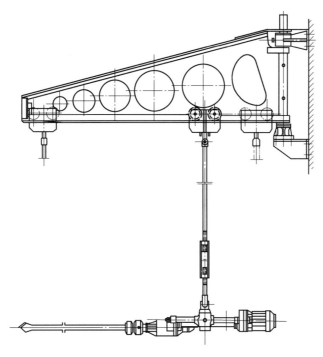

图 6-7 "一重"设计的钻孔式开口机总图

（1）回转机构。回转机构由电动机驱动回转小车，带着可绕固定在炉皮上的转轴运动的一根主梁，沿着弧形轨道运动。

（2）移送机构。移送机构主要包括电动机、减速机、小卷筒、导向滑轮、牵引钢绳、走行小车和吊挂装置。吊挂长短可以调整，用来改变开口机的角度。

（3）钻孔机构。钻孔机构主要由电动机、减速机、对轮、钻杆及钻头组成。钻杆和钻头是空心的，以便通风冷却，排除钻削粉尘。这种开口机经常要更换左旋和右旋钻杆、钻头，以改变旋向，弥补孔眼钻偏。

钻孔式开口机的特点：

（1）结构简单、操作容易，但它只能旋转不能冲击；

（2）钻头钻进轨迹为曲线，铁口通道呈不规则孔道，给开口带来较大阻力；

（3）当钻头快要钻到终点时，需要退出钻杆，人工捅开铁口，劳动强度大，具有较大危险性。

#### 6.2.2.1 结构和工作原理

这种开口机是在钻机钻头旋转钻削的基础上，使钻头在轴向附加一定的冲击力，这样可以加快钻进速度，其结构如图6-8所示。

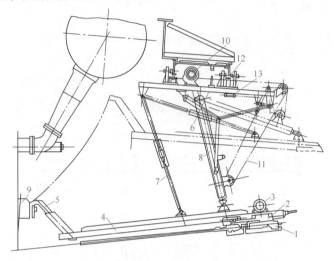

图 6-8 冲钻式开口机

1—钻孔机构；2—送进小车；3—风动马达；4—轨道；5—锁钩；6—压紧气缸；7—调节连杆；
8—吊杆；9—环套；10—升降卷扬机；11—钢绳；12—移动小车；13—安全钩气缸

开铁口时，移动小车12使开口机移向出铁口，并使安全钩脱钩，然后开动升降机构10，放松钢绳11，将轨道4放下，直到锁钩5钩在环套9上，再使压紧气缸6动作，将轨道通过锁钩5固定在出铁口上。这时钻杆已对准出铁口，开动钻孔机构风动马达，使钻杆旋转，同时开动送进机构风动马达3使钻杆沿轨道4向前运动。当钻头接近铁口时，开动冲击机构，开口机一面旋转，一面冲击，直至打开出铁口。

当铁口打开后应立即使送进机构反转（当钻头阻塞时，可利用冲击机构反向冲击拨出钻杆），使钻头迅速退离铁口。然后开动升降机构使开口机升起，并挂在安全钩上，同小车12将开口机移离铁口。

（1）横向移动机构。钻机主梁上的移动小车，在横移轨道上移动将冲钻带到铁口正上方位置。移动小车通过其专用卷扬系统拖动。

（2）钻机升降机构。在主梁上的升降卷扬系统施放钢绳11，通过吊杆8的下降，将钻机本体下降到工作位置，通过调节连杆7的调整，使冲钻机轨道4与理论钻孔轴线平行，同时使钻杆与理论钻孔轴线同轴。

（3）锁紧机构。在钻机下降至终点位置时，锁钩 5 落入设在铁口上方的环套中。抵消冲钻时钻机产生的反作用力。

（4）压紧机构。压紧气缸 6 推动撑杆，支撑住吊杆 8，防止正在作业时机体向上弹跳。

（5）送进机构。通过送进风动马达 3 运转，将钻机沿轨道 4 移向出铁口。

（6）钻孔机构。通过钻孔风动马达运转，带动钻杆回转进行钻削。

（7）冲击机构。打开通气阀门，将压缩空气通入钻机配气系统推动冲击锤头撞击钻杆挡块，使钻杆产生冲击运动，加快钻削速度。

#### 6.2.2.2 冲钻式开口机维护

（1）保证金属软管不与其他部位相碰，发现漏气及时更换。

（2）定期加润滑油和润滑干油。

（3）每季检查、清洗活塞导向套及活塞杆。

（4）马达在安装一个月后进行第一次清洗或更换，以后每季度一次。

## 6.3 堵铁口机

高炉在出铁完毕至下一次出铁之前，出铁口必须堵住。堵塞出铁口的办法是用泥炮将一种特制的炮泥推入出铁口内，炉内高温将炮泥烧结固状而实现堵住出铁口的目的。下次出铁时再用开孔机将出铁口打开。在设置泥炮时应满足下列要求。

（1）有足够的一次吐泥量。除填充被铁渣水冲大了的铁口通道外，还必须保证有足够的炮泥挤入铁口内。在炉内压力的作用下，这些炮泥扩张成蘑菇状贴于炉缸内壁上，起修补炉衬的作用。

（2）有一定的吐泥速度。吐泥过快，使炮泥挤入炉内焦炭中，形不成蘑菇状补层，失去修补前墙的作用。吐泥过慢，容易使炮泥在进入铁口通道过程中失去塑性，增加堵泥阻力，炉缸前墙也得不到修补。

（3）有足够的吐泥压力。为克服铁口通道的摩擦阻力、炮泥内摩擦阻力、炉内焦炭阻力等。

（4）操作安全可靠，可以远距离控制。由于高炉大型化并采用了高压操作，出铁后炉内喷出大量的渣铁水，所以要求堵口机一次堵口成功，并能远距离控制堵口机各个机构的运转。

视频 泥炮

（5）炮嘴运动轨迹准确。经调试后，炮嘴一次对准出铁口。

### 6.3.1 液压泥炮特点

按驱动方式可将泥炮分为气动、电动和液压 3 种。气动泥炮采用蒸汽驱动，由于泥缸容积小，活塞推力不足，已被淘汰。随着高炉容积的大型化和无水炮泥的使用，要求泥炮的推力越来越大，电动泥炮已难以满足现代大型高炉的要求，只能用于中、小型常压高炉。现代大型高炉多采用液压矮式泥炮。

液压泥炮具有如下特点：

（1）有强大的打泥压力，打泥致密，能适应高炉高压操作，压紧机构具有稳定的压紧力，不易漏泥；

（2）体积小，重量轻，不妨碍其他炉前设备工作，为机械化更换风口、弯管创造了条件；

（3）工作平稳、可靠，由于采用液压传动，机件可自行润滑，且调速方便；

（4）结构简单，易于维修，由于去除了大量机械传动零部件，大大减轻了机件的维修量。

### 6.3.2　矮式液压泥炮

图6-9为2380 kN矮式泥炮液压传动系统图。泥炮由打泥、压炮、锁炮和回转机构四部分组成。其中打泥、压炮、开锁（锁炮是当回转机构转到打泥位置时，由弹簧力带动锚钩自

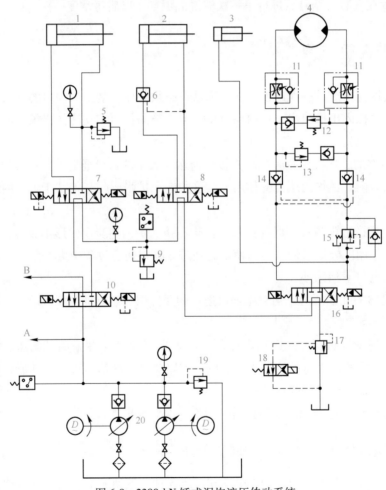

图6-9　2380 kN矮式泥炮液压传动系统

1—打泥缸；2—压炮缸；3—开锁缸；4—回转液压马达；5，9，12，13，17，19—溢流阀；

6，14—液控单向阀；7，8，10，16—电液换向阀；11—单向可调节流阀；

15—单向顺序阀；18—二位四通换向阀；20—柱塞泵

动挂钩，将回转机构锁紧）均是液压缸传动，而回转机构则是液压马达通过齿轮传动。

打泥机构：

| | |
|---|---|
| 泥缸容积 | 0.25 m³ |
| 泥缸直径 | 540 mm |
| 最大推力 | 2380 kN |
| 炮身倾角 | 19° |
| 炮嘴出口直径 | 150 mm |
| 炮嘴吐泥速度 | 0.2 m/s |

压炮机构：

| | |
|---|---|
| 最大压炮力 | 210 kN |
| 送炮时间 | 10 s |
| 回程时间 | 6.85 s |

回转机构：

| | |
|---|---|
| 最大回转力矩 | 17.5 kN·m |

### 6.3.2.1 液压传动系统参数

液压系统参数：

| | |
|---|---|
| 打泥回路工作压力 | 21 MPa |
| 压炮回路工作压力 | 14 MPa |
| 开锁回路工作压力 | 4 MPa |
| 回转回路工作压力 | 14 MPa |

轴向柱塞泵 20（手动变量式，2 台）：

| | |
|---|---|
| 额定压力 | 32 MPa |
| 额定流量（每台） | 160 L/min |
| 传动功率 | 55 kW |
| 转速 | 1000 r/min |
| 打泥缸 1 | $\phi$380 mm×1100 mm |
| 压炮缸 2 | $\phi$125 mm×700 mm |
| 开锁缸 3 | $\phi$50 mm×100 mm |

视频
堵铁口操作

回转液压马达 4（径向柱塞式）：

| | |
|---|---|
| 单位流量 | 1.608 L/r |
| 额定转速 | 0~150 r/min |
| 工作压力（额定） | 16 MPa |
| （最大） | 22 MPa |
| 扭矩（额定） | 3.75 kN·m |
| （最大） | 5.16 kN·m |
| 溢流阀 5 的预调压力 | 8 MPa |
| 溢流阀 12、13 的预调压力 | 15 MPa |
| 溢流阀 17 的预调压力 | 0.5 MPa |

### 6.3.2.2　系统工作原理

系统各回路的工作压力，由有关溢流阀或顺序阀调定（其预调压力见前）。柱塞泵 20 提供的压力油除供给图 6-9 所示泥炮使用以外，还从 A 出口供给其他一台同样的泥炮使用，以及从 B 出口供给本高炉的堵渣机等应用。本系统的特性是在同一时间内，只容许一个用油点工作（这与生产工艺是符合的）。因此，当一个系统或一个系统内一个用油点工作时，必须把其他系统或同系统内其余用油点的换向阀一律置于"0"位。

系统工作时，电液换向阀 10 的右端接电处于右阀位，打泥缸 1 的打泥压力，由溢流阀 19 调定，压炮缸 2 和回转液压马达 4 的工作压力由溢流阀 9 调定。在压炮回路中，设有液控单向阀 6，防止泥炮在打泥时，压炮缸活塞后退，压不住铁口泥套，引起跑泥。

在打泥完毕回转机构返回运动之前，必须先把锁炮锚钩打开，回转液压马达 4 才能启动。因此，在回路中设有单向顺序阀 15，其作用是：当电液换向阀 16 处于右阀位时，先向开锁缸 3 进油，打开锚钩。当锚钩完全打开，活塞停止前进，回路压力上升，达到 4 MPa 时，顺序阀 15 打开，回转液压马达 4 才开始进油，进行回转运动。液压马达的回转速度由单向可调节流阀 11 进行回油调节；液压马达在停止时，由于惯性作用在排油侧所产生的冲击压力，由溢流阀 12 或 13 进行溢流限制，所溢出的油液通过单向阀向进油侧进行补充。液压马达在停止后，由两个液控单向阀 14 进行锁紧。

在一次打泥工作循环结束后，各有关电液换向阀 7、8、16 均恢复到中间"0"位。此时，如果其他系统未工作，电液换向阀 10 仍处于右阀位，则泵的排油通过各换向阀卸荷运转。

## 思　考　题

6-1　出铁场和操作平台上设置哪些设备？

6-2　什么叫主铁沟，如何确定主铁沟的长度和坡度？贮铁式主铁沟有何优点？

6-3　铁沟、渣沟、流嘴有何作用？

6-4　对开口机有何要求，冲钻式开口机的结构如何？

6-5　液压泥炮有何特点，其结构如何？

#  7　煤气除尘设备

课件

高炉冶炼产生大量煤气。从高炉炉顶排除的煤气一般含 $w(CO_2) = 15\% \sim 20\%$、$w(CO) = 20\% \sim 26\%$、$w(H_2) = 1\% \sim 3\%$ 等可燃成分，其发热值可达 $3000 \sim 3800$ kJ/m³。焦炭等燃料的热量，约有 1/3 通过高炉煤气排除。因此，高炉煤气可以作为热风炉、加热炉、烧结、锅炉等燃料加以充分利用。但从炉顶排除的粗煤气中含有粉尘，必须经过除尘器将粉尘去除，否则煤气就不能很好地利用。

## 7.1　煤气处理的要求

从炉顶排出的煤气（又称荒煤气），其温度为 $150 \sim 300$ ℃，含有粉尘 $10 \sim 40$ g/m³。高炉煤气虽然是一种良好的气体燃料，但其中含有大量的灰尘，不经处理，用户就不能直接使用，因为煤气中的灰尘不仅会堵塞管道和设备，还会引起耐火砖的渣化和导热性变差，甚至污染环境。同时从炉顶排出的煤气还含有饱和水，易降低煤气的发热值，煤气温度较高，管道输送也不安全。因此，高炉煤气需经除尘降温脱水后才能使用。

高炉煤气中的灰尘主要来自矿石和焦炭中的粉末，含有大量的含铁物质和含碳物质，回收后可以作为烧结原料加以利用。

高压高炉煤气中的压力能，可采用余压透平发电加以利用。

煤气中灰尘的清除程度，应根据用户对煤气的质量要求和可能达到的技术条件而定。

一般经过除尘后的煤气含尘量应降至 $5 \sim 10$ mg/m³。为了降低煤气中的饱和水，提高煤气的发热值，煤气温度应降至 40 ℃以下。

## 7.2　煤气除尘设备

### 7.2.1　煤气除尘设备分类

（1）按除尘方法，除尘设备可以分为：

1）干式除尘设备，如惯性重力除尘器、旋风式除尘器和袋式除尘器；

2）湿式除尘设备，如洗涤器和文氏管洗涤器等；

3）电除尘设备，如管式电除尘器和板式电除尘器，电除尘有干式和湿式之分。

（2）按除尘后煤气所能达到的净化程度，除尘设备分类如下。

1）粗除尘设备。如重力除尘器、旋风式除尘器等。能去除粒径在 $60 \sim 100$ μm 及以上大颗粒粉尘，效率可达 70%~80%，除尘后的煤气含尘量在 2~10 g/m³ 的范围内。

2）半精除尘设备。如各种形式的洗涤塔、一级文氏管等。能去除粒径大于 20 μm 的粉尘，效率可达 85%~90%，除尘后的煤气含尘量小于 0.05~1.00 g/m³ 的范围内。

3）精除尘设备。如电除尘设备、布袋除尘器、二级文氏管等。能去除粒径小于 20 μm 的粉尘，除尘后的煤气含尘量降至 10 mg/m³ 的范围内。

（3）按除尘器借用的外力可分为：

1）惯性力，当气流方向突然改变时，尘粒具有惯性力，使它继续前进而分离出来；

2）加速度力，即靠尘粒具有比气体分子更大的重力、离心力和静电引力而分离出来；

3）束缚力，主要是用过滤和过筛的办法，挡住尘粒继续运动。

## 7.2.2　评价煤气除尘设备的主要指标

评价煤气除尘设备的主要指标如下。

（1）生产能力。生产能力是指单位时间处理的煤气量，一般用每小时所通过的标准状态的煤气体积流量 m³/h 来表示。

（2）除尘效率。除尘效率是指标准状态下单位体积的煤气通过除尘设备后所捕集下来的灰尘重量占除尘前所含灰尘质量分数。

（3）压力降。压力降是指煤气压力能在除尘设备内的损失，以入口和出口的压力差表示。

（4）水的消耗和电能消耗。水、电消耗一般以每处理 1000 m³ 标准状态煤气所消耗的水量和电量表示。

评价除尘设备性能的优劣，应综合考虑以上指标。对高炉煤气除尘的要求是生产能力大、除尘效率高、压力损失小、耗水量和耗电量低、密封性好等。

## 7.2.3　常见煤气除尘系统

### 7.2.3.1　湿法除尘系统

所谓湿法除尘系统就是在除尘系统中至少使用洗涤塔、文氏管等用水除尘的设备。

我国 1000 m³ 以上的高炉曾经普遍采用的煤气除尘系统如图 7-1 所示。从炉喉出来的煤气先经重力除尘器进行粗除尘，然后经过洗涤塔进行半精除尘，再进入文氏管进行精除尘。除尘后的煤气经过脱水器脱水后，进入净煤气总管。

随着炉顶操作压力的提高，促进了文氏管除尘效率的提高。对于大型高压高炉，应优先采用双级文氏管系统。双级文氏管系统如图 7-2 所示。以第一级溢流文氏管作为半精除尘设备，代替了洗涤塔。实践证明，双级文氏管系统与塔后文氏管系统相比，显著的优点是操作、维护简便，占地少，可节约基建投资 50% 左右。但在相同的操作条件下，煤气出口温度高 3~5 ℃，煤气压力多降低 2~3 kPa。无论是高压操作或高压转常压操作时，两个系统的除尘效率相同。高压操作时，净煤气含尘量均能达到 5 mg/m³ 以下；常压操作时，净煤气含尘量在 15 mg/m³ 以下。因此对于高压高炉，应优先采用双级文氏管系统。

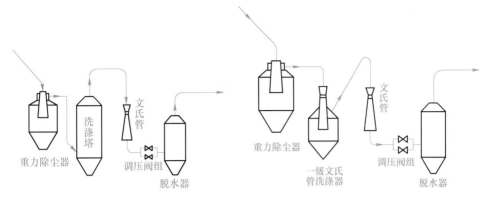

图 7-1　塔后文氏管系统　　　　　　　图 7-2　串联双级文氏管系统

国内某厂 4063 m³ 高炉的煤气除尘系统如图 7-3 所示。高炉煤气经文氏管精除尘后，再经过煤气透平把煤气余压回收后送往煤气总管，供给热风炉或另作他用。

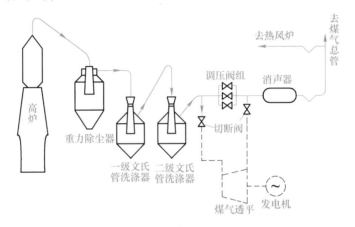

图 7-3　国内 4063 m³ 高炉煤气除尘系统

国内中小型高炉一般都是常压操作，炉顶压力为 20~30 kPa。当炉顶压力在 20 kPa 以下时，一般都采用重力除尘器、塔后调径文氏管或塔前溢流定径文氏管及电除尘系统，如图 7-4 和图 7-5 所示，其中的文氏管仅作为预精除尘装置。如果炉顶煤气压力经常保持在 20 kPa 以上，煤气只供高炉热风炉和锅炉使用，对煤气除尘质量要求不是很高时，也可采用

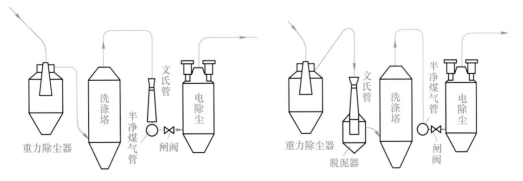

图 7-4　塔后调径文氏管系统　　　　　　图 7-5　塔前溢流定径文氏管系统

重力除尘器、一级溢流文氏管和二级调径
文氏管系统，省去电除尘设备。如果需进
一步提高煤气质量供焦炉使用和混合加压
后供轧钢系统使用时，宜增设电除尘器。

#### 7.2.3.2　干法除尘系统

干法除尘系统如图 7-6 所示。干法除
尘系统的优点是工艺简单，不消耗水，不
存在水质污染问题，保护环境，除尘效果
稳定，不受高炉煤气压力与流量波动的影
响。净煤气含尘量能经常保持在 10 mg/m³
以下。但要严格控制煤气在布袋入口处的
温度不超过 350 ℃，出口处温度仍较高。

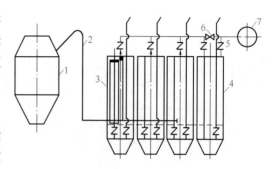

图 7-6　高炉煤气干式除尘系统

1—重力除尘器；2—脏煤气管；
3—一次布袋除尘器；4—二次布袋
除尘器；5—碟阀；6—闸阀；
7—净热煤气管道

### 7.2.4　粗除尘设备

#### 7.2.4.1　重力除尘器

**A　重力除尘器结构和工作原理**

视频　重力
除尘器

高炉煤气自上升管道、下降管道通入重力除尘器顶部管道。带灰尘的煤
气，在炉喉压力作用下沿垂直管自上而下冲入重力除尘器内腔后回转向上，由
顶部侧出管排出通入下一级除尘设备。其除尘原理是利用煤气流通过重力除尘器时，由于管
径的变化流速突然降低和气流的转向，较大粒度的灰尘沉降到容器底部失去动能，较细的灰
尘被回升气体夹带出重力除尘器。降低底部的灰粒，通过清灰阀和螺旋清灰器定期排出。

重力除尘器的结构形式可分为直管形和扩张形
两种，如图 7-7 所示。

带扩张形的煤气进入管里的速度因管径增大而
减慢，使灰尘能有一定时间由于惯性力和重力而沉
降。直形管内灰尘粒相对于煤气的相对速度虽然不
如扩张管大，然而在管端部的速度较大，出管口时
有较大的惯性力，因此除尘率不一定比扩张形
的差。

重力除尘器可以除去颗粒大于 30 μm 的大颗粒
灰尘，除尘效率可达 80%~85%，出口煤气含尘量为
2~10 g/m³。作为高炉煤气的粗除尘是较理想的。

重力除尘器中心管垂直导入荒煤气，这样可减
少灰尘降落时受反向气流的阻碍，中心导管可以是
直筒状或是直边倾角为 5°~6.5° 的喇叭管状。除尘的
直径必须保证煤气在除尘器内的流速为 0.6~1.0 m/s

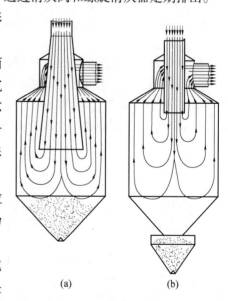

图 7-7　重力除尘器

（a）扩张形；（b）直管形

（流速应小于灰尘的沉降速度，以免灰尘被气流重新吹起带走），除尘器直筒部分高度取决于煤气在除尘器内的停留时间，一般应保证在 12~15 s。中心导管下口以下的高度，取决于积灰体积，一般应能满足 3 天的贮灰量。为了便于清灰，将除尘器底部做成锥形，其倾角不小于 50°。

重力除尘器的外壳一般用厚为 6~12 mm 的 Q235 钢板焊接而成。重力除尘器内侧，过去采用砌筑一层耐火黏土砖保护，由于砌砖容易脱落卡住清灰阀口，给清灰造成困难。目前重力除尘器内一般不再砌耐火砖。

B 重力除尘器的清灰阀

在重力除尘器的底部安装清灰阀，当除尘器里积有一定量的瓦斯灰后就打开该阀，把灰放掉。

图 7-8 为 φ350 mm 清灰阀的结构。

为了使转动盖板阀关闭严密，支持盖板座的顶杆采用球形体，转动灵活，以便于对中。为了延长阀盖的寿命，在阀盖上装有耐磨板，承受瓦斯灰的磨损。依靠配重使阀板紧紧地盖在阀座上。需要打开时，利用电动卷扬带动钢绳，拉开阀盖。

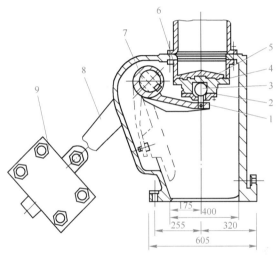

图 7-8 φ350 mm 清灰阀（单位：mm）
1—臂杆；2—压盖；3—顶杆；4—阀盖；5—保护板；
6—阀座；7—转轴；8—配重杆；9—配重

这种清灰阀在放灰时会尘土飞扬，当煤气压力高时更是严重。因此，高压操作的大型高炉一般采用螺旋清灰器（搅龙），如图 7-9 所示。它通过开启清灰阀将高炉灰从排灰口经圆筒给料器均压给到出灰槽中，在螺旋推进的过程中加水搅拌，最后灰泥从下口排出落入车皮中运走，蒸气再从排气管排出。螺旋清灰器不但解决了尘土飞扬的问题，还可按一定的速度排灰。

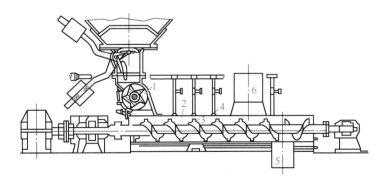

图 7-9 螺旋清灰器
1—筒形给料器；2—出灰槽；3—螺旋推进器；4—喷嘴；5—水和灰泥的出口；6—排气管

#### 7.2.4.2　旋风除尘器

如图 7-10 所示，旋风除尘器的除尘原理是煤气流以 $v=$ 10~20 m/s 的速度沿除尘器的切线方向引入，利用煤气流的部分压力能，使气流沿器壁向下作螺旋形运动，灰尘在离心力作用下，与器壁接触失去动能，沉积在壁上，然后落入除尘器底部；煤气流旋转到底部后则转向上，在中心部位形成内旋气流往上运动，最后从顶部的出气口排入下一级除尘设备。

旋风除尘器用来去除 20~100 μm 的粉尘。

在重量作用下产生的加速度为 $g$，在离心力作用下产生的加速度 $\dfrac{v^2}{r}$ 通常比 $g$ 大几倍到十几倍，因此它比重力除尘器好得多，除尘效率达 95% 以上。但煤气的压力损失也相应提高 500~1500 Pa，器壁磨损很快。

目前一般高炉炼铁煤气除尘系统已不用旋风除尘器。而冶炼铁合金的高炉，还在重力除尘器的后面使用旋风除尘器。

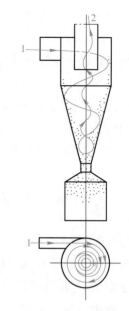

图 7-10　旋风除尘器
除尘原理示意图
1—煤气进口；2—煤气出口

### 7.2.5　半精除尘设备

目前常用的半精除尘设备是洗涤塔和一级文氏管。

#### 7.2.5.1　洗涤塔

洗涤塔的工作原理是：煤气自洗涤塔下部入口进入，自下而上运动时，遇到自上向下喷洒的水滴，煤气中的灰粒和水进行碰撞而被水吸收，同时煤气中携带的灰尘被水滴湿润，灰尘彼此凝聚成大颗粒，由于重力作用，这些大颗粒灰尘便离开煤气流随水一起流向洗涤塔下部，由塔底水封排走。与此同时，煤气和水进行热交换，煤气温度降低。最后，经冷却和洗涤后的煤气由塔顶部管道导出。

如图 7-11（a）所示，洗涤塔的结构是圆柱形塔身，外壳用 6~12 mm 厚的 Q235 钢板焊成，上下两端为锥形。上端锥面水平夹角为 45°，下部锥面水平倾斜角为 60° 左右，以便污泥顺利排出。圆形筒体直径按煤气流速确定，高度按气流在塔内停留 10~15 s 时间考虑。一般洗涤塔的高径比为 4~5。洗涤塔内设 2~3 层喷水嘴。最上层喷水嘴向下喷淋，喷水量占 50%~60%，水压不小于 0.15 MPa；中下层喷嘴向上喷淋，喷水量各占 20%~30%。2 层喷水嘴的喷水量，上层喷水量占 70%，下层占 30%。

洗涤塔的排水机构，常压高炉可采用水封排水，水封高度与煤气压力相适应，不小于 29.4 kPa，如图 7-11（b）所示。当塔内煤气压力加上洗涤水超过 29.4 kPa 时，水就不断从排水管排出，当小于 29.4 kPa 时则停止，既保证了塔内煤气不会经水封逸出，又能保证塔内水位不会把荒煤气入口封住。在塔底还安设了排放淤泥的放灰阀。高压洗涤塔上设有自动控制的排水装置，如图 7-11（c）所示。高压塔由于压力高，需采用浮子式水面自动调整机构，当塔内压力突然增加时，水面下降，通过连杆将蝶阀关小，则水面又逐步回升。反之，则将蝶阀开大。

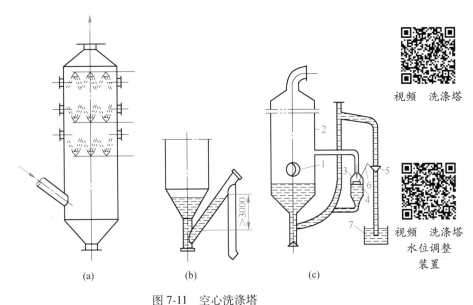

图 7-11　空心洗涤塔

（a）空心洗涤塔的结构；（b）常压洗涤塔水封装置；（c）高压洗涤塔水封装置

1—煤气导入管；2—洗涤塔外壳；3—水位调节器；4—浮标；5—蝶形调节阀；6—连杆；7—排水沟

洗涤塔入口煤气含尘量一般为 $2\sim10$ g/m$^3$，清洗后煤气含尘量常为 0.8 g/m$^3$ 左右，除尘效率为 $80\%\sim90\%$，压力损失为 $100\sim200$ Pa。塔内煤气流速一般为 $1.5\sim2.0$ m/s，高的可以达到 2.5 m/s。

### 7.2.5.2　一级文氏管（溢流文氏管）

目前高炉煤气除尘系统中采用的文氏管有图 7-12 所示的四种形式。

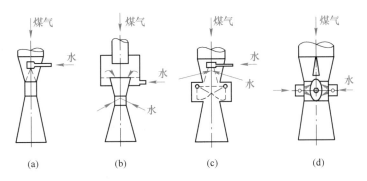

图 7-12　四种形式文氏管简图

（a）无溢流文氏管；（b）溢流文氏管；（c）叶板式可调文氏管；（d）椭圆板可调文氏管

文氏管本体由收缩管、喉口和扩张管三部分组成。文氏管的工作原理是利用高炉炉顶煤气所具有的一定压力，通过文氏管喉口时形成高速气流，水被高速煤气流雾化，雾化水和煤气充分接触，使水和煤气中的尘粒凝聚在一起，在扩张段因高速气流顿时减速，使尘粒在脱水器内与水分离沉降并随水排出。排水机构和洗涤塔相同。

溢流文氏管一般放在重力除尘器后面，作为半精除尘使用，多用于清洗高温的未饱和的脏煤气。溢流式文氏管是在较低喉口流速（50~70 m/s）和低压头损失（3500~4500 Pa）的情况下不仅可以部分地去除煤气中的灰尘，使含尘量从 2~10 g/m³ 降至 0.25~0.35 g/m³，而且可以有效地冷却（从 300 ℃ 降至 35 ℃）。因此，目前我国的一些高炉多采用溢流文氏管代替洗涤塔作半精除尘设备。

溢流文氏管主要的设计参数：收缩角 20°~25°、扩张角 6°~7°，喉口长度 300 mm，喉口流速 40~50 m/s，喷水单耗 3.5~4.6 t/km³，溢流水量 0.4~0.5 t/km³。

溢流文氏管在生产中收到良好的效果，与洗涤塔比较，溢流文氏管具有以下特点：

（1）构造简单，高度低，体积小，其钢材消耗量是洗涤塔的 1/3~1/2；

（2）在除尘效率相同的情况下，要求的供水压力低，动力消耗少；

（3）水的消耗比洗涤塔少，一般为 4 t/km³；

（4）煤气出口温度比洗涤塔高 3~5 ℃，煤气压力损失比洗涤塔大 3000~4000 Pa。

文氏管在高压高炉上可以起到精细除尘的效果，在常压高炉上只起半精细除尘的作用。

### 7.2.6　精除尘设备

精除尘设备包括二级文氏管（高能文氏管）、布袋除尘器和电除尘器。

#### 7.2.6.1　二级文氏管

二级文氏管又称高能文氏管或喷雾管。二级文氏管是我国高压操作高炉上唯一的湿法精细除尘设备。常用的二级文氏管如图 7-13 所示。

二级文氏管的除尘原理与溢流文氏管相同，只是煤气通过喉口的流速更大，水和煤气的扰动也更为剧烈，因此，能使更细颗粒的灰尘被湿润而凝聚并与煤气分离。

二级文氏管的基本参数：喉口煤气流速取 90~120 m/s，流经文氏管的压力降为 12~15 kPa。

二级文氏管的除尘效率主要与煤气在喉口处的流速和耗水量有关，如图 7-14 所示。煤气流速越大，耗水量越多，除尘效率越高。但是，煤气最高流速是由二级文氏管许可达到的压头损失来决定的。根据鞍钢高炉二级文氏管的经验，文氏管后的煤气含尘量与压头损失的关系如图 7-15 所示。由此可见，

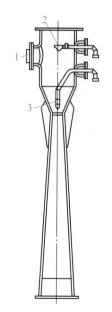

图 7-13　二级文氏管
1—人孔；2—螺旋形喷水嘴；
3—弹头式喷水嘴

当压头损失大于 5000 Pa 时，煤气含尘量可以达到 10 mg/m³ 以下，达到了精细除尘的效果。只要炉顶压力不小于 20 kPa，煤气含尘量可以达到 5 mg/m³。

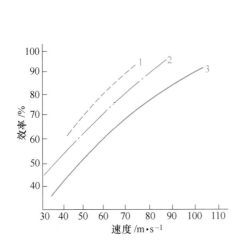

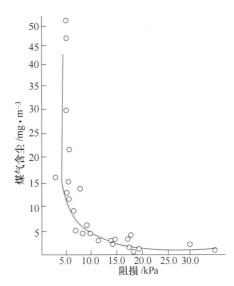

图 7-14　文氏管除尘效率与煤气速度的关系

1—水耗 1.44 m³/km³；2—水耗 0.96 m³/km³；

3—水耗 0.48 m³/km³

图 7-15　水耗量为 0.75~1.0 m³/km³
煤气时阻损与煤气含尘量的关系

　　高炉冶炼条件的变化，常使煤气发生很大的波动，这将影响二级文氏管除尘效率。为了保持文氏管操作稳定，可采用多根异径（或同径）文氏管并联来调节。当煤气量大大减少时，可以关闭 1~2 根文氏管，保证喉口处煤气流速相对稳定，也可采用调径文氏管。调径文氏管在喉口部位装置调节机构，可以改变喉口断面积，以适应煤气流量的改变，保证喉口流速恒定，保证除尘效率。调径文氏管调径机构如图 7-16 所示。

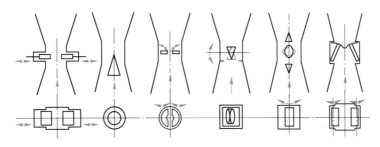

图 7-16　各种改变喉口断面的机构示意图

### 7.2.6.2　布袋除尘器

#### A　结构和工作原理

视频　布袋除尘器

　　布袋除尘器的结构如图 7-17 所示。布袋除尘器是一种干式除尘器。含尘煤气通过滤袋，煤气中的尘粒附着在织孔和袋壁上，并逐渐形成灰膜，当煤气通过布袋和灰膜时得到净化。随着过滤的不断进行，灰膜增厚，阻力增加，达到一定数值时要进行反吹，抖落大部分灰膜使阻力降低，恢复正常的过滤。反吹是利用自身的净煤气进行的。为保持煤气净化过程的连续性和工艺上的要求，一个除尘系统要设置多个（4~10个）箱体，反吹时分箱体轮流进行。反吹后的灰尘落到箱体下部的灰斗中，经卸、输灰装置排出外运。

含尘气体由进口管 13 进入中箱体 11,其中装有若干排滤袋 10。含尘气体由袋外进入袋内,粉尘被阻留在滤袋外表面。已净化的气体经过管 7 进入上箱体 1,最后由排气管 18 排出。滤袋通过钢丝框架 9 固定在文氏管上。

每排滤袋上部均装有一根喷吹管 2,喷吹管上有 6.4 mm 的喷射孔与每条滤袋相对应。喷吹管前装有与压缩空气包 4 相连的脉冲阀 6,控制仪 12 不停地发出短促的脉冲信号,通过控制阀有序地控制各脉冲阀使之开启。当脉冲阀开启(只需 0.10~0.12 s)时,与该脉冲阀相连的喷吹管与气包相通,高压空气从喷射孔以极高的速度喷出。在高速气流周围形成一个比自己的体积大 5~7 倍的诱导气流,一起经管 7 进入滤袋,使滤袋急剧膨胀引起冲击振动。同时在瞬间产生由内向外的逆向气流,使粘在袋外及吸入滤袋内的粉尘被吹扫下来。吹扫下来的粉尘落入下箱体 19 及灰斗 14,最后经卸灰阀 16 排出。

布袋材质有两种,一种是我国自行研制的无碱玻璃纤维滤袋,广泛应用在中小型高炉(目前规格有 $\phi$230 mm、$\phi$250 mm、$\phi$300 mm 三种),另一种是合成纤维滤袋(太钢 3 号炉采用这种,又称尼龙针刺毡,简称 BDC)。玻

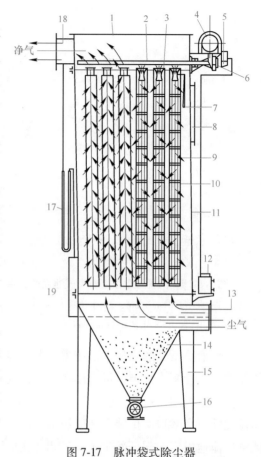

图 7-17 脉冲袋式除尘器

1—上箱体;2—喷吹管;3—花板;4—压缩空气包;
5—排气阀;6—脉冲阀;7—管;8—检修孔;
9—框架;10—滤袋;11—中箱体;12—控制仪;
13—进口管;14—灰斗;15—支架;16—卸灰阀;
17—压力计;18—排气管;19—下箱体

璃纤维滤料可耐高温(280~300 ℃),使用寿命一般在 1.5 年以上,价格便宜,其缺点是抗折性较差。合成纤维滤料的特点是过滤风速高,是玻璃纤维的 2 倍左右,抗折性好,但耐温低,一般为 204 ℃,瞬间可达 270 ℃,而且价格较高,是玻璃纤维滤袋的 3~4 倍,所以目前仅在大型高炉使用。

除尘效率高煤气质量好是布袋除尘的特点之一。据测定,正常运行时除尘效率均在 99.8% 以上,净煤气含尘在 10 mg/m³ 以下(一般在 6 mg/m³ 以下),而且比较稳定。

关于反吹压差值是根据滤材和反吹技术确定的,目前中小高炉在采用玻璃纤维滤袋间歇反吹的条件下,一般为 5~7 kPa。大型高炉在采用合成纤维滤袋连续反吹的条件下,一般为 2.5 kPa。当然,反吹压差值也可根据生产运行实践作调整。

过滤负荷是表示每平方米滤袋的有效面积每小时通过的煤气量(一般是指标准状态下的),是设计中的主要参数之一。

B　布袋除尘器检修

（1）准备工作：

1）熟悉布袋除尘器的构造和工作原理；

2）安排检修进度，确定责任人；

3）制定换、修零件明细表；

4）准备需更换的备件和检修工具；

5）关闭煤气公管或打开高炉放散阀，开启该箱体的放散阀；

6）关闭净煤气支管上的蝶阀、眼镜阀；

7）用氮气赶尽煤气；

8）压缩空气赶尽氮气并经过对系统内气体分析，确认对人体无影响的情况下，操作人员带好个人防护用具后，才能操作检修。

（2）检修内容：

1）检查各阀门开关是否灵活可靠，是否漏煤气；

2）各管道是否漏气，特别是煤气管道是否跑煤气；

3）各布袋是否有损坏，布袋绑扎是否牢固可靠；

4）箱体格板是否变形，是否有漏洞；

5）人孔、防煤孔是否跑煤气。

（3）更换布袋：

1）按"停用箱体操作"程序，停用相应箱体；

2）当停用箱体温度不大于50℃后，打开箱体上下人孔以及中间灰斗放散阀；

3）关闭该箱体所有氮气阀门，并断开氮气连接管；

4）可靠切断该箱体所有设备的电源；

5）在箱体下人孔处装抽风机，使上箱体保持负压；

6）经 CO、$CO_2$ 测定合格，人员方可进入该箱体；

7）卸反吹管，分段抽出袋笼及破损布袋；

8）清理上箱体内积灰；

9）装新布袋、袋笼、装反吹管；

10）检查箱体内是否有人和异物，确认后封人孔；

11）打开该箱体所有氮气包阀，该箱体所有设备送上电源。

C　布袋除尘器维护

（1）定期巡查上下球阀的工作情况，检查上下球阀及各设备的工作是否正常，下灰是否畅通，如球阀开启不到位，应及时处理，保证收下的粉尘及时排出。

（2）定期巡查上下球阀、煤气清灰系统及周围环境空气中 CO 的含量，如果发现超标，应及时处理，防止煤气中毒。

（3）严格控制进入除尘器的煤气温度，除尘器正常使用温度 180~200℃，最高温度小于 280℃，到达最高温度时，应通知高炉系统采取降温措施，使煤气温度控制在正常温度范围内，确保过滤材料的正常使用。

（4）除尘器进入正常运行中，应注意除尘器的设备阻力，该设备的阻力（包括进出管道）应保持在2000~3000 Pa正常范围内。如低于正常范围，可延长清灰周期，以防止过度清灰而影响除尘效率；当高于正常范围时，应检查煤气总量是否增加、清灰压力是否正常、脉冲阀是否失灵，如上述工况正常仍超高时，可缩短清灰周期，调高喷吹压力（最高不超过0.4 MPa）把滤袋表面的粉尘清扫下来，保持设备阻力在正常范围之内。

（5）需对除尘器箱体内滤袋调换时，应把该箱体内的粉尘排干净，并按除尘器的维护管理的操作顺序操作后，方能打开除尘器检修孔，调换滤袋时，先确定破损滤袋后，取出框架和破损滤袋，清理干净孔板上的积灰，再细心将新滤袋慢慢放入孔内，将袋口涨圈折成月亮弯形放入孔板口，然后松开，袋空口凹槽涨圈就镶在孔板上，使滤袋与孔板严密涨紧后再把框架插入滤袋。滤袋调换过程中，严禁杂物掉入筒内造成球阀损坏。滤袋调换结束要检查检修孔的密封条是否完好，如有损坏应及时更换，然后扭紧检修孔上的螺栓，且做好气密性试验，确定无泄漏才能投入使用。

（6）应定期校验温控、压力显示的一次仪表。

（7）要定期打开储气罐下的排污阀，清除器内的油水、污泥，保障脉冲喷吹系统的正常工作。

（8）每年对系统外露部分（结构件）刷油漆，防止大气腐蚀。对保温部分的箱体管道，应根据使用情况确定除锈油漆，确保设备的长期安全使用。

（9）除尘器顶部的泄爆膜损坏时，应按泄爆压力0.145 MPa配置，才能正常使用。

（10）操作人员应定期检查煤气管道的严密，防止在使用过程中局部泄漏有害气体，引起人身、设备事故。

### 7.2.6.3　电除尘器

#### A　电除尘器工作原理

电除尘器是利用电晕放电，使含尘气体中的粉尘带电而通过静电作用进行分离的装置。常见电除尘器有三种形式：管式电除尘，套管式电除尘及板式电除尘。

图7-18是平板式静电除尘的原理，中间为高压放电极，在这个放电极上受到数万伏电压时，放电极与集尘极之间达到火花放电前引起电晕放电，空气绝缘被破坏，使电极间通过的气体发生电离。电晕放电发生后，正负离子中与放电极符号相反的正离子在放电极失去电荷，负离子则黏附于气体分子或粉尘上，由于静电场的作用，被捕集至集尘极板上。干式电除尘器电极板上的粉尘到达适当厚度时，捶击极板使尘粒落下而捕集到灰斗里。湿式电除尘器是让水膜沿集尘极流下，去除到达电极上的粉尘。

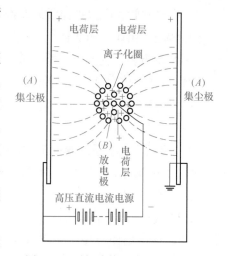

图7-18　平板式静电除尘器的原理

归纳起来，电除尘的工作过程为：

（1）粉尘被气态的离子或电子加以电荷；

（2）带电的粉尘在电场的作用下使其移向集尘电极；

（3）带电灰尘颗粒的放电；

（4）灰尘颗粒从电极上除去。

B　电除尘器维护

（1）日常维护：

1）振打电机、卸灰、输灰装置的润滑；

2）除尘风机轴承润滑；

3）及时处理灰斗集灰、棚灰现象；

4）保持各人孔门、卸灰系统严密不漏风，每班对设备巡视 1~2 次，每小时记录 1 次各电场二次电压、电流和风机电机电流、轴承温度。

（2）定期维护（每周或半月）：

1）检查设备箱体是否漏风，如有漏风，及时堵漏；

2）检查设备各部位灰斗仓壁振动器是否完好；

3）检查设备所有传动及减速器、润滑部位有无不正常的声响或气味，如有及时处理。

（3）停机维护：

1）擦净设备各绝缘瓷支柱、绝缘套管、电瓷转轴、聚四氟乙烯板、保温箱、瓷轴箱积灰；

2）清理干净电场内气流分布板、极板、极线上的积灰；

3）检查极板下撞击杆是否灵活、极板是否松动，如有问题，及时处理；

4）检查电场内各振打锤头是否对准，中心轴承是否有明显的磨损和变形，如有问题，及时处理。

C　电除尘器检修

（1）设备小修（进入电除尘器检修必修通知电工）：

1）每 3~4 个月进行 1 次；

2）检查极板、极线、分布板积灰情况。如果积灰厚度为 1 mm 以上，则需要进行人工清理，同时找出原因，排除故障，如果振打正常而积灰较厚，则需延长振打时间或缩短振打时间周期；

3）检查整理连接不好的极线、极板，剪掉断线；

4）检查电场内阴极、阳极、分布板、槽形板及各振打系统的紧固螺栓有无松动之处；

5）检查各密封处的密封材料，损坏更换；

6）检查阴极绝缘瓷支柱、绝缘套管、电瓷转轴、聚四氟乙烯板、电缆终端盒等绝缘件有无击穿、破裂等损坏情况，发现及时更换；

7）清扫保温箱、瓷轴箱及进线箱内的积灰。

（2）设备中修：

1）中修周期为 1 年；

2）修整或校正变形的收尘板；

3）修整变形的阳极悬挂梁和撞击杆；

4）检查调整板距；

5）修理或更换破损的外部保温层。

（3）设备大修：

1）大修周期为 3 年 1 次；

2）更换损坏严重的振打轴、振打锤等部件；

3）全面检查和调整同极间距和异极间距；

4）更换损坏或性能明显变劣的零部件。

## 思 考 题

7-1　煤气为什么要除尘？

7-2　目前高炉煤气除尘有哪几种工艺流程，各种除尘工艺流程特点是什么？

7-3　高炉煤气除尘设备分哪几类？

7-4　叙述重力除尘器工作原理。

7-5　什么是除尘设备的效率，影响文氏管效率的因素有哪些？

7-6　文氏管分几类？叙述其工作原理。

7-7　布袋除尘器的工作原理是什么？

# 8 送风系统设备

课件

视频　热风炉

## 8.1 热风炉设备

### 8.1.1 热风炉工作原理

视频　热风炉
工作原理

蓄热式热风炉的工作原理是先使煤气和助燃空气在燃烧室燃烧，燃烧生成的高温烟气进入蓄热室将格子砖加热，然后停止燃烧（燃烧期），再使风机送来的冷风通过蓄热室，将格子砖的热量带走，冷风被加热，通过热风围管送入高炉内（送风期）。由于热风炉是燃烧和送风交替工作的，为了保证向高炉内连续不断地供给热风，每一座高炉至少配置两座热风炉，现在高炉基本上有三座热风炉。对于 2000 m³ 以上的高炉，为使设备不过于庞大，可设四座热风炉，其中一座依靠高炉回收的煤气对蓄热室加热，一至两座处于保温阶段，一座向高炉送风。四台设备轮流交替上述过程进行作业。

在正常生产情况下，热风炉经常处于燃烧期、送风期和焖炉期三种工作状态。前两种工作状态是基本的，当热风炉从燃烧期转换为送风期或从送风期转换为燃烧期时均应经过焖炉过程。

热风炉的燃烧期和送风期的正常工作和转换，是靠阀门的开闭来实现的。这些阀门主要有：

（1）煤气管路和煤气燃烧系统的煤气切断阀、煤气调节阀、煤气隔离阀，助燃空气调节阀；

（2）烟道系统的烟道阀、废气阀；

（3）冷风管路中的冷风阀、放风阀；

（4）热风管路中的热风阀；

（5）混风管路中的混风调节阀、混风隔离阀。

视频　热风炉
监控画面

热风炉在不同工作状态时，各种阀门所出的开闭状态如图 8-1 所示。

热风炉在燃烧期时，事先在燃烧器里和空气混合好的煤气在燃烧室内燃烧，燃烧的气体上升到热风炉拱顶下面的空间，再沿蓄热室的格子砖通道下降，将格子砖加热，最后进入烟道。

燃烧期打开的阀门有：煤气切断阀 12、煤气调节阀 4、燃烧器隔离阀 3。打开上述三个阀，煤气便可进入燃烧室燃烧。此时废气要排入烟道，因此还要打开烟道阀 5。由于热风炉内废气压力较高，烟道阀不易打开，为此在打开烟道阀之前先打开废气阀（又称旁通阀）6，降低炉内压力后再打开烟道阀。

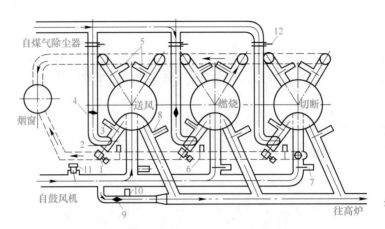

视频
热风炉烧炉

视频
热风炉双预热

视频
热风炉送风

图 8-1　热风炉不同工作状态时各阀所处位置示意图

1—助燃空气送风机；2—燃烧器；3—燃烧器隔离阀；4—煤气调节阀；
5—烟道阀；6—废气阀；7—冷风阀；8—热风阀；9—混风管道上的混风调节阀；
10—混风隔离阀；11—放风阀；12—煤气切断阀

格子砖加热结束后，热风炉转入送风期，上述燃烧期打开的阀门都关闭，燃烧器停止工作，此时打开的阀门有冷风阀 7 和热风阀 8。冷风进入热风炉后，自下而上通过蓄热室格子砖通道而被加热，然后沿热风管道进入高炉。为了使热风保持一定温度，在热风炉开始送风时，风温较高时要兑入适量的冷风，所以送风期还要打开混风阀 9。另外，在冷风管道中还有放风阀 11，把用不了的冷空气放入大气中。

燃烧期和送风期转换期间焖炉时，热风炉的所有阀门都关闭。

**8.1.2**　**热风炉的形式**

根据燃烧室和蓄热室布置方式不同，热风炉可分为内燃式、外燃式和顶燃式三类。

**8.1.2.1　内燃式**

内燃式热风炉是把燃烧室和蓄热室砌在同一个炉体内，燃烧室是煤气燃烧的空间，而蓄热室由格子砖砌成用来进行热交换的场所。图 8-2 是这种炉子的结构形式。

内燃式热风炉的燃烧室根据断面形状不同，可分为圆形、"眼睛"形和复合形（靠蓄热室部分为圆形，而靠炉壳部分为椭圆形）三种，如图 8-3 所示。其中复合形蓄热室的有效面积利用较好，气流分布均匀，多被大型高炉采用。

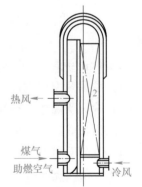

图 8-2　内燃式热风炉

1—燃烧室；2—蓄热室

内燃式热风炉占地少、投资较低、热效率高，过去很长一段时间里得到广泛应用。但这种热风炉的燃烧室和蓄热室之间存在温差和压差，燃烧室的最热部分和蓄热室的最冷部分紧贴，引起两侧砌体的不同膨胀，产生很大的热应力，使隔墙发生破坏，造成燃烧室和蓄热室间烟气短路（燃烧期）和冷风短路（送风期），不能

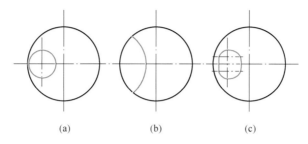

图 8-3　内燃式热风炉燃烧室的形状

（a）圆形；（b）"眼睛"形；（c）复合形

适应高风温操作。另外，由于炉墙四周受热不同，垂直膨胀时，燃烧室侧较蓄热室侧膨胀剧烈，使拱顶受力不均，造成拱顶裂缝和掉砖。

### 8.1.2.2　外燃式

燃烧室与蓄热室分别砌筑在两个壳体内，且用顶部通道将两壳体连接起来的热风炉称为外燃式热风炉。就两个室的顶部连接方式的不同分为 4 种基本结构形式，如图 8-4 所示。

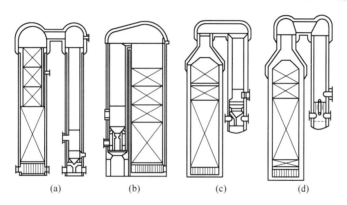

图 8-4　外燃式热风炉结构示意图

（a）拷贝式；（b）地得式；（c）马琴式；（d）新日铁式

地得式外燃热风炉拱顶由两个直径不等的球形拱构成，并用锥形结构相互连通。拷贝式外燃热风炉的拱顶由圆柱形通道连成一体。马琴式外燃热风炉蓄热室的上端有一段倒锥形，锥体上部接一段直筒部分，直径与燃烧室直径相同，两室用水平通道连接起来。

地得式外燃热风炉拱顶造价高，砌筑施工复杂，而且需用多种形式的耐火砖，所以新建的外燃式热风炉多采用拷贝式和马琴式。

地得式、拷贝式和马琴式 3 种外燃式热风炉的比较情况如下：

（1）从气流在蓄热空中均匀分布看，马琴式较好，地得式次之，拷贝式稍差；

（2）从结构看，地得式炉顶结构不稳定，为克服不均匀膨胀，主要采用高架燃烧室，设有金属膨胀圈，吸收部分不均匀膨胀；马琴式基本消除了由于送风压力造成的炉顶不均匀膨胀。

新日铁式外燃热风炉是在拷贝式和马琴式外燃热风炉的基础上发展而成的，其主要特点是：蓄热室上部有一个锥体段，使蓄热室拱顶直径缩小到和燃烧室直径相同，拱顶下部耐火砖承受的荷重减小，提高了结构的稳定性；对称的拱顶结构有利于烟气在蓄热室中的均匀分布，提高传热效率。

外燃式热风炉的优点是：

（1）由于燃烧室单独存在于蓄热室之外，消除了隔墙，不存在隔墙受热不均而造成的砌体裂缝和倒塌，有利于强化燃烧，提高热风温度；

（2）燃烧室、蓄热室、拱顶等部位砖衬可以单独膨胀和收缩，结构稳定性较内燃式热风炉好，可以承受高温作用；

（3）燃烧室断面为圆形，当量直径大，有利于煤气燃烧。气流在蓄热室格子砖内分布均匀，提高了格子砖的有效利用率和热效率。送风温度较高，可长时间保持1300 ℃风温。

外燃式热风炉的缺点是：结构复杂，占地面积大，钢材和耐火材料消耗多，基建投资比同等风温水平的内燃式热风炉高15%~35%，一般应用于新建的大型高炉。

### 8.1.2.3　顶燃式

顶燃式热风炉结构如图8-5所示。它不设专门的燃烧室，而是将煤气直接引入拱顶空间燃烧，不会产生燃烧室隔墙倾斜倒塌或开裂问题。为了在短暂的时间和有限的空间里保证煤气和空气很好混合和完全燃烧，采用四个短焰燃烧器，直接在热风炉拱顶下燃烧，火焰呈涡流状流动。

顶燃式与外燃式热风炉相比，具有投资费用和维护费用较低、能更有效地利用热风炉空间的优点，而且热风炉构造简单、结构稳定，蓄热室内气流分布均匀，可满足大型化、高风温、高风压的要求，具有很好的发展前景。

顶燃式热风炉的燃烧器、燃烧阀、热风阀等都设在炉顶平台上，因而操作、维修要求实现机械化、自动化。水冷阀门位置高，相应冷却水供水压力也要提高。

图8-6为顶燃式热风炉的布置图。4座顶燃式热风炉采用矩形平面布置，结构稳定性

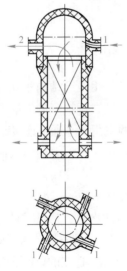

图8-5　顶燃式热风炉的结构形式

1—燃烧口；2—热风出口

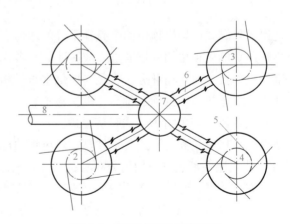

图8-6　顶燃式热风炉布置图

1~4—顶燃式热风炉；5—燃烧口；6—热风出口管；

7—热风总管；8—热风输出口

和抗振性能都较好，4 座热风炉热风出口到热风总管距离一样，热风总管比一列式布置的管道要短，相应可提高热风温度 20~30 ℃。

### 8.1.3 燃烧器

燃烧器是用来将煤气和空气混合，并送入燃烧室内燃烧的设备。它应有足够的燃烧能力，即单位时间能送进、混合、燃烧所需要的煤气量和助燃空气量，并排出生成的烟气量，不致造成过大的压头损失（即能量消耗）。其次还应有足够的调节范围，空气过剩系数可在1.05~1.50 范围内调节。应避免煤气和空气在燃烧器内燃烧、回火，保证在燃烧器外迅速混合、完全而稳定地燃烧。燃烧器种类很多，我国常见的有套筒式金属燃烧器和陶瓷燃烧器。

#### 8.1.3.1 套筒式金属燃烧器

套筒式金属燃烧器的构造如图 8-7所示。

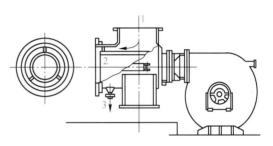

图 8-7　套筒式金属燃烧器
1—煤气；2—空气；3—冷凝水

煤气道与空气道为一套筒结构，煤气和空气进入燃烧室后相互混合并燃烧。这种燃烧器的优点是结构简单，阻损小，调节范围大，不易发生回火现象。因此，过去国内热风炉广泛采用这种燃烧器。其主要缺点是：煤气和助燃空气混合不均匀，需要较大体积的燃烧室；燃烧不稳定，火焰跳动；火焰直接冲击燃烧室的隔墙，隔墙容易被火焰烧穿而产生短路。目前国内外高风温热风炉均采用陶瓷燃烧器代替套筒式金属燃烧器。

#### 8.1.3.2 陶瓷燃烧器

陶瓷燃烧器是用耐火材料砌成的，安装在热风炉燃烧室内部。一般是采用磷酸盐耐火混凝土或矾土水泥耐火混凝土预制而成，也有采用耐火砖砌筑成的，图 8-8 为几种常用的陶瓷燃烧器结构示意图。

陶瓷燃烧器有如下优点：

（1）助燃空气与煤气流有一定交角，并将空气或煤气分割成许多细小流股，因此混合好，燃烧完全而稳定，无燃烧振动现象；

（2）气体混合均匀，空气过剩系数小，可提高燃烧温度；

（3）燃烧器置于燃烧室内，气流直接向上运动，无火焰冲击隔墙现象，减小了隔墙被烧穿的可能性；

（4）燃烧能力大，为进一步强化热风炉燃烧和热风炉大型化提供了条件。

套筒式陶瓷燃烧器的主要优点是：结构简单，构件较少，加工制造方便，但燃烧能力较小，一般适合于中、小型高炉的热风炉。栅格式陶瓷燃烧器和三孔式陶瓷燃烧器的优点是：空气与煤气混合更均匀，燃烧火焰短，燃烧能力大，耐火砖脱落现象少，但其结构复杂，砖形制造困难多，并要求加工质量高，一般大型高炉的外燃式热风炉多采用栅格式和三孔式陶瓷燃烧器。

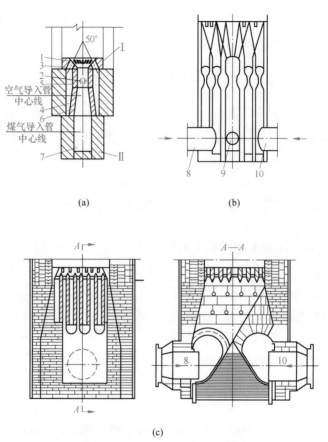

(a)　　　　　　　　　　　　(b)

(c)

图 8-8　几种常用的陶瓷燃烧器

（a）套筒式陶瓷燃烧器；（b）三孔式陶瓷燃烧器；（c）栅格式陶瓷燃烧器

1—二次空气引入孔；2—一次空气引入孔；3—空气帽；4—空气环道；5—煤气直管；6—煤气收缩管；

7—煤气通道；8—助燃空气入口；9—焦炉煤气入口；10—高炉煤气入口；

Ⅰ—磷酸混凝土；Ⅱ—黏土砖

### 8.1.4　热风炉阀门

根据热风炉周期性工作的特点，可将热风炉阀门分为控制燃烧系统的阀门以及控制鼓风系统的阀门两类。

控制燃烧系统的阀门及其装置的作用是把助燃空气及煤气送入热风炉燃烧，并把废气排出热风炉。它们还起着调节煤气和助燃空气的流量，以及调节燃烧温度的作用。当热风炉送风时，燃烧系统的阀门又把煤气管道、助燃空气风机及烟道与热风炉隔开，以保证设备的安全。

鼓风系统的阀门将冷风送入热风炉，并把热风送到高炉。其中一些阀门还起着调节热风温度的作用。送风系统的阀门有热风阀、冷风阀、混风阀、混风流量调节阀、废气阀及冷风流量调节阀等。除充风阀废气阀外，其余阀门在送风期均处于开启状态，在燃烧期均处于关闭状态。

#### 8.1.4.1 热风阀

热风阀安装在热风出口和热风主管之间的热风短管上。热风阀在燃烧期关闭，隔断热风炉与热风管道之间的联系。

热风阀在 900~1300 ℃ 和 0.5 MPa 左右压力的条件下工作，是阀门系统中工作条件最恶劣的设备。常用的热风阀是闸板阀，如图 8-9 所示。

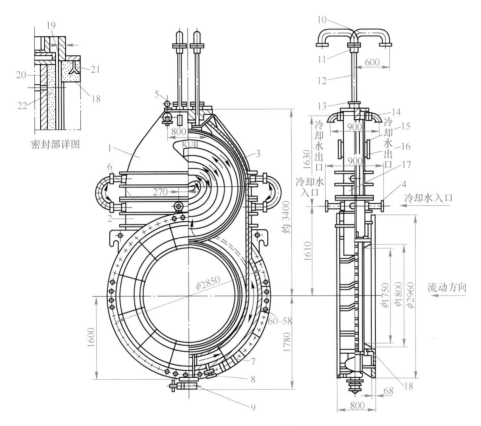

图 8-9  $\phi$1800 热风阀（单位：mm）

1—上盖；2—阀箱；3—阀板；4—短管；5—吊环螺钉；6—密封填片；7—防蚀镀锌片；8—排水阀；
9—测水阀；10—弯管；11—连接管；12—阀杆；13—金属密封填料；14—弯头；15—标牌；
16—防蚀镀锌片；17—连接软管；18—阀箱用不定形耐火材料；19—密封用堆焊合金；
20—阀体用不定形耐火材料；21—阀箱用挂桩；22—阀体用挂桩

热风阀一般采用铸钢和锻钢、钢板焊接结构。它由阀板（闸板）、阀座圈、阀外壳、冷却进出水管组成。阀板（闸板）、阀座圈、阀壳体都有水冷。为了防止阀体与阀板的金属表面被侵蚀，在非工作表面喷涂不定形耐火材料，这样也可降低热损失。

#### 8.1.4.2 切断阀

切断阀用来切断煤气、助燃空气、冷风及烟气。切断阀结构有多种，如闸板阀、曲柄盘式阀、盘式烟道阀等，如图 8-10 所示。

闸板阀如图 8-10（a）所示。闸板阀起快速切断管道的作用，要求闸板与阀座贴合严密，不泄漏气体，关闭时一侧接触受压，装置有方向性，可在不超过 250 ℃温度下工作。

曲柄盘式阀也称大头阀，也起快速切断管路作用，其结构如图 8-10（b）所示。该种阀门常作为冷风阀、混风阀、煤气切断阀、烟道阀等。它的特点是结构比较笨重，用做燃烧阀时因一侧受热，可能发生变形而降低密封性。

盘式烟道阀装在热风炉与烟道之间，曾普遍用于内燃式热风炉。为了使格子砖内烟气分布均匀，每座热风炉装有两个烟道阀，其结构如图 8-10（c）所示。

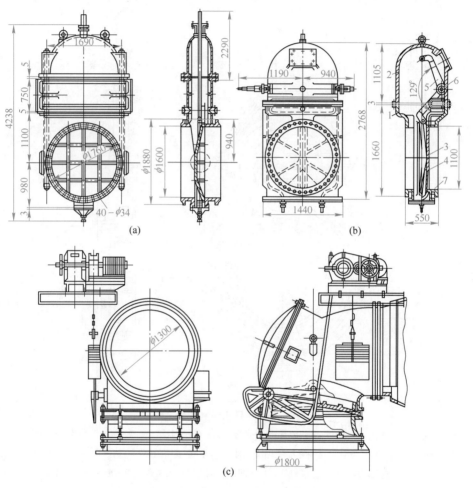

图 8-10 切断阀（单位：mm）

（a）闸板阀；（b）曲柄盘式阀；（c）盘式烟道阀

1—阀体；2—阀盖；3—阀盘；4—杠杆；5—曲柄；6—轴；7—阀座

### 8.1.4.3 调节阀

一般采用蝶形阀作为调节阀，它用来调节煤气流量、助燃空气流量、冷风流量等。

煤气流量调节阀用来调节进入燃烧器的煤气量。混风调节阀用来调节混风的冷风流量，使热风温度稳定。调节阀只起流量调节作用，不起切断作用。蝶形调节阀结构如图 8-11 所示。

#### 8.1.4.4　充风阀和废风阀

热风炉从燃烧期转换到送风期，当冷风阀上没有设置均压小阀时，在冷风阀打开之前必须使用充风阀提高热风炉内的压力。反之，热风炉从送风期转换到燃烧期时，在烟道阀打开之前需打开废风阀，将热风炉内相当于鼓风压力的压缩空气由废风阀排放掉，以降低炉内压力。

有的热风炉采用闸板阀作充风阀及废风阀，有的采用角形盘式阀作废风阀。

热风炉充风阀直径的选择与换炉时间、换炉时风量和风压的波动，以及高炉鼓风机的控制有关。

#### 8.1.4.5　放风阀

放风阀安装在鼓风机与热风炉组之间的冷风管道上，在鼓风机不停止工作的情况下，用放风阀把一部分或全部鼓风排放到大气中，以此来调节入炉风量。

放风阀是由蝶形阀和活塞阀用机械连接形式组合的阀门，如图 8-12 所示。送入高炉的风量由蝶形阀调节，当通向高炉的通道被蝶形阀隔断时，连杆连接的活塞将阀壳上通往大气的放气孔打开，鼓风从放气孔中逸出。放气孔是倾斜的，活塞环受到均匀磨损。

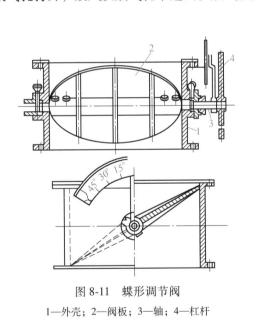

图 8-11　蝶形调节阀

1—外壳；2—阀板；3—轴；4—杠杆

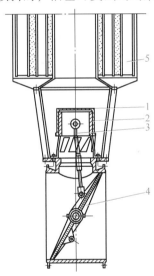

图 8-12　放风阀及消声器

1—阀壳；2—活塞；3—连杆；
4—蝶形阀板；5—消声器

放风时高能量的鼓风激发强烈的噪声，影响劳动环境，危害甚大，放风阀上必须设置消声器。

#### 8.1.4.6　冷风阀

冷风阀是设在冷风支管上的切断阀。当热风炉送风时，打开冷风阀可把高炉鼓风机鼓出的冷风送入热风炉。当热风炉燃烧时，关闭冷风阀，切断冷风管。因此，当冷风阀关闭时，在闸板一侧上会受到很高的风压，使闸板压紧阀座，闸板打开困难，故需设置有均压小门或旁通阀。在打开主闸板前，先打开均压小门或旁通阀来均衡主闸板两侧的压力。冷风阀结构如图 8-13 所示。

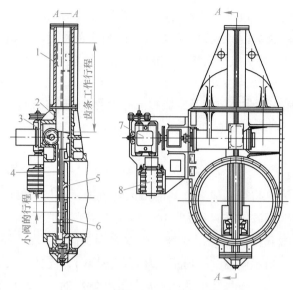

图 8-13　冷风阀

1—阀盖；2—阀壳；3—小齿轮；4—齿条；5—主闸板；6—小通风闸板；7—差动减速器；8—电动机

### 8.1.4.7　倒流休风阀

倒流休风阀安装在热风主管的终端，高炉休风时用。当炉顶放散压力趋近于零时，打开休风阀，以便热风管道、炉内煤气散发，便于检修处理故障，其结构形式为闸板阀。由于开关次数少，故障少，因而寿命较长。

热风炉阀门的驱动装置，有电动卷扬式、液压油缸及手动操纵等。正常生产时，热风炉阀门的开闭一般已不再采取手动操作。

## 8.2　高炉鼓风机

### 8.2.1　高炉鼓风机的要求

高炉鼓风机是高炉冶炼最重要的动力设备。它不仅直接为高炉冶炼提供所需要的氧气，而且还要为炉内煤气流的运动克服料柱阻力提供必需的动力。

高炉鼓风机不是一般的通风机，它必须满足下列要求：

（1）有足够的送风能力，即不仅能提供高炉冶炼所需要的风量，而且鼓风机的出口压力要能够足以克服送风系统的阻力损失、高炉料柱阻力损失以及保证有足够高的炉顶煤气压力；

（2）风机的风量及风压要有较宽的调节范围，即风机的风量和风压均应适应于炉料的顺行与逆行、冶炼强度的提高与降低、喷吹燃料与富氧操作以及其他多种因素变化的影响；

（3）送风均匀而稳定，即风压变动时，风量不得自动地产生大幅度变化；

（4）能保证长时间连续、安全及高效率运行。

### 8.2.2 高炉鼓风机的类型

常用的高炉鼓风机类型有离心式和轴流式两种。

#### 8.2.2.1 离心式鼓风机

离心式鼓风机的工作原理是靠装有许多叶片的工作叶轮旋转所产生的离心力，使空气达到一定的风量和风压，离心式鼓风机的叶轮结构如图8-14所示。

高炉用的离心式鼓风机一般都是多级的，级数越多，风机的出口风压也越高。风的出口压力为 0.015~0.35 MPa 的，一般称为鼓风机，风的出口压力大于 0.35 MPa 的，一般称为压缩机。

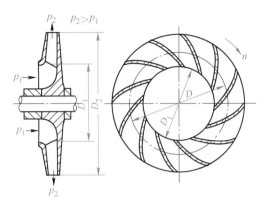

图 8-14　离心式鼓风机叶轮结构图

我国生产的 D400-41 型离心式鼓风机的结构如图 8-15 所示。

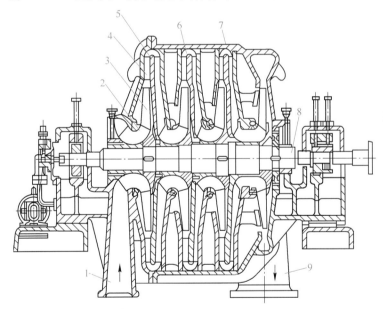

图 8-15　D400-41 型离心式鼓风机结构图

1—吸气室；2—密封；3—叶轮；4—扩压器；5—隔板；6—弯道；7—机壳；8—主轴；9—排气管

这种鼓风机为四级，它主要由叶轮、主轴、机壳、密封、吸气室及排气室等部分组成。鼓风机工作时，气体由吸气室 1 吸入，首先通过叶轮 3 第一级压缩，提高其风的压力、速度及温度，然后进入扩压器 4，流速降低，压力提高，同时进入到下一级叶轮继续压缩。经过逐级压缩后的高压气体，最后经过排气管 9 进入输气管道送出。

　　鼓风机的性能,一般用特性曲线表示。该曲线能表示出在一定条件下鼓风机的风量、风压(或压缩比)、效率(或功率)及转速之间的变化关系。鼓风机的特性曲线,一般都是在一定试验条件下通过对鼓风机做试验运行实测得到的。测定特性曲线的吸气条件是:吸气口压力为 0.1 MPa,吸气温度为 20 ℃,相对湿度为 50%。每种型号的鼓风机都有它自己的特性曲线。鼓风机的特性曲线是选择鼓风机的主要依据。

　　图 8-16 所示的是 D400-41 型离心式高炉鼓风机的特性曲线,由于其转速不可调,风量与风压之间的变化关系曲线只有一条。图 8-17 所示的是 K-4250-41-1 型离心式高炉鼓风机特性曲线,由于其转速可调节,所以能获得不同转速下的多条特性曲线。

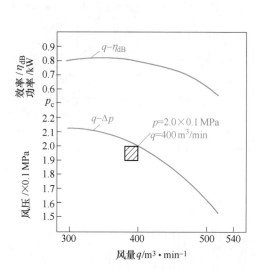

图 8-16　D400-41 型离心式鼓风机特性曲线

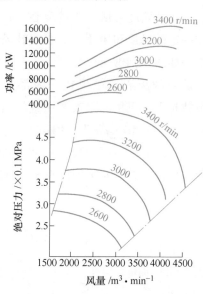

图 8-17　K-4250-41-1 型离心式高炉鼓风机特性曲线

离心式鼓风机的特性曲线具有下列特点。

　　(1) 在一定转速下,风量增加,风压降低;反之,风量减少,则风压增加。风量为某一值,其风机效率为最高,此点流量为风机设计的工况点。

　　(2) 可以通过调节风机转速的方法来调节风机的风量和风压。

　　(3) 风机转速越高,风量与风压变化特性曲线的曲率越大,并且末尾段曲线变得越来越陡。即风量过大时,风压降低得很多,中等风量时,曲线比较平坦。中等风量区域,风机的效率较高,这个较宽的高效率风量区称为风机的经济运行区,风机的工况区应在经济运行区内。风机转速越高,稳定工况区越窄,特性曲线向右移动。

　　(4) 每条风量与风压曲线的左边都有一个喘振工况点,风机在喘振工况点以左运行时,由于产生周期性的气流振荡现象而不能使用。将各条曲线上的喘振工况点连接成一条喘振曲线,可看出,风机不能在喘振曲线以左的区域运行。

　　(5) 每条风量与风压曲线的右边有一个堵塞工况点,此点即为风量增加到最大值的工况点。风机在堵塞工况点以右运行,风压很低,不仅不能满足高炉的要求,而且风机的功率增加很多。将各条曲线上的堵塞工况点连接成一条堵塞曲线，风机一般只在堵塞曲线以左区域运行。如果风机放风启动或大量放风操作，将会导致风机驱动电动机过载。喘振曲线与堵塞曲线之间的运行区域，称为风机的稳定工况区。风机的级数越多，出口风压越大，特性曲线越陡，稳定工况区也越狭窄。

（6）风机的特性曲线随吸气条件的改变而变化。

### 8.2.2.2　轴流式鼓风机

轴流式鼓风机，当出口压力较高时也称轴流式压缩机。大型高炉一般采用轴流式压缩机鼓风。轴流式鼓风机的工作原理是依靠在转子上装有扭转一定角度的工作叶片随转子一起高速旋转，叶片对气流做功，获得能量的气体沿着轴向方向流动，达到一定的风量和风压。转子上的一列工作叶片与机壳上的一列导流叶片构成轴流式鼓风机的一个级。级数越多，空气的压缩比越大，出口风压也越高。多级轴流式风机的工作原理，如图8-18所示。

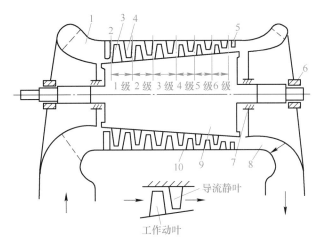

图8-18　多级轴流式风机工作原理图

1—进气收敛器；2—进口导流器；3—工作动片；4—导流静片；5—出口导流器；
6—轴承；7—密封装置；8—出口扩压器；9—转子；10—机壳

我国生产的Z3250-46型轴流式压缩机构造，如图8-19所示。

这种轴流式压缩机为九级，其中的进气管、收敛器、进气导流器、级组（动叶和导流器）、出口导流器、扩压器以及出气管等均称为通流部件，总称通流部分，各通流部件都有它各自的功用。压缩机工作时，从进气管吸入的大气均匀地进入环形收敛器，收敛器使气流适当加速，以使气流在进入进气导流器之前具有均匀的速度场和压力场。进气导流器由均匀分布于汽缸上的叶片组成，它的功用是使其气流能沿着叶片的高度，以一定的速度和方向进入第一级工作叶轮。工作叶轮是由装在转盘上的均匀分布的动叶片组成。动叶片的旋转将其机械功传递给气体，使气体获得压力能和动能，并通过导流器进入下一级动叶片继续压缩。导流器由位于动叶片后均匀固定在汽缸上的一列叶片组成，导流器的功用是将从动叶片中出来的气体的动能转化为压力能，并使气流在进入下一级动叶片之前具有一定的方向和速度。经过串联的多级工作叶轮逐级压缩后的气体，最后通过出口导流器、扩

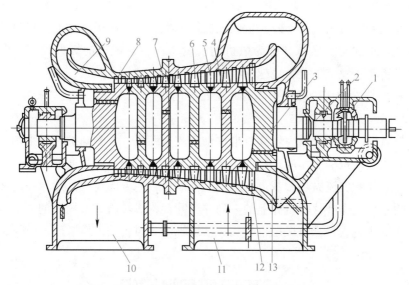

图 8-19　Z3250-46 型轴流式压缩机

1—止推轴承；2—径向轴承；3—转子；4—导流器（静叶）；5—动叶；6—前汽缸；7—后汽缸；
8—出口导流器；9—扩压器；10—出气管；11—进气管；12—进气导流器；13—收敛器

压器和出气管进入输气管道送走。出口导流器是在最后一级导流器的后面，装在汽缸上的
一列叶片，其功能是使从末级导流器出来的气流能沿叶片的高度方向转变成为轴向流动，
以避免气流在扩压器中由于产生旋绕而增加压力损失，而且还能使后面的扩压器中的气流
流动更加稳定，以提高压缩机的工作效率。扩压器的功能是使从出口导流器中流出来的气
流能均匀地减速，将余下的部分动能转化为压力能。出气管是将气流沿径向收集起来，输
送到高炉。

　　作为高炉鼓风用的轴流式压缩机，可以由汽轮机驱动，也可以由电动机驱动。

　　Z3250-46 型轴流式压缩机的特性曲线，如
图 8-20 所示。

　　轴流式压缩机（或轴流式鼓风机）的特性
曲线，除了有离心式鼓风机的特性曲线的共同
特点外，其不同之处是：

　　（1）特性曲线较陡，允许风量变化的范围
更窄，增加风量会使出口风压（或压缩比）及
效率很快下降；

　　（2）飞动线（喘振线）的倾斜度很小，容
易产生飞动现象。因此，高炉使用轴流式鼓风
机鼓风时，操作要更加稳定。在生产中，轴流
式鼓风机一般是通过电气自动控制来实现其在
稳定区域运行的。

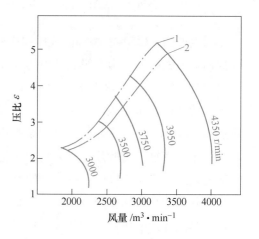

图 8-20　Z3250-46 型轴流式压缩机特性曲线

1—飞动曲线；2—反飞动曲线

高炉鼓风机的风量、风压允许变化的范围越大，对高炉的适应性也越大。高炉鼓风采用轴流式压缩机的优点是风量大、风压高、效率高、风机重量轻及结构紧凑。因此，轴流式压缩机很适合于大型高炉采用，并有取代离心式鼓风机的趋势。所以我国新建 1000 m³ 以上的高炉，均采用轴流式鼓风机。同时，采用同步电动机来驱动全静叶可调轴流式压缩机的高炉比例也越来越大。有一点需要特别注意，那就是轴流式压缩机对灰尘的磨损很敏感，要求吸入空气需经很好地过滤。

### 8.2.3　高炉鼓风机的选择

高炉和鼓风机配合原则如下。

（1）在一定的冶炼条件下，高炉和鼓风机选配得当，能使二者的生产能力都能得到充分的发挥。既不会因为炉容扩大受制于风机能力不足，也不会因风机能力过大而让风机经常处在不经济运行区运行或放风操作，浪费大量能源。选择风机时给高炉留有一定的强化余地是合理的，一般为 10%~20%。

（2）鼓风机的运行工况区必须在鼓风机的有效使用区内。所谓"运行工况区"是指高炉在不同季节和不同冶炼强度操作时，或在料柱阻力发生变化的条件下，鼓风机的实际出风量和风压能在较大范围内变动。这个变动范围，一般称为"运行工况区"。高压高炉鼓风机的工况如图 8-21 所示。常压高炉的只有一条特性曲线的电动离心式鼓风机的工况如图 8-22 所示。鼓风机运行在安全线上的风量称为临界工况。临界工况一般为经济工况的 50%~75%。

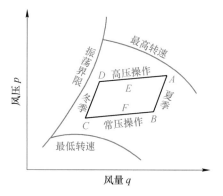

图 8-21　高压高炉鼓风机的工况示意图

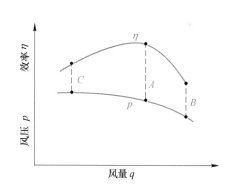

图 8-22　电动离心式鼓风机的工况示意图

为了确保高炉正常生产，对选择出来的高炉鼓风机的运行工况区应当满足下列要求。

（1）在夏季最热月份最高平均气象条件下，高压操作高炉的最高冶炼强度时的运行工况点为 A 点，常压操作高炉的最高冶炼强度时的运行工况点为 B 点，如图 8-21 所示。

（2）在冬季最冷月份最低平均气象条件下，高压操作高炉的最低冶炼强度时的运行工况点为 D 点，常压操作高炉的最低冶炼强度时的运行工况点为 C 点。

（3）在年平均气象条件下，高压操作高炉年平均冶炼强度时的运行工况点为 E 点，常压操作高炉年平均冶炼强度时的运行工况点为 F 点。

（4）鼓风机的送风能力工况点 A、B、C、D 点必须在鼓风机的安全范围以内，E、F 点应在鼓风机的经济（高效率）运行区内。

（5）对于常压操作的中小型高炉，一般采用电动离心式鼓风机，只有一条特性曲线，如图 8-22 所示。在夏季最热月份最高平均气象条件下，高炉最高冶炼强度时的运行工况点为 B 点，B 点的传动功率应小于鼓风机电动机功率；在冬季最冷月份最低平均气象条件下，高炉最低冶炼强度和最高阻力损失时的运行工况点 C 必须在鼓风机的安全运行范围内。在年平均气象条件下，高炉年平均冶炼强度的运行工况点 A 应与最高效率点对应。

在选择高炉鼓风机时应当考虑使高炉容积和鼓风机的能力都能同时发挥作用。为了确保高炉安全生产，应设置备用鼓风机，其台数与炉容大小和高炉座数有关。一般相同炉容的 2~3 座高炉设 1 台备用鼓风机。

### 8.2.4　提高风机出力措施

#### 8.2.4.1　风机串联

高炉鼓风机串联的主要目的是提高主机的出口风压。风机的串联是在主机的吸风口处增设一台加压风机，使主机吸入气体的压力和密度提高，在主机的容积风量不变的情况下，风机出口的质量风量和风压均增加，从而提高了风机的出力。风机串联时，一般要求加压风机的风量比主机的风量要稍大些，而风压比主机的风压要小些。两机之间的管道上应设置阀门，以调节管道阻力损失和停车时使用。

#### 8.2.4.2　风机并联

风机并联是把两台鼓风机的出口管道沿风的流动方向合并成一条管道向高炉送风。风机并联的主要目的是增加风量。为了增强风机并联的效果，要求并联的两台风机的型号相同或性能非常接近。每台风机的出口管道上均应设置逆止阀和调节阀，以防止风的倒流和调节两风机的出口风压。同时，为了降低管道气流阻力损失，应适当扩大送风总管直径和尽可能地减小支管之间的夹角。

思　考　题

8-1　热风炉有几种结构形式，各有什么特点？

8-2　热风炉有哪些阀门，它们的作用是什么？

8-3　热风炉本体如何检修和维护？

8-4　高炉对鼓风机有哪些要求，如何选择鼓风机？

8-5　常用高炉鼓风机的类型有哪几种，离心式鼓风机和轴流式鼓风机有何特点？

8-6　什么是风机特性曲线，什么是风机的飞动线？

8-7　提高鼓风机出力的措施有哪些？

# 中篇　转炉炼钢设备及其维修

# 9　氧气转炉炼钢车间概况

课件

视频　转炉炼钢

炼钢在钢铁联合企业内是一个中间环节，它联系着前面的炼铁等原料供应和后面的轧钢等成品生产，炼钢车间的生产对整个钢铁联合企业有重大的影响。

## 9.1　氧气转炉车间布置

视频　氧气顶吹
转炉炼钢示意图

### 9.1.1　氧气转炉车间的组成

炼钢生产有冶炼和浇铸两个基本环节。为了保证冶炼和浇铸的正常进行，氧气转炉车间主要包括原料系统（铁水、废钢和散状料的存放和供应），加料、冶炼和浇铸系统。此外，还有炉渣处理、除尘（烟气净化、通风和含尘泥浆的处理）、动力（氧气、压缩空气、水、电等的供应）、拆修炉等一系列设施。

视频　顶底复吹
转炉炼钢示意图

一般大中型转炉炼钢车间由主厂房、辅助跨间和附属车间（包括制氧、动力、供水、炉衬材料准备等）组成。

### 9.1.2　主厂房各跨间的布置

主厂房是炼钢车间的主体，炼钢的主要工艺操作在主厂房内进行。一般按照从装料、冶炼、出钢到浇铸的工艺流程，顺序排列加料跨、转炉跨和浇铸跨。加料跨内主要进行兑铁水、加废钢和转炉炉前的工艺操作。一般在加料跨的两端分别布置铁水和废钢两个工段，并布置相应的铁路线。

转炉跨内主要布置转炉及其倾动机构，以及供氧、散状料加入、烟气净化、出渣出钢和拆修炉等系统的设备和设施。转炉跨的作业方式有三吹二和二吹一等多种，前者是在转炉跨布置三座转炉，平时两座吹炼，一座维修，后者是转炉跨布置两座转炉，一座吹炼，另一座维修。由于三吹二的作业方式可有效地利用各种设备，因而得到广泛的应用。随着转炉炉龄和作业率的不断提高，特别是溅渣护炉技术的应用，转炉跨的作业方式已由三吹二逐渐变成三吹三了。在转炉跨有时还布置有钢水炉外精炼装置。

浇铸跨将钢水通过连铸机，浇铸成铸坯。

在转炉车间的周围设有废钢装料间、储存辅助原料的料仓和将辅助原料运送到转炉上方的传送带，还有铁水预处理设备、转炉烟气处理装置以及转炉炉渣处理等多种辅助设备。

图 9-1 为我国 300 t 转炉车间平面布置图。它由炉子跨、原料跨和四个铸锭跨组成。炉子跨布置在原料跨和铸锭跨中间。在炉子跨转炉的左边和右边分别是铁水和废钢处理平台，正面是操作平台，平台下面铺设盛钢桶车和渣罐车的运行轨道。转炉上方的各层平台则布置着氧枪设备、散状原料供应设备和烟气处理设备。原料跨主要配置着向转炉供应铁水和废钢的设备。铸锭跨内设有浇铸设备。

## 9.2 氧气转炉炼钢车间主要设备

氧气顶吹转炉工艺流程，如图 9-2 所示。根据氧气转炉炼钢生产工艺流程，氧气转炉车间的设备按用途可分为以下几类。

（1）转炉主体设备。转炉主体设备是实现炼钢工艺操作的主要设备，它包括转炉炉体、炉体支撑装置和炉体倾动设备，是炼钢的主要设备。国内某厂 300 t 转炉总体结构，如图 9-3 所示。

（2）供氧系统设备。氧气转炉炼钢时用氧量大，要求供氧及时、氧压稳定、安全可靠。供氧系统设备包括供氧系统和氧枪。供氧系统由制氧机、压缩机、储气罐、输氧管道、测量仪、控制阀门、信号联锁等主要设备组成。氧枪设备包括氧枪本体、氧枪升降装置和换枪装置。

（3）原料供应系统设备。包括主原料供应设备、散状料供应设备及铁合金供应设备。

1）主原料供应设备包括铁水供应和废钢供应设备。其中铁水供应设备由混铁炉或混铁车、铁水预处理、运输和称量等设备组成。为了确保转炉正常生产，必须做到铁水供应充足、及时；成分均匀、温度稳定；称量准确。废钢供应由电磁起重机装入废钢槽，废钢槽由机车或起重机运至转炉平台，然后由炉前起重机或废钢加料机加入转炉。

2）散状料主要有造渣剂和冷却剂，通常有石灰、萤石、矿石、石灰石、氧化铁皮和焦炭等。转炉生产对散装料供应设备的要求是及时运料、快速加料、称量准确、运转可靠、维修方便。散装料供应系统设备包括低位料仓、皮带运输机、高位料仓、电磁振动给料机、称量漏斗等。

3）铁合金用于钢水的脱氧和合金化。在转炉侧面平台设有铁合金料仓、铁合金烘烤炉和称量设备。出钢时把铁合金从料仓或烘烤炉卸出，称量后运至炉后，通过溜槽加入钢包中。

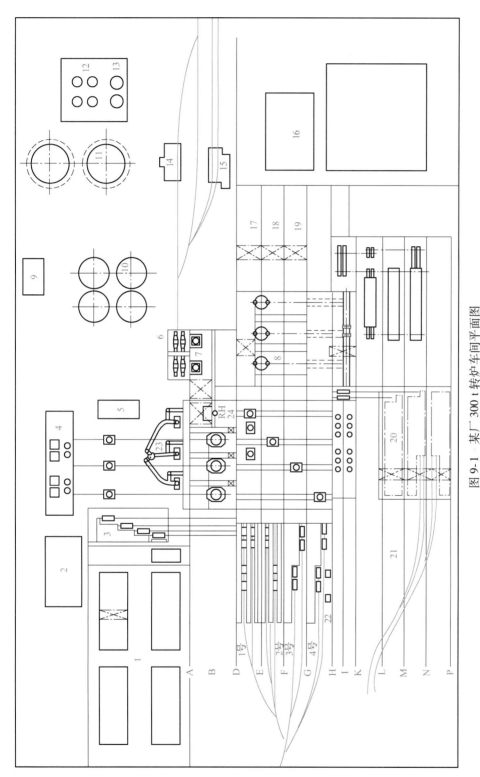

图 9-1　某厂 300 t 转炉车间平面图

A—B 加料跨；B—D 转炉跨；D—E 1 号浇铸跨；E—F 2 号浇铸跨；F—G 3 号浇铸跨；G—H 4 号浇注跨；H—K 钢罐修砌跨；
1—废钢堆场；2—磁选间；3—废钢装料跨；4—渣场；5—电气室；6—混铁车；7—铁水罐修理场；8—连铸跨；9—泵房；10—除尘系统沉淀池；
11—煤气柜；12—贮氧罐；13—贮氮罐；14—混铁车除渣场；15—混铁车脱硫场（铁水预处理）；16—萤石堆场；17—中间包修理间；
18—二次冷却夹辊修理间；19—结晶器辊道修理间；20—冷却场；21—堆料场；22—钢水罐下烘烤场；23—除尘烟囱；24—RH 真空处理

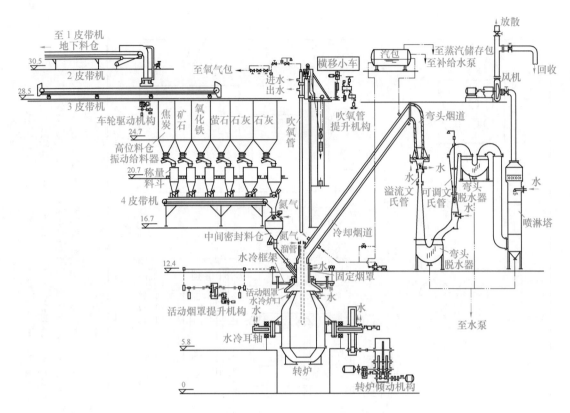

图 9-2 氧气顶吹转炉工艺流程示意图

（4）出渣、出钢和浇铸系统设备。在转炉炉下设有钢包、钢包车（见图 9-4）和渣罐、渣罐车的设备。浇铸系统主要设备为连铸机。

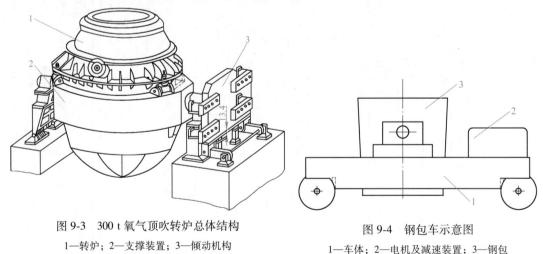

图 9-3 300 t 氧气顶吹转炉总体结构

1—转炉；2—支撑装置；3—倾动机构

图 9-4 钢包车示意图

1—车体；2—电机及减速装置；3—钢包

（5）烟气净化和回收系统设备。由于氧气转炉在吹炼过程中产生大量棕红色高温烟气，烟气含有大量的 CO 和铁粉，是一种很好的燃料和化工原料，因此必须对烟气进行净化和回收。烟气净化和回收系统设备通常包括活动烟罩、直烟道、斜烟道、溢流文氏管、可调喉口文氏管、弯头脱水器和抽风机等。净化后含大量 CO 的烟气通过抽风机送至煤气柜加以储存利用。

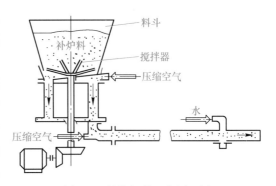

图 9-5　补炉机的工作原理图

（6）修炉设备。转炉炉衬在吹炼过程中，由于受到机械、化学和热力作用，而逐渐被侵蚀变薄，故应进行补炉。当炉衬被侵蚀比较严重而无法修补时，就必须停止吹炼，进行拆炉和修炉。修炉机械设备包括补炉机（见图 9-5）、拆炉机（见图 9-6）和修炉机等。

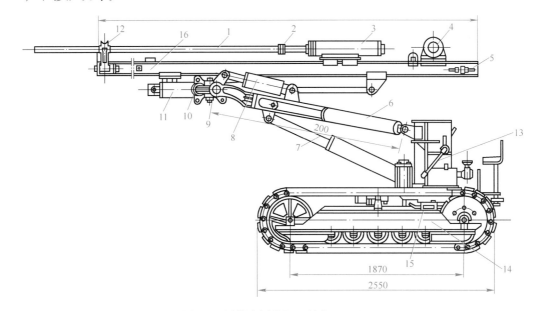

图 9-6　履带式拆炉机（单位：mm）

1—钎杆；2—夹钎器；3—冲击器；4—推进马达；5—链条张紧装置；6—桁架水平摆动油缸；

7—桁架俯仰油缸；8—滑架俯仰油缸；9—滑架水平摆动油缸；10—滑架推动油缸；

11，16—滑架；12—钎杆导座；13—车架；14—行走装置；15—制动手柄

（7）辅助设备。近年来许多国家应用电子计算机对冶炼过程进行静态和动态相结合的控制，采用了副枪装置。

---

## 思 考 题

9-1　氧气转炉车间由哪些系统组成？

9-2　氧气转炉车间主厂房是怎样布置的？

9-3　氧气转炉车间有哪些主要设备？

# 10 转炉主体设备

课件

转炉主体设备是实现炼钢工艺操作的主要设备，它包括转炉炉体、炉体支撑装置和炉体倾动机构。

视频 转炉本体 3D 模型

## 10.1 转炉炉体

转炉炉体包括炉壳和炉衬，如图 10-1 所示。

### 10.1.1 炉壳

视频 转炉本体动画

#### 10.1.1.1 炉壳结构和厚度

A 炉壳结构

转炉炉壳的作用是承受炉衬、钢液、渣液的重量，保持炉子固有的形状，承受倾动扭转力矩和机械冲击力，承受炉壳轴向和径向的热应力以及炉衬的膨胀力。

炉壳本身主要由锥形炉帽、圆柱形炉身和炉底三部分组成。各部分用钢板加工成型后焊接和用销钉连接成整体。三部分连接的转折处必须以不同曲率的圆滑曲线来连接，以减少应力集中。

（1）炉帽。炉帽通常做成截锥形，这样可以减少吹炼时的喷溅损失以及热量的损失，并有利于引导炉气排出。炉帽顶部为圆形炉口，用来加料，插入吹氧管，排出炉气和倒渣。为了防止炉口在高温下工作时变形和便于清除黏渣，目前普遍采用通入循环水强制冷却的水冷炉口。水冷炉口有水箱式和埋管式两种结构。水箱式水冷炉口（见图 10-2）是用钢板焊成的，在水箱内焊有若干块隔板，使进入水箱的冷却水形成蛇形回路，隔板同时起筋板作

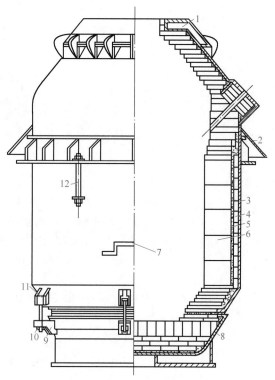

图 10-1 转炉炉壳与炉型

1—炉口冷却水箱；2—挡渣板；3—炉壳；
4—永久层；5—填料层；6—炉衬；
7—制动块；8—炉底；9—下吊架；
10—楔块；11—上吊架；12—螺栓

用，增加水冷炉口的刚度。这种结构的冷却强度大，并且容易制造，但比铸铁埋管式容易烧穿。埋管式水冷炉口（见图 10-3）是把通冷却水的蛇形钢管埋铸于铸铁内。这种结构冷却效果稍逊于水箱式，但安全性和寿命比水箱式炉口高，故应用十分广泛。

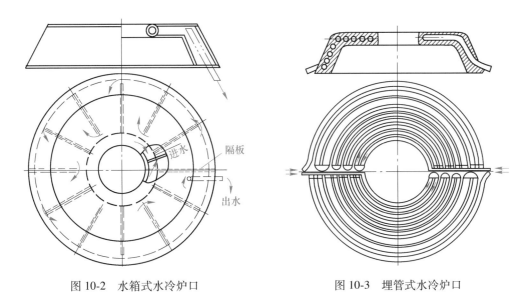

图 10-2　水箱式水冷炉口　　　　　　　图 10-3　埋管式水冷炉口

炉帽通常还焊有环形伞状挡渣板（裙板），用于防止喷溅物烧损炉体及其支撑装置。

水冷炉口可用楔和销钉与螺帽连接，由于炉渣的黏结，更换炉口时往往需使用火焰切割，因此我国中、小型转炉多采用卡板焊接的方法，将炉口固定在炉帽上。

（2）炉身。炉身是整个炉子的承载部分，一般为圆柱形。在炉帽和炉身耐火砖交界处设有出钢口，设计时应考虑堵出钢口方便，设计成拆卸式便于维修，保证炉内钢水倒尽和出钢时钢流应对盛钢桶内的铁合金有一定的冲击搅拌能力，且便于维修和更换。

（3）炉底。炉底有截锥形和球形两种。截锥形炉底制造和砌砖都较为方便，但其强度比球形低，故在我国用于 50 t 以下的中、小转炉。球形炉底虽然砌砖和制作较为复杂，但球形壳体受载情况较好，目前，多用于 120 t 以上的炉子。

炉帽、炉身和炉底三部分的连接方式因修炉方式不同而异。有所谓"死炉帽、活炉底""活炉帽死炉底"等结构形式。小型转炉的炉帽和炉身为可拆卸式，如图 10-4 所示，用楔形销钉连接。用这种结构采用上修法。大中型转炉炉帽和炉身是焊死的，而炉底和炉身是采用可拆卸式的，如图 10-5 所示，这种结构适用于下修法，炉底和炉身多采用吊架，T 字形销钉和斜楔连接。

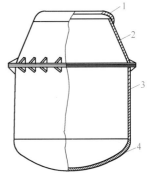

图 10-4　活炉帽炉壳
1—炉口；2—炉帽；3—炉身；4—炉底

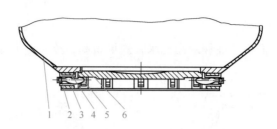

图 10-5 某厂 150 t 转炉活炉底结构

1—炉壳；2—固定斜楔；3—调节斜楔；4—耐磨垫板；5—支撑块；6—小炉底

炉壳的材质应考虑强度、焊接性和抗蠕变性，主要使用普通锅炉钢（20 g）和低合金钢（16Mn）。

**B　炉壳厚度**

炉壳各部分钢板的厚度可根据经验选定，见表 10-1。由于炉帽、炉身、炉底三部分受力不均，使用不同厚度钢板。

表 10-1　转炉炉壳各部位钢板厚度

| 转炉容量/t | 15（20） | 30 | 50 | 100（120） | 150 | 200 | 250 | 300 |
|---|---|---|---|---|---|---|---|---|
| 炉帽/mm | 25 | 30 | 45 | 55 | 60 | 60 | 65 | 70 |
| 炉身/mm | 30 | 35 | 55 | 70 | 70 | 75 | 80 | 85 |
| 炉底/mm | 25 | 30 | 45 | 60 | 60 | 60 | 65 | 70 |

**10.1.1.2　炉壳的负荷特点**

转炉炉壳由于高温、重载和生产操作等因素影响，炉壳工作时不仅承受静、动机械负荷，而且还承受热负荷。转炉炉壳承受的负荷包括如下几方面：

（1）静负荷。静负荷包括炉壳、炉衬、钢液和炉渣重量等引起的负荷。

（2）动负荷。动负荷包括加料，特别是加废钢和清理炉口结渣时的冲击，以及炉壳在旋转时由于加速度和减速度所产生的动力，会在炉壳相应部位产生机械应力。

（3）炉壳温度分布不均引起的负荷。炉壳在较高稳定下工作，不仅在高度方向上，而且在圆周方向和半径方向都存在温度梯度，使炉壳各部分产生不同程度的热膨胀，进而使炉壳产生热应力。

（4）炉壳受炉衬线膨胀影响产生的负荷。转炉炉衬材料的线膨胀系数和炉壳钢板的线膨胀系数相近，炉衬的温度远比炉壳高，所以炉衬的径向热膨胀远比炉壳的径向热膨胀大。在炉衬与炉壳间产生内压力，炉壳在这个内压力作用下产生热膨胀应力。

此外，由于炉壳断面改变、加固、焊接等原因而引起炉壳局部应力。

实践证明，作用在炉壳上的机械静应力、动应力和热应力中，热应力起主导地位。

为了提高炉壳的寿命，减少炉壳变形，采取的主要措施如下。

（1）采用良好的焊接性能和抗蠕变的性能的材料，一般使用普通锅炉钢板（如 20 g）或采用低合金钢板（如 16Mn 等）。

（2）降低炉壳的温度。在炉帽上设置挡渣板和裙状防热板；用水冷却炉口、炉帽、托圈等；用冷空气喷吹，改善托圈与炉体之间的空气对流，降低炉体温度。

（3）炉壳已椭圆变形后，在托圈内旋转 90°继续使用。

钢板厚度多按经验确定，由于炉帽、炉身和炉底三部分受力不同，使用不同厚度的钢板，其中炉身受力最大，使用钢板最厚。小炉子为了简化取材，使用相同厚度的钢板。

### 10.1.1.3 炉壳常见故障

（1）炉壳裂纹。炉壳裂纹是转炉炉壳的常见故障，其原因一般有三种情况：第一是因制造过程中存在的内应力没有消除，在使用中由于高温形成的热应力与原有内应力叠加，而造成钢板裂纹；第二是在使用中炉壳各部位温度变化不均，在局部温度梯度较大部位热应力急剧增加促使钢板裂纹；第三是在设计过程中所选用的钢板材质不适应转炉炉壳的需要，抗蠕变性能过小或易于碎裂等，在使用中造成钢板裂纹。

前两种原因造成的裂纹均表现为局部裂纹，这种裂纹应当尽快处理不能任其发展。如果一时不能处理，裂纹又不太长时也可暂时在裂纹两端钻孔将裂纹截止，但必须对其进行监护，定期观察防止裂纹进一步扩展。

第三种情况造成的裂纹，一般均表现为较大面积，多处裂纹，这种缺陷不易处理，应当更换整块钢板，否则修复后寿命也不会太长，对生产和安全将无保障。

（2）炉壳变形。炉壳由于在生产使用中承受热负荷是不均匀的，承载外部负荷也是不均匀的，所以炉壳产生不均匀变形是常见现象，只要不超过限定标准，继续使用是没有什么危险的。但一旦超过标准，必须尽快采取有效措施进行处理，以防止发生事故。

在炉壳锥部段，一般变形极限都是以能否砌砖为界限，变形达到无法砌砖时必须更换上锥段。

炉壳中部段的变形极限，一般以热变形后不受托圈阻碍和炉壳与托圈之间有足够的间隙为准，以防止托圈受炉壳热传导和辐射。一般 100 t 以上转炉最小间隙不得小于 80 mm；50 t 以下转炉最小间隙不得小于 60 mm。

炉壳下部段及炉底变形较小，一般不进行检修。个别炉子炉底变形不能砌砖时要更换整体炉底。

（3）炉壳局部过热和烧穿。发生炉壳局部过热和烧穿的主要原因是炉衬侵蚀过量和掉转。在处理炉壳局部烧损时，补焊用钢板的材质与性能要求均须与原来相同。修补后，炉壳的形状应符合图纸和砌砖要求。

炉壳局部检修办法，一般均采用部分更换钢板的办法。将损坏处用电弧气刨切割成形，按要求开好坡口。再将钢板割成梯形状，按要求焊好。在有条件情况下，应用热处理法或锤击法消除应力。

### 10.1.2　炉衬

#### 10.1.2.1　炉衬材质选择

转炉炉衬寿命是一个重要的技术经济指标，受许多因素的影响，特别是受冶炼操作工艺水平的影响比较大。但是，合理选用炉衬（特别是工作层）的材质，也是提高炉衬寿命的基础。

根据炉衬的工作特点，其材质选择应遵循以下原则：

（1）耐火度（即在高温条件下不熔化的性能）高；

（2）高温下机械强度高，耐急冷急热性能好；

（3）化学性能稳定；

（4）资源广泛，价格便宜。

近年来氧气转炉炉衬工作层普遍使用镁碳砖，炉衬寿命显著提高。但由于镁碳砖成本较高，因此一般只用于如耳轴区、渣线等炉衬易损部位。

#### 10.1.2.2　炉衬组成及厚度确定

通常炉衬由永久层、填充层和工作层组成。有些转炉则在永久层与炉壳钢板之间夹有一层石棉板绝热层。

永久层紧贴炉壳（无绝热层时），修炉时一般不予拆除。其主要作用是保护炉壳。该层常用镁砖砌筑。

填充层介于永久层与工作层之间，一般用焦油镁砂捣打而成，厚度80~100 mm。其主要功能是减轻炉衬受热膨胀时对炉壳产生挤压和便于拆除工作层。也有的转炉不设填充层。

工作层系指与金属、熔渣和炉气接触的内层炉衬，工作条件极其苛刻。目前该层多用镁碳砖和焦油白云石砖综合砌筑。

炉帽可用二步煅烧镁砖，也可根据具体条件选用其他材质。

转炉各部位的炉衬厚度设计参考值见表10-2。

表 10-2　转炉炉衬厚度设计参考值

| 炉衬各部位名称 | | 转炉容量/t | | |
| --- | --- | --- | --- | --- |
| | | <100 | 100~200 | >200 |
| 炉帽 | 永久层厚度/mm | 60~115 | 115~150 | 115~150 |
| | 工作层厚度/mm | 400~600 | 500~600 | 550~650 |
| 炉身（加料侧） | 永久层厚度/mm | 115~150 | 115~200 | 115~200 |
| | 工作层厚度/mm | 550~700 | 700~800 | 750~850 |
| 炉身（出钢侧） | 永久层厚度/mm | 115~150 | 115~200 | 115~200 |
| | 工作层厚度/mm | 500~650 | 600~700 | 650~750 |
| 炉底 | 永久层厚度/mm | 300~450 | 350~450 | 350~450 |
| | 工作层厚度/mm | 550~600 | 600~650 | 600~750 |

### 10.1.2.3　砖型选择

砌筑转炉炉衬选择砖型时应考虑以下一些原则。

（1）在可能条件下，尽量选用大砖，以减少砖缝，还可提高筑炉速度，减轻劳动强度。

（2）力争砌筑过程中不打或少打砖，以提高砖的利用率和保证砖的砌筑质量。

（3）出钢口用高压整体成形专用砖，更换方便、快捷；炉底用带弧形的异形砖。

（4）尽量减少砖形种类。

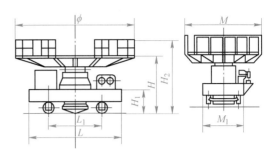

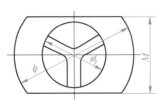

图 10-6　炉底车

### 10.1.2.4　转炉炉衬修砌

转炉炉衬修砌可分为下修法和上修法两种。所谓下修法，即转炉作成活炉底，炉底可以拆卸，卸下的炉底由炉底车（见图10-6）开出至其他位置修砌，炉身和炉底分别修砌完毕后再组合成一个整体。

图 10-7 为我国转炉下修法用套筒式升降修炉车。图 10-8 为国外下修法带砌大块砖衬车的修炉车，设计时留出备放炉底车和修炉车的位置。

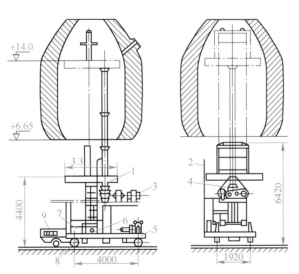

图 10-7　套筒式升降修炉车（单位：mm）

1—工作平台；2—梯子；3—主驱动装置；4—液压缸；5—支座；
6—送砖台的传送装置；7—送砖台；8—小车；9—装卸机

若采用上修法，此时烟罩下部应作成可移动式，修炉时烟罩下部或侧向向炉后开出，并考虑修炉吊车及运送衬砖的布置。图 10-9 为上修法使用的塔架式修炉车。

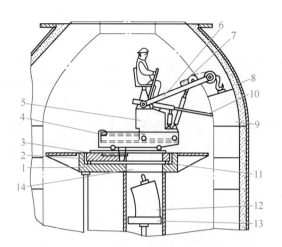

图 10-8 带砌砖衬车的修炉车示意图

1—工作平台；2—转盘；3—轨道；4—行走小车；
5—砌炉衬车；6—液压吊车；7—吊钩卷扬；
8—炉壳；9—炉衬；10—砌砖推杆；11—滚珠；
12—衬砖；13—衬砖托板；14—衬砖进口

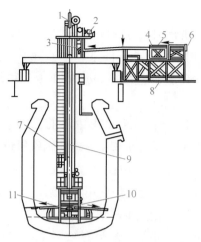

图 10-9 上修法塔架式修炉车

1—提升机传动装置；2—塔架升降装置；
3—进砖装置；4—滚子台；5—提升台；
6，11—推砖机；7—梯子及保护带；
8—炉子跨辅助平台；9—斗式提升机；
10—取砖装置

## 10.2 炉体支撑装置

转炉炉体支撑系统包括托圈与耳轴、炉体和托圈的连接装置、耳轴轴承和轴承座等。转炉炉体的全部重量通过支撑系统传递到基础上。

### 10.2.1 托圈与耳轴

托圈和耳轴是用来支撑炉体并使之倾动的构件。托圈是转炉的重要承载和传动部件。它支撑着炉体全部重量，并传递倾动力矩到炉体。工作中还要承受由于频繁启动、制动所产生的动负荷和操作过程所引起的冲击负荷，以及来自炉体、钢包等辐射作用而引起托圈在径向、圆周和轴向存在温度梯度而产生的热负荷。因此，托圈必须保证有足够的强度和刚度。

#### 10.2.1.1 托圈结构

对于较小容量转炉的托圈，例如 30 t 以下的转炉，由于托圈尺寸小，不便用自动电渣焊，可采用铸造托圈。其断面形状可用封闭的箱形，也可用开式的"［"形断面。

对于中等容量以上的转炉托圈都采用重量较轻的焊接托圈。焊接托圈做成箱形断面，它的抗扭刚度比开口断面大好几倍，并便于通水冷却，加工制造也较方便。在制造与运输条件允许的情况下，托圈应尽量做成整体的。这样结构简单、加工方便，耳轴对中容易保证。

对于大型托圈，由于重量与外形尺寸较大（50 t 转炉托圈重达 100 t，外形尺寸为 6800 mm× 9990 mm），做成剖分的，在现场进行装配，如图 10-10 所示。一般剖分成两段或四段较好，剖分位置应避开最大应力和最大切应力所在截面。剖分托圈的连接最好采用焊接方法，这样结构简单，但焊接时应保证两耳轴同心度和平行度（见表 10-3）。焊接后进行局部退火消除内应力。若这种方法受到现场设备条件的限制，为了安装方便，剖分面常用法兰热装螺栓固定。我国 120 t 和 150 t 转炉采用剖分托圈，为了克服托圈内侧在法兰上的配钻困难，托圈内侧采用工字形键热配合连接。其他三边仍采用法兰螺栓连接。

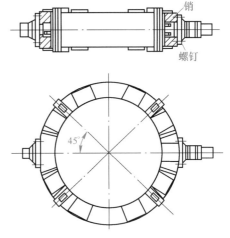

图 10-10　剖分式托圈

表 10-3　不同容量转炉的耳轴直径

| 转炉容量/t | 30 | 50 | 130 | 200 | 300 |
|---|---|---|---|---|---|
| 耳轴直径/mm | 630~650 | 800~820 | 850~900 | 1000~1050 | 1100~1200 |

### 10.2.1.2　耳轴与托圈的连接

（1）法兰螺栓连接。其耳轴以过渡配合（n6 或 m6）装入托圈的铸造耳轴座中，再用螺栓和圆销连接，以防止耳轴与孔发生转动和轴向移动。这种结构的连接件较多，而且耳轴需带一个法兰，增加了耳轴制造困难。但这种连接形式工作安全可靠。

（2）静配合连接。如图 10-11 所示，耳轴具有过盈尺寸，装配时可将耳轴用液氮冷缩或将轴孔加热膨胀，耳轴在常温下装入耳轴孔。为了防止耳轴与耳轴座孔产生转动或轴向移动，在静配合的传动侧耳轴处拧入精制螺钉。由于游动侧传递力矩很小，故可采用带小台肩的耳轴限制轴向移动。这种连接结构比前一种简单，安装和制造较方便，但这种结构仍需在托圈上焊耳轴座，故托圈重量仍较重。而且装配时，耳轴座加热或耳轴冷却也较费事。

（3）耳轴与托圈焊接连接。如图 10-12 所示，这种结构省去较重的耳轴座和连接件，采用耳轴与托圈直接焊接，因此，重量小、结构简单、机械加工量小。在大型转炉上用得较多。为防止结构由于焊接的变形，制造时要特别注意保证两耳轴的平行度和同心度。

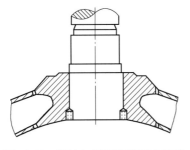

图 10-11　耳轴与托圈的静配合连接

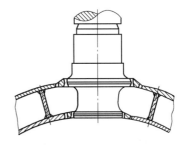

图 10-12　耳轴与托圈的焊接连接

### 10.2.1.3　托圈的常见故障

（1）托圈变形。这种变形主要是由于在生产过程中温度变化大，托圈四周温度相差悬殊，因而形成温度差，造成热应力分布不均迫使托圈产生变形。微量的变形并不影响托圈的使用，但托圈内圆局部变形致使炉壳与托圈间隙消除时，则会使托圈热应力急剧增加，寿命大为下降，应有计划地进行检修或更换。为了防止变形，可以采用水冷托圈。

（2）托圈断裂。托圈断裂是我国目前托圈故障的最普遍现象。其断裂的基本原因是内腹板内、外侧温度差大，温度变化急剧，因而热应力增加幅度大。由于热应力而引起的热疲劳现象，促使托圈内腹板产生裂纹，微裂纹不断发展和扩大，最终造成整体托圈的断裂。

托圈断裂一般是可以修复的，但修复中必须采取可靠措施，防止托圈的变形，修复后的托圈焊缝和冷变形加工件应进行退火处理。

## 10.2.2　炉体与托圈连接装置

### 10.2.2.1　连接装置的要求

炉体通过连接装置与托圈连接。炉壳和托圈在机械负荷的作用下和热负荷影响下都将产生变形。因此，要求连接装置一方面炉体牢固地固定在托圈上；另一方面，又要能适应炉壳和托圈热膨胀时，在径向和轴向产生相对位移的情况下，不使位移受到限制，以免造成炉壳或托圈产生严重变形和破坏。

另外，随着炉壳和托圈变形，在连接装置中将引起传递载荷的重新分配，会造成局部过载，并由此引起严重的变形和破坏。所以，一个好的连接装置应能满足下列要求：

（1）转炉处于任何倾转位置时，均能可靠地把炉体静、动负荷均匀地传递给托圈；

（2）能适应炉体在托圈中的径向和轴向的热膨胀而产生相对位移，同时不产生窜动；

（3）考虑到变形的产生，能以预先确定的方式传递载荷，并避免因静不定问题的存在而使支撑系统受到附加载荷；

（4）炉体的负重应均匀地分布在托圈上，对炉壳的强度和变形的影响减少到最低限度。

为了满足上述提出的要求，设计连接装置时必须考虑下列三个方面的问题。

（1）连接装置支架的数目。支架的数目首先应根据炉子的容量而定，既要保证有足够传递载荷的能力，但其数目又不能设计过多反而抑制炉壳的热变形位移量。而且支架数目过多，必然造成调整、安装困难。当炉壳和托圈变形后容易引起一部分支架接触不良而失去其应有的作用。通常宜采用3~6个支架。

（2）支架的部位。支架在托圈上的分布很重要，其分布不同，则转炉倾转时传递载荷的方式也不同。为了减少托圈的弯曲应力，应使支架位于远离托圈跨度中间（由耳轴到90°位置），但又不能使所有支架位于或邻近于托圈轴线上，同时要考虑到旋转炉体时必须使支架对轴心具有足够的力臂，正常支架的位置是在由耳轴起始的30°、45°、60°等位置。

（3）支架的平面。要求把各支架安装在同一平面上，使炉壳在各支架间所产生的热变形位移量相等，而不致引起互相抑制。这一平面高度可以在托圈顶部、中部或下部。

10.2.2.2　连接装置的基本形式

（1）支撑托架夹持器。如图 10-13 所示，它的基本结构是沿炉壳圆周围焊接着若干组上下托架，托架和托圈之间有支撑斜垫板，炉体通过上下托架和斜垫板夹住托圈，借以支撑其重量。炉壳与托圈膨胀或收缩的差异由斜块的自动滑移来补偿，并不会出现间隙。

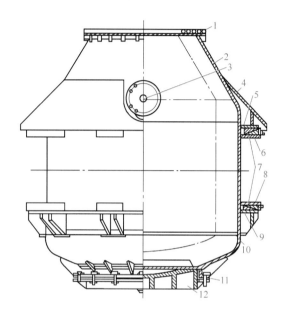

图 10-13　转炉炉壳

1—水冷炉口；2—锥形炉帽；3—出钢口；4—护板；5，9—上下卡板；6，8—上下卡板槽；7—斜块；
10—圆柱形炉身；11—销钉和斜楔；12—可拆卸活动炉底

（2）吊挂式连接装置。这类结构通常是由若干组拉杆或螺栓将炉体吊挂在托圈上。有两种方式：法兰螺栓连接和自调螺栓连接装置又称三点球面支撑装置。其中自调螺栓连接装置应用较多。

图 10-14 为自调螺栓连接装置。自调螺栓连接装置是目前吊挂装置形式中比较理想的一种结构，在炉壳上部焊接两个加强圈。炉体通过加强圈和三个带球面垫圈的自调螺栓与托圈连接在一起。三个螺栓在圆周上呈 120° 布置，其中两个在出钢侧与耳轴轴线成 30° 夹角的位置上，另一个在装料侧与耳轴轴线呈 90° 的位置上。自调螺栓 3 与焊接在托圈盖板上的支座 9 铰接连接。当炉壳产生热胀冷缩位移时，自调螺栓本身倾斜并靠其球面垫圈自动调位，使炉壳中心位置保持不变。图 10-14（c）（d）表示了自调螺栓的原始位置和正常运转时的工作状态。此外，在两耳轴位置上还设有上下托架装置［见图 10-14（a）（b）］。在托架上的剪切块与焊在托圈上的卡板配合。当转炉倾动到水平位置时，由剪切块把炉体的负荷传给托圈。这种结构属于三支点静定结构。这种结构工作性能好，能适应炉壳和托圈的不等量变形，载荷分布均匀结构简单，制造方便，维修量少。

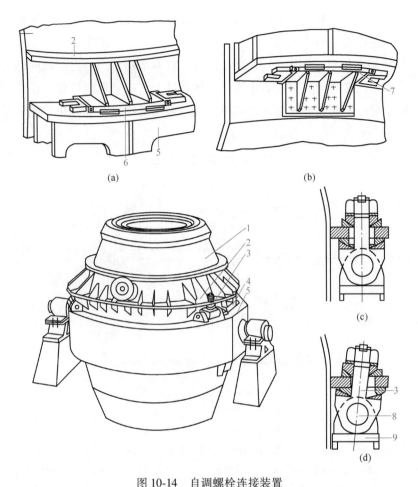

图 10-14 自调螺栓连接装置

（a）上托架；（b）下托架；（c）原始位置；（d）正常运转情况（最大位移）

1—炉壳；2—加强圈；3—自调螺栓装置；4—托架装置；5—托圈；

6—上托架；7—下托架；8—销轴；9—支座

## 10.2.3 耳轴轴承装置

### 10.2.3.1 耳轴轴承工作特点和选取

耳轴轴承工作特点是负荷大、转速低（1 r/min 左右）、工作条件恶劣（高温、多尘、冲击），启制动频繁，一般转动角度在 280°~290° 范围内，轴承零件处于局部工作的情况。由于托圈在高温、重载下工作会产生耳轴轴向的伸长和挠曲变形。因此，耳轴轴承必须有适应此变形的自动调心和游动性能，并且有足够的刚度和抗疲劳极限。

### 10.2.3.2 耳轴轴承的形式

A 重型双列向心球面滚柱轴承

无论是驱动侧还是游动侧轴承，我国普遍采用重型双列向心球面滚柱轴承。这种轴承结构如图 10-15 所示。

这种轴承能承受重载，有自动调位性能，在静负荷作用下，轴承允许的最大偏斜度为

±1.5°，可以满足耳轴轴承的要求，并能保持良好的润滑，磨损较少。

转炉工作时，托圈在高温下产生热膨胀，引起两侧耳轴轴承中心距增大。一般情况下转炉传动侧（托圈连接倾动机构一端）的耳轴轴承设计成轴向固定，而非传动侧轴承则设计成轴向可游动的，即在轴承外圈与轴承座之间增加一导向套。当耳轴作轴向胀缩时，轴承可沿轴承座内的导向套作轴向移动，因此要求结构中留有轴向移动间隙。

传动侧的轴承装置结构基本上与非传动侧相同，只是结构上没有轴向位移的可能性。

为了使设备备件统一，一般游动侧的轴承与传动侧的轴承选用相同的型号。由于传动侧轴上固装着倾动机构的大齿轮，为了便于更换轴承，轴承可制成剖分式，即把内、外圈和保持架都做成两半。为了使轴承承受可能遇到的横向载

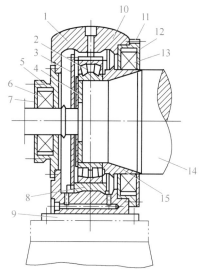

图 10-15　自动调心滚柱轴承

1—轴承盖；2—自动调心双列圆柱滚柱轴承；
3，10—挡油板；4—轴端压板；5，11—轴承端盖；
6，13—毡圈；7，12—压盖；8—轴承套；
9—轴承底座；14—耳轴；15—甩油推环

荷（例如清理炉口结渣时所产生的横向载荷），轴承座两侧由斜铁楔紧在支座的凹槽内。

### B　复合式滚动轴承装置

当托圈耳轴受热膨胀时，轴承立刻沿导向套作轴向移动，其滑动摩擦会产生轴向力，从而增加了轴承座的轴向倾翻力矩。因此有的大转炉采用复合式滚动轴承。即耳轴主轴承仍采用重型双列向心球面滚柱轴承，以适应托圈的挠曲变形。而在主轴承箱底部装入两列滚柱轴承，并倾斜 20°~30° 支撑在轴承座的 V 形槽中，其结构如图 10-16 所示。这种结构既能使耳轴轴承做滚动摩擦的轴向移动，而其 V 形槽结构又能抵抗轴承所承受的横向载荷。

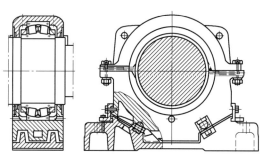

图 10-16　复合式滚动轴承装置

### C　铰链式轴承支座

铰链式轴承支座的结构如图 10-17 所示。耳轴轴承也是采用重型双列向心球面滚柱轴承。轴承固定在轴承座上，而非传动侧的轴承座通过其底部的两个铰链支撑在基础上。两

个铰链的销轴在同一轴线上，此轴线位于与耳轴轴线垂直的方向上。依靠支座的摆动来补偿耳轴轴线方向的胀缩。由于其轴向移动量较之摆动半径小得多，所以耳轴轴线高度的变化并不妨碍轴承正常工作。例如，当铰链中心到耳轴中心的距离为 5 m，轴向移动量为 50 mm 时，理论计算的支座摆角仅为±17′，而耳轴轴线高度的变化在 0.05 mm 以内。这种结构简单，能满足工作需要，而且不需要特别维护就能正常工作。

图 10-17　我国某厂 300 t
转炉铰链式轴承支座

**D　液体静压轴承**

液体静压轴承的工作原理是在轴与轴承间通入约 34 N/mm$^2$ 的高压油，在低速、重载情况下仍可使耳轴与轴承衬间形成一层极薄的油膜。其优点是无启动摩擦力，运转阻力很低，油膜能吸收冲击起减振作用，具有广泛的速度与负荷范围和良好的耐热性。其缺点是需要增加一套高压供油的设备，初次投资费用高。

## 10.3　炉体倾动机构

转炉在冶炼过程中要前后倾转。转炉倾动机构的作用是炉体倾转，倾动角度为±360°，从而满足转炉兑铁水、加废钢、取样、测温、出渣、补炉、出渣、出钢等工艺操作的需要。

视频　炉体旋转

### 10.3.1　倾动机构的要求和类型

#### 10.3.1.1　对倾动机构的要求

（1）能使炉体连续转±360°，并能平稳而准确地停止在任意角度位置上，以满足工艺操作的要求。

（2）一般应具有两种以上的转速，转炉在出钢倒渣、人工取样时，要平稳缓慢地倾动，避免钢、渣猛烈摇晃甚至溅出炉口。转炉在空炉和刚从垂直位置摇下时要用高速倾动，以减少辅助时间，在接近预定停止位置时，采用低速，以便停准停稳。慢速一般为 0.1~0.3 r/min，快速为 0.7~1.5 r/min。

（3）应安全可靠，避免传动机构的任何环节发生故障，即使某一部分环节发生故障，也要具有备用能力，能继续进行工作直到本炉冶炼结束。此外，还应与氧枪、烟罩升降机构等保持一定的连锁关系，以免误操作而发生事故。

（4）倾动机构对载荷的变化和结构的变形而引起耳轴轴线偏移时，仍能保持各传动齿轮的正常啮合，同时，还应具有减缓动载荷和冲击载荷的性能。

（5）结构紧凑，占地面积小，效率高，投资少，维修方便。

### 10.3.1.2 倾动机构的工作特点

#### A 低转速大减速比

转炉的工作对象是高温的液体金属,在兑铁水、出钢等操作时,要求炉体能平稳地倾动和准确地停位。因此,炉子应采取很低的倾动速度(0.1~0.3 r/min),由于倾动速度极低,即倾动机构减速比很大,通常为 700~1000,甚至达数千。例如我国 120 t 转炉倾动机构减速比为 753.35,300 t 转炉倾动机构减速比为 638.245。

#### B 重载

转炉炉体自重很大,再加上料重等,整个被倾动部分的重量达上百吨或上千吨,如 150 t 转炉炉液重 190 t,自重 572 t。要使这样大的转炉倾动,就必须对它在耳轴上施加几百以至几千千牛·米力矩。

#### C 启动、制动频繁,承受较大的动载荷

在冶炼周期内,要进行兑铁水、取样、出钢、倒渣等操作,为完成这些操作,倾动机械要在 30~40 min 冶炼周期内进行频繁的启动和制动。如某厂 120 t 转炉,在一冶炼周期内,启动、制动可达 30~50 次,最多可达 80~100 次,且较多的操作是所谓的"点切"操作。因此,倾动机械承受着较大的动负荷。其次,当炉口进行顶渣等操作时,使机构承受较大的冲击载荷,其数值为载荷的两倍以上。故进行倾动机构设计时都应考虑这些因素。

### 10.3.1.3 倾动机构的类型

倾动机构有落地式、半悬挂式、全悬挂式和液压传动式四种类型。

#### A 落地式

落地式倾动机构如图 10-18 所示。落地式倾动机构是转炉采用最早的一种配置形式,除末级大齿轮装在耳轴上外,其余全部安装在地基上,大齿轮与安装在地基上传动装置的小齿轮相啮合。

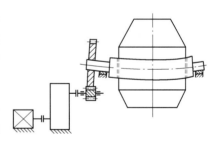

这种倾动机构的特点是结构简单,便于制造、安装和维修。但是当托圈挠曲严重而引起耳轴轴线产生较大偏差时,影响大小齿轮的正常啮合。大齿轮系开式齿轮,易落入灰渣,磨损严重,寿命短。

图 10-18 落地式倾动机构

#### B 半悬挂式

半悬挂式倾动机构如图 10-19 所示。半悬挂式倾动机构是在落地式基础上发展起来的,它的特点是把末级大、小齿轮通过减速器箱体悬挂在转炉耳轴上,其他传动部件仍安装在地基上,所以称为半悬挂。悬挂减速器的小齿轮通过万向联轴器或齿式联轴器与主减速器连接。当托圈变形使耳轴偏移时,不影响大、小齿轮间正常啮合。其重量和占地面积比落地式有所减少,但占地面积仍然比较大,它适用于中型转炉。

#### C 全悬挂式

全悬挂式倾动机构如图 10-20 所示。全悬挂式倾动机构是将整个传动机构全部悬挂在耳轴的外伸端上,末级大齿轮悬挂在耳轴上,电动机、制动器、初级减速器都悬挂在末级

大齿轮的箱体上。为了减少传动机构的尺寸和重量，使工作安全可靠，目前大型悬挂式倾动机构均采用多点啮合柔性支撑传动，即末级传动是由数个（4个、6个或8个）各自带有传动结构的小齿轮驱动同一个末级大齿轮，整个悬挂减速器用两端铰接的两根立杆通过曲柄与水平扭力杆连接而支撑在基础上。

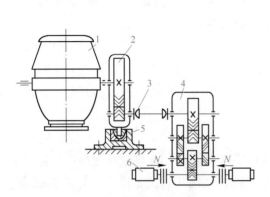

图 10-19　半悬挂式倾动机构

1—转炉；2—悬挂减速器；3—万向联轴器；

4—减速器；5—制动装置；6—电动机

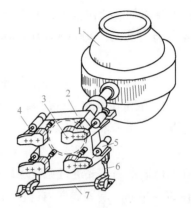

图 10-20　全悬挂式倾动机构

1—转炉；2—末级减速器；3—初级减速器；

4—联轴器；5—电动机；6—连杆；7—缓冲抗扭轴

全悬挂式倾动机构的特点是结构紧凑、重量轻、占地面积小、运转安全可靠、工作性能好。多点啮合由于采用 2 套以上传动装置，当其中 1~2 套损坏时，仍可维持操作，安全性好。由于整套传动装置都悬挂在耳轴上，托圈的扭曲变形不会影响齿轮的正常啮合。柔性抗扭缓冲装置的采用，传动平稳，有效地降低机构的动载荷和冲击力。但是全悬挂机构进一步增加了耳轴轴承的负担，啮合点增加，结构复杂，加工和调整要求也较高，新建大、中型转炉采用悬挂式的比较多。

我国 300 t 转炉倾动机构属于全悬挂四点啮合配制形式，如图 10-21 所示。悬挂减速

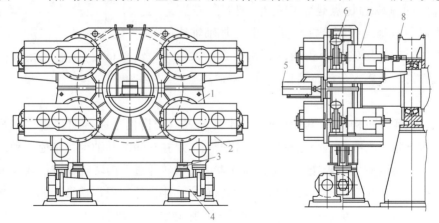

图 10-21　某厂 300 t 转炉倾动机构示意图

1—悬挂减速器；2—初级减速器；3—紧急制动器装置；4—扭力杆装置；

5—极限开关；6—电磁制动器；7—直流电动机；8—耳轴轴承

器 1 悬挂在耳轴外伸端上，初级减速器 2 通过箱体上的法兰用螺栓固在悬挂减速器箱体上。耳轴上的大齿轮通过切向键与耳轴固定在一起，它由带斜齿轮的初级减速器 2 的低速出轴上四个小齿轮同时驱动。为保证良好的啮合性能，低速轴设计成 3 个轴承支撑，如图 10-21 所示。驱动初级减速器的直流电动机 7 和制动器 6 则支撑在悬挂箱体撑出的支架上。这样整套传动机构通过悬挂减速器箱体悬挂在耳轴上。悬挂减速器箱体通过与之铰接的两根立杆与水平扭力杆柔性抗扭缓冲器连接。水平扭力杆 4 的两端支撑于固定在基础上的支座中，通过水平扭力杆来平衡悬挂箱体上的倾翻力矩。为防止过载以保护扭力杆，在悬挂箱体下方还设置有紧急制动器装置 3，在正常情况下紧急制动装置不起作用，因箱体底部与固定在地基上的制动块之间有 13.4 mm 的间隙，当倾动力矩超过正常值的 3 倍时，间隙消除，箱体底部与制动块接触，这时，电机停止运转，这样就防止了扭力杆由于过载而扭断，使传动机构安全可靠，300 t 转炉初级减速器如图 10-22 所示。

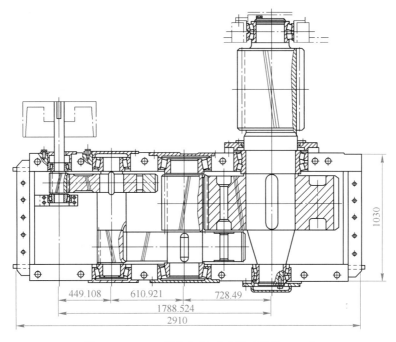

图 10-22　300 t 转炉初级减速器（单位：mm）

D　液压传动式

目前一些转炉已采用液压传动的倾动机构。液压传动的突出特点是：适于低速、重载的场合，不怕过载；可以无级调速，结构简单、重量轻、体积小。因此，转炉倾动机构使用液压传动是大有前途的。液压传动的主要缺点是加工精度要求高，加工不精确时容易引起漏油。

图 10-23 为一种液压倾动转炉的原理图。变量油泵 1 经滤油器 2 从油箱 3 中把油液经单向阀 4、电液换向阀 5、油管 6 送入工作油缸 8，驱动带齿条 10 的活塞杆 9 上升，齿条推动装在转炉 12 耳轴上的齿轮 11 使转炉炉体倾动。工作油缸 8 与回程油缸 13 固定在横梁

14 上。当换向阀 5 换向后，油液经油管 7 进入回程油缸 13（此时，工作缸中的油液经换向阀流回油箱），通过活塞杆 15、活动横梁 16 将活塞杆 9 下拉，使转炉恢复原位。

### 10.3.2 倾动机构的参数

倾动机构的参数包括倾动速度、倾动力矩和耳轴位置。

#### 10.3.2.1 倾动速度

转炉的倾动速度通常为 0.15~1.5 r/min。小于 30 t 的转炉可不调速，转速为 0.7 r/min。50~100 t 转炉用两级调速，低速为 0.2 r/min，高速为 0.8 r/min。150 t 以上的转炉采用无级调速，转速为 0.15~1.5 r/min。

#### 10.3.2.2 倾动力矩

计算转炉倾动力矩的目的是为了正确选择耳轴位置和确定不同情况下的力矩值，保证转炉即正常安全生产，又达到经济合理。

转炉倾动力矩由三部分组成：

$$M = M_k + M_y + M_m$$

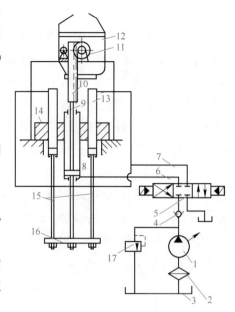

图 10-23 液压传动倾动机构

1—变量油泵；2—滤油器；3—油箱；4—单向阀；
5—电液换向阀；6，7—油管；8—工作油缸；
9，15—活塞杆；10—齿条；11—齿轮；
12—转炉；13—回程油缸；14—横梁；
16—活动横梁；17—溢流阀

式中　$M_k$——空炉力矩（由炉壳、炉衬重量引起的力矩），由于空炉的重心与耳轴中心的距离是不变的，所以空炉力矩是倾动角度的正弦函数值；

　　　$M_y$——炉液力矩（炉内铁水和渣引起的力矩），在倾动过程中，炉液的重心位置是变化的，故炉液力矩也是倾动角度的函数；

　　　$M_m$——转炉耳轴上的摩擦力矩，在出钢过程中其值是变化的，但变化较小，为了计算简便，在倾动过程中看成常量。

（1）空炉力矩 $M_k$。要计算空炉力矩 $M_k$，应当分清是转炉处于新炉状态和老炉状态，因为新炉和老炉的重量不同，重心坐标也不一样。

从图 10-24 可以看出，若耳轴位置在 $L$ 点，空炉重心在 $k$ 点，则

$$M_k = G_k(H - H_k)\sin\alpha$$

式中　$G_k$——空炉重量，kN；

　　　$\alpha$——倾动角度，(°)。

由于 $H - H_k$ 在选定耳轴后是一个不变的恒量，故空炉力矩 $G_k$ 与倾动角度 $\alpha$ 呈正弦函数关系。

对倾动力矩正负值规定如下：就炉体端而言，当力矩作用方向与炉体旋转方向相反时为正力矩，与炉体旋转方向相同时为负力矩。

（2）炉液力矩 $M_y$。从图 10-24 可以看出，若炉液重心在 $D$ 点，则

$$M_y = G_y \sin\alpha (H - y_D) - G_y \cos\alpha x_D$$

式中　$G_y$——炉液重量，kN；

　　$x_D$，$y_D$——炉液重心坐标值，m。

（3）耳轴上的摩擦力矩 $M_m$。

$$M_m = (G_k + G_y + G_托 + G_悬) \frac{\mu d}{2}$$

式中　$G_托$——托圈重量，kN；

　　$G_悬$——耳轴上悬挂齿轮组的重量，kN；

　　$\mu$——摩擦因数，对于滑动轴承取 0.1～0.15，对于滚动轴承可取 0.02；

　　$d$——对于滑动轴承为耳轴直径，m，对于滚动轴承则为轴承平均直径 $d = \dfrac{d_内 + d_外}{2}$。

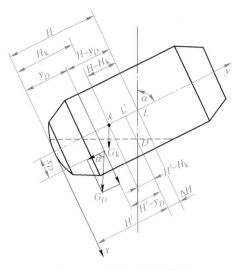

图 10-24　倾动力矩计算图

（4）合成倾动力矩 $M$ 的绘制。倾动力矩 $M$ 随倾动角度 $\alpha$ 的变化而变化，当分别计算出各个倾动角度下的空炉力矩 $M_k$、炉液力矩 $M_y$、耳轴上的摩擦力矩 $M_m$ 和合成倾动力矩 $M$ 后，可绘制倾动力矩曲线。用横坐标表示倾动角度 $\alpha$，纵坐标表示合成倾动力矩 $M$。

图 10-25 为 120 t 转炉的倾动力矩曲线图。

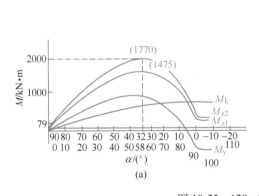

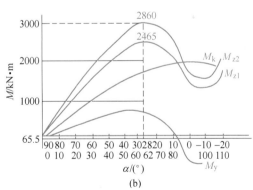

图 10-25　120 t 转炉倾动力矩曲线

（a）新炉倾动力矩曲线；（b）老炉倾动力矩曲线

$$M_{z1} = M;\ M_{z2} = 1.2M$$

由图 10-25 可知：

空炉力矩 $M_k$ 随倾动角度按正弦曲线变化，转炉直立位置时空炉力矩 $M_k$ 为 0，随着倾动角度 $\alpha$ 增大空炉力矩 $M_k$ 也增大，到 $\alpha$ 等于 90°时（转炉呈水平状态）空炉力矩 $M_k$ 最大，超过 90°时空炉力矩 $M_k$ 又逐渐减小。

炉液力矩 $M_y$ 在倾动过程中波动较为显著，开始倾动时为正值，$\alpha = 50°\sim 60°$时出现最

大值。当 $\alpha = 70°$ 以后，由于炉液重心上升而转为负值。在 $\alpha = 105° \sim 120°$ 时，出钢完毕，$M_y$ 趋近于零。

耳轴上的摩擦力矩 $M_m$ 的方向总是与转动方向相反，一般认为摩擦力矩在倾动过程中是不变的，即忽略出钢过程中炉液重量的变化以及忽略小齿轮对耳轴上悬挂大齿轮轮齿压力的影响。

### 10.3.2.3　耳轴位置

确定最佳耳轴位置的原则有两种。

（1）全正力矩原则。这种原则以保证工作安全可靠为出发点，要求转炉在整个倾动过程中，不出现负力矩。即在任何事故下（如断轴、断电、制动器失灵等），炉子不但不会自动倾翻，而且能自动返回原位（直立位置），保证安全，但增大了倾动力矩，消耗更多能量。力矩的变化趋势如图 10-26 所示。

全正力矩条件式为：

$$0 < (M_k + M_y)_{min} \geq M_m$$

（2）正负力矩等值原则。把耳轴位置定得低些。转炉在整个倾动过程中，使波峰力矩和波谷力矩平均分配在正负力矩区域内，并且绝对值相等。这时倾动力矩绝对值最小，因此可以减小传动系统的静力矩，设备零件尺寸和电机容量减小，故也称为经济原则。正负力矩等值原则的缺点是安全性差，当设备发生事故时，若不采取有效措施，会造成翻炉跑钢事故。力矩的变化趋势如图 10-27 所示。

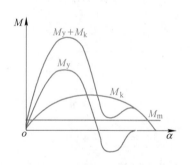

图 10-26　全正力矩时力矩的变化趋势

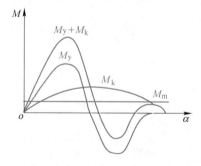

图 10-27　正负力矩时力矩的变化趋势

正负力矩等值条件式：

$$(M_k + M_y + M_m)_{max} = - (M_k + M_y - M_m)_{min}$$

目前大多数转炉，特别是大型转炉从安全出发，多采用全正力矩原则来选择耳轴位置，即将耳轴位置选得高一些。但是由于冶炼强化，炉口的结渣量很大，若仍按全正力矩设计，则其倾动力矩峰值将增大很多，显然不合理。另外，倾动机构多点啮合的应用，增加了设备运转的可靠性。因此，在考虑安全措施情况下，对大型转炉采用正负力矩等值原则设计耳轴位置的方法是合理的。总之，确定耳轴的最佳位置，既要考虑安全性，又要考虑经济性。

在设计时，一般先预选一个参考耳轴位置 $H$ 进行倾动力矩计算，然后再根据全正力矩的条件对预选值加以修正来确定最佳耳轴位置。

耳轴位置修正值为：

$$\mathrm{d}H \leqslant \frac{(M_\mathrm{k} + M_\mathrm{y})_\mathrm{min} - M_\mathrm{m}}{(G_\mathrm{k} + G_\mathrm{y})\sin\alpha}$$

最佳耳轴位置为：

$$H' = H - \mathrm{d}H = H - \frac{(M_\mathrm{k} + M_\mathrm{y})_\mathrm{min} - M_\mathrm{m}}{(G_\mathrm{k} + G_\mathrm{y})\sin\alpha}$$

## 思 考 题

10-1 炉壳通常由几部分组成，各部分形状如何？

10-2 水冷炉口有哪两种结构？

10-3 炉衬由几部分组成，各部分采用什么耐火材料？

10-4 炉壳常见故障有哪些，引起的原因是什么？

10-5 耳轴和托圈的结构是怎样的？

10-6 耳轴和托圈如何连接？

10-7 炉体和托圈如何连接？

10-8 耳轴轴承工作有何特点？

10-9 炉体和托圈连接装置常见故障有哪些？

10-10 对转炉倾动机构有何要求？

10-11 转炉倾动机构有哪几种类型，各有何特点？

10-12 倾动力矩包括哪些方面？

10-13 转炉耳轴位置如何确定？

# 11　吹氧和供料设备

课件

## 11.1　吹氧设备

### 11.1.1　供氧系统

供氧系统由制氧机、压缩机、储气罐、输氧管道、测量仪、控制阀门、信号联锁等主要设备组成，如图 11-1 所示。

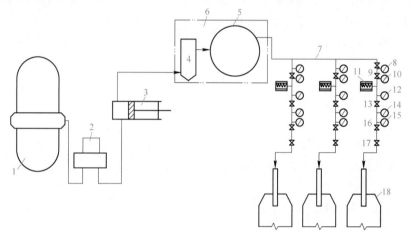

图 11-1　供氧系统工艺流程图

1—制氧机；2—低压储气柜；3—压缩机；4—桶形罐；5—中压储气罐；6—氧气站；7—输氧总管；
8—总管氧压测定点；9—减压阀；10—减压阀后氧压测定点；11—氧气流量测定点；
12—氧气温度测定点；13—氧气流量调节阀；14—工作氧压测定点；
15—低压信号连锁；16—快速切断阀；17—手动切断阀；18—转炉

转炉炼钢要消耗大量的氧，因此现代钢铁厂都有相当大规模的制氧设备。工业制氧采取空气深冷分离法，先将空气液化，然后利用氮气与氧气的沸点不同，将空气中的氮气和氧气分离，这样就可以制出纯度为 99.5% 的工业纯氧。

制氧机生产的氧气，经加压后送至中间储气罐，其压力一般为 $25 \times 10^5 \sim 30 \times 10^5$ Pa，经减压阀可调节到需要的压力（$6 \times 10^5 \sim 15 \times 10^5$ Pa），减压阀的作用是使氧气进入调节阀前得到较低和较稳定的氧气压力，以利于调节阀的工作。吹炼时所需的工作氧压是通过调节阀得到的。快速切断阀的开闭与氧枪联锁，当氧枪进入炉口一定距离时（即到达开氧点时），切断阀自动打开，反之，则自动切断。手动切断阀的作用是当管道和阀门发生故障时快速切断氧气。

## 11.1.2 氧枪

### 11.1.2.1 吹氧管

吹氧管又名氧枪或喷枪，担负着向熔池吹氧的任务。因其在高温条件下工作，故氧枪是采用循环水冷却的套管结构。我国转炉用氧枪的结构基本相似，如图 11-2 所示，由喷头、枪身及尾部结构所组成。

管体系由无缝钢管制成的中心管 2，中层管 3 及外层管 5 同心套装而成，其下端与喷头 7 连接。管体各管通过法兰分别与三根橡胶软管相连，用以供氧和进、出冷却水。氧气从中心管 2 经喷头 7 喷入熔池，冷却水自中心管 2 与中层管 3 的间隙进入，经由中层管 3 与外层管 5 之间隙上升而排出。为保证管体三个管同心套装，使水缝间隙均匀，在中层管 3 和中心管 2 的外管壁上，沿长度方向焊有若干组定位短筋，每组有 3 个短筋均布于管壁圆周上。为保证中层管下端的水缝，在其下端面圆周上均布着 3 个凸爪，使其支撑在喷头的内底面上。

尾部结构是指氧气和进出冷却水的连接管头，以及把持氧枪的装置、吊环。

### 11.1.2.2 喷头

喷头是氧枪的重要部件，它对冶炼工艺起到至关重要的作用，对其结构则要求尽可能的简单易做、长寿命。

喷头通常采用导热性良好的紫铜经锻造和切削加工而成，也有用压力浇铸而成的。喷头与枪身外层管焊接，与中心管用螺纹或焊接方式连接。

视频　氧枪　　　视频　氧枪基本
　　　　　　　　　　　　结构简图

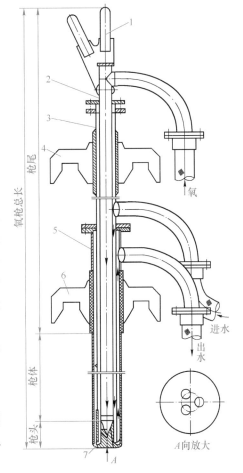

图 11-2　吹氧管基本结构简图

1—吊环；2—中心管；3—中层管；
4—上托座；5—外层管；6—下托座；7—喷头

喷头内通高压水强制冷却。为使喷头在远离熔池面工作也能获得应有的搅拌作用，以提高枪龄和炉龄，所以喷头均为超声速喷头。

喷头的类型很多，按结构形状可分为拉瓦尔型、直筒型和螺旋型；按喷孔数可分为单孔、三孔和多孔喷头；按喷入的物质可分为氧气喷头、氧-燃气喷头和喷粉料的喷头。

### A　单孔拉瓦尔型喷头

单孔拉瓦尔型喷头的结构，如图 11-3 所示。拉瓦尔喷头由收缩段、喉口、扩张段三部分组成。喉口处于收缩段和扩张段的交界处，此处的截面积最小，通常把喉口（缩颈）的直径称为临界直径，把该处的截面积称为临界断面积。

拉瓦尔喷头的工作原理是：高压低速的气流经收缩段时，气流的压力能转化为动能，使气流获得加速度，当气流到达喉口截面时，气流速度达到声速。在扩张段内，气流的压力能除部分消耗在气体的膨胀上外，其余部分继续转化为动能，使气流速度继续增加。在喷头出口处，当气流压力降到与外界压力相等时，即获得了远大于声速的气流速度。喷头出口处的气流速度（$v$）与相同条件下的声速（$c$）之比，称为马赫数 $Ma$，即 $Ma = v/c$。目前国内外喷头出口马赫数大多为 $1.8 \sim 2.2$。

氧气转炉发展初期，采用的是单孔喷头，随着炉容量的大型化和供氧强度的不断提高，单孔喷头由于其流股与熔池的接触面积小，存在易引起严重喷溅等缺点，而不能适应生产要求，所以逐渐发展为多孔喷头。

### B　三孔拉瓦尔型喷头

三孔拉瓦尔型喷头的结构如图 11-4 所示。喷孔的几何中心线和喷头中轴线的夹角 $\beta$ 称为喷孔倾角，一般 $\beta = 9° \sim 11°$。3 个孔中心的连线呈等边三角形。氧气分别流经 3 个拉瓦尔管，在出口处获得 3 股超声速氧气流股而喷出。生产实践证明，三孔拉瓦尔型喷头比单孔拉瓦尔型喷头的优点有：减少喷溅，提高金属收得率；枪位稳定，成渣速度快；提高供氧强度，缩短吹氧时间，提高生产率；延长炉衬寿命，缩短修炉时间；炉子热效率提高（约 20%），可以多用废钢。

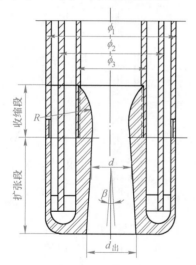
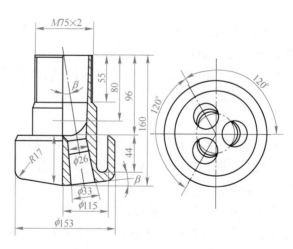

图 11-3　单孔拉瓦尔型喷头　　图 11-4　三孔拉瓦尔型喷头（30 t 转炉用）（单位：mm）

三孔拉瓦尔型喷头结构较复杂，加工制造比较困难，三孔中心的鼻梁部分易于烧毁而失去三孔的作用。三孔喷头结构改进的关键在于加强三孔夹心部分的冷却，为此可以在喷孔之间开冷却槽，也可以采用组合式水冷喷头，使冷却水能深入夹心部分进行冷却。也有的在喷孔之间穿洞，使喷头端面造成正压而免于烧毁。另外，从工艺操作上应防止喷头粘钢，防止出高温钢，避免化渣不良与低枪位操作等，这些对提高喷头寿命都是有益的。

在多孔拉瓦尔型喷头中，除常用的三孔、四孔外，还有五孔、六孔、七孔和八孔的。

国内生产经验表明，50 t 以下转炉宜采用三孔拉瓦尔型喷头，50 t 或 50 t 以上转炉可采用四孔或五孔拉瓦尔型喷头。

C 三孔直筒型喷头

三孔直筒型喷头的结构，如图 11-5 所示。这种喷头由收缩段、喉口及三个与喷头中轴线成 β 角的直筒型喷孔构成，β 角一般为 9°~12°，3 个直筒形喷孔的断面积之和为喉口断面积的 1.1~1.6 倍。这种喷头产生的氧气流股冲击面积比单孔拉瓦尔型喷头大 4~5 倍，但直筒型喷嘴喷出的氧

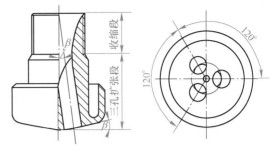

图 11-5 三孔直筒型喷头

气流股的速度不能超过声速。与三孔拉瓦尔型喷头比较，这种氧气流股与钢液面的相遇面积较小，结果使渣中氧化铁质量分数降低，去磷和化渣的效果也稍差些。不过在小型氧气转炉上采用三孔直筒型喷头，工艺操作效果与三孔拉瓦尔型喷头基本相近，而且制造方便，使用寿命高。

D 多流道氧气喷头

使用多流道氧气喷头的目的在于提高转炉装入量的废钢比，一般配用在顶底复吹转炉上。多流道氧气喷头又分为双流道喷头和三流道喷头。

a 双流道喷头

由于普遍采用铁水预处理和转炉顶底复合吹炼工艺，铁水温度有所下降，铁水中放热元素减少，使废钢比下降。尤其是用中、高磷铁水冶炼低磷高合金钢，即使全部使用铁水，也还需另外补充热源。此外多使用废钢可以降低炼钢能耗。目前转炉内热补偿的主要方法有预热废钢、加入放热元素、炉内 CO 的二次燃烧。显然二次燃烧是改善冶炼热平衡，提高废钢比最为经济的方法。

双流道氧气喷头分主氧流道和副氧流道。主氧流道向熔池供氧气，同传统的喷头作用相同。副氧流道所供氧气用于炉气中的 CO 二次燃烧，所产生的热量除快速化渣外，可以提高废钢比。

双流道氧气喷头有两种形式，即端部式和顶端式（台阶式）。图 11-6（a）为端部式双流道喷头。其主、副氧道基本在同一平面上，主氧道喷孔常为 3 孔、4 孔或 5 孔拉瓦尔型喷嘴，其中心线与喷头主轴线的夹角通常为 9°~12°。副氧道则为 6 孔、8 孔或 10 孔直筒型喷孔，其中心线与喷头主轴线的夹角通常为 30°~50°。供氧强度主氧道为 2.0~3.5 m³/(t·min)（标准状态）；副氧道为 0.3~1.0 m³/(t·min)（标准状态）；主氧量加副氧量之和的 20% 为副氧流量的最佳

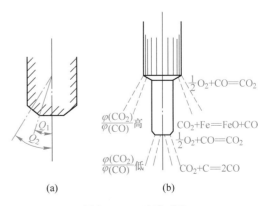

图 11-6 双流道喷头

(a) 端部式双流道喷头；(b) 顶端式双流道喷头

值（也有采用 15%~30% 的）。使用顶底复吹转炉的吹入底气量为 0.05~0.10 m³/(t·min)（标准状态）。采用端部式双流道氧气喷头的喷管仍为 3 层，副氧流喷孔设在喷头端面主氧流外环同心圆上。副氧道氧流量是从主氧道氧流量分流出来的，副氧道总流量是受副氧道喷孔大小、数量及氧管总压、流量所控制的。这种结构方式既影响主氧道供氧参数，也影响副氧道供氧参数，这是端部式双流道喷头结构的主要缺点。但其喷头及喷管结构简单，损坏时更换方便。

图 11-6（b）为顶端式（台阶式）双流道喷头。主、副氧流量及吹入底气量与端部式喷头基本相同。副氧道喷角通常为 20°~60°。副氧道离主氧道端面的距离，小于 100 t 的转炉为 500 mm，大于 100 t 的转炉为 1000~1500 mm（甚至高达 2000 mm）。喷孔可以是直筒孔型，也可以是环缝型。顶端式双流道对捕捉 CO 的覆盖面积有所增大，并且供氧参数可以独立调控。但顶端式喷管必须设计成四层同心套管（中心为主氧、二层为副氧、三层为进水、四层为出水），副氧喷孔或环缝必须穿过进出水套管，加工制造及损坏更换较为复杂。

b　三流道喷头

在双流道喷头的基础上，再增加一煤粉喷道，即构成三流道喷头。煤粉（粒状）借高速流动的运载气体（氮气）击穿渣层到达钢液表面或内部（需通过底部搅拌），在钢液表面燃烧产生热量，外层有渣层保温，这样能有效地加热钢液以提高废钢的加入量。一般每吨钢加入 1 kg 煤粉，可以多增加废钢量 3~5 kg，由于煤粉中的硫约有一半进入钢中，因此这种工艺仅适用于冶炼非低硫钢种。

E　特殊用途的喷头

（1）长喉氧-石灰喷头。如图 11-7 所示，这种喷头的结构类似拉瓦尔型喷头，但喉口段较长，目的在于把石灰粉加速到较大的速度。这种喷头应用于吹炼高磷铁水。

（2）氧-油-燃喷头。如图 11-8 所示，这种喷头的氧气流从里面（主氧流）和外面（二次氧流）包围了重油的环形喷流，主氧流和二次氧流可以分别调节，这样可以使火焰具有要求的形状和特征而适应生产的需要。根据其中的燃料和氧的比率不同，可以进行氧化熔炼、中性熔炼和还原熔炼。喷枪在停止供送燃料后，就可按一般的氧枪操作。它适用于废钢比例大的氧气转炉。

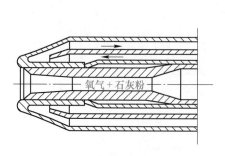

图 11-7　长喉氧-石灰喷头

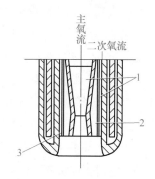

图 11-8　氧-油-燃喷头

1—氧气；2—供煤氧；3—供重油

### 11.1.3　氧枪升降机构

在炼钢过程中，氧枪要多次升降，这个升降运动由氧枪升降机构来实现。氧枪在升降行程中经过的几个特定位置，称为操作点，如图11-9所示。

氧枪各操作点控制位置的确定原则如下。

（1）最低点。最低点是氧枪下降的极限位置，其位置决定于炉子的容量。对于大型转炉氧枪最低点距熔池面应大于400 mm，而对于中、小型转炉应大于250 mm。

（2）吹氧点。此点是氧枪开始进入正常吹炼的位置，又称吹炼点，这个位置与炉子容量、喷头类型、供氧压力等因素有关，一般根据生产实践经验确定。

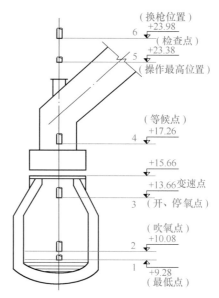

图 11-9　氧枪升降行程中几个特定位置

1—最低点；2—吹氧点；3—开、闭氧点（变速点）；4—等候点；5—检查点；6—换枪位置

（3）变速点。在氧枪上升或下降到此点时，就进行自动变速。此点位置的确定主要是保证安全生产，又能缩短氧枪升降所占的辅助时间。在变速点以下，氧枪慢速升降，在变速点以上快速升降。

（4）开氧点和停氧点。氧枪下降至开氧点应自动开氧，上升至停氧点应自动停氧。开氧点和停氧点位置应适当，过早地开氧或过迟地停氧都会造成氧气浪费。氧气进入烟罩也会有不良影响。过迟地开氧或过早地停氧也不好，易造成喷枪粘钢和喷头堵塞。一般开氧点和停氧点可以确定在变速点同一位置，或略高于变速点。

（5）等候点。等候点也称待吹点，位于炉口以上。此点位置的确定应使氧枪不影响转炉的倾动。过高会影响氧枪升降所占的辅助时间。

（6）最高点。最高点是氧枪在操作时的最高极限位置，最高点应高于烟罩上氧枪插入孔的上缘。检修烟罩和处理氧枪粘钢时，需将氧枪提高到最高位置。

（7）换枪点。更换氧枪时，需将氧枪提升到换枪点，换枪点高于氧枪的操作最高点。

氧枪的行程分为有效行程和最大行程。

氧枪的有效行程 = 氧枪最高点标高 - 氧枪最低点标高

氧枪的最大行程 = 换枪点标高 - 氧枪最低点标高

视频　枪位

由此可见，氧枪在吹炼过程中需频繁升降以调整枪位，因此对氧枪升降机构和更换装置提出以下要求。

（1）应具有合适的升降速度并可以变速。冶炼过程中氧枪在炉口以上应快速升降，以缩短冶炼周期。当氧枪进入炉口以下时则应慢速升降。以便控制熔池反应。目前国内大、中型转炉，快速为30~50 m/min，慢速为3~6 m/min；小型转炉仅有一挡速度，一般为8~

15 m/min。

（2）氧枪应严格沿铅垂线升降，升降平稳，控制灵活，停位准确。

（3）安全可靠。有完善的安全装置，当事故停电时，氧枪可从炉内提出，当钢绳等零件破断时，氧枪不坠入熔池，有防止其他事故和避免误操作所必需的电气联锁装置和安全措施。

（4）能快速换枪。

11.1.3.1 单卷扬型氧枪升降机构

如图 11-10 所示，这种机构借助平衡重来升降氧枪。氧枪 1 装卡在升降小车 2 上，升降小车 2 沿固定导轨 3 升降。平衡重 12 一方面通过平衡钢绳 5 与升降小车连接，另外还通过升降钢绳 9 与卷筒 8 联系。卷扬机提升平衡重 12 时，靠氧枪系统重量使氧枪下降。

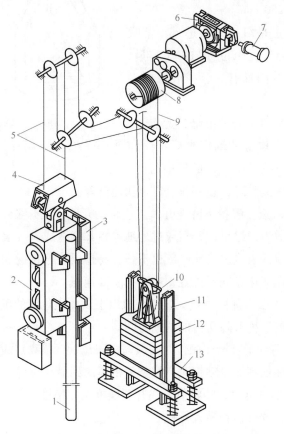

视频 氧枪
升降机构

图 11-10 某厂 50 t 转炉单卷扬吹氧装置升降机构示意图

1—氧枪；2—升降小车；3—固定导轨；4—吊具；5—平衡钢绳；6—制动器；7—气缸；
8—卷筒；9—升降钢绳；10—平衡杆；11—平衡重导轨；12—平衡重；13—弹簧缓冲器

平衡重 12 一方面平衡氧枪升降部分重量，以便减少电机功率，另一方面当发生断电事故时，靠气缸 7 顶开制动器 6，平衡重随即把氧枪提起，为保证平衡重顺利提起氧枪小车，其重量应比吹氧管等被平衡件重量大 20%~30%，即过平衡系数取 1.2~1.3。如果气缸顶开制动器后不能继续工作或是由于升降机构钢绳意外破断后，平衡重加速下落，故在行程终点设有弹簧缓冲器 13，以缓和事故时平衡重的冲击。

#### 11.1.3.2　双卷扬型氧枪升降机构

如图 11-11 所示，该机构设置两套升降卷扬机构（一套工作，另一套备用），安装在横移小车上。在传动中，不用平衡重。采用直接提升的办法升降氧枪。当该机构出现断电事故时，需利用另外动力提出氧枪。例如用蓄电池供电给直流电动机或利用气动马达等将氧枪提升出炉口。

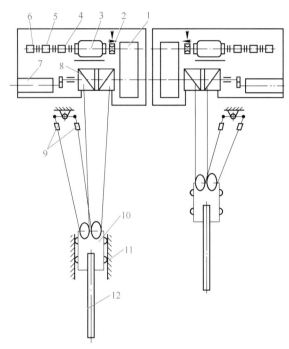

图 11-11　某厂 300 t 转炉双卷扬型吹氧装置升降机构示意图
1—圆柱齿轮减速器；2—制动器；3—直流电动机；4—测速发电机；5—过速度保护装置；6—脉冲；
7—行程开关；8—卷筒；9—测力传感器；10—升降小车；11—固定导轨；12—氧枪

#### 11.1.3.3　氧枪升降机构的安全装置

##### A　断电事故保护装置

对于单卷扬型氧枪升降装置，借助平衡重，即可把氧枪提出炉口。而对双卷扬型氧枪升装置断电时则利用其他动力提出氧枪。

##### B　断绳保护装置

对于单卷扬型氧枪升降装置，采用双绳，当一根钢绳断裂时，另一根仍能承载继续工作。双卷扬型所采用的断绳保护装置有单卷筒及双卷筒两种形式，双卷筒型在工作钢绳破断时，另一个备用卷筒上的钢绳继续短时工作。单卷筒型在卷筒上的两根钢绳之一破断时，氧枪将停在原地。如果需继续吹炼短时工作，可重新通电，使另一根钢绳暂时继续工作。

C　制动装置

为了防止上述钢绳保护装置的两根钢绳同时破断或发生其他事故而掉枪，在升降小车上附加制动装置，在掉枪时从升降小车上对称地推出两个制动件与固定轨道靠紧，使小车停止下降。

D　失载保护装置

当升降小车卡轨或阻塞引起小车升降钢绳失去载荷时，升降机构立即停车。例如，在单升降装置的横移小车座架的顶部导向滑轮组下面设置弹簧，当工作绳失载时，滑轮被弹簧顶起，即可切断电动机电路而停车。也可利用测力传感器来兼做失载保护，当钢绳受力不正常时将断电停车。它同时是钢绳失载及过张力保护装置。

E　氧枪极限位置保护装置

氧枪工作行程上、下极限位置由主令控制器接点控制。当控制器失灵时，在行程两端—横移换枪小车导轨的上端和固定导轨的下端，设有终点开关作为第二道保护装置。

F　各机构和各工艺操作间的电气联锁

为避免某些事故及操作失误，有以下必要的电气联锁。

视频　氧枪
升降及更换

（1）当出现以下情况之一时，氧枪自动提出炉口并发出信号：

1）氧气操作压力低于规定值；

2）氧枪冷却水压力低于规定值；

3）氧枪冷却水温度高于规定值或耗水量低于规定值；

4）氧枪下降到开氧点以下，10 s 内未打开氧枪阀门时。

（2）氧枪插入炉口一定距离和提出炉口前一定距离，氧气切断阀自动开闭。

（3）当氧枪升降达到上、下极限位置前一定距离时，实行快慢速自动转换。

（4）氧枪未提升至最高换枪位置时，换枪横移小车不能移动。

（5）横移换枪小车上的活动轨道与固定轨道未对正中时和转炉未处于直立位置时，氧枪不能下降。

（6）氧枪下端高度低于某一规定值转炉倾动机构不能转动。

（7）活动烟罩未提升，转炉不能转动；转炉不处于直立位置，活动烟罩不能下降。

（8）当采用烟罩回转或横移方案时，氧枪和烟罩未提升至规定高度，烟罩不能回转或横移。

（9）回收煤气时，当炉气中含氧量高于规定值时，或活动烟罩上升至规定高度时，转换阀自动切断回收而转向放散。

### 11.1.4　换枪机构

如图 11-12 所示，换枪机构主要由横移小车、横移小车传动装置、氧枪升降装置（T形块）组成。在换枪装置上并排安设了两套氧枪升降小车，其中一套工作、一套备用。当需要更换氧枪时，可以迅速将氧枪提升到换枪位置，驱动横移小车，使备用氧枪小车对准固定导轨，备用氧枪可以立即投入生产，整个换枪时间约为 1.5 min。此种换枪机构存在的问题是：横移小车定位不准，定位销的插进或拔出需人工进行，换枪时间长而且不安全。在横移小车上设置运行机构，利用行程开关及锁定装置定位。其装置结构简单，定位准确，保证实现换枪的远距离操作。

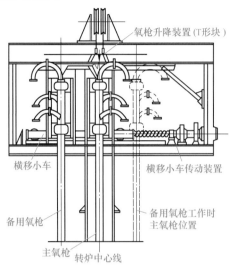

图 11-12　氧枪横移和更换装置

## 11.2　供料设备

供料设备包括铁水供应设备、废钢供应设备、散装料供应设备以及铁合金供应设备。

### 11.2.1　铁水供应设备

转炉炼钢车间铁水供应有混铁炉供应铁水、混铁车供应铁水、铁水罐车供应铁水、化铁炉供应铁水等方式。

#### 11.2.1.1　混铁炉供应铁水

混铁炉供应铁水工艺流程如下：

高炉→铁水罐车→混铁炉→铁水罐→称量→转炉

混铁炉的作用主要是贮存并混匀铁水的成分和温度。另外，高炉每次出的铁水成分和温度往往有波动，尤其是几座高炉向转炉供应铁水波动更大，采用混铁炉后可使供给转炉的铁水相对稳定，有利于实现转炉自动控制和改善技术经济指标。采用混铁炉的缺点是：一次投资较大，比混铁车多倒一次铁水，因而铁水热量损失较大。

视频　兑铁水

视频　兑铁水现场

如图 11-13 所示，混铁炉由炉体、炉盖开启机构和炉体倾动机构组成。

炉型一般采用短圆柱炉型，其中段为圆柱形，两端端盖近于球面形。外壳用 $25 \sim 40\,mm$ 厚的钢板焊接或铆成，两个端盖通过螺钉和中间圆柱形主体连接，以便于拆炉维修。炉身和炉顶分别用镁砖和黏土砖砌筑，炉壳与炉衬之间为绝热层，受铁口在顶部。混铁炉的一侧设出铁口兼作出渣口，也有出铁口和出渣口分设于混铁炉两侧的。在工作中，炉壳温度达 300~400 ℃，为了避免变形，在圆柱形部分装有两个托圈。同时，炉体全部重量通过托圈支撑在辊子和轨座上。在混铁炉两端和出铁口的上方分别设燃烧器，用煤气或重油等燃烧加热。

混铁炉受铁口和出铁口皆有炉盖。通过钢丝绳绕过炉体上的导向滑轮独立地驱动炉盖的开启。

混铁炉一般采用齿轮和齿条传动的倾动机构。齿条与炉壳的凸耳铰接，使小齿轮传动，小齿轮由电动机通过减速器驱动。

混铁炉容量取决于转炉容量和转炉定期停炉期间的受铁量。目前国内标准混铁炉系列为 300 t、600 t、900 t、1300 t。世界上最大容量的混铁炉达 2500 t。

混铁炉维护检查内容如下。

（1）炉壳。不得被烧红，不得有严重变形，炉壳不得窜动。

（2）水冷炉口。连接是否紧固；冷却水压力是否保持为 0.5~0.6 MPa。最低不低于 0.5 MPa，要求进水温度不得高于 35 ℃，出水温度不得高于 55 ℃；有无泄漏现象。

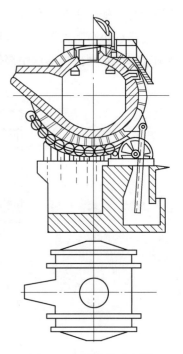

图 11-13 混铁炉示意图

（3）轴销。轴销与炉体连接部位的螺栓，不能有任何松动；有无焊缝脱焊现象。

（4）抱闸。闸轮应固定牢靠，表面光滑无油渍，铆钉擦伤不得超过 2 mm，闸皮磨损不得超过 5 mm；闸架是否结构完整，零件齐全；闸皮磨损不超过厚度的 1/3；液压推杆有无漏油现象。

（5）减速机。箱体应完整无裂纹；检查各部位连接螺丝是否齐全紧固；检查齿轮是否啮合平稳，应无冲击、无噪声，齿面无严重点蚀；检查轴承转动情况，应灵活无杂音，温度小于 70 ℃。

（6）金属软管。是否有死弯、断裂、破损、老化现象。

### 11.2.1.2 混铁车供应铁水

混铁车供应铁水工艺流程如下：

高炉→混铁车→铁水罐→称量→转炉

混铁车又称鱼雷罐车，如图 11-14 所示。采用混铁车供应铁水时，高炉铁水出到混铁车内，由铁路机车将混铁车牵引到转炉车间罐坑旁。转炉需要铁水时，将铁水倒入坑内的铁水罐中，经称量后由铁水吊车兑入转炉。如果铁水需要预脱硫处理时，则先将混铁车牵引到脱硫站脱硫，再牵引到倒罐坑旁。混铁车兼有运送和贮存铁水两种作用，实质上是列车式的小型混铁炉，或者说是混铁炉型铁水罐车。混铁车由罐体、罐体倾动机构和车体三大部分组成。

采用混铁车供应铁水比采用混铁炉投资少，铁水在运输过程中散热降温比较少，铁水的沾包损失也较少，并有利于进行铁水预处理（预脱硫、磷、硅）。随着高炉大型化和采用精料等，混铁炉使铁水成分波动小的混合作用已不明显。故近几年来，新建大型转炉车

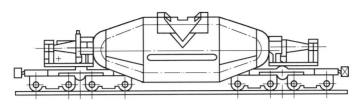

图 11-14　混铁车

间多采用混铁车。

### 11.2.1.3　铁水罐车供应铁水

铁水罐车供应铁水工艺流程如下：

高炉→铁水罐车→铁水罐→称量→转炉

采用铁水罐车供应铁水时，高炉铁水出到铁水罐内，由铁路运进转炉车间，转炉需要时倒入转炉车间铁水罐内，称量后兑入转炉。这种供应方式设备最简单，投资最少。但在运输和待装过程中降温较大，铁水温度波动较大，不利于稳定操作，还容易出现粘罐现象，当转炉出现故障时铁水不好处理。适合小型转炉车间。

### 11.2.1.4　化铁炉供应铁水

化铁炉供应铁水工艺流程如下：

化铁炉→铁水罐→称量→转炉

化铁炉供应铁水是在转炉车间加料跨旁边建造 2~3 座化铁炉，熔化生铁向转炉供应铁水。化铁炉也可以使用一部分废钢作原料。这种方式供应的铁水温度便于控制，并可在化铁炉内脱除一部分硫。其缺点是额外消耗燃料、熔剂，增加熔损与需要管理人员较多，因而成本高，污染严重。它适用于没有高炉或高炉铁水不足的小型转炉车间。

## 11.2.2　废钢供应设备

废钢是作为冷却剂加入转炉的，加入量一般为 10%~30%。加入的废钢体积和重量都有一定要求。如果体积过大或重量过大，应破碎或切割成适当的重量和块度。密度过小而体积过大的轻薄料，应打包，压成密度和体积适当的废钢块。

视频　废钢装入

废钢在车间内部（加料跨一端）或车间外部（废钢间）分类堆放，用磁盘吊车装入废钢斗，并进行称量。在车间外装斗时，需用运料车等将废钢斗运进到原料跨。

视频　加废钢现场

目前有两种加入方式，一种是用桥式吊车吊运废钢斗向转炉倒入。这种方法是用吊车的主钩加副钩吊起废钢料斗，向兑铁水那样靠主、副钩的联合动作把废钢加入转炉。另一种方式是用设置在炉前或炉后平台上的专用废钢料车加废钢。废钢料车上可安放两个废钢斗，它可以缩短装废钢的时间，减轻吊车的负担，避免装废钢与铁水吊车之间的干扰，并可使废钢料斗伸入炉口以内，减轻废钢对炉衬的冲击。但用专用废钢料车时，在平台上需铺设轨道，废钢料车往返行驶，易与平台上的其他作业发生干扰。

### 11.2.3　散状材料供应设备

视频　石灰等
辅料上料系统

散状材料主要是指炼钢用造渣剂和冷却剂等，如石灰、白云石、萤石、矿石、氧化铁皮和焦炭等。转炉散状材料供应的特点是品种多、批量大、批数多，要求迅速、准确、连续及时而且工作可靠。

#### 11.2.3.1　散状材料供应系统组成

散状材料供应系统一般由贮存、运送、称量和向转炉加料等几个环节组成。整个系统由存放料仓、运输机械、称量设备和向转炉加料设备组成。目前国内典型散状材料供应方式是全胶带上料，如图11-15所示。其工艺流程如下：

低位料仓→固定胶带运输机→转运漏斗→可逆胶带运输机→高位料仓→称量料斗→电磁振动给料器→汇集料斗→转炉

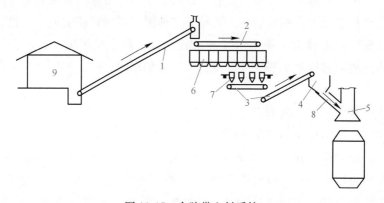

图 11-15　全胶带上料系统

1—固定胶带运输机；2—可逆式胶带运输机；3—汇集胶带运输机；4—汇集料斗；
5—烟罩；6—高位料仓；7—称量料斗；8—加料溜槽；9—散状材料间

这种系统的特点是运输能力大，速度快且可靠，能连续作业，原料破损少，但占地面积大，运料时粉尘大，劳动条件不够好，适合大中型车间。

##### A　低位料仓

低位料仓兼有贮存和转运的作用。低位料仓的数目和容积，应保证转炉连续生产的需要。矿石、萤石可以贮备 10~30 天，石灰易于粉化贮备 2~3 天，其他原料按产地远近，交通运输是否方便来决定贮备天数。低位料仓一般布置在主厂房外，布置形式有地上式、地下式和半地下式三种。地下式较为方便，便于火车或汽车在地面上卸料，故采用的较多。

##### B　输送系统

目前大、中型转炉车间，散状材料从低位料仓运输到转炉上的高位料仓，都采用胶带运输机。为了避免厂房内粉尘飞扬污染环境，有的车间对胶带运输机整体封闭，同时采用布袋除尘器进行胶带机通廊的净化除尘。也有的车间在高位料仓上面，采用管式振动运输机代替敞开的可逆活动胶带运输机配料，如图11-16所示，并将称量的散状材料直接进入汇集料斗，取消汇集胶带运输机。

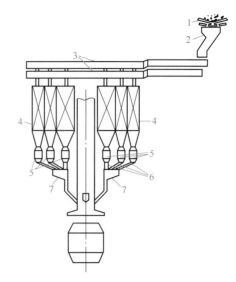

提升运输散状材料时，胶带机的倾角一般不超过 14°～18°，因此这种输送系统占地面积大，投资也较多。也有的车间散状材料水平运输是采用胶带运输机，垂直输送则用斜桥料斗或斗式提升机。这种输送方式占地面积小，并可节约胶带，但维修操作复杂，而且可靠程度较差。

C 给料系统

高位料仓的作用是临时贮料，保证转炉随时用料的需要。一般高位料仓内贮存 1～3 天的各种散状材料，石灰容易受潮，在高位料仓内只贮存 6～8 h。每个转炉配备的料仓数量不同车间各有差异，少的只有 4 个，多的可达 13 个，料仓大小也不一样。料仓的布置形式有独用、共用和部分共用三种，如图 11-17 所示。

图 11-16　固定胶带和管式振动输送机上料系统
1—固定胶带运输机；2—转运漏斗；3—管式振动输送机；
4—高位料仓；5—称量漏斗；6—电磁振动给料器；
7—汇集料斗

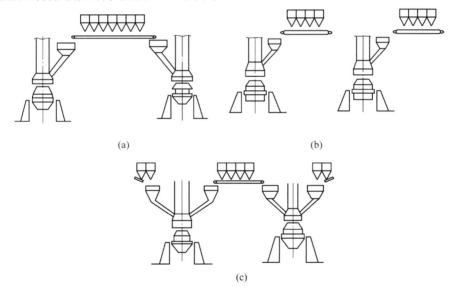

(a)　　　　　　　　　　(b)

(c)

图 11-17　共用、独用、部分共用高位料仓布置
（a）共用高位料仓；（b）独用高位料仓；（c）部分共用高位料仓

为了散状材料沿给料槽连续而均匀地流向称量料斗，高位料仓下部出口处安装有电磁振动给料器，电磁振动给料器由电磁振动器和给料槽两部分组成。

一般在每个料仓下面都配置有独用的称量料斗，以准确地控制每种料的加入量。也有的转炉采用集中称量，在高位料仓下面集中配备一个称量漏斗，各种料依次叠加称量，设备少，布置紧凑，但准确性较差。称量料斗是用钢板焊接而成的容器，下面安装电子秤。

散状材料进入称量料斗达到要求的数量时，电磁振动给料器便停止振动而停止给料。

汇集料斗的作用是汇总批料，集中一次加入炉内。称量好的各种料进入汇集料斗暂存。汇集料斗下面接有圆筒式溜槽，中间有气动或电动闸板。溜槽下部伸入转炉烟罩内的部分在高温下工作，所以要在槽壁内通水冷却保护。也有的溜槽外面部分是固定的，而伸入烟罩部分做成活动的，加料时伸入烟罩，加完后便提升回来。为防止煤气和火焰从溜槽外溢，一般采用氮气密封。

为了保证及时而准确地加入各种散状材料，给料、称量和加料都在转炉的中央控制室由操作人员或电子计算机进行控制。

### 11.2.3.2 加料设备检查

检查加料装置是保证正常加料的重要一环。如某一种料加不下，就会造成冶炼被动，甚至停炉，例如：氧化铁皮加料发生故障，就造成石灰不易熔化，且温度降不下来；如石灰加料发生故障，无法进行冶炼，只能停炉修理。

转炉加料有一整套包括机、电、仪的加料设备系统。设备正常时加料既省力，又省时间——按几下按钮即可；但如果有某一处故障就会造成某一种物料或全部物料无法入炉，冶炼操作将会受到影响。开新炉前要仔细检查加料装置，平时生产中发现加料装置有故障要立即修理，若未能及时修好，交班时要交代清楚，并做好记录。目的是确认炼钢加料装置完好、安全、可靠，及时发现并排除加料装置的故障。

### 11.2.3.3 加料装置常见的故障

（1）汇总料斗出口阀不动作。主要原因是该出口阀距炉膛较近，受炉内高温辐射和高温烟气的冲刷后易变形。变形的阀门会不动作——打不开或关不上。若常开将造成烧坏加料装置系统。

（2）物料加不下去。主要是因物料堵塞造成，或振动器失灵等原因。一些渣料堵塞是由于块度过大（超过规程要求的块度）。或某些渣料由于粉料过多，受潮堵塞通道；物料内混有杂物等，均会造成系统设备收缩处堵塞；固定烟罩上的下料口因喷溅结了渣，也会造成物料堵塞。振动器故障一般由电气原因造成。

（3）仪表不显示称量数。其原因可能为：高位料仓已无料；仓内渣料结团不下料；振动给料器损坏（不振动或振动无力）；仪表损坏。

（4）料位显示不复零。汇总料斗内料放完后，料位指示器应显示无料，即称复零。如不复零可能原因有因出口阀打不开，或下料口渣、钢堵塞，致使汇总料斗内的料加不下来，汇总料斗内不空，所以此时显示不复零。若检查汇总料斗确实无料而料位显示不复零，则要考虑仪表损坏。

### 11.2.4 铁合金供应设备

铁合金供应分为铁合金的供应、贮存、称量、烘烤及加入几个工序。

视频 脱氧合金化

一般在车间的一端设有铁合金料仓和自动称量料斗或称量车，铁合金由叉式运输机送到炉旁，经溜槽加入钢包内。

思 考 题

11-1 供氧系统由哪些设备组成?

11-2 氧枪的结构如何?

11-3 为什么三孔拉瓦尔型喷头得到广泛应用?

11-4 单卷扬型氧枪升降机构由哪些部分组成?

11-5 氧枪各操作点控制位置的确定原则是什么?

11-6 转炉的铁水供应方式有几种,各有何特点?

11-7 废钢装入有几种方式,有何特点?

11-8 散状料供应系统包括哪些设备?

11-9 转炉车间铁合金如何供应?

# 12 烟气净化和回收设备

课件

## 12.1 转炉烟气的特点和处理方法

氧气转炉吹炼过程中，碳氧反应则产生大量 CO 和 $CO_2$ 气体和微量其他成分高温气体，这正是氧气转炉高温炉气的基本来源。炉气中除 CO 和 $CO_2$ 主要成分外，还夹带着大量氧化铁、金属铁和其他颗粒细小的粉尘，即炉口观察到的棕红色浓烟。这股高温含尘气流冲出炉口进入烟罩和净化系统时，或多或少吸入部分空气使 CO 燃烧，炉气成分等均发生变化。通常将炉内原生的气体称为炉气，炉气出炉口后则称为烟气。

### 12.1.1 转炉烟气的特点

（1）温度高。转炉炉气从炉口喷出时的温度很高，平均约 1500 ℃ 左右。若采用未燃法，只允许吸入少量空气，使炉气中 10%~20% 的 CO 燃烧成 $CO_2$，则烟气温度升至1400~1600 ℃。若采用燃烧法，CO 完全燃烧，烟气温度随空气过剩系数 $\alpha$（$\alpha$=实际吸入空气量/炉气完全燃烧所需的理论空气量）而变，见表 12-1。由于烟气温度高，所以在转炉烟气净化系统中，必须有冷却设备，同时还应考虑回收这部分热量。

表 12-1　烟气温度和空气过剩系数的关系

| 空气过剩系数 $\alpha$ | 1 | 1.5~2.0（回收余热） | 3~4（不回收余热） |
|---|---|---|---|
| 烟气温度/℃ | ≈2500 | 1600~2000 | 1100~1200 |

（2）成分和数量变化大。在转炉炼钢过程中，吹炼初期碳的氧化速度慢，因而炉气量也较少。随着吹炼的继续进行，到吹炼中期碳的氧化速度增大，产生的炉气量增多，炉气成分不断变化。脱碳速度的变化规律是吹炼前、后期速度小，吹炼中期脱碳速度达最大值，且炉气 CO 成分所占质量分数也达最高值（85%~90%）。而在停吹时，炉气量则为零，这种剧烈的变化，给转炉的烟气净化和回收操作带来很大困难。

1）未燃法（回收煤气）：设炉气中含有 86% CO（质量分数），其中 10% 燃烧成 $CO_2$（质量分数）。

$$CO + \frac{1}{2}O_2 + \frac{1}{2} \times \frac{79}{21}N_2 \Longrightarrow CO_2 + 1.88N_2 \tag{12-1}$$

可以求出最大的烟气量 $Q_{max}^W$ 为：

$$Q_{max}^W = V_{max} + 86\% \times 10\% \times 1.88V_{max} = 1.16V_{max} \tag{12-2}$$

而

$$V_{max} = \frac{G}{\varphi(CO) + \varphi(CO_2)} \cdot \frac{60 \times 22.4}{12} \cdot v_{c, max} \qquad (12-3)$$

式中　　$V_{max}$——最大炉气量，$m^3/h$；

$v_{c, max}$——最大脱碳速率，%/min；

$G$——炉役后期最大金属装入量，kg。

2）燃烧法（回收余热）：设炉气中含有86%CO（质量分数），且全部燃烧成$CO_2$，空气过剩系数取$\alpha = 1.5$。

$$CO + 1.5\left(\frac{1}{2}O_2 + 1.88N_2\right) = CO_2 + 0.25O_2 + 2.82N_2 \qquad (12-4)$$

可以求出最大的烟气量$Q_{max}^{r1}$为：

$$Q_{max}^{r1} = V_{max} + 86\% \times 3.07V_{max} = 3.64V_{max} \qquad (12-5)$$

3）燃烧法（不回收余热）：设炉气中含有86%CO（质量分数），仍然全部燃烧成$CO_2$，但空气过剩系数取$\alpha = 4$。

$$CO + 4\left(\frac{1}{2}O_2 + 1.88N_2\right) = CO_2 + 1.5O_2 + 7.52N_2 \qquad (12-6)$$

可以求出最大的烟气量$Q_{max}^{r2}$为：

$$Q_{max}^{r2} = V_{max} + 86\% \times 9.02V_{max} = 8.76V_{max} \qquad (12-7)$$

上述结果表明，未燃法的烟气量只有燃烧法的1/8～1/3。

（3）含有大量微小的氧化铁等烟尘。氧气转炉吹入高纯度氧气，在氧气射流与熔池直接作用的反应区，局部温度可高达2400～2600 ℃，因而使部分金属铁和铁的氧化物蒸发。炉气上升离开反应区后，由于温度降低而冷凝成细小的固体微粒存在于烟气中，烟尘中还包括一些被炉气夹带出的散状材料粉尘、金属微粒和细小渣粒等。

顶吹转炉烟尘产生量约占金属装入量的0.8%～1.5%，在各种炼钢设备中最高，烟气中含尘量波动范围也最大，为15～120 $g/m^3$。远远超出规定的排放标准。烟尘中主要是铁氧化物，含铁量高达60%（质量分数）。

由于转炉烟尘粒度细，必须采用高效率的除尘设备才能有效地捕集这些烟尘，这也是转炉除尘系统比较复杂的原因之一。

综上所述，氧气转炉的烟气具有温度高、烟气量大、含尘量高且尘粒微小、有毒性与爆炸性等特点。若任其放散，可飘落到2～10 km以外，造成严重大气污染。根据国家《工业三废排放标准》规定，氧气顶吹转炉烟尘排放标准是：大于12 t转炉排放烟气的含尘量不大于150 $mg/Nm^3$。所以必须对转炉烟气进行净化处理。对转炉烟气若加以回收利用，回收煤气、回收余热和回收烟尘，则可收到可观的经济效益。

## 12.1.2　转炉烟气的处理及净化方法

转炉烟气从炉口逸出，在进入烟罩过程中或燃烧，或不燃烧，或部分燃烧，然后经过汽化冷却烟道或水冷烟道,温度有所下降;进入净化系统后,烟气还需进一步冷却,以有利于提高净化效率,简化净化设备系统。

### 12.1.2.1 转炉烟气的处理方法

(1) 全燃烧法。此法不回收煤气,不利用余热。在炉气从炉口进入烟罩过程中,吸入大量空气,使烟气中 CO 完全燃烧,利用大量的过剩空气和水冷烟道冷却燃烧后的烟气,在烟道出口处烟气温度降低到 800~1000 ℃,然后再向烟气喷水,进一步降温到 200 ℃以下,最后用静电除尘器或文氏管除尘器除去烟气中的烟尘,然后放散。这种方法的主要缺点是:不能回收煤气;吸入空气量大,进入净化系统的烟气量大大增加,使设备占地面积大,投资和运转费用增加;燃烧法的烟尘粒度细小,烟气净化困难。因此,国内新建的大中型转炉一般不采用燃烧法。但因不回收煤气,烟罩结构和净化系统的操作、控制较简单,系统运行安全,对不回收煤气的小型转炉仍可采用。

(2) 半燃烧法。此法不回收煤气,利用余热。控制从炉口与烟罩间缝隙吸入的空气量,一方面使烟气中 CO 完全燃烧,另一方面又要防止空气量过多对烟气的冷却作用。高温烟气从烟罩进入余热锅炉,利用余热生产蒸汽,冷却后的烟气一般用湿法除尘净化。

(3) 未燃法。此法回收煤气,利用余热。未燃法在炉气离开炉口后,利用一个活动烟罩将炉口和烟罩之间的缝隙缩小并采取控制炉口压力或用氮气密封的方法控制空气进入炉气,使炉气中少量的 CO 燃烧(一般为 8%~10%),而大部分不燃烧,经过冷却净化后即为转炉煤气,可以回收作为燃料或化工原料,每吨钢可以回收煤气 60~70 $m^3$,也可点火放散。

此法由于烟气 CO 质量分数高,需注意防爆防毒,要求整个除尘系统必须严密,另外设置升降烟罩的机械和控制空气进入的系统。未然法具有回收大量煤气及部分热量、废气量少、整个冷却和除尘系统设备体积较小、烟尘粒度较大的特点,国内外广泛采用此种方法。

燃烧法和未燃法的烟气、烟尘成分和粒度分布见表 12-2 和表 12-3。

表 12-2 氧气转炉的烟气成分 $(w/\%)$

| 烟气处理方法 | FeO | $Fe_2O_3$ | Fe | $\sum Fe$ | $SiO_2$ | MnO | CaO | MgO | $P_2O_5$ | C |
|---|---|---|---|---|---|---|---|---|---|---|
| 未燃法 | 67.16 | 16.20 | 0.58 | 63.40 | 3.64 | 0.74 | 9.04 | 0.39 | 0.57 | 1.68 |
| 燃烧法 | 2.30 | 92.00 | 0.40 | 66.50 | 0.80 | 1.60 | 1.60 | — | — | — |

表 12-3 转炉炼钢烟尘的粒度分布

| 未 燃 法 | | 燃 烧 法 | |
|---|---|---|---|
| 粒度/μm | 质量分数/% | 粒度/μm | 质量分数/% |
| >20 | 16.0 | >1 | 5 |
| 10~20 | 72.3 | 0.5~1 | 45 |
| 5~10 | 9.9 | <0.5 | 50 |
| <5 | 1.8 | | |

转炉炼钢的烟尘主要是铁的氧化物，含铁量高达60%（质量分数）以上，可回收作高炉烧结矿或球团矿原料，也可作转炉用冷却剂。燃烧法烟尘粒度比未燃法更细，小于1 μm的占95%，因而净化更为困难。

### 12.1.2.2　转炉烟气的净化方法

（1）全湿法。烟气进入第一级净化设备就立即与水相遇，称为全湿法除尘系统。双文氏管除尘即为全湿法除尘。在整个除尘系统中，都是采用喷水方式来达到烟气降温和除尘的目的。除尘效率高，但耗水量大，还需要配置处理大量泥浆的设备。

（2）全干法。在净化过程中烟气完全不与水相遇，称为全干法除尘系统。布袋除尘、干法静电除尘均为全干法除尘。全干法除尘可以得到干灰，无需设置污水、泥浆处理设备。

## 12.2　烟气净化系统

烟气从炉口逸出经烟罩到烟囱口放散或进入煤气柜回收，这中间经过降温、除尘、抽引等一系列设备，称为转炉烟气净化系统。

### 12.2.1　净化系统的类型

#### 12.2.1.1　全湿法"双文"净化系统

图12-1为某厂氧气转炉烟气净化与回收系统装置。该系统应用炉口微压差法进行转炉煤气回收。

净化系统的流程如下：

转炉烟气→活动烟罩、固定烟罩→汽化冷却烟道→溢流定径文氏管→重力挡板脱水器→可调喉口文氏管→喷淋箱→复挡脱水器→抽风机→三通切换阀→水封逆止阀→煤气柜

高温（1300~1600 ℃）、含尘（80~100 g/m³）的炉气从炉口逸出后，经过活动烟罩、固定烟罩，进入汽化冷却烟道内进行热交换，温度降至900~1000 ℃，再进入二级串联的内喷文氏管除尘。第一级溢流定径文氏管将烟气降温至70~80 ℃并进行粗除尘，第二级可调喉口文氏管进行精除尘，利用变径调节烟气量，含尘量达100 mg/m³以下，烟气温度降至50~70 ℃。二文后的喷淋箱和复挡脱水器进一步用水洗涤煤气并脱水。

在煤气回收过程中，为了提高煤气质量和保证系统安全，在一炉钢吹炼的前、后期采用燃烧法（提升烟罩）不回收煤气。在吹炼中期进行煤气回收操作。

这种未燃法的全湿法净化系统的特点是：

（1）该系统采用汽化冷却烟道能节约大量冷却水，并回收烟气物理热生产蒸汽；同时回收煤气，净化效率较高，煤气质量能达到作为燃料和化工原料的要求；

（2）两个文氏管串联阻力损失较高，需使用高速风机（48 r/s），电耗较高，风机叶轮磨损也较快；

（3）回收煤气仅在吹炼中期进行，回收时要求控制炉口压力（调节二文喉径），还要

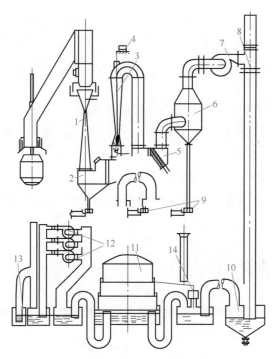

图 12-1 某厂氧气转炉烟气净化回收系统

1—溢流文氏管；2—重力脱水器；3—可调喉口文氏管；4—电动执行机构；

5—喷淋箱；6—复挡脱水器；7—D700-13 鼓风机；8—切换阀；9—排水水封器；

10—水封逆止阀；11—10000 m³贮气柜；12—D110-11 煤气加压机；

13—水封式回火防止器；14—贮气柜高位放散阀

防爆防毒，要求有较完善的控制系统和较高的操作管理水平。

在上述烟气净化系统经验的基础上，还可以对该烟气净化系统的流程改进如下：

转炉烟气→活动烟罩、固定烟罩→汽化冷却烟道→溢流定径文氏管→重力挡板脱水器→矩形 R-D 可调喉口文氏管→90°弯头脱水器→挡水板水雾分离器→丝网脱水器→除尘风机

用矩形 R-D 可调喉口文氏管代替圆形重铊可调喉口文氏管使系统阻力降低；出二文后由原来二级脱水改为三级脱水，脱水效果也明显得到改善。因此提高了风机的寿命。

### 12.2.1.2 日本 OG 法净化系统

日本 OG 法净化系统是目前世界上湿法系统净化效果较好的一种。宝钢曾引进日本君津钢厂第三代 OG 法净化系统。OG 装置主要由烟气冷却、烟气净化、煤气回收和污水处理等系统组成，如图 12-2 所示。

净化系统的流程如下如下：

转炉烟气→罩裙→下烟罩→上烟罩→汽化冷却烟道→一级文氏管→90°弯头脱水器→水雾分离器→二级文氏管→90°弯头脱水器→水雾分离器→抽风机→煤气回收

烟气净化系统包括两级文氏管、90°弯头脱水器和水雾分离器。第一级除尘器采用两个并联的手动可调喉口溢流文氏管，烟气进入一文时温度为 1000 ℃，流量为 980000 m³/h，含

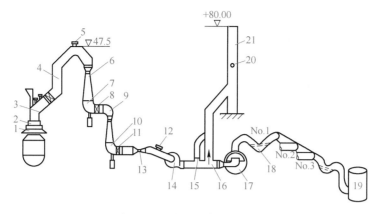

图 12-2　宝钢 OG 装置流程图

1—罩裙；2—下烟罩；3—上烟罩；4—汽化冷却烟道；5—上部安全阀；6——级文氏管；
7——文脱水器；8—水雾分离器；9—二级文氏管；10—二文脱水器；11—水雾分离器；
12—下部安全阀；13—流量计；14—风机；15—旁通阀；16—三通阀；17—水封逆止阀；
18—V 形水封；19—煤气罐；20—测定孔；21—放散烟囱

尘量 200 g/m³。烟气逸出一文时温度降至 75 ℃，流量为 449400 m³/h，一文的除尘效率为 95%，经过一文粗除尘并经过 90°弯头脱水器及水雾分离器后的烟气进入二文进行精除尘。

二级文氏管采用两个并联的 R-D 型可调喉口文氏管，控制波动的烟气以变速状态通过喉口，以达到精除尘的目的。烟气进入二文时温度为 75 ℃，流量为 449400 m³/h，出口烟气温度降至 67 ℃，流量为 426000 m³/h，二文的除尘效率为 99%，二文后仍采用 90°弯头脱水器脱水及水雾分离器（脱水器和水雾分离器内的集污均设有清水喷洗装置），进一步分离烟气中的剩余水分，然后通过流量计，由抽风机送入转炉煤气回收系统。

根据时间顺序装置，控制三通切换阀，对烟气控制回收、放散。吹炼初期和末期，由于烟气 CO 质量分数不高。所以通过放散烟囱燃烧后排入大气。在回收期，煤气经水封逆止阀、V 形水封阀和煤气总管进入煤气柜。如此，完成了烟气的净化、回收过程。

该系统的主要特点如下。

（1）净化系统管道化，流程简单，设备少，中间无迂回曲折，系统阻损小。煤气不易滞留，有利于安全生产和工艺布置。

（2）设备装备水平较高。设有炉口微压差控制装置，操纵二文喉口 R-D 阀板，使刚进入烟罩内的烟气与周围空气保持在 20 Pa 左右的压差，确保回收煤气 CO 质量分数为 55%~65%，回收煤气量 60 m³/t 钢以上。此外，整个吹炼过程有 5 个控制顺序进行自动操作。

（3）节约用水量显著。烟罩及罩裙采用高温热水密闭循环冷却系统，烟道采用汽化冷却方式，一、二文串接供水，使新水补给量维持在 2 t/t 钢的先进水平。

（4）烟气净化效率高。烟气排放含尘浓度低于 100 mg/m³，净化效率高达 99.9%；配备半封闭式二次集尘系统，对一次烟罩不能捕集的，如兑铁水、加废钢、出钢、修炉等作业的烟尘进行二次捕集，确保操作平台区的粉尘浓度不超过 5 mg/m³。

（5）系统安全装置完善。设有 CO 与烟气中 $O_2$ 质量分数的测定装置，以保证回收与放散系统的安全。

（6）实现了煤气、蒸汽、烟尘的综合利用。

由于 OG 法技术安全可靠，自动化程度高，综合利用好，目前已成为世界各国广泛应用的转炉烟气处理方法。

在未燃法净化系统中，还有一种只回收煤气，但不利用余热，它与前述两种方法的最大区别在于不设置余热锅炉（汽化冷却烟道），而改用水冷烟道，并辅之以溢流文氏管等方式来冷却烟气。因此设备相对简单，占地面积略小，但水冷烟道较长。

### 12.2.1.3 不回收煤气但利用余热的燃烧法文氏管湿法净化系统

图 12-3 为国内某厂 50 t 氧气顶吹转炉的燃烧法文氏管净化系统。

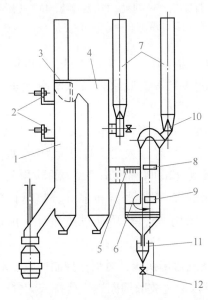

图 12-3　50 t 氧气顶吹转炉燃烧法烟气净化系统

1—余热锅炉辐射段；2—风机；3—事故放散阀；4—对流段；5—喷淋喷嘴；6—小文氏管；
7—烟囱；8—挡水圈；9—脱水器；10—抽风机；11—水封；12—去沉淀池

其工艺流程为：

转炉炉口烟气（燃烧）→冷却（余热锅炉）→除尘（小文氏管箱）→脱水（旋流脱水器）→排空

其主要特点是：设计的余热锅炉由辐射和对流两段组成（对流段换热效率不高，几乎不用）；转炉停吹时，为保证蒸汽连续供应和锅炉稳定运行，设有煤气和重油的辅助燃烧装置，故产生的蒸汽量比一般未燃法汽化冷却烟道的高 2~3 倍；系统比较复杂，厂房建筑面积相应增大。

#### 12.2.1.4 静电除尘净化系统

图 12-4、图 12-5 分别为燃烧法和未燃法静电除尘系统。其工艺流程为：

$$转炉炉口烟气 \xrightarrow[未燃]{燃烧} 冷却 \xrightarrow[喷淋塔]{余热锅炉或汽化冷却烟道} 除尘（干式静电除尘器） \begin{cases} \nearrow 排空 \\ \searrow 回收 \end{cases}$$

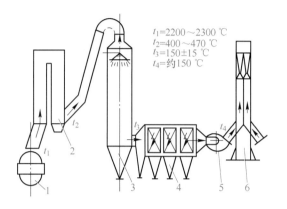

$t_1 = 2200 \sim 2300\ ℃$
$t_2 = 400 \sim 470\ ℃$
$t_3 = 150 \pm 15\ ℃$
$t_4 = 约150\ ℃$

图 12-4　静电除尘系统（燃烧法）
1—转炉；2—余热锅炉；3—喷淋塔；
4—电除尘器；5—风机；6—烟囱

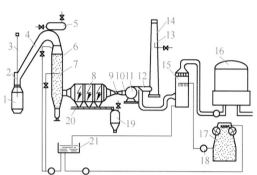

图 12-5　静电除尘系统（未燃法）
1—转炉；2—烟罩；3—氧枪；4—汽化冷却烟道；
5—气水分离器；6—喷淋塔；7—喷嘴；
8—电除尘器；9—文氏管；10—压力调节阀；
11—风机；12—切换阀；13—点火器；14—烟囱；
15—洗涤塔；16—煤气柜；17—冷却塔；18—水泵；
19—贮灰斗；20—螺旋输送机；21—水池

燃烧法空气过剩系数通常为 1.2 左右，使烟气完全燃烧，以防止可燃气体在电除尘器中爆炸；烟气热量通过余热锅炉进行回收，此时烟气温度可降低至 400~470 ℃；通过喷淋塔可使进入静电除尘器前的烟气温度进一步降低并稳定在（150±50）℃，而捕获的灰尘为干灰，除尘效率高且稳定。

由于该系统吸入空气量较大，因此设备复杂，占地面积大，投资高。此外，进入电除尘器的烟气温度也难以控制，迄今国内转炉很少使用。

未燃法电除尘通常是将空气过剩系数控制在 0.3 以下，故烟气量小得多，且可回收煤气和获得干灰，被认为是最经济的方法，越来越受到各国的重视。

### 12.2.2 烟气净化装置检查

#### 12.2.2.1 检查内容

（1）观察风机故障信号灯，该灯不亮，表示风机正常，该灯亮表示风机有故障。

（2）观察送、停风按钮，信号灯是否正常。

（3）观察煤气回收信号灯是否显示正常。回收阀开时，放散阀关；回收阀关时，放散阀开，如图 12-6 所示。

（4）检查与煤加压站联系回收煤气的按钮；信号灯是否正常；检查煤加压站同意回收

煤气信号灯是否正常（手工回收煤气用）。

（5）检查与风机房联系的按钮是否有效（自动回收煤气用）。

（6）检查氧枪插入口、下料口氮气阀门是否打开；检查氮气压力是否满足规程要求。

（7）开新炉子时，炉前校验各项设备正常后，要求净化回收系统有关人员进行汽化冷却补水、检查各处水封等。由风机房人员开风机。若是正常的接班冶炼操作，以上检查只需将当时工况与信号灯显示状态对照，相符即可。

（8）吹炼过程中，发现炉气外逸严重，需观察耦合器高、低速信号灯显示是否正常，如图 12-7 所示，若不正常与风机房联系，要求处理。

图 12-6    煤气回收信号                    图 12-7    煤气外逸警告信号

### 12.2.2.2    注意事项

（1）观察炉口烟气，若严重外冒（异常）需与风机房联系。

（2）严格按操作规程规定进行煤气回收。

（3）发现汽化冷却烟道发红或漏水，及时报告净化回收系统有关人员。

## 12.2.3    烟气净化装置检修

烟气净化系统装置检修一般有以下三种检修类型。

（1）炉役性检修。内容包括管道系统补修、清扫装置内部积垢、修理或更换喷头等。

（2）阶段性检修。内容包括更换系统中局部装置、修理系统中部分烧损和腐蚀部位，例如更换部分脱水器、更换溢流盆等。

（3）大修。大修一般均配合转炉本体一起进行。在大修过程中绝大部分结构件均需更换，除喉口调节设备和液压装置检修外，其他设施均需更新。

## 12.2.4    烟气净化装置使用

学会正确使用烟气净化系统装置，确保烟气净化系统安全运行。

### 12.2.4.1    操作步骤

#### A    使用除尘装置

（1）降罩操作。首先确认降罩系统完好，再进行降罩操作。降罩操作可以使炉口不吸或少吸入空气，保证含有较多 CO 的烟气不与空气中氧发生大量的化学反应，确保烟气中 CO 质量分数高且稳定。

降罩操作要求在供氧吹炼后 1~1.5 min 进行。

（2）要求吹炼过程平稳，不得大喷。若炉内发生大喷，金属液滴、渣滴将获得巨大的动能，其中可能有一些会冲过一级文氏管的水幕，保持红、热状态，即将"火种"带入了一级文氏管后，由于此处具有的烟气成分、温度在爆炸范围内，所以有了火种极易造成一级文氏管爆炸。

操作中为避免大喷，必须注意及时、正确地加料和升降氧枪的配合。

B　使用煤气回收装置

使用煤气回收装置，必须严格执行煤气回收操作规程和煤气回收安全规程。

C　手工回收煤气

（1）降罩。吹氧后在规定时间转动"烟罩"开关至"降罩"位置。烟罩下降，让未燃烟气冲洗烟道。

（2）回收。在规定的时间范围内按下要求回收煤气按钮，要求回收信号灯亮。待同意回收信号灯亮即表示煤加站同意回收了，即按"回收"按钮，三通阀动作，开始回收。

（3）放散。待煤气回收至允许回收时间的上限时，按下"放散"按钮，三通阀动作，开始放散烟气。

（4）提罩。用废气清洗烟道一段时间后提罩，即转动"烟罩"开关至"提罩"位置。"降罩"和"提罩"操作当烟罩到位后，"烟罩"开关需恢复至"零位"。操作期间观察信号灯变化。

具体各操作步骤的时间经反复实践后制订。

某厂 30 t 转炉的规定为：

降罩，1~1.5 min；

回收时间，3~10 min；

放散后至提罩时间，大于 30 s。

如回收期间发生大喷，必须立即放散。

D　自动回收

在规定时间内转"烟罩"开关至"降罩"位置，当烟罩就位后将"烟罩"开关复"零位"。降罩后自动分析装置开始不断分析其烟气成分。

当自动回收煤气装置收到了 3 个信号，即开氧信号、降罩信号、烟气成分符合回收要求信号时会进行自动回收。然后当其中任一条件不符合设计要求时又会自动放散。

主要设计的成分是 $CO$ 和 $O_2$ 的质量分数。其数据由理论、实验和用户要求 3 个方面反复修正而定。

操作期间观察煤气自动回收系统的"回收信号灯"、"放散信号灯"的指示是否正常。

若发现自动回收有故障，或炉前发生大喷，要求结束自动回收，可按警铃（此铃直接与风机房联系）或打电话联系，立即改为"放散"状态。

12.2.4.2　注意事项

正确使用除尘和煤气回收装置是关系到确保除尘和煤气回收系统安全正常运行的关

键。所以上述操作内容必须严格按操作规程进行，特别是操作中发生大喷现象，必须立即停止煤气回收，否则易造成一级文氏管爆炸。

## 12.3 烟气净化和回收设备

烟气净化和回收系统可分为烟气的收集和输导、降温和净化、抽引和放散等三部分。烟气的收集有活动烟罩和固定烟罩。烟气的输导管道称为烟道。烟气的降温装置主要是烟道和溢流文氏管。烟气的净化装置主要有文氏管、脱水器、布袋除尘器和电除尘器等。转炉回收煤气时，系统还必须设置煤气柜和回火防止器等设备。

视频 活动烟罩动画

### 12.3.1 烟罩

烟罩是转炉炉气通道的第一道关口，要求能有效地把炉气收集起来，最大限度地防止炉气外逸。在转炉吹炼过程中，为了防止炉气从炉口与烟罩间逸出，特别是在未燃法系统中，控制外界空气进入是非常重要的。

#### 12.3.1.1 烟罩结构

在未燃法净化系统中，烟罩由活动烟罩和固定烟罩两部分组成，二者之间用水封连接，如图 12-8 所示。

吹炼时，可将活动烟罩降下，转炉倾动时活动烟罩升起；吹炼末期，为了便于观察炉口火焰，也要求活动烟罩能上下升降。

活动烟罩的下沿直径应大于炉口直径 $[D_2 \approx (2.5 \sim 3)d]$，活动烟罩的高度约等于炉口直径的一半 $(H_t \approx 0.5d)$，可使罩口下沿能降到炉口以下 $200 \sim 300$ mm 处。活动烟罩的升降行程 $(S)$ 为 $300 \sim 500$ mm。这种结构的烟罩容量较大，容纳烟气瞬间波动量也较大，缓冲效果好，烟气外逸量也较少。

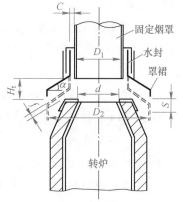

图 12-8 活动烟罩结构

固定烟罩内的直径要大于炉口烟气射流进入烟罩时的直径。烟气从炉口喷出自由射流的扩张角为 $18° \sim 26°$，由此即可求出烟气射流直径。对小于 100 t 级转炉烟气在烟道内的流速取 $15 \sim 25$ m/s，大于 100 t 转炉取 $30 \sim 40$ m/s。烟罩全高取决于在吹炼最不利的条件下，喷出的钢渣不致带到斜烟道内造成堵塞，一般为 $3 \sim 4$ m。烟罩斜段的倾斜角要求大一些，则烟尘不易沉积在斜烟道内。但倾斜角越大，吹氧管插入口水套的标高就越高，从而增加了厂房的高度，倾斜角一般为 $55° \sim 60°$。

活动烟罩可分为闭环式（氮幕法）和敞口式（微压差法）两种。闭环式活动烟罩（OG 法活动烟罩，见图 12-9）的特点是：当活动烟罩下降至最低位置时，炉口与烟罩之间最小缝隙约 50 mm，通过向炉口与烟罩之间的缝隙吹氮气密封来隔绝空气。敞口式活动烟罩的特点是采用下口为喇叭形较大的罩裙，降罩后将炉口全部罩上，能容纳瞬时变化较大的烟气量，使之不外逸。但由于敞开，要控制进入罩口的空气量需要设置较精确的微压差自动调节系统。

在固定烟罩上，设有加料孔、氧枪插入孔以及密封装置（氮气或蒸汽密封）。

燃烧法一般均不设活动烟罩，而仅设固定烟罩。烟罩上口径等于烟道内径，下口径大于上口径，其锥度大于60°。固定烟罩的冷却有循环水冷和汽化冷却等形式。汽化冷却固定烟罩具有耗水量小、不易结垢、使用寿命长等优点，在生产中使用效果良好。活动烟罩的冷却一般采用排管式或外淋式水冷，排管式结构效果较好。外淋式水冷烟罩具有结构简单、易于维修等优点，多为小型转炉厂采用。

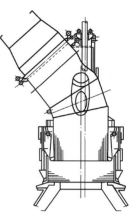

图 12-9 OG 法活动烟罩

烟罩在转炉炉役性检修时，共主要内容是修理漏水部位，处理管子烧损、裂纹和焊缝拉裂等缺陷。更换的烟罩和检修后的烟罩，均应进行水压试验。对新烟罩要求进行超压试验，试验压力为工作压力的1.5倍。检修后烟罩只进行工作压力试验。试压要求：升到规定压力后必须稳压达5 min；不得有漏水、渗水现象；水压试验后烟罩不准有残余变形。

在水压试验进行中或在稳压过程中，必须对烟罩进行全面检查。

**12.3.1.2 烟罩常见故障原因及其处理方法**

烟罩常见故障原因及其处理方法见表12-4。

表 12-4 烟罩常见故障原因及其处理方法

| 故障内容 | 故 障 原 因 | 处 理 方 法 |
|---|---|---|
| 漏水 | (1) 管子裂纹；<br>(2) 焊缝拉裂；<br>(3) 局部管子烧损；<br>(4) 局部管子阻塞后烧坏 | (1) 补焊或换管；<br>(2) 清理破损部位后补焊；<br>(3) 补焊或更换局部管子；<br>(4) 清除积物后局部换管 |
| 变形 | (1) 冷却不均造成管子变形；<br>(2) 外部积物 | (1) 调节水量，均匀冷却；<br>(2) 清除积渣、积尘、废钢 |
| 升降机构失灵 | (1) 液压元件失灵；<br>(2) 结构件变形；<br>(3) 钢丝绳断；<br>(4) 焊死 | (1) 修理失灵元件；<br>(2) 矫正变形部件；<br>(3) 更换钢丝绳；<br>(4) 清理积物 |

**12.3.2 烟道**

烟气的输导管道又称烟道，其作用是将烟气导入除尘系统，并冷却烟气，回收余热。为了保护设备和提高净化效率，必须对通过的烟气进行冷却，使烟道出口处烟气温度低于900 ℃。烟道冷却形式有水冷烟道、废热锅炉和汽化冷却烟道三种。

　　水冷烟道由于耗水量大，余热未被利用，容易漏水，寿命低，现在很少采用。废热锅炉由辐射段和对流段组成，如图 12-10 所示，适用于燃烧法，可充分利用煤气的物理热和化学热生产蒸汽，废热锅炉出口的烟气可降至 300 ℃以下。但锅炉设备复杂，体积庞大，自动化水平要求高，又不能回收转炉煤气，因此采用的也不多。

　　目前国内的转炉大多采用汽化冷却烟道，如图 12-11 所示。与废热锅炉不同的是只有辐射段，没有对流段。烟道出口的烟气温度在 900~1000 ℃，回收热量较少。优点是烟道结构简单，适用于未燃法煤气的回收操作。

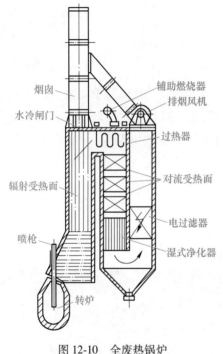

图 12-10　全废热锅炉

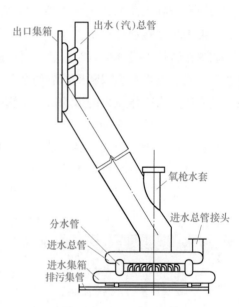

图 12-11　汽化冷却烟道

　　汽化冷却烟道管壁结构如图 12-12 所示。水管式烟道容易变形；隔板管式烟道的加工费时，焊接处容易开裂且不易修补；密排管式烟道加工简单，只需在筒状的密排管外边加上几道钢箍，再在箍与排管接触处点焊而成，密排管即使烧坏，更换也较方便。

　　汽化冷却器的用水，要经过软化和除氧处理。

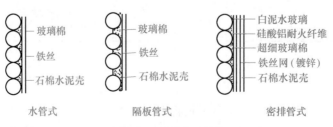

图 12-12　烟道管壁结构

汽化冷却系统有自然循环和强制循环之分。图 12-13 为汽化冷却系统流程，汽化冷却烟道内由于汽化产生的蒸汽与水混合，经上升管进入汽包，使汽水分离后，热水经下降管到循环泵，又送入汽化冷却烟道继续使用（取消循环泵，自然循环的效果也很好）。当汽包内蒸汽压力升高到 $(6.87 \sim 7.85) \times 10^5$ Pa，气动薄膜调节阀自动打开，使蒸汽进入蓄热器供用户使用。当蓄热器的

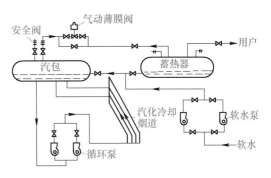

图 12-13  汽化冷却系统流程

蒸汽压力超过一定时，蓄热器上的气动薄膜调节阀自动打开放散。当汽包需要补给软水时，由软水泵送入。

汽化冷却系统的汽包布置高度应高于烟道顶面。一个炉子设有一个汽包，汽包不宜合用也不宜串联。

## 12.3.3  文氏管

文氏管除尘器是一种效率较高湿法除尘设备，也兼有冷却降温作用。它由文氏管本体、雾化器和脱水器三部分组成，分别起着凝聚、雾化和脱水的作用。

### 12.3.3.1  文氏管工作原理

文氏管本体由收缩段、喉口和扩张段三部分组成。如图 12-14 所示，喉口前装有喷嘴。烟气流经文氏管的收缩段时，因截面积逐渐收缩而被加速，高速紊流的烟气在喉口处冲击由喷嘴喷入的雾状水幕，使之雾化成更细小的水滴。气流速度越大，喷出的水滴越小，分布越均匀，水的雾化程度就越好。在高速紊流的烟气中，细小的水滴迅速吸收烟气的热量而蒸发使烟气温度降低，在 1/150~1/50 s 内就能使烟气温度从进口时的 900 ℃ 左右降至 70~80 ℃。同时烟尘被水滴捕捉润湿，水雾被烟气流破碎的越均匀，粒径越小，水的表面积就越大，烟尘被捕捉的就越多，润湿效果越好。被水雾润湿后的烟尘在紊流的烟气中互相碰撞而凝聚长大成较大的颗粒。碰撞的几率越大，烟尘凝聚长大的就越大、越快。

水雾经过喉口以后变成了大颗粒的含尘液滴，由于污水的密度比烟气大得多，经过扩张段降低烟气速度为水、气分离创造了条件，再经过文氏管后面的脱水器利用重力、惯性力和离心力的沉降作用，使含尘水滴与烟气分离，从而达到净化的目的。

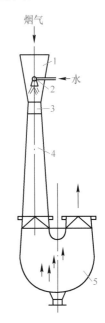

图 12-14  文氏管除尘器的组成
1—文氏管收缩段；2—碗形喷嘴；
3—喉口；4—扩张段；5—弯头脱水器

12.3.3.2 文氏管类型

文氏管有多种类型，按断面形状区分有圆形和矩形两种；按喉口是否可调来区分有定径文氏管和调径文氏管；按喷嘴安装位置区分有内喷文氏管和外喷文氏管。在两级文氏管串联的湿法烟气净化系统中，一般第一级除尘采用溢流定径文氏管，第二级除尘采用调径文氏管。

A 溢流文氏管

溢流文氏管的主要作用是降温，可使温度为 800~1000 ℃烟气到达出口处时冷却到 70~80 ℃，同时进行粗除尘，除尘效率为 80%~90%。由于大量喷水，烟气中的火星至此熄灭，保证了系统的安全。文氏管收缩段入口速度一般为 20~25 m/s，喉口速度为 50~60 m/s，收缩段入口收缩角为 23°~25°，喉口长度为（0.5~1）$D_{喉}$（小炉子取上限，大炉子取下限）。扩张段出口速度为 15~20 m/s，扩张角为 6°~8°，压力损失为 2000~2600 Pa。

内喷式和外喷式溢流文氏管结构如图 12-15 和图 12-16 所示。

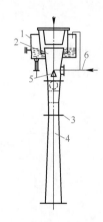

图 12-15 定径圆形内喷文氏管

1—溢流水封；2—收缩管；3—腰鼓形喉口（铸件）；

4—扩散管；5—碗形喷嘴（内喷）；

6—溢流供水管

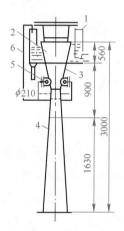

图 12-16 定径圆形外喷文氏管（单位：mm）

1—溢流水封；2—收缩管；3—腰鼓形喉口（铸件）；

4—扩散管；5—碗形喷嘴（外喷×3）；6—溢流供水管

（注：部件 5 也可采用辐射外喷针形喷嘴）

采用溢流式的原因为：

（1）由于溢流水在入口管道壁上形成水膜，防止烟尘在管道壁上的干湿交界处结垢造成堵塞；

（2）溢流箱为开口式，一旦发生爆炸时可以泄压；

（3）调节汽化冷却烟道因热胀冷缩而引起的位移，溢流所需要的水量为每米周边 500~1000 kg/h。

为了保证溢流面均匀溢流，防止集灰堵塞，溢流面必须保持水平，故在结构上溢流面应作成球面可调式。

B　调径文氏管

调径文氏管的喉口断面积作成可以调节的，是为了当烟气量发生波动时，能保证通过喉口的气流速度基本上不变化，从而稳定文氏管的除尘效率。调径文氏管一般用于除尘系统的第二级除尘，其作用主要是进一步净化烟气中粒度较细的烟尘（又称精除尘），同时可起到一定的降温作用，但因烟气的热含量大，而文氏管的供水量有限，故烟气降温幅度不大。若将第二级文氏管的喉口调节与炉口微压差的调节机构进行连锁，由可调喉口文氏管直接控制炉口的微压差。

调径文氏管的调节装置对于圆形文氏管，一般采用重锤式调节，重锤上下移动，即可改变喉口断面积的大小，如图 12-17 所示；对于矩形文氏管，通常用两侧翻动的翼板调节，其启动力矩更小，设备制作、操作更简单，如图 12-18 所示。现在，国内外新建的氧气转炉车间多采用圆弧形-滑板调节（R-D）矩形调径文氏管，如图 12-19 所示。

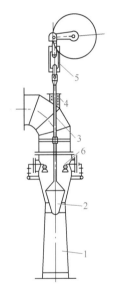

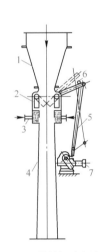

视频　调径
文氏管

图 12-17　圆形重锤式顺装文氏管　　图 12-18　矩形翼板式调径文氏管　　图 12-19　圆弧形-滑板调节
1—文氏管；2—重锤；3—拉杆；　　　1—收缩段；2—调径翼板；3—喷水管；　　（R-D）文氏管
4—压盖；5—联结件；　　　　　　　4—扩散段；5—连杆；　　　　　　　　1—导流板；2—供水；
6—碗形喷嘴（内喷×3 个）　　　　　6—杠杆；7—油压缸　　　　　　　　　3—可调阀板

调径文氏管收缩角为 23°~25°，扩张角 7°~12°，收缩段的进气速度为 15~20 m/s，喉口气流速度 100~120 m/s，除尘效率达 90%~95% 以上，但是压力损失较大，为 12~14 kPa。因而这类除尘系统必须配置高压抽风机。当第一级和第二级串联使用时，总的除尘效率可达 99.8% 以上。

## 12.3.4　脱水器

脱水器的作用是把文氏管内凝聚成的含尘污水从烟气中分离出去。
烟气的脱水情况也直接影响到除尘系统的净化效率、风机叶轮的寿命和

视频　脱水器
工作原理

管道阀门的维护等。而脱水效率与脱水器的结构有关。脱水器根据脱水方式的不同，可分为重力式、撞击式和离心式。转炉常见脱水器类型见表12-5。

表 12-5　脱水器类型

| 脱水器类型 | 脱水器名称 | 进口气速 $v/m \cdot s^{-1}$ | 阻力 $\Delta P/Pa$ | 脱水效率/% | 使用范围 |
|---|---|---|---|---|---|
| 重力式脱水器 | 灰泥捕集器 | 12 | 200~500 | 80~90 | 粗脱 |
| 撞击式脱水器 | 重力挡板脱水器 | 15 | 300 | 85~90 | 粗脱 |
| | 丝网除雾器 | 约4 | 150~250 | 99 | 精脱 |
| 离心式脱水器 | 平旋脱水器 | 18 | 1300~1500 | 95 | 精脱 |
| | 弯头脱水器 | 12 | 200~500 | 90~95 | 粗脱 |
| | 叶轮旋流脱水器 | 14~15 | 500 | 95 | 精脱 |
| | 复式挡板脱水器 | 约25 | 400~500 | 95 | 精脱 |

### 12.3.4.1　灰泥捕集器

灰泥捕集器是重力式脱水器的一种。气流进入脱水器后因流速下降和流向的改变，靠水自身重力作用实现气水分离，重力式脱水器对细水滴的脱除效率不高，但其结构简单，不易堵塞，一般用作第一级脱水器，即粗脱水，其结构如图12-20所示。

### 12.3.4.2　重力挡板脱水器

重力挡板脱水器是撞击式脱水器的一种，利用气流作180°转弯时水雾靠自身重力而分离下来。另有数道带钩挡板起截留水雾之用，用于粗脱水，其结构如图12-21所示。

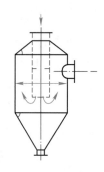

图 12-20　灰泥捕集器

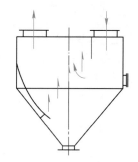

图 12-21　重力挡板脱水器

### 12.3.4.3　丝网除雾器

丝网除雾器也是撞击式脱水器的一种，用以脱除较小雾状水滴。夹带在气体中的雾粒以一定的流速与丝网的表面相碰撞，雾粒碰在丝网表面后被捕集下来并沿细丝向下流到丝与丝交叉的接头处聚成液滴，液滴不断变大，直到聚集的液滴足够大，致使本身重量超过液体表面张力与气体上升浮力的合力时，液滴就脱离丝网沉降，达到除雾的目的。丝网除雾器是一种高效率的脱水装置，能有效地除去 2~5 μm 的雾滴，具有阻力小、重量轻、耗水少等优点用于风机前精脱水，但长时间运转可能被堵塞，要经常清洗。丝网编织结构与丝网除雾器结构如图 12-22 和图 12-23 所示。

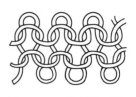

图 12-22 丝网编织结构

### 12.3.4.4 旋风脱水器

旋风脱水器是利用离心沉降原理，烟气以一定速度沿切线方向进入，含尘水滴在离心力作用下被甩向器壁，又在重力作用下流至器底排出，气体则通过出口进入下一设备。复式挡板脱水器是属于旋风脱水器类型中的一种，所不同的是在器体内增加了同心圆挡板。由于器体内挡板增多，则烟气中水的粒子碰撞落下的机会也更多，可提高脱水效率。可作为第一级粗脱水或第二级精脱水的脱水设备，其结构如图 12-24 所示。

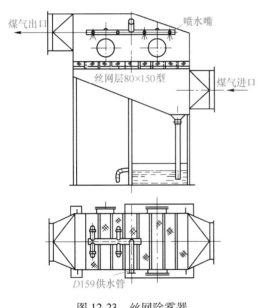

图 12-23 丝网除雾器

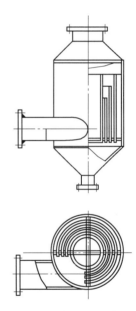

图 12-24 复式挡板脱水器

### 12.3.4.5 弯头脱水器

弯头脱水器利用含污水滴的气流进入脱水器后，因受惯性与离心力作用，水滴被甩至脱水器的叶片及器壁上沿壁流下，通过排水槽排走。弯头脱水器按其弯曲角度不同，有 90°和 180°两种，如图 12-25 和图 12-26 所示。国内工厂的双文湿法除尘系统大多采用 180°弯头脱水器。在生产中普遍应用于一级脱水的弯头脱水器，易堵塞且不易清理，现"一弯"已基本被其他脱水器代替。但从日本第三代 OG 法来看，"一弯"与"二弯"均是 90°弯头脱水器，并在弯头脱水器背面增设冲水装置，使用效果良好。

视频 弯头
脱水器

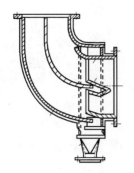

图 12-25 90°弯头脱水器

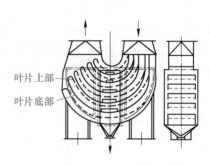

叶片上部
叶片底部

图 12-26 180°弯头脱水器

### 12.3.4.6 挡水板水雾分离器

挡水板水雾分离器是由多折挡水板组成，如图 12-27 所示。曲折的挡板对气流有导向作用，气流中夹带的雾化水被撞击在折叠板上达到气、水分离的目的。本脱水器具有离心和挡板脱水的两重作用。为了减少积灰，在挡板上方安有清洗喷嘴，在非吹炼期由顺序控制对挡水板进行自动清洗。挡水板水雾分离器虽阻损较大，但具有结构简单、脱水效率高、不易堵塞等优点，可用在转炉湿法除尘系统作最后一级脱水设备。

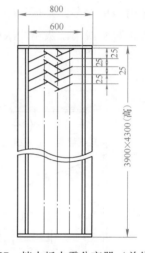

图 12-27 挡水板水雾分离器（单位：mm）

## 12.4 含尘污水的处理

烟气经过净化处理后，干法净化的烟尘成为干灰，湿法净化的烟尘成为含尘污水，都需要进一步处理并加以利用。

干烟尘实际上是优质的铁精矿粉，可用作烧结或球团的原料。近年来，还试验用于生产粒铁、海绵铁和金属化球团。干烟尘与石灰制造合成造渣材料，既能加速转炉造渣，又能提高钢水收得率。干烟尘可适当潮润并造成软球，以防在存放和运输过程中污染环境。

湿法净化系统中形成的大量含尘污水，也需经过处理并加以利用。如任意排放这种含尘污水，将严重污染江河水源。含尘污水处理系统如图 12-28 所示。

处理含尘污水的流程为：

水力旋流器分级→立式沉淀池浓缩→真空吸滤机脱水→干燥

（1）分级。含尘污水中悬浮着不同粒度的烟尘，分级的任务是将其中大颗粒烟尘分离出去。含尘污水沿切线方向进入水力旋流器，在旋流器旋转过程中，大颗粒烟尘被甩向器壁沉降下来，落在螺旋输送机槽底上，再由泥浆泵送到圆盘真空过滤机（或采用板式压滤机、或多辊压榨机）过滤脱水。细小烟尘随水流从顶部溢出流向沉淀池。

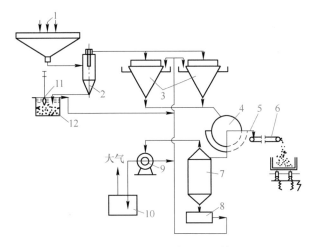

图 12-28　含尘污水处理系统

1—含尘污水；2—旋流器；3—立式沉淀池；4—过滤器；5—泥饼；6—皮带；7—真空罐；

8—排水箱；9—真空泵；10—气水分离器；11—抓斗；12—污泥池

（2）浓缩。浓缩是使含尘污水中的烟尘沉降下来成为泥浆，同时使水得到澄清，以供循环使用。在立式沉淀池中烟尘在重力作用下慢慢沉降到底部，将底部泥浆送往圆盘真空过滤机脱水，澄清的水则从顶部溢出。为了促进烟尘的浓缩效果，可以在含尘的污水中加入硫酸铵、硫酸亚铁或高分子微粒絮凝剂聚丙烯酰胺。

（3）脱水。浓缩后排出的泥浆仍含有 50%~75% 的水，一般用转鼓式真空吸滤机脱水。沿鼓筒周身是垫有滤布的泥饼盒，盒内盛泥浆，抽真空通过滤布使泥浆脱水。在转动中脱水后的泥饼达到一定位置后，破坏真空使泥饼在重力作用下脱出。然后用水冲洗滤布，继续盛泥浆和进行抽滤。

（4）干燥。经脱水的泥饼仍含有 25% 左右的水分，可以直接送走或者烘干并加工后供应用户。

为了节约用水，沉淀池上部溢流出来的清水并补充一部分新水后还可供净化用水。但是，由于烟气中含有 $CO_2$ 和少量 $SO_2$ 等气体，净化过程溶解于水，对管道、喷嘴、水泵等有腐蚀作用。为此要定期测定水的 pH 值和硬度。通过检测发现 pH<7，即水呈酸性时，应补充新水并适当加入石灰乳，使水保持中性。有的转炉车间由于石灰粉料多，石灰粉被烟气带入净化系统并溶解于水成为 $Ca(OH)_2$，$Ca(OH)_2$ 和 $CO_2$ 作用生成 $CaCO_3$，$CaCO_3$ 的沉淀容易阻塞喷嘴和管道。因此，除尽量减少石灰中粉料外，发现水 pH>7 呈碱性时，也应补充新水；必要时可加入少量工业用酸，使水保持中性。汽化冷却器和锅炉用水需用软水，并需经过脱氧处理。

思　考　题

12-1　氧气转炉烟气有何特点？

12-2 什么是燃烧法，什么是未燃法？

12-3 什么要对烟气进行净化处理？

12-4 全湿法双文净化系统流程是怎样的，有何特点？

12-5 OG法净化系统的流程是怎样的，有何特点？

12-6 OG法净化系统的常见故障有哪些，如何处理？

12-7 转炉烟罩的主要作用是什么，有几种类型？

12-8 转炉烟道的作用是什么，烟道冷却方式有几种？

12-9 脱水器的作用是什么，有几种类型？

12-10 文氏管的工作原理，文氏管有几种类型？

12-11 水封逆止阀的作用是什么？

12-12 选择除尘风机的原则是什么？

# 下篇　连续铸钢设备及其维修

# 13 连续铸钢概况及主要参数的确定

课件

## 13.1 连续铸钢工艺过程及设备组成

视频　连铸
工艺流程

### 13.1.1 连续铸钢的生产工艺流程

连续铸钢的生产工艺流程可用图 13-1 所示的弧形连铸机来说明。

从炼钢炉出来的钢液注入钢包内,经二次精炼处理后被运到连铸机上方的钢包回转台,通过中间包注入强制水冷的结晶器内。结晶器是一特殊的无底水冷铸锭模,在浇铸之前先装上引锭杆作为结晶器的活底。注入结晶器的钢水与结晶器内壁接触的表层急速冷却凝固形成坯壳,且坯壳的前部与引锭头凝结在一起。引锭头由引锭杆通过拉坯矫直机的拉辊牵引,以一定速度把形成坯壳的铸

视频　连铸
三维工艺
流程

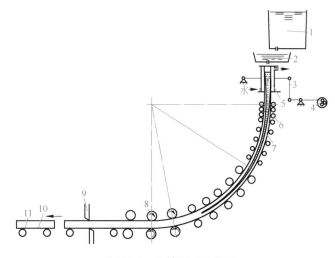

图 13-1　连铸机工艺流程

1—钢包;2—中间包;3—振动机构;4—偏心轮;5—结晶器;6—二次冷却夹辊;

7—铸坯中未凝固钢水;8—拉坯矫直机;9—切割机;10—钢坯;11—出坯辊道

坯向下拉出结晶器。为防止初凝的薄坯壳与结晶器壁黏结撕裂而漏钢，在浇铸过程中，既要对结晶器内壁进行润滑，又要通过结晶器振动机构使其上下往复振动。铸坯出结晶器进入二次冷却区，内部还是液体状态，应进一步喷水冷却，直到完全凝固。二冷区的夹辊除引导铸坯外，还可以防止铸坯在内部钢水静压力作用下产生"鼓肚"变形。铸坯出二冷区后经拉坯矫直机将弧形钢坯矫成直坯，同时使引锭头与钢坯分离。完全凝固的直坯由切割设备切成定尺，经出坯辊道进入后步工序。随着钢液的不断注入，铸坯连续被拉出，并被切割成定尺运走，形成了连续浇铸的全过程。

### 13.1.2　连铸机的设备

连续铸钢生产所用的设备，通常可以分为主体设备和辅助设备两个部分。主体设备主要包括：浇铸设备——钢包旋转台、中间包及其运载小车；结晶器及其振动装置；二次冷却支导装置；拉坯矫直设备——拉矫机、引锭杆、脱锭及引锭杆存放装置；切割设备——火焰切割机与机械剪切机等。辅助设备主要包括：出坯及精整设备——辊道、拉（推）钢机、翻钢机、火焰清理机等；工艺性设备——中间包烘烤装置、吹氩装置、脱气装置、保护渣供给与结晶器润滑装置、电磁搅拌装置等；自动控制和测量仪表——结晶器液面测量与显示系统、过程控制计算机、测温、测重、测压、测长、测速等仪表系统。

从上述工艺流程说明，连续铸钢设备必须适应高温钢水由液态变成液固态，又变成固态的全过程，具有连续性强、工艺难度大和工作条件差等特点。要求机械设备有足够抗高温的疲劳强度和刚度，制造和安装精度要求高，易于维护和快速更换，并且要有充分的冷却和良好的润滑。

## 13.2　连铸机的分类及连铸优越性

### 13.2.1　连铸机的分类

（1）按连铸机结构的外形可分为立式、立弯式、弧形、椭圆形及水平式等多种形式，如图 13-2 所示。

1）立式铸机是整套设备全部配置到一条铅垂线上。有利于钢水中夹杂物上浮，铸坯各方向冷却均压，并且铸坯在整个凝固过程中不受弯曲、矫直等变形作用，即使裂纹敏感性高的钢种也能顺利浇铸。但铸机设备高、钢水静压力大、维修不便、基建费用高。

2）立弯式铸机是在立式铸机的基础上发展起来的一种结构形式。其上部与立式相同，在铸坯全部凝固后把铸坯顶弯，水平方向出坯。立弯式一般适用于浇铸断面较小的铸坯，对于大断面铸坯来说，全凝固后再顶弯，冶金长度已经很长了，降低设备高度方面的优点已不明显。此外，铸坯在顶弯和矫直点内部应力较大，容易产生内部裂纹。

3）弧形铸机是目前国内外最主要的连铸机形式，分为直结晶器和弧形结晶器两种弧

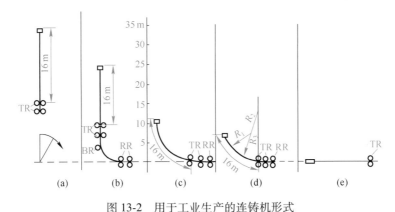

图 13-2　用于工业生产的连铸机形式

（a）立式；（b）立弯式；（c）弧形；（d）椭圆形；（e）水平式

TR—拉坯辊；BR—顶弯辊；RR—矫直辊

形连铸机。其特点是组成连铸机的各单体设备均布置在 1/4 圆弧及其水平延长线上，铸坯成弧形后再进行矫直。铸机的高度大大降低，可在旧厂房内安装。但弧形连铸机的工艺条件不如立式或立弯式好，由于铸坯内、外弧不对称，液芯内夹杂物上浮受到一定阻碍，使夹杂物有向内弧富集的倾向。另外，由于铸坯经过弯曲和矫直，不利于浇铸对裂纹敏感的钢种。

4）椭圆形铸机是把从结晶器向下圆弧半径逐渐变大，将结晶器和二冷段夹辊布置在 1/4 椭圆弧上。基本特点与弧形铸机相同，但由于是多半径的，铸机安装、对弧调整较复杂、维护困难。

5）水平式铸机的基本特点是其中间包、结晶器、二次冷却装置和拉坯装置全部都放在地面上呈直线水平布置。水平连铸机的优点是机身高度低，适合老企业的改造，同时也便于操作和维修；水平连铸机的中间包和结晶器之间采用直接密封连接，可以防止钢水二次氧化，提高钢水的纯净度；铸坯在拉拔过程中无需矫直，适合浇铸合金钢。

（2）按铸坯断面的形状和大小可分为：方坯连铸机（断面不大于 150 mm×150 mm 的称为小方坯；大于 150 mm×150 mm 的称为大方坯；矩形断面的长边与宽边之比小于 3 的也称为方坯连铸机）；板坯连铸机（铸坯断面为长方形，其宽厚比一般在 3 以上）；圆坯连铸机（铸坯断面为圆形，直径 $\phi 60 \sim 400$ mm）；异形坯连铸机（浇铸异形断面，如 H 型、空心管等）；方、板坯兼用连铸机（在一台铸机上，既能浇板坯也能浇方坯）、薄板坯连铸机（厚度为 40~80 mm 的铸坯）等。

（3）按结晶器的运动方式，连铸机可分为固定式（即振动式）和移动式两类。前者是现在生产上常用的以水冷、底部敞口的铜质结晶器为特征的"常规"连铸机；后者是轮式、轮带式等结晶器随铸坯一起运动的连铸机。

（4）按铸坯所承受的钢液静压头，即铸机垂直高度（$H$）与铸坯厚度（$D$）比值的大小，可将连铸机分为高头型、标准头型、低头型、超低头型。各种机型分类特征见表 13-1。随着炼钢和炉外精炼技术的提高，浇铸前及浇铸过程中对钢液纯净度的有效控制、低头和超低头连铸机的采用逐渐增多。

**表 13-1　各种机型按钢水静压头分类特征**

| 机　型 | $H/D$ | 结晶器形式 | 连铸机形式 |
|---|---|---|---|
| 高头 | >50 | 直形 | 立式或立弯式 |
| 标准头 | 40~50 | 直形或弧形 | 带直线段的弧形或弧形 |
| 低头 | 20~40 | 弧形 | 弧形或椭圆形 |
| 超低头 | <20 | 弧形 | 椭圆形 |

### 13.2.2　连续铸钢的优越性

（1）简化了生产工序，缩短了工艺流程。从图 13-3 可以看出，连铸工艺省去了脱模、整模、钢锭均热、初轧开坯等工序。由此基建投资可节约 40%，占地面积减少 30%，劳动力节省约 70%。薄板坯连铸机的出现，又进一步简化了工序流程。与传统板坯连铸（厚度为 150~300 mm）相比，薄板坯（厚度为 40~80 mm）连铸省去了粗轧机组，从而减少厂房面积约 48%，连铸机设备重量减轻约 50%。热轧设备重量减少 30%。从钢水到薄板的生产周期大大缩短，传统板坯连铸约需 40 h，而薄板坯连铸仅为 1~2 h。

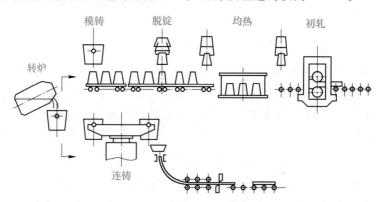

图 13-3　模铸与连铸生产流程比较

（2）提高了金属收得率。采用模铸工艺，从钢水至铸坯的切头切尾损失达 10%~20%，而连铸的切头切尾损失为 1%~2%，故可提高金属收得率 10%~14%（板坯 10.5%、大方坯 13%，小方坯 14%）。如果以提高 10% 计算，年产 100 万吨钢的钢厂，采用连铸工艺，就可增产 10 万吨钢。就从钢水到薄板流程而言，采用传统连铸金属收得率为 93.6%，而薄板坯连铸为 96%。年产 80 万吨钢的钢厂如采用薄板坯连铸工艺就可多生产约 2.4 万吨热轧板卷，带来的经济效益是相当可观的。

（3）降低了能源消耗。采用连铸省掉了均热炉的再加热工序，可使能量消耗减少 1/4~1/2。据有关资料介绍，生产 1 t 铸坯，连铸比模铸一般可节能 400~1200 MJ，相当于节省 10~30 kg 重油燃料。若连铸坯采用热送和直接轧制工艺，能耗还可进一步降低，并能缩短加工周期，从钢水到轧制成品沿流程所经历的时间是：冷装 30 h，热装 10 h，直接轧制 2 h。

（4）生产过程机械化、自动化程度高。在炼钢生产过程中，模铸是一项劳动强度大、劳动环境恶劣的工序。尤其是对氧气转炉炼钢的发展而言，模铸已成为提高生产率的限制性环节。采用连铸后，由于设备和操作水平的提高以及采用全程计算机控制和管理，劳动环境得到了根本性的改善。连铸操作自动化和智能化已成为现实。

（5）连铸钢种扩大，产品质量日益提高。目前几乎所有的钢种都可用连铸生产。连铸的钢种已扩大到包括超纯净度钢（IF 钢）、高牌号硅钢、不锈钢、管线钢、重轨、硬线、工具钢以及合金钢等 500 多个。而且连铸坯产品质量的各项性能指标大都优于模铸钢锭的轧材产品。

总的来说，镇静钢连铸已经成熟。而沸腾钢连铸时，由于结晶器内产生沸腾而不易控制，因此开发了沸腾钢的代用品种，其中有美国的吕班德（Riband）钢，日本的准沸腾钢，德国的低碳铝镇静钢，与适当的炉外精炼（如 RH）相配合，保证了连铸坯生产冷轧板的质量。

但从目前的情况看，连铸还不能完全代替模铸的生产，这是因为有些钢种的特性还不能适应连铸的生产方式，或采用连铸时难以保证钢的质量，例如：前面提到的沸腾钢以及热敏感性很强的高速钢等；一些小批量产品、试制性产品；还有一些必须经锻造的大型锻造件（如万吨船只的主轴）；以及一些大规格的轧制产品（如受压缩比限制的厚壁无缝钢管）等。所以仍需要保留部分模铸的生产方式，并在大力发展连铸的同时，继续高度重视模铸生产，努力提高钢锭的质量。

## 13.3　连铸机主要参数的计算与确定

由于弧形连铸机应用最为广泛，所以以下论述指弧形连铸机。连铸机的主要参数包括铸坯形状尺寸、拉坯速度、液相穴深度和冶金长度、铸机弧形半径、铸机流数及生产率等。这些参数是确定铸机性能和规格的基本因素，也是设计的主要依据。

### 13.3.1　铸坯断面

铸坯断面形状和尺寸可依据下列因素确定。

（1）根据轧材品种和规格确定。通常小方坯或大方坯用来轧制线材、型材或带材，圆坯或方坯轧成管材，板坯轧成薄板、中厚板或带材。

（2）根据轧制需要的压缩比确定。压缩比指铸坯断面积与轧材断面积之比。如要求破坏一次结晶，并使中心组织均匀化时，压缩比必须大于 4；要求破坏柱状晶结构时，压缩比最大可达 8；对重要特殊钢材，如不锈钢等高合金钢的压缩比要求达 10~15；对滚动体类的滚珠轴承钢的压缩比要求达 30~50。

（3）根据铸坯断面与轧机能力的配合情况确定。铸坯断面与轧机的配合参见表 13-2。

表 13-2 铸坯断面与轧机的配合

| 轧机规格 | 铸坯断面/mm×mm |
|---|---|
| 高速线材轧机 | 方坯：（100×100）～（140×140） |
| 400/250 轧机 | 方坯：（90×90）～（120×120）扁坯：<100×150 |
| 500/350 轧机 | 方坯：（120×120）～（150×150）扁坯：<150×180 |
| 650 轧机 | 方坯：（140×140）～（200×200）扁坯：<160×280 |
| 2300 中板轧机 | 板坯：（120～200）×（700～1000） |
| 4200 中厚板轧机 | 板坯：300×（1900～2200） |
| 4800 中厚板轧机 | 板坯：350×2400 |
| 1700 热连轧机 | 板坯：（200～250）×（700～1600） |
| 2050 热连轧机 | 板坯：（210～250）×（900～1930） |

（4）根据炼钢炉容量及铸机生产能力来确定。断面越大，生产能力越高，对于大型炼钢炉一定要配大断面连铸机或多流连铸机。

现用连铸机可以生产的铸坯断面范围大致是：方坯（50 mm×50 mm）～（450 mm×450 mm）；矩形坯和板坯（50 mm×108 mm）～（400 mm×560 mm），最大为 310 mm×2500 mm；圆坯 $\phi 40 \sim 450$ mm；异形坯 120 mm×240 mm（椭圆），$\phi 450$ mm/$\phi 100$ mm（中空形），460 mm×400 mm×120 mm、356 mm×775 mm×100 mm（工字形）。

## 13.3.2 拉坯速度

拉坯速度是指连铸机每分钟拉出铸坯的长度，用 m/min 表示。显然拉速增大，铸机浇铸速度也提高，生产能力增大，为此希望连铸机的拉速要高。

### 13.3.2.1 工作拉速的确定

拉速高，铸机产量高。但操作中拉速过高，出结晶器的坯壳太薄，容易产生拉漏。设计连铸机时，或制订操作规程时都根据浇铸的钢种，铸坯断面确定工作拉速范围。

（1）由凝固定律确定拉速：

$$V = \left( \frac{\eta}{\delta} \right)^2 L_{\mathrm{m}} \qquad (13\text{-}1)$$

式中　$L_{\mathrm{m}}$——结晶器的有效长度，$L_{\mathrm{m}} = L - 0.1$，$L$ 为结晶器长度，mm；

　　　$\delta$——结晶器出口处的坯壳厚度，mm；

　　　$\eta$——结晶器凝固系数，$mm/min^{1/2}$；一般取 $20 \sim 24$ $mm/min^{1/2}$；

　　　$V$——拉坯速度，mm/min。

为确保出结晶器下口坯壳的强度，防止坯壳破裂漏钢，出结晶器下口的坯壳必须有足够的厚度。根据经验和以钢液静压力分析，一般情况下小方坯的坯壳厚度必须大于 $8 \sim 12$ mm，板坯的坯壳厚度必须大于 $12 \sim 15$ mm。对于高效连铸机，由于整个系统采取了措施，其凝固壳厚度还可取得更小，也就是说大断面铸坯的拉速要慢一些。对于有裂纹倾向性的钢种来讲，为增加坯壳强度，防止漏钢，必须增加坯壳厚度，这样也必须降低工作拉速。

（2）由经验公式确定拉速：

$$V = K \frac{l}{S} \tag{13-2}$$

式中　　$K$——速度换算系数，m·mm/min，一般小方坯为 65~75，板坯为 55~80，圆坯为 45~60，小断面铸坯取上限，大断面取下限。必须指出，对于宽厚比较大的板坯，数据有偏差；

　　　　$l$——铸坯断面周长，mm；

　　　　$S$——铸坯断面面积，mm$^2$。

#### 13.3.2.2　铸机最大拉速确定

（1）当出结晶器下口的坯壳为最小厚度时，称为安全厚度（$\delta_{\min}$）。此时，对应的拉速为最大拉速。

$$V_{\max} = \left( \frac{\eta}{\delta_{\min}} \right)^2 L_{\mathrm{m}} \tag{13-3}$$

（2）当完全凝固正好选在矫直点上，此时的液相穴深度为铸机的冶金长度，对应的速度为最大拉速。

$$V_{\max} = \frac{4\eta_{综}^2 L_{冶}}{D^2} \tag{13-4}$$

式中　　$L_{冶}$——铸机冶金长度，m；

　　　　$D$——铸坯厚度，mm；

　　　$V_{\max}$——拉坯速度，mm/min。

　　　$\eta_{综}$——综合凝固系数，mm/min$^{1/2}$。

　　影响拉速的因素较多，主要包括钢种、铸坯断面形状及尺寸、质量要求、结晶器导热能力、注温及钢中硫磷质量分数、拉坯力的限制、结晶器振动、保护渣性能、二冷强度等。

### 13.3.3　液相穴深度和冶金长度

　　铸坯的液相穴深度又称液芯长度，是指铸坯从结晶器钢液面开始到铸坯中心液相完全凝固点的长度。它是确定二冷区长度和弧形连铸机弧形半径的一个重要参数。

　　液相穴深度可根据凝固平方根定律计算如下：

$$\frac{D}{2} = \eta_{综}\sqrt{t} \quad 而 \quad L_{液} = Vt$$

故

$$L_{液} = \frac{D^2 V}{4\eta_{综}^2} \tag{13-5}$$

式中　　$L_{液}$——铸坯的液相穴深度，m；

　　　　$D$——铸坯厚度，mm；

　　　　$V$——拉坯速度，m/min；

　　　　$t$ ——铸坯完全凝固所需要的时间，min，

　　　$\eta_{综}$——综合凝固系数，mm/min$^{1/2}$。

　　铸机的综合凝固系数（即平均的凝固系数）是包括结晶器在内的全区域的平均凝固系数。

　　由式（13-5）可见，铸坯的液相穴深度与铸坯厚度、拉坯速度和冷却强度有关。铸坯越厚，拉速越快，液相穴深度就越大。在一定范围内，增加冷却强度有助于缩短液相穴深度，但是冷却强度的变化对液相穴深度的影响幅度小。同时，对一些合金钢来说，过分增加冷却强度是不允许的。

　　在式（13-5）中，当拉坯速度为最大拉速时，所计算出的液相穴深度为连铸机的冶金长度。冶金长度是连铸机重要的结构参数，它决定了连铸机的生产能力。

### 13.3.4　弧形半径

　　连铸机的弧形半径是指铸坯弯曲时的外弧半径，它是连铸机重要尺寸参数。它既影响连铸机总高度和设备质量，也影响铸坯质量。连铸机弧形半径 $R$ 越小，铸机尺寸越小，但过小的弧形半径在矫直时由于延伸率过大而产生裂纹。即连铸机的弧形半径受到矫直时铸坯延伸率的限制。矫直的形式有两种，固相矫直和液相矫直。

#### 13.3.4.1　固相矫直时弧形半径的确定

　　弧形连铸机浇铸特殊钢，一般要求铸坯进入拉矫机前应完全凝固，这种情况称为固相矫直。在确定铸机半径时必须满足：铸坯由矫直而产生的应变（伸长率）不应超过许用值；在矫直区铸坯必须全部凝固。

　　A　由应变（伸长率）确定铸机半径

　　铸坯被矫直时，内弧表面受拉，外弧表面受压。矫直时断面中心线长度 $CC'$（见图 13-4）保持不变。内弧表面

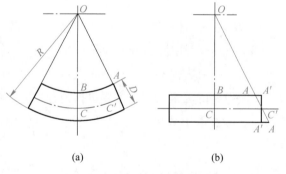

图 13-4　铸坯矫直变形示意图
（a）矫直前；（b）矫直后

矫直后将延伸 $AA'$，外弧表面将压缩 $AA'$，铸坯内弧表面的应变（伸长率）为：

$$\varepsilon = \frac{AA'}{AB} \times 100\% \tag{13-6}$$

　　由于 $\triangle OAB \backsim \triangle AA'C'$，则得：

$$\varepsilon = \frac{AA'}{AB} \times 100\% = \frac{A'C'}{OB} \times 100\% = \frac{0.5D}{R-D} \times 100\% \approx \frac{0.5D}{R} \times 100\% \tag{13-7}$$

　　矫直时铸坯内弧表面应变（伸长率）$\varepsilon$ 必须小于铸坯表面允许的伸长率 $[\varepsilon]_1$，即 $\varepsilon \leqslant [\varepsilon]_1$。所以

$$R \geqslant \frac{0.5D}{[\varepsilon]_1} \tag{13-8}$$

式中的铸坯表面伸长率 $[\varepsilon]_1$ 主要取决于钢种、铸坯温度及对铸坯表面质量的要求等，根据经验，普碳钢或低合金钢可取 $[\varepsilon]_1 = 1.5\% \sim 2.0\%$ 。

**B　按矫直前铸坯完全凝固确定铸机半径**

对弧形半径为 $R$ 的连铸机，从结晶器液面到矫直辊切点，铸坯中线距离 $L_{中}$ 为：

$$L_{中} = \frac{\pi}{2}\left(R - \frac{D}{2}\right) + \frac{L_{m}}{2} \tag{13-9}$$

对固相矫直连铸机必须要求铸坯进入矫直机完全凝固。为使铸坯进入矫直区全部凝固，必须使 $L_{液} \geqslant L_{中}$，所以

$$R \leqslant \frac{2}{\pi}\left(\frac{D^2}{4\eta_{综}^2}V - \frac{L_{m}}{2}\right) + \frac{D}{2} \tag{13-10}$$

**13.3.4.2　液相矫直时弧形半径确定**

为了实现高拉速，提高铸机的生产能力，在 20 世纪 80 年代开始出现液相矫直的方法。

**A　液相一点矫直**

带液相矫直易出现裂纹部位为内弧坯壳两相区，该处坯壳强度极低，为防止矫裂，液相矫直时内弧坯壳两相区的许用伸长率 $[\varepsilon]_2 = 0.15\% \sim 0.2\%$，远远低于固相矫直时的 $[\varepsilon]_1 = 1.5\% \sim 2.0\%$。因此，液相一点矫直仍然会出现铸机半径很大，达不到减小半径又可提高拉速的目的。所以在高拉速条件下，采用液相一点矫直是不可能的，于是提出液相多点矫直。

**B　液相多点矫直**

如前所述，在有液相情况下，采用一次矫直必然会产生过大的应变，出现内裂。如将一次矫直改为多次矫直，只要每次矫直应变量 $[\varepsilon]_i \leqslant [\varepsilon]_2$ 就可以防止内裂。

每矫直一次，铸机弧形半径大一次，直到矫直为止，因而在矫直过程中采用多个半径：$R_1$、$R_2$、…、$R_n$ 趋向 $\infty$。

如假定经 $n$ 次矫直，铸坯由弯变直，则其中由 $K$ 次矫直到 $K+1$ 次时，铸坯曲率变化情况如图 13-5 所示。

第 $K$ 次时铸坯中心线半径为 $R_K$，经矫直到 $K+1$ 次时，中心线半径为 $R_{K+1}$，此时铸坯内弧坯壳两相区的应变（伸长率）为：

$$\varepsilon_{K+1} = \frac{\widehat{B'C'} - \widehat{A'B'}}{\widehat{A'B'}} \times 100\%$$

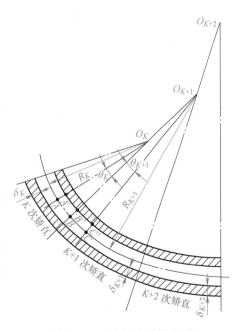

图 13-5　多点矫直计算模型

而
$$\widehat{A'B'} = \left(R_K - \frac{D}{2} + \delta_K\right)\theta_K$$

$$\widehat{B'C'} = \left(R_{K+1} - \frac{D}{2} + \delta_{K+1}\right)\theta_{K+1}$$

矫直过程中，中心线长度不变，则：

$$\theta_K R_K = \theta_{K+1} R_{K+1}$$

将以上三式代入应变公式得

$$\varepsilon_{K+1} = \frac{\left(1 - \dfrac{R_K}{R_{K+1}}\right)\left(\dfrac{H}{2} - \delta_{K+1}\right)}{R_K - \dfrac{H}{2} - \delta_K}$$

由于 $R_K \gg \left(\dfrac{H}{2} - \delta_K\right)$，在分母中略去 $\left(\dfrac{H}{2} - \delta_K\right)$，则：

$$\varepsilon_{K+1} = \left(\frac{1}{R_K} - \frac{1}{R_{K+1}}\right)\left(\frac{H}{2} - \delta_{K+1}\right)$$

或
$$\varepsilon_{K+1} = \left(\frac{1}{R_K} - \frac{1}{R_{K+1}}\right)\left(\frac{H}{2} - \eta\sqrt{\frac{L_{K+1}}{V}}\right)$$

式中　$L_{K+1}$——从结晶器液面到 $K+1$ 段距离，mm；

$\delta_K$，$\delta_{K+1}$——分别为第 $K$ 段和第 $K+1$ 段坯壳厚度，mm。

取 $\varepsilon_{K+1} \leqslant [\varepsilon]_2 = 0.15\% \sim 0.2\%$，则由 $R_K$ 矫直到 $R_{K+1}$ 时，弧形半径 $R_{K+1}$ 按式（13-11）求出。

$$R_{K+1} \leqslant \frac{1}{\dfrac{1}{R_K} - \dfrac{[\varepsilon]_2}{\dfrac{D}{2} - \delta_{K+1}}} \tag{13-11}$$

如铸坯在进入矫直区前铸坯中线半径为 $R_0$，则由 $R_0$ 矫到平直的 $R_\infty$，其总的应变 $\Sigma$ 为：

$$\Sigma = \frac{\dfrac{D}{2} - \delta}{R_0} \tag{13-12}$$

矫直次数为：

$$n = \frac{\Sigma}{[\varepsilon]_2} \tag{13-13}$$

在实际计算时，先预选 $R_0$，然后逐段计算各区段铸机半径 $R_0 \rightarrow R_1 \rightarrow R_2 \rightarrow \cdots \rightarrow R_{n-1} \rightarrow R_n$，如图 13-6 所示，直至式（13-11）的分母小于零才矫直结束，共经过 $n$ 次矫直，称 $n$ 点矫直。矫直次数 $n$ 一般取 3~5 次即可。

由于以上计算的矫直半径皆为铸坯中线半径，最后还应将以上各 $R_i$ 加上 $D/2$ 用外弧半径表示。

### 13.3.4.3  多点顶弯时弧形半径的确定

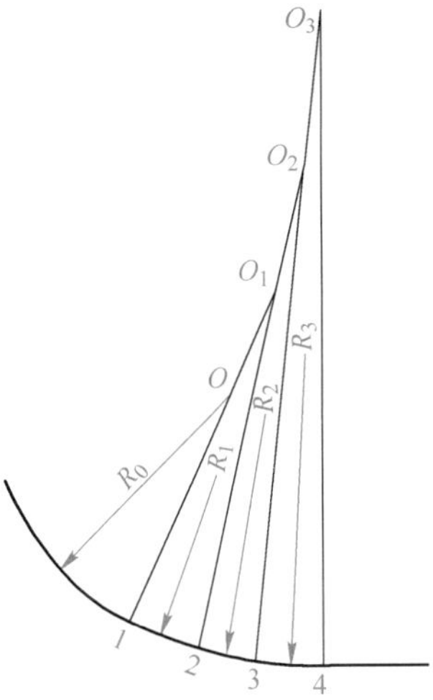

采用直结晶器的弧形连铸机，必须使出结晶器的直铸坯经过顶弯过渡到弧形段才能进入二冷区。为了防止在顶弯铸坯时，外弧坯壳两相区内层表面受拉而产生裂纹，要求控制该处的拉应变（伸长率）不得超过许用值。顶弯过程如图13-7所示。

第一次顶弯为由直顶到弧形半径 $R_1$，外弧坯壳内表面拉应变为：

$$\varepsilon = \frac{\dfrac{D}{2} - \delta_1}{R_1}$$

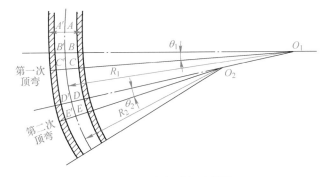

图 13-6  多点矫直模型

式中  $\delta_1$——弧形半径 $R_1$ 处的铸坯凝固壳厚度，mm。

图 13-7  多点顶弯过程图

若取 $[\varepsilon] \leqslant [\varepsilon]_2$ 时，第一次顶弯的弧形半径 $R_1$ 为：

$$R_1 \geqslant \frac{\dfrac{D}{2} - \delta_1}{[\varepsilon]_2} \tag{13-14}$$

第二次顶弯为由 $R_1$ 顶到 $R_2$，同理求得：

$$R_2 \geqslant \frac{R_1\left(\dfrac{D}{2} - \delta_2\right)}{[\varepsilon]_2 R_1 + ([\varepsilon]_2 + 1)\left(\dfrac{D}{2} - \delta_1\right)}$$

当 $[\varepsilon]_2 + 1 \approx 1$，$\delta_1 = \delta_2 = \delta$ 时，则：

$$R_2 \geqslant \frac{1}{\dfrac{1}{R_1} + \dfrac{[\varepsilon]_2}{\dfrac{D}{2} - \delta}} = \frac{R_1}{2} \tag{13-15}$$

第 $n$ 次顶弯 $R_n$ 为：

$$R_n \geqslant \frac{1}{\dfrac{1}{R_{n-1}} + \dfrac{[\varepsilon]_2}{\dfrac{D}{2} - \delta}} = \frac{R_1}{n} \tag{13-16}$$

当 $R_n \leqslant R$ 时，顶弯结束，此时 $R_n$ 取 $R$。

应用上式计算顶弯半径极为方便，只要求出 $R_1$，再除以顶弯次数即等于该次顶弯的半径，那么第 $i$ 次顶弯铸机半径 $R_i$ 为：

$$R_i = \frac{R_1}{i} \tag{13-17}$$

顶弯次数可由式（13-18）计算；

$$n = \frac{\varepsilon}{[\varepsilon]_2} \tag{13-18}$$

$\varepsilon$ 为由直顶弯至 $R$ 外弧坯壳两相区产生的总应变：

$$\varepsilon = \frac{\dfrac{D}{2} - \delta}{R} \tag{13-19}$$

### 13.3.5　连铸机生产能力

连铸机的生产能力与炼钢炉（类别、容量和座数）、冶炼钢种、炉外处理工艺、铸坯断面、铸机台数和流数、连浇炉数、连铸机作业率等因素有关，应根据炼钢厂的实际情况，参考设计一般原则，作具体计算后确定。

#### 13.3.5.1　连铸机与炼钢炉的合理匹配和台数的确定

一般情况下，大容量的炼钢炉与大板坯、大方坯、大圆坯连铸机相配合（当然也可以与多流小方坯连铸机相配合），小容量的炼钢炉配中小板坯、小方坯或小圆坯连铸机，这样容易使冶炼周期（及炉外处理周期）和连铸浇铸周期相配合，有利于实现多炉连浇，提高车间年产量。实现多炉连浇的主要条件如下。

（1）严格控制所要求的钢水成分、温度和质量（氧化性、洁净度等），并保持稳定，为此，必须配置相应的炉外钢水处理设备。

（2）炼钢炉冶炼周期（及炉外处理周期）与连铸机的浇铸周期时间上应保持协调配合。为此，要求严密的生产管理和质量保障体系，既充分发挥设备生产能力，又使炉机有效地协调匹配。

（3）连铸机小时生产能力应与炼钢炉小时出钢量相平衡（一般连铸机应有 10%～20% 的富余）。设计时，可从铸坯断面、拉坯速度、连铸机流数等方面调整。

（4）钢包、中间包和浸入式水口等寿命要长，更换迅速。应采用优质耐火材料，采取快速更换措施。

（5）连铸的后步工序如出坯、铸坯精整以及运输能力等要能满足多炉连浇要求。

连铸机台数的确定：按车间所规定的铸坯年产量和所选连铸机的实际产量，就可以求出车间应配置的连铸机的台数。

### 13.3.5.2　连铸浇铸周期计算

连铸浇铸周期时间包括浇铸时间和准备时间：

$$T = t_1 + Nt_2 \tag{13-20}$$

式中　$T$——浇铸周期，min；

　　　$t_1$——准备时间，min，指从上一连铸炉次中间包浇完至下一连铸炉次开浇的间隔；

　　　$N$——平均连浇炉数；

　　　$t_2$——单炉浇铸时间，min。

单炉浇铸时间按式（13-21）计算：

$$t_2 = \frac{G}{BD\rho Vn} \tag{13-21}$$

式中　$G$——平均每炉产钢水量，t；

　　　$B$——铸坯宽度，m；

　　　$D$——铸坯厚度，m；

　　　$\rho$——铸坯密度，t/m³；

　　　$V$——工作拉速，m/min；

　　　$n$——流数。

### 13.3.5.3　连铸机的作业率

连铸机的作业率直接影响到连铸机的产量、每吨铸坯的操作费用和投资费用的利用率。欲获得较高的作业率，必须采用多炉连浇。作业率按式（13-22）计算：

$$c = \frac{T_1 + T_2}{T_0} = \frac{T_0 - T_3}{T_0} \tag{13-22}$$

式中　$c$——连铸机年作业率，%；

　　　$T_1$——连铸机年准备工作时间，h；

　　　$T_2$——连铸机年浇铸时间，h；

　　　$T_3$——连铸机年非作业时间，h；

　　　$T_0$——年日历时间，8760 h。

连铸机作业率一般为：小方坯连铸机60%~80%，大方坯连铸机60%~85%，板坯连铸机70%~85%。特殊钢连铸机作业率值可偏低一些。

### 13.3.5.4　连铸坯收得率

在连铸生产过程中，从钢水到合格铸坯有各种金属损失，包括钢包和中间包的残钢、铸坯的切头切尾、氧化铁皮、短尺和缺陷铸坯的报废等。通过多炉连浇可以减少金属损失，提高铸坯收得率。计算式如下：

$$y_1 = \frac{W_1}{G} \times 100\% \tag{13-23}$$

$$y_2 = \frac{W_2}{W_1} \times 100\% \tag{13-24}$$

$$y = y_1 y_2 = \frac{W_2}{G} \times 100\% \tag{13-25}$$

式中 $y_1$——铸坯成坯率,%;

$\quad y_2$——铸坯合格率,%;

$\quad W_1$——未经检验精整的铸坯量,t;

$\quad G$——钢水质量,t;

$\quad W_2$——合格铸坯量,t;

$\quad y$——连铸坯收得率,%。

连铸坯收得率一般按年统计。铸坯成坯率和合格率均可达98%左右。连铸坯收得率单炉浇铸约96%,两炉连浇约97%,三炉以上连浇约98%。

### 13.3.5.5 连铸生产能力的计算

连铸机的生产能力包括小时生产能力和年生产能力。小时生产能力代表连铸机理论上可达到的浇铸能力,而年生产能力则受钢水供应条件、连铸机作业率及浇铸准备时间等因素影响。

(1)连铸机的理论小时产量:

$$Q_{小时} = 60nBDV\rho \tag{13-26}$$

式中 $Q_{小时}$——连铸机理论小时产量,t/h;

$\quad n$——流数;

$\quad B$——铸坯宽度,m;

$\quad D$——铸坯厚度,m;

$\quad V$——工作拉速,m/min;

$\quad \rho$——铸坯密度,t/m³。

(2)连铸机年生产能力:

$$Q_{年} = 8760Q_{小时}yc \tag{13-27}$$

式中 8760——365×24 为年日历小时数。

思 考 题

13-1 连铸机的主体设备有哪些?

13-2 连铸生产的优越性有哪些?

13-3 连铸机的机型有哪些,各有什么特点?

13-4 连铸机的主要参数有哪些,如何计算?

# 14 浇铸设备

课件

## 14.1 钢包回转台

如图 14-1 所示，钢包回转台是现代连铸中应用最普遍的运载和承托钢包进行浇铸的设备，通常设置于钢水接收跨与浇铸跨柱列之间。所设计的钢包旋转半径，使得浇钢时钢包水口处于中间包上面的规定位置。用钢水接收跨一侧的吊车将钢包放在回转台上，通过回转台回转，使钢包停在中间包上方供给其钢水。浇铸完的空包则通过回转台回转，再运回钢水接收跨。

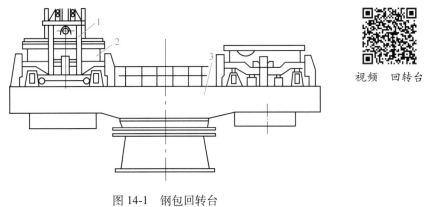

视频　回转台

图 14-1　钢包回转台
1—保温盖走行装置；2—钢包；3—回转台

回转台是定轴旋转，占用连铸操作平台面积小，易于定位，便于远距离操作。其控制线路及液压管线都可装设在旋转台内，比较安全可靠。其缺点是它的旋转半径有限，一个回转台只能为一台铸机服务。由于钢包不在铸锭吊车工作范围以内，除了回转台没有其他搬运设备替代，因此要求回转台工作有高的可靠性，即使停电也能借助于备用电源、液压或气动装置进行旋转。

钢包回转台按转臂旋转方式不同，可以分为两大类：一类是两个转臂可各自作单独旋转；另一类是两臂不能单独旋转。按臂的结构形式可分为直臂式和双臂式两种。

因此，钢包回转台有：直臂整体旋转整体升降式，如图 14-2（a）所示；直臂整体旋转单独升降式；双臂整体旋转单独升降式，如图 14-2（b）所示，双臂单独旋转单独升降式，如图 14-2（c）所示；还有一种可承放多个钢包的支撑架，也称为钢包移动车。

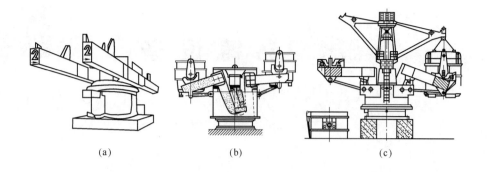

图 14-2　钢包回转台类型图

（a）直臂式；（b）双臂单独升降式；（c）双臂单独旋转单独升降式

回转台主要由转臂推力轴承、塔座、回转装置、升降装置、称量装置、润滑装置以及事故驱动装置等组成。

### 14.1.1　回转台的转臂

转臂是一叉形的悬臂梁结构，由钢板焊接，用以承托钢包，要有足够的强度和刚度。在回转臂两端上部设置了升降框架和升降装置。

### 14.1.2　回转台的推力轴承

为了承受钢包及转臂自重所产生的压力以及转臂两端负荷不平衡所产生的倾翻力矩，在回转台上，设有推力轴承，如图 14-3 所示。推力轴承对旋转运动起定心及轴向约束作用。它由内圈、外圈及辊子构成（内圈为剖分式），内圈用高强度螺栓固定在塔座上，外圈经高强度螺栓与转臂相连。在推力轴承内圈，还有一圈径向定心滚子，安装检修时，测量推力轴承的轴向、径向间隙，调整内外圈的直线度水平度，使其在允差范围内。推力轴承的轴向间隙一般为 0.3 ~ 0.5 mm。

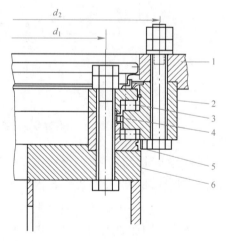

图 14-3　回转台的推力轴承

1—转臂；2—推力轴承外圈；3—推力轴承滚子；4—径向定心轴承滚子；5—推力轴承内圈；6—塔座

### 14.1.3　回转台的塔座

回转台的塔座通常是双层同心圆筒并用筋板连接的结构形成，外层筒壁较厚，用以承受大部分负荷，内层筒壁主要起稳定作用。两层筒壁的上下端部都用法兰联结。下法兰通过高强度地脚螺栓固定在基础上。

### 14.1.4 回转装置

回转装置用来驱动转臂旋转，回转装置固定在回转台的机座上。如图 14-4 所示，回转装置是通过电动机 5、减速箱 3、小齿轮 2 驱动柱销齿轮，使转臂转动。在事故停电时，通过备用电源或气动马达使转臂转到事故钢包上方。事故时，转臂只能做一次 180°的转动。

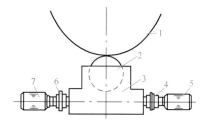

图 14-4　回转驱动装置
1—柱销齿轮；2—小齿轮；3—大速比减速箱；
4—联轴器；5—电动机；6—气动离合器；
7—空气马达

### 14.1.5 钢包升降和称量装置

为了防止钢水二次氧化，实现保护浇铸，需在钢包和中间包之间安装长水口，要求钢包能在回转台上做升降运动。为了控制浇铸速度，掌握浇铸时钢包内的钢水量，在回转臂的升降框架下设置了 4 个称量传感器。称量传感器应受到保护，为避免接受钢包时受到冲击，一般框架在上升位置时接收钢包，然后慢慢下降坐落在称量传感器上。另外，当钢包水口打不开时，利用升降装置将钢包升起，便于操作工用氧气烧水口。

如图 14-5 所示，钢包升降运动通过电动机 3、经减速箱 4 带动 8 个蜗轮千斤顶 2 使升降框架动作。钢包升降运动也可以用液压缸同步推动。

除此之外，为了确保回转台准确地停在浇铸或受钢位置，还设有主令控制器和锁定装置，把回转臂锁紧在浇铸位置上。

另外，润滑装置采用集中自动润滑方式，将润滑油注入轴承和柱销齿轮等部件润滑。

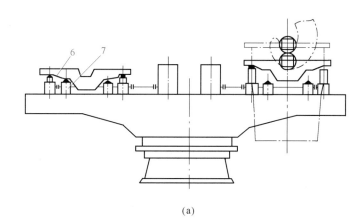

(a)

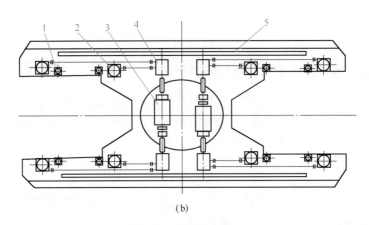

图 14-5　钢包升降装置

（a）侧视图；（b）顶视图

1，7—称量传感器；2—蜗轮千斤顶；3—电动机；4—减速箱；

5—保温盖移动走行轨道；6—升降框架

## 14.1.6　钢包回转台工作特点和主要参数

### 14.1.6.1　钢包回转台工作特点

（1）重载。钢包回转台承载几十吨到几百吨的钢包，当两个转臂都承托着盛满钢水的钢包时，所受的载荷为最大。

（2）偏载。钢包回转台承载的工况有两边满载、一满一空、一满一无、一空一无、两无、两空 6 种。最大偏载出现在一满一无的工况，此时钢包回转台会承受最大的倾翻力矩。

（3）冲击。由于钢包的安放、移去都是用起重机完成的，因此在安放移动钢包时产生冲击，这种冲击使回转台的零部件承受动载荷。

（4）高温。钢包中的高温钢水会对回转台产生热辐射，从而使钢包回转台承受附加的热应力；另外浇铸时飞溅的钢水也会给回转台带来火警隐患。

### 14.1.6.2　钢包回转台的主要参数

（1）承载能力。钢包回转台的承载能力按转臂两端承载满包钢水的工况进行确定，例如一个 300 t 钢包，满载时总重为 440 t，则回转台承载能力为 440 t×2。另外，还应考虑承接钢包的一侧，在加载时的垂直冲击引起的动载荷系数。

（2）回转速度。钢包回转台的回转转速不宜过快，否则会造成钢包内的钢水液面波动，严重时会溢出钢包外、引发事故。一般钢包回转台的回转转速为 1 r/min。

（3）回转半径。钢包回转台的回转半径是指回转台中心到钢包中心之间的距离。回转半径一般根据钢包的起吊条件确定。

（4）钢包升降行程。钢包在回转台转臂上的升降行程，是为进行钢包长水口的装卸与浇铸操作所需空间服务的，一般钢包都是在升降行程的低位进行浇铸，在高位进行旋转或受包、吊包；钢包在低位浇铸可以降低钢水对中间包的冲击，但不能与中间包装置相碰撞。通常钢包升降行程为 600～800 mm。

（5）钢包升降速度。钢包回转台转臂的升降速度一般为 1.2～1.8 m/min。

## 14.2 中间包

中间包是介于钢包和结晶器之间的一个中间容器，中间包首先接受钢包中的钢水，然后钢水通过中间包水口注入结晶器中。它可以确保其内的钢水有稳定的液面深度，从而保证钢水能在较小而稳定的压力下，平稳地注入结晶器，减少钢流冲击引起的飞溅、紊流和结晶器的液面波动；钢水在中间包内停留过程中，由于静压力减小，有利于非金属夹杂物上浮，提高钢水的纯

视频
中间包

净度；在多流连铸机上中间包可以分流；在多炉连浇的情况下，中间包还可以贮存一定量的钢水，以保证换钢包期间不断流。随着对铸坯质量要求的进一步提高，中间包也可作为一个连续的冶金反应容器。可见，中间包的主要作用是减压、稳流、除夹杂、分流、贮钢及中间包冶金等。

中间包的形状应具有最小的散热面积和良好的保温性能，同时保证钢液在中间包内不旋流。一般常用的类型按其形状可分断面形状为圆形、椭圆形、三角形、矩形和"T"字形等，如图 14-6 所示。

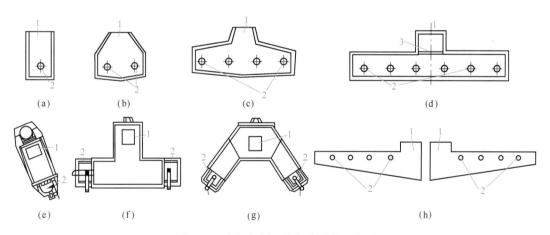

图 14-6　中间包断面的各种形状示意图
1—钢包注流位置；2—中间包水口；3—挡渣墙

中间包的形状力求简单、以便于吊装、存放、砌筑、清理等操作。按其水口流数可分单流、多流等，中间包的水口流数一般为 1～4 流。

中间包由包壳、包盖、内衬、水口及水口控制机构（滑动水口机构、塞棒机构）、挡渣墙等装置组成，如图 14-7 所示。

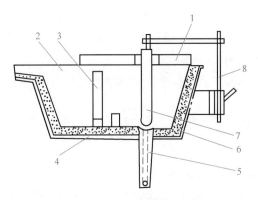

图 14-7  中间包构造示意图

1—包盖；2—溢流槽；3—挡渣墙；4—包壳；5—水口；6—内衬；7—塞棒；8—塞棒控制机构

## 14.2.1  包壳、包盖

包壳一般用 12~20 mm 的钢板焊成，并钻有若干小孔，以便耐火材料透气。包壳有一定倒锥度，上口有溢流槽，下边缘呈斜角，包身和包底焊有加强筋，包盖和包壳上有吊钩。中间包盖的作用是保温和防溅，还可以减少炽热钢水对钢包底部的辐射烘烤。它也是钢板焊接结构，内衬采用耐火混凝土捣打而成。包盖上留有预热用孔、塞棒用孔及中间一个钢包浇铸用孔。

## 14.2.2  内衬

中间包耐火衬由工作层、永久层和绝热层等组成。其中绝热层用石棉板、保温砖砌筑或轻质浇铸料砌筑而成，绝热层紧贴包壳钢板，以减少散热；永久层用黏土砖砌筑或用浇铸料整体浇铸成形；工作层与钢液直接接触，可用高铝砖、镁质砖砌筑；也可用硅质绝热板、镁质绝热板或镁橄榄石质绝热板组装砌筑；还可以在工作层砌砖表面喷涂 10~30 mm 的一层涂料。中间包内衬喷涂涂料主要是用作工作层，它的优点是：

（1）涂料耐钢液和钢渣的侵蚀，使用寿命长；

（2）施工方便，更换迅速；

（3）便于清理残余涂料层和残渣，且不损坏砌砖层，相对降低了耐火材料的消耗。

用涂层的中间包在养护干燥后和使用前需烘烤。

如使用绝热板砌筑，在绝热板与永久层之间要填充河砂，其目的是缓冲中间包内衬受热的膨胀压力，其次可起到一定的绝热作用，并便于拆卸内衬。

硅质绝热板主要成分是 $SiO_2$，适于浇铸炭素钢、普通低合金钢和炭素结构钢；而镁质绝热板主要成分是 MgO，适用于浇铸特殊钢和一些质量要求高的钢种。镁质绝热板比硅质绝热板对钢液污染小。使用绝热板中间包的优点有：

可以冷包使用，据统计，使用冷包后，每 1 t 钢能节省 2 kg 标准燃料；加快了中间包的周转，周转周期由 16 h 降至 8 h；提高中间包的使用寿命，减少了永久层的耐火材料消耗；保温性能好，为此出钢温度可降低 10 ℃左右，有利于连铸生产管理；便于清理和砌筑。

在出钢孔处砌筑座砖和水口砖。在大容量中间包的耐火衬中还设置矮挡墙和挡渣墙，主要可隔离钢包的注流对中间包内钢水的扰动，使中间包内钢水的流动更趋合理，更有利于钢水中非金属夹杂物的上浮，从而提高钢水的纯净度。

**14.2.3　挡渣墙**

中间包挡渣墙的作用是可改变包内钢水的流动状态，消除中间包底部的死区，使钢水中的夹杂物容易从钢水中分离出来，同时可使中间包的传热过程和温度分布更趋平均，以利于对浇铸钢水温度的控制。挡渣墙的形状如图 14-8 所示。

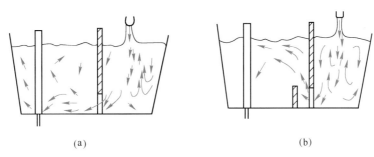

(a)　　　　　　　　　　　　　　(b)

图 14-8　挡渣墙示意图

（a）隧道型挡渣墙；（b）隧道加坝型挡渣墙

**14.2.4　滑动水口**

*14.2.4.1　滑动水口的种类*

滑动水口的作用是在浇铸过程中用来开放、关闭和控制从盛钢桶或中间包流出的钢水流量。它和塞棒水口浇铸相比，安全可靠，能精确控制钢流，有利于实现自动化。滑动水口机构安装在中间包或盛钢桶底部，工作条件得到改善，另外插入式和旋转式滑动水口在浇铸过程中可更换滑板，使中间包

视频
滑动水口

连续使用，有利于实现多炉连浇。滑动水口驱动方式有液压、电动和手动 3 种。国内最常见的为液压驱动。

滑动水口依滑板活动方式不同有插入式（见图 14-9）、往复式（见图 14-10）和旋转式滑动水口 3 种形式。它们都是采用 3 块耐火材料滑板，上下 2 块为带流钢孔的固定滑板，中间加 1 块活动滑板以控制钢流。插入式滑动水口是按所需程序，将滑板由一侧推入两固定滑板之间，而从另一侧推出用过的活动滑板。往复式滑动水口的带孔滑板通过液压传动做往复运动，达到控制钢流的目的。旋转式滑动水口是在一旋转托盘上装有 8 块活动滑板以替换使用。调节钢流时，托盘缓慢转动以实现水口的开关及钢流控制。

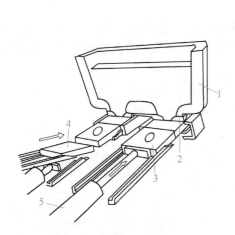

图 14-9 插入式滑动水口

1—中间包；2—固定滑板；3—带水口活动滑板；

4—无水口滑动滑板；5—液压缸

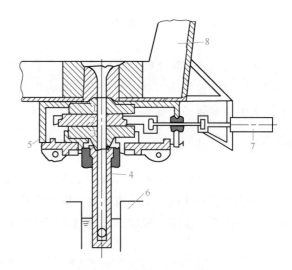

图 14-10 往复式滑动水口

1—上固定滑板；2—活动滑板；3—下固定滑板；

4—浸入式水口；5—滑动水口箱体；6—结晶器；

7—液压缸；8—中间包

滑动水口上下滑板之间用特殊耐热合金制造的螺旋弹簧压紧，浇铸时弹簧用压缩空气冷却。

### 14.2.4.2 滑动水口控制机构的安装

根据滑动水口控制机构结构不同，安装方法也有所不同。从安装区域来分，可分离线安装和在线安装两种。离线安装指液压缸在滑板安装区域即安装在钢包或中间包上，在连铸平台上仅需接上液压管快速接头；在线安装指钢包或中间包在浇铸位时，整体安装上液压缸和液压管，其优点是液压缸使用条件改善、管路不易污染，缺点是安装不很方便。

（1）正确选择滑板砖，上下滑板砖的磨光面经研磨后，要用塞尺测量其配合面之间的间隙，如浇铸镇静钢，其配合间隙应不大于 0.15 mm。另外要检查上下滑板砖的质量，不得有缺角、缺棱和肉眼可见的裂纹等缺陷。

（2）所用的耐火泥要调和均匀、干稀适当，呈糊状，泥中不能有结块、石粒、渣块等硬物。

（3）在安装上滑板砖之前，要清理干净固定盒的上滑板槽，上下水口内及上下水口砖接触面之间的残钢、残渣。

（4）上滑板砖的一面要涂上足够的耐火泥，然后装配到上水口砖上，两者之间在安装时要求接触严密，并用调整装置进行压紧校平，无明显的倾斜。

（5）在安装下滑板砖之前，应检查、清理滑动盒内的拖板驱动机构，并加油润滑；必须保证拖板驱动机构完好无损、调节灵活。

（6）下滑板砖的一面要涂上耐火泥，然后装配到下水口砖上，两者之间在安装时要求接触严密，并进行压紧校平，使下滑板砖的四周与拖板的上沿距离相等。

（7）在组装滑板砖之前，应在下滑板砖的磨光面上涂石墨油，接着将装有下滑板砖的拖板放入滑动盒的导向槽内，然后关闭滑动盒，锁定固定盒的活扣装置，使滑动盒扣紧在固定盒上，并使上下滑板砖之间产生预定的工作压力。

（8）将滑动水口机构的驱动液压缸及传动装置安装、连接到位，然后对滑动水口机构进行滑动校核试验，以检验、确认滑动水口机构的动作是否平稳、灵活、无异声、无松紧现象。

（9）最后将上下水口内挤入的残余耐火泥及垃圾清理干净。

### 14.2.4.3 滑动水口控制机构的检查、调整

在浇铸结束后中间包的滑动水口机构随中间包一起吊运到中间包维修区，在那里完成滑动水口机构的拆卸，解除滑板之间面压、更换滑板砖、施加面压组装并安装在中间包上等维修作业，然后随已修砌的中间包一起等待烘烤使用。此时连铸操作人员需对中间包的滑动水口机构做好以下例行检查、连接、调整等工作。

（1）严格检查滑动水口机构的面压数值，如不合格切不可使用，并将该滑动水口机构随中间包退回中间包维修区重新进行拆卸。检查机构的整体安装问题、弹簧的预紧力或零部件变形、滑板砖厚度等。

（2）滑动水口机构与中间包本体之间应正确安装、联结牢固，没有异常状况。

（3）滑动水口机构与驱动液压缸之间应正确安装、联结牢固，液压缸及其液压管接头处无漏油现象。

（4）将滑动水口机构上的气冷、气封软管连接到位，并作通气检验，以确认压缩空气和氩气等供应到位，同时检查接头处，应无气体泄漏。

（5）操作滑动水口的操纵盘，使滑动水口的液压站卸压，然后通过快速接头将两根液压软管与液压缸对应连接到位；另外通过接插器，将液压缸位置检测器的电缆线与液压缸连接到位。

（6）操作滑动水口的操纵盘，反复使滑动水口机构做打开、关闭试验，以检查滑动水口机构动作的灵活、平稳性，检查有无异常的声响；同时通过开口度指示器确认水口打开与关闭的极限位置，并对液压缸的位置检测器作水口关闭时的零点位置确认操作。

（7）按下滑动水口操纵盘的"紧急关闭"电钮，并检查确认滑动水口机构关闭动作到位情况。

（8）使滑动水口液压站处于卸压，滑动水口机构恢复至全开状态。

待上述各项中间包滑动水口机构的检查、连接、调整工作全部结束，确认到位后，则可将该新砌的中间包进行烘烤，准备使用。

## 14.2.5 中间包主要工艺参数

### 14.2.5.1 中间包容量

中间包的容量一般取盛钢桶容量的20%~40%，甚至50%。大容量钢包取中下值，小容量钢包取中上值。容量过大，钢水在包内停留时间过长，容易降温，出事故时包内残存

钢水也多。容量过小，无法满足工艺要求。在多炉连浇的情况下，中间包的容量应大于更换盛钢桶时浇铸所需钢水量，此时中间包容量 $G$ 应为：

$$G = 1.3AV\rho tn \qquad (14\text{-}1)$$

式中　$A$ ——铸坯断面积，$m^2$；

　　　$V$ ——平均拉速，$m/min$；

　　　$\rho$ ——钢水密度，$t/m^3$；

　　　$t$ ——更换钢包时间，$min$；

　　　$n$ ——流数。

中间包内钢液面深度一般不小于 $400\sim450$ mm，钢包采用浸入式水口时，钢水深度要加大到 $600\sim1000$ mm。更换钢包时包内最低液面深度不能小于 $300$ mm，以免浮渣卷入结晶器内。包内钢液面到中间包上口的距离应留有 $200$ mm 左右。包壁带有 $10\%\sim20\%$ 的倒锥度。

### 14.2.5.2　水口直径

水口直径要保证连铸机在最大拉速情况下所需要的钢流量。水口直径过大，浇铸时必须经常控制水口开度，过小又会限制拉速，水口也易冻结。可按经验公式计算：

$$d^2 = 330\left(\frac{Q}{\sqrt{H}}\right) \qquad (14\text{-}2)$$

式中　$Q$ ——一个水口全开时钢水流量，$t/h$；

　　　$H$ ——中间包钢液深度，mm。

例如：浇铸铸坯断面为 $150$ mm×$150$ mm，最大拉速为 $1.5$ m/min，中间包钢水深度为 $450$ mm，确定其水口直径。

$$Q = 60AV\rho = 60 \times 0.15 \times 0.15 \times 1.5 \times 7.6 = 15.39 \text{ t/h}$$

$$d = \sqrt{330 \times \frac{15.39}{\sqrt{450}}} = \sqrt{239.4} = 15.47 \text{ mm}$$

取水口直径 $16$ mm。

## 14.3　中间包车

中间包车是中间包的运载设备，在浇铸前将烘烤好的中间包运至结晶器上方并对准浇铸位置，浇铸完毕或发生事故时，将中间包从结晶器上方运走。生产工艺要求中间包小车能迅速更换中间包，停位准确，容易使中间包水口对准结晶器。为方便装卸浸入式水口，中间包应能升降。

视频
中间包车

### 14.3.1　中间包车的类型

中间包车按中间包水口在中间包车的主梁、轨道的位置，可分为门式和悬吊式两种类型。

（1）门式（门型、半门型）中间包车。门型中间包车的轨道布置在结晶器的两侧，重心处于车框中，安全可靠，如图 14-11 所示。门型中间包车适用于大型连铸机。但由于门式中间包车是骑跨在结晶器上方，使操作人员的操作的视野范围受到一定限制。

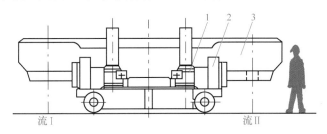

图 14-11　门型中间包车

1—升降机构；2—走行机构；3—中间包

半门型中间包车如图 14-12 所示。它与门型中间包车的最大区别是布置在靠近结晶器内弧侧，浇铸平台上方的钢结构轨道上。

（2）悬吊式（悬臂型、悬挂型）中间包车。悬臂型中间包车，中间包水口伸出车体之外，浇铸时车位于结晶器的外弧侧；其结构是一根轨道在高架梁上，另一根轨道在地面上，如图 14-13 所示。车行走迅速，同时结晶器上面供操作的空间和视线范围大，便于观

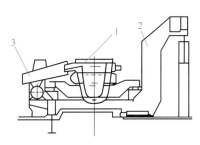

图 14-12　半门型中间包车

1—中间包；2—中间包车；3—溢流槽

察结晶器内钢液面，操作方便；为保证车的稳定性，应在车上设置平衡装置或在外侧车轮上增设护轨。

悬挂型中间包车的特点是两根轨道都在高架梁上，如图 14-14 所示，对浇铸平台的影响最小，操作方便。

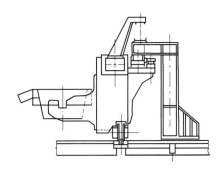

图 14-13　悬臂型中间包车

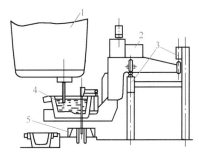

图 14-14　悬挂型中间包车

1—钢包；2—悬挂型中间包车；

3—轨道梁及支架；

4—中间包；5—结晶器

悬臂型和悬挂型中间包车只适用于生产小断面铸坯的连铸机。

### 14.3.2 中间包车的结构

中间包小车结构如图 14-15 所示，由车架走行机构、升降机构、对中装置及称量装置等组成。

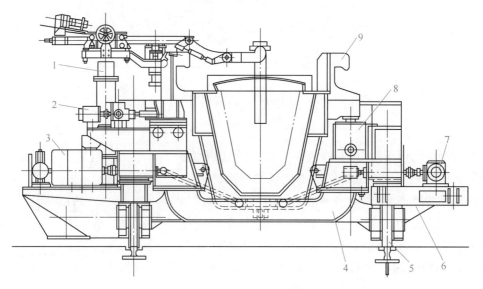

图 14-15 中间包升降传动装置

1—长水口安装装置；2—对中微调驱动装置；3—升降驱动电动机；4—升降框架；5—走行车轮；
6—中间包车车架；7—升降传动伞齿轮箱；8—称量装置；9—小间包专用吊具

车架是钢板焊接的鞍形框架，这种结构使得中间包浸入式水口周围具有足够的空间，便于操作人员靠近结晶器进行观察、取样、加保护渣及去除结晶器内钢液面残渣。

车架行走装置是由快、慢速两台电动机通过行星差动减速器驱动一侧车轮作双速运转，它设置在车体的底部。通过中间齿轮及横穿包底的中间接轴驱动另一侧车轮。4 个车轮中 2 个为主动车轮。在操作侧的 2 个车轮为双轮缘，相对一侧车轮无轮缘。

升降装置能使中间包上升、下降。它设置在车体上，支撑和驱动升降平台。放置中间包的升降框架由 4 台丝杆千斤顶支撑，由 2 台电机通过 2 根万向接轴驱动。2 组电动机驱动系统用锥齿轮箱和连接轴连接起来，具有良好的同步性和自锁性。有的用液压传动来实现中间包上升和下降。

在拉坯方向，中间包水口安装位置中心线与结晶器厚度方向上的中心线往往有误差，需要调整；当浇铸板坯厚度变化时，也要调整水口位置。因此，中间包小车升降框架上设有对中微调机构。对中装置驱动电机通过蜗轮蜗杆带动与中间包耳轴支撑座相连的丝杆转动，使中间包水口中心线对准结晶器厚度方向上的中心线。为减少微调中的阻力，中间包耳轴支撑座为球面和滚轮滑座支撑。有的用液压传动来实现对中。

在中间包耳轴支撑座下面设有中间包称量装置，它是通过 4 个传感器来显示的。在中间包小车上还设有长水口安装装置，将钢包的长水口安装在钢包的滑动水口上，并将其紧紧压住。

## 思 考 题

14-1　钢包回转台的作用有哪些，有哪几种类型，其工作特点是什么？

14-2　中间包的作用有哪些？

14-3　简述钢包回转台的结构。

#  15 结晶器和结晶器振动设备

课件

## 15.1　结晶器

视频
结晶器

结晶器是连铸机主体设备中一个关键的部件，它类似于一个强制水冷的无底钢锭模。它的作用是使钢液逐渐凝固成所需规格、形状的坯壳，且使坯壳不被拉断、漏钢及不产生歪扭和裂纹等缺陷；保证坯壳均匀稳定地成长。

中间包内钢水连续注入结晶器的过程中，结晶器受到钢水静压力、摩擦力、钢水的热量等因素影响，工作条件较差，为了保证坯壳质量、连铸生产顺利进行，结晶器应具备以下基本要求：

（1）结晶器内壁应具有良好的导热性和耐磨性；

（2）结晶器应具有一定的刚度，以满足巨大温差和各种力作用引起的变形，从而保证铸坯精确的断面形状；

（3）结晶器的结构应简单，易于制造、装拆和调试；

（4）结晶器的重量要轻，以减少振动时产生的惯性力，振动平稳可靠。

结晶器类型按其内壁形状，可分直形及弧形等；按铸坯规格和形状，可分圆坯、矩形坯、方坯、板坯及异型坯等；按其结构形式，可分整体式、套管式及组合式等。

### 15.1.1　结晶器的主要参数

结晶器的主要参数包括结晶器的断面形状和尺寸、结晶器的倒锥度、结晶器的长度、结晶器的水缝面积。

#### 15.1.1.1　结晶器的断面形状和尺寸

结晶器的断面形状和尺寸是根据铸坯的公称断面尺寸来确定的，公称断面是指冷坯的实际断面尺寸。由于结晶器内的坯壳在冷却过程中会逐渐收缩，及考虑矫直变形的影响，所以结晶器的断面尺寸确定应比铸坯的断面尺寸大 2%～3%。结晶器的断面形状确定应与铸坯的断面形状相一致，根据铸坯的断面形状可采用正方坯、板坯、矩形坯、圆坯及异型坯结晶器。

#### 15.1.1.2　结晶器的倒锥度

钢液在结晶器内冷却凝固生成坯壳，进而收缩脱离结晶器壁，产生气隙。因而导热性能大大降低，由此造成铸坯的冷却不均匀；为了减小气隙，加速坯壳生长，结晶器的下口要比上口断面略小，称为结晶器倒锥度。可用式（15-1）表示：

$$e_1 = \frac{S_下 - S_上}{S_上 L} \times 100\% \tag{15-1}$$

式中  $e_1$——结晶器每米长度的倒锥度，%/m；

$\quad S_下$——结晶器下口断面积，$mm^2$；

$\quad S_上$——结晶器上口断面积，$mm^2$；

$\quad L$——结晶器的长度，m。

对于矩形坯或板坯连铸机来说，厚度方向的凝固收缩比宽度方向收缩要小得多。其锥度按式（15-2）计算：

$$e_1 = \frac{B_下 - B_上}{B_上 l_m} \times 100\% \tag{15-2}$$

式中  $B_下$——结晶器下口宽边或窄边长度，mm；

$\quad B_上$——结晶器上口宽边或窄边长度，mm。

倒锥度的选择十分重要，选择过小，坯壳会过早脱离结晶器内壁，严重影响冷却效果，使坯壳在钢水静压力作用下产生鼓肚变形，甚至发生漏钢。选择过大，会增加拉坯阻力，加速结晶器内壁的磨损。

为选择合适的倒锥度，设计结晶器时，要对高温状态下各种钢的收缩系数有全面的实验研究。根据实践，一般套管式结晶器的倒锥度，依据钢种不同，应取 $(0.4 \sim 0.9)\%/m$。对于板坯结晶器，一般都是宽面相互平行或有较小的倒锥度，使窄面有 $(0.9 \sim 1.3)\%/m$ 的倒锥度。通常小断面的结晶器上下口尺寸可不改变。

### 15.1.1.3　结晶器的长度

结晶器的长度是保证铸坯出结晶器时，能否具有足够坯壳厚度的重要因素。若坯壳厚度较薄，铸坯就容易出现鼓肚，甚至拉漏，这是不允许的。根据实践，结晶器的长度应保证铸坯出结晶器下口的坯壳厚度大于或等于 $10 \sim 25$ mm。通常，生产小断面铸坯时取下限，而生产大断面时，应取上限。结晶器长度可按式（15-3）计算：

$$L_m = \left(\frac{\delta}{\eta}\right)^2 V \tag{15-3}$$

式中  $L_m$——结晶器的有效长度，mm；

$\quad \delta$——结晶器出口处的坯壳厚度，mm；

$\quad \eta$——结晶器凝固系数，$mm/min^{1/2}$，一般取 $20 \sim 24$ $mm/min^{1/2}$；

$\quad V$——拉坯速度，mm/min。

考虑到钢液面到结晶器上口应有 $80 \sim 120$ mm 的高度，故结晶器的实际长度应为：

$$L = L_m + (80 \sim 120)mm$$

根据国内的实际情况，结晶器长度一般为 $700 \sim 900$ mm。小方坯及薄板坯连铸机由于拉速高也常取 $1000 \sim 1100$ mm。长度过长的结晶器加工困难并增加拉坯阻力，降低结晶器使用寿命，使铸坯表面出现裂纹甚至被拉漏，一般高拉速，应取较长的结晶器。

15.1.1.4　结晶器的水缝面积

钢水在结晶器内形成坯壳的过程中，其放出的热量 96% 是通过热传导由冷却水带走。在单位时间内，单位面积铸坯被带走的热量称为冷却强度。影响结晶器冷却强度的因素，主要是结晶器内壁的导热性能和结晶器内冷却水的流速和流量。必须合理确定结晶器的水缝总面积 $A$。

$$A = \frac{10000}{36} \times \frac{QL}{V_\text{水}} \tag{15-4}$$

式中　$Q$——结晶器每米周边长耗水量，$\text{m}^3/(\text{h} \cdot \text{m})$；

　　　$L$——结晶器周边长度，$\text{m}$；

　　　$V_\text{水}$——冷却水流速，$\text{m/s}$。

结晶器内冷却水量过大，铸坯会产生裂纹，过小又易造成鼓肚变形或漏钢。结晶器的冷却水槽形式如图 15-1 所示。

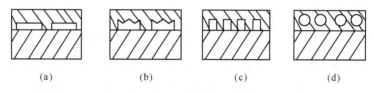

图 15-1　结晶器的冷却水槽形式

（a）一字形；（b）山字形；（c）沟槽式（15 mm×5 mm）；（d）钻孔式

由于结晶器内壁直接与高温钢水接触，所以内壁材料应具有以下性能：导热性好，具有足够的强度、耐磨性、塑性及可加工性。

结晶器内壁使用的材质主要有以下几种。（1）铜：结晶器的内壁材料一般由紫铜、黄铜制作，因为其具有导热性好、易加工、价格便宜等优点，但耐磨性差，使用寿命较短。（2）铜合金：结晶器的内壁采用铜合金材料，可以提高结晶器的强度、耐磨性，延长结晶器的使用寿命。（3）铜板镀层：为了提高结晶器的使用寿命，减少结晶器内壁的磨损，防止铸坯产生星状裂纹，可对结晶器的工作面进行镀铬或镀镍等电镀技术。

## 15.1.2　结晶器的结构

结晶器的结构形式有整体式、管式和组合式三种。主要由内壁、外壳、冷却水装置及支撑框架等零部件组成。整体式由于耗铜量很大、制造成本较高、维修困难而应用少。管式广泛用于小方坯连铸机，组合式广泛用于板坯连铸机。

15.1.2.1　管式结晶器

管式结晶器结构如图 15-2 所示。

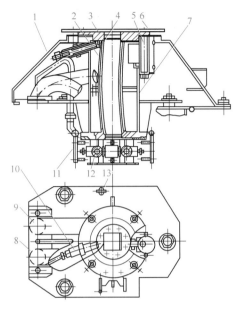

视频 结晶器
分类

图 15-2 管式结晶器

1—结晶器外罩；2—内水套；3—润滑油盖；4—结晶器铜管；5—放射源容器；6—盖板；
7—外水套；8—给水管；9—排水管；10—接收装置；11—水环；12—足辊；13—定位销

结晶器的外壳是圆筒形。用铜管 4 作为结晶器的内壁，外套钢质内水套 2，二者之间形成 7 mm 的冷却水缝。内外水套之间利用上下两个法兰把铜管压紧。上法兰与外水套的连接螺栓上装有碟形弹簧，使结晶器在冷态下不会漏水，在受热膨胀时弹簧所产生的压应力不超过铜管的许用应力。结晶器的冷却水工作压力为 0.4~0.6 MPa。冷却水从给水管 8 进入下水室，以 6~8 m/s 的速度流经水缝进入上水室，由排水管排出。水缝上部留有排气装置，排出因过热而产生的少量水蒸气，提高导热效率和安全性能。

结晶器的外水套为圆筒形，中部焊有底脚板，将结晶器固定在振动台架上。底脚板上有 2 处定位销孔和 3 个螺栓孔，保证安装时，以外弧为基准与二次冷却导辊对中。冷却水管的接口及给、排水和足辊 11 的冷却水管都汇集在底脚板上。当结晶器锚固在振动台上时，这些水管也都同时接通并紧固好。

水套上部装有 $^{60}$Co 或铯 $^{137}$Cs 放射源容器 5 及信号接收装置 10，自动指示并控制结晶器内钢液面。放射源 $^{60}$Co 或铯 $^{137}$Cs 棒偏心地插在一个可转动的小铅筒内，小铅筒又偏心地装在一个大铅筒内，不工作时将小铅筒内的 $^{60}$Co 棒转动到大铅筒中心位置，四周都得到较好的屏蔽，是安全存放位置。浇钢时，小铅筒转 180°，使 $^{60}$Co 或铯 $^{137}$Cs 棒转到最左面靠近钢液位置。对应于放射部位的水套上装了一个隔水室，以减少射线损失。在放射源的对面装一倾斜圆筒，内装计数器接收装置。

这种结晶器结构简单，易于制造和维护，多用于浇铸小方坯或方坯。

如将管式结晶器取消水缝，直接用冷却水喷淋冷却，则为喷淋式管式结晶器。

图 15-3 是喷淋冷却式结晶器的示意图。根据喷淋
结晶器铜管的传热规律及为了尽可能减少喷嘴数量，采
用了大角度、大流量的专用喷嘴。喷嘴冷却水的分布是
沿铜管方向，在弯月面处水量大，下部水量小；沿结晶
器横断面，中部水量大，角部水量小。从而达到传热效
率高并节省冷却水的目的。

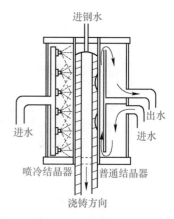

图 15-3　喷淋冷却式结晶器示意图

生产实践证明，喷淋冷却结晶器安全可靠，可延长
铜管的使用寿命，降低漏钢率，提高生产作业率，并使
结晶器冷却水耗量大幅度下降。

采用喷淋式冷却技术可使结晶器铜壁均衡地冷却，
减小铜壁和铸坯之间的间隙，可使初凝坯壳向外传热速
度增加 30% ~ 50%，特别是在结晶器传热量最大的弯月区提高了冷却强度，明显地助长了
铸坯坯壳的形成。

### 15.1.2.2　组合式结晶器

组合式结晶器由 4 块复合壁板组合而成。每块复合壁板都是由铜质内壁和钢质外壳组
成的。在与钢壳接触的铜板面上铣出许多沟槽形成中间水缝。复合壁板用双头螺栓连接固
定，如图 15-4 和图 15-5 所示。冷却水从下部进入，流经水缝后从上部排出。4 块壁板有
各自独立的冷却水系统。在 4 块复合壁板内壁相结合的角部，垫上厚 3 ~ 5 mm 并带 45°倒
角的铜片，以防止铸坯角裂。

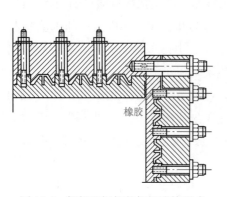

图 15-4　铜板和钢板的螺钉连接形式

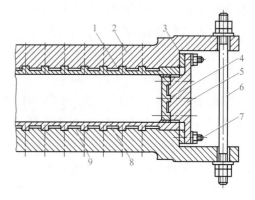

图 15-5　组合式结晶器

1—外弧内壁；2—外弧外壁；3—调节垫块；
4—侧内壁；5—侧外壁；6—双头螺栓；
7—螺栓；8—内弧内壁；9—一字形水缝

组合式结晶器改变结晶器的宽度可以在不浇钢时离线调整，也可以在浇铸过程中进行
在线自动调整。可用手动、电动或液压驱动调节结晶器的宽度。当浇铸中进行调宽操作
时，首先用液压油缸压缩碟形弹簧使与螺栓相连的宽面框架和壁板向外弧侧松开，消除结

晶器两宽面对窄面的夹紧力，使窄面能够移动。再经过调宽驱动装置（见图15-6），经螺旋转动带着结晶器窄面壁板前进或后退，实现结晶器宽度的变化。通过调锥驱动装置 5 的电机驱动偏心轴，使调宽度部分整体地沿着球面座 6 上下带动窄面支撑板 1 摆动，实现结晶器锥度的调整。调宽完毕，卸去液压缸顶紧力，碟形弹簧又重新夹紧。

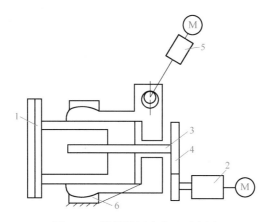

图 15-6　结晶器调宽装置示意图

1—窄面支撑板；2—调宽驱动装置；3—丝杆；4—齿轮；5—调锥驱动装置；6—球面座

通常在紧挨结晶器的下口装有足辊或保护栅板，保证以外弧为基准与二冷支导装置的导辊严格对中，从而保护好结晶器下口，避免其过早过快磨损。

内壁铜板厚度在 20~50 mm，磨损后可加工修复，但最薄不能小于 10 mm。对弧形结晶器来说，两块侧面复合板是平的，内外弧复合板做成弧形的。而直形结晶器 4 面壁板都是平面状的。

影响结晶器使用寿命的因素很多，如材质、横断面大小、形状、振动方式、冷却条件以及钢流偏心冲刷、润滑不良、多次拉漏等。结晶器断面越大，长度越长，寿命越低。结晶器下口导辊与二冷支导装置的对弧精度对使用寿命影响很大。对弧公差一般为 0.5 mm，对弧应用专用弧形样板以结晶器的外弧为基准进行检查。

### 15.1.3　结晶器宽度及锥度的调整、锁定

#### 15.1.3.1　结晶器锥度调整装置

结晶器在浇铸过程中，由于高温钢水的冲刷，铸坯与结晶器内壁之间的磨损，结晶器的锥度会发生变化，因此要设置结晶器锥度调整装置，可对结晶器的锥度进行在线调整，并用锥度测量仪进行定期测量。这样才能保证连铸坯均匀冷却，获得良好的表面质量和内部质量。

视频　结晶器
本体结构

结晶器锥度调整装置如图 15-7 所示。它主要由电动机、减速器、联轴器、偏心轴、轴承及平移装置等零部件组成。整个装置安装在结晶器支撑框架的专用槽孔内。一般锥度调整范围为 3~16 mm。

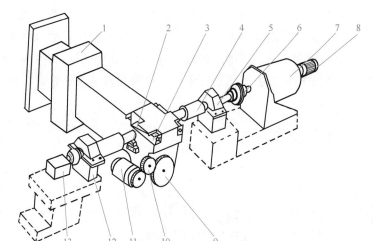

视频　结晶器调宽

图 15-7　结晶器锥度调整装置

1—平移装置；2—下垫块；3—上垫块；4—偏心轴；5，12—轴承座；6—联轴器；7—减速器；
8—锥度调整用电动机；9，10—开式齿轮传动；11—平移用电动机；13—回转角检测器

### 15.1.3.2　结晶器锥度仪的使用

如果结晶器的锥度状态设置不正确或锥度状态锁定不住，将直接影响铸坯边角部区域的坯形、铸坯质量、连浇炉数。因此，必须定期对结晶器的锥度实施测量、调整和锁定操作。

结晶器锥度仪的种类和形式较多，但一般常用的是手提数字显示电子锥度仪。

结晶器锥度仪的使用方法，通常应遵循以下操作步骤及注意事项。

（1）检查、调整锥度仪的横搁杆长度，以确保能将锥度仪搁置在结晶器的上口处。

（2）将锥度仪杆身放入结晶器内，并通过其横搁杆使锥度仪搁置在结晶器的上口处。

（3）使锥度仪的垂直面 3 个支点与结晶器内铜板相接触，且保持 1 个支点稳定、牢固、轻柔的压力接触。

（4）调整锥度仪表头的水平状态，使其的水平气泡位于中心部位。

（5）按下锥度仪的电源开关使锥度仪显示锥度数值，一般锥度仪显示的数值在初始的几秒钟内会不断地变换，然后稳定在一个数值上。

（6）锥度仪显示锥度数值约 10 min 后会自动关闭电源。如果锥度测量尚未完成，这时可再次按下开关电钮，继续进行锥度测量。

（7）如果锥度仪的电池能量已基本消耗，会在其表头显示器上出现报警信号，此时应立即更换新的电池。

（8）锥度仪是一种精密的检测仪器，在使用过程中应当小心轻放，避免磕碰、摔打，不用时应当妥善存放，切不能将其放置在高温、潮湿的环境中。

（9）每隔半年时间，锥度仪应进行一次测量精度的校验与标定测试。

### 15.1.3.3　结晶器宽度及锥度的调整、锁定

板坯连铸机组合式结晶器的窄面板调宽和调锥度装置的形式可分在线停机调整和在线

不停机调整两种类型。

结晶器在线调宽、调锥度装置的调整方式都是采用电动粗调、手动精调等操作，通常应遵循以下操作要点。

（1）结晶器在线停机调整、调锥度装置只能在停机后的准备模式状态下进行调宽、调锥度操作，在其他模式状态下不允许操作。

（2）在实施结晶器调宽、调锥度前，必须先将夹紧窄面板的宽面板松开，并检查和清除积在窄面板与宽面板缝隙内的粘渣、垃圾等异物，以避免划伤宽面板铜板的镀层。

（3）根据结晶器所需调整宽度的尺寸，分别启动结晶器左、右两侧的窄面板调宽、调锥度装置驱动电动机，使结晶器两侧的窄面板分别作整体向前或向后移动，结晶器窄面板在整体调宽移动过程中，其原始的锥度保持不变。

（4）以结晶器上口中心线为基准，使用直尺分别测量结晶器左右两侧窄面板上口的宽度尺寸，以检查结晶器的宽度尺寸是否达到要求。

（5）结晶器宽度进行电动粗调操作后，接着进行手动精调的调锥度、调宽调整操作。

（6）使用结晶器锥度仪对结晶器窄面板的锥度进行测量，然后根据设定的锥度值与实际测量数值的差值，通过手动调节手轮进行微调，并使之达到设定的锥度位置状态。

（7）结晶器左右两侧窄面板的锥度状态经手动调整到位后，需对结晶器上口的宽度尺寸作复测和调整。

（8）结晶器窄面板的手动调锥、调宽的操作全部结束后，可将调节手轮拔下、回收。

（9）最后将处于松开状态的结晶器宽面板重新收紧，以夹住窄面板使其锁定。

## 15.1.4 结晶器检查与维护

### 15.1.4.1 工具准备

（1）足够长的带毫米刻度的钢皮直尺1把。

（2）与结晶器尺寸配套的千分卡尺1把。

（3）普通内、外卡规1副。

（4）锥度仪1套。

（5）塞尺1副。

（6）结晶器对中用的有足够长的弧度板、直板各1块。板度、直线必须经过校验。

（7）低压照明灯1套。

（8）水质分析仪1套。

### 15.1.4.2 结晶器检查

（1）结晶器内壁检查：

1）用肉眼检查结晶器内表面损坏情况，重点在于镀层（或铜板）的磨损、凹坑、裂纹等缺陷；

2）用卡规、千分卡、直尺检查结晶器上下口断面尺寸；

3）用锥度仪检查结晶器侧面锥度；

4）对组合式结晶器，需用塞尺检查宽面和窄面铜板之间的缝隙。

（2）用弧度板、直板检查结晶器与二冷段的对中。

（3）结晶器冷却水开通后，检查结晶器装置是否有渗、漏水。

（4）检查结晶器进水温度、压力、流量，在浇铸过程中观察结晶器进出水温差。

### 15.1.4.3  结晶器的维护

视频  结晶器
振动

（1）使用中应避免各种不当操作对结晶器内壁的损坏。

（2）结晶器水槽应定期进行清理、除污，密封件应定期调换。

（3）定期、定时分析结晶器冷却水水质，保证符合要求。

（4）结晶器检修调换时应对进出水管路进行冲洗。

## 15.2  结晶器振动设备

结晶器振动装置的作用是使其内壁获得良好的润滑、防止初生坯壳与结晶器内壁的黏结；当发生黏结时，通过振动能强制脱模，消除黏结，防止因坯壳的黏结而造成拉漏事故；有利于改善铸坯表面质量，形成表面光滑的铸坯；当结晶器内的坯壳被拉断，通过结晶器和铸坯的同步振动得到压合。

对结晶器振动装置振动运动的基本要求是：

（1）振动装置应当严格按照所需求的振动曲线运动，整个振动框架的 4 个角部位置，均应同时上升到达上止点或同时下降到达下止点，在振动时整个振动框架不允许出现前后、左右方向的偏移与晃动现象。

（2）设备的制造、安装和维护方便，便于处理事故，传动系统要有足够的安全性能。

（3）振动装置在振动时应保持平稳、柔和、有弹性，不应产生冲击、抖动、僵硬现象。

### 15.2.1  振动规律

结晶器的振动规律是指振动时，结晶器的运动速度与时间之间变化规律。如图 15-8 和图 15-9 所示，结晶器的振动规律有同步振动、负滑动振动、正弦振动和非正弦振动。

#### 15.2.1.1  同步振动

振动装置工作时，结晶器的下降速度与拉坯速度相同，即称同步，然后结晶器以 3 倍的拉坯速度上升。由于结晶器在下降转为上升阶段，加速度很大，会引起较大冲击力，影响振动的平稳性及铸坯质量。

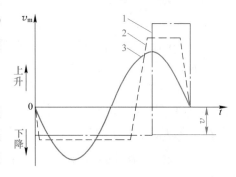

图 15-8  振动特性曲线

1—同步振动；2—负滑动振动；3—正弦振动

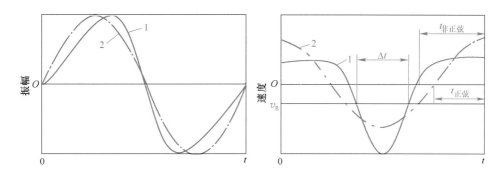

图 15-9　非正弦振动和正弦振动曲线的比较

1—非正弦振动曲线；2—正弦振动曲线

### 15.2.1.2　负滑动振动（也称为梯速振动）

振动装置工作时，结晶器的下降速度稍高于铸坯的拉坯速度，即称负滑动，这样有利于强制脱模及断裂坯壳的压合，然后结晶器以 2~3 倍的拉坯速度上升。由于结晶器在上升或下降过程都有一段稳定运动的时间，这样有利于振动的平稳和坯壳的生成，但需用一套凸轮机构，必须保证振动机构与拉坯机构连锁。

### 15.2.1.3　正弦振动

正弦振动的特点是它的运动速度按正弦规律变化，结晶器上下振动的时间和速度相同，在整个振动周期中，结晶器和铸坯间均存在相对运动。正弦振动是普遍采用的振动方式，它有如下特点：

（1）结晶器下降过程中，有一小段负滑脱阶段，可防止和消除坯壳与器壁的黏结，有利于脱模；

（2）结晶器的运动速度按正弦规律变化，其加速度必然按余弦规律变化，过渡比较平稳，冲击也小；

（3）由于加速度较小，可以提高振动频率，采用高频率小振幅振动有利于消除黏结，提高脱模作用，减小铸坯上振痕的深度；

（4）正弦振动可以通过偏心轴或曲柄连杆机构来实现，不需要凸轮机构，制造比较容易；

（5）由于结晶器和铸坯之间没有严格的速度关系，振动机构和拉坯机构间不需要采用速度连锁系统，因而简化了驱动系统。

### 15.2.1.4　非正弦振动

结晶器的非正弦振动规律。振动装置工作时，结晶器的下降速度较大，负滑动时间较短，结晶器的上升振动时间较长。采用液压伺服系统和连杆机构改变处相位来实现。

非正弦振动的效果如下。

（1）铸坯表面质量变化不大。理论和实践均表明，在一定范围内，结晶器振动的负滑脱时间越短，铸坯表面振痕就越浅。在相同拉速下，非正弦振动的负滑脱时间较正弦振动短，但变化较小，因此铸坯表面质量没有大的变化。

（2）拉漏率降低。非正弦振动的正滑动时间较改前有明显增加，可增大保护渣消耗改善结晶器润滑，有助于减少黏结漏钢与提高铸机拉速。采用非正弦振动的拉漏率有明显降低。

（3）设备运行平稳故障率低。表明非正弦振动所产生的加速度没有引起过大的冲击力，缓冲弹簧刚度的设计适当。

## 15.2.2　振动参数

结晶器振动装置的主要参数包括振幅、频率、负滑动时间和负滑动率等。

### 15.2.2.1　振幅与频率

结晶器振动装置的振幅和频率是互相关联的，一般频率越高，振幅越小。如频率高，结晶器与坯壳之间的相对滑移量大，这样有利于强制脱模，防止黏结和提高铸坯表面质量。如振幅小，结晶器内钢液面波动小，这样容易控制浇铸技术，使铸坯表面较光滑。

板坯连铸生产中，结晶器振动的频率为 49~90 次/min，有时可达 400 次/min；振幅为 3.5~5.7 mm。小方坯连铸生产中，频率为 75~240 次/min，振幅为 3 mm。

### 15.2.2.2　负滑动时间与负滑动率

结晶器振动装置的负滑动是指结晶器下降振动速度大于拉坯速度时，铸坯作与拉坯方向相反的运动。如图 15-10 所示，$t_m$ 为负滑动时间。负滑动时间对铸坯质量有重要的影响，负滑动时间越长，对脱模越有利，但振痕深度越深，裂纹增加。负滑动大小常用负滑动率表示：

$$\varepsilon = \frac{V_{下} - V_{拉}}{V_{拉}} \times 100\% \qquad (15\text{-}5)$$

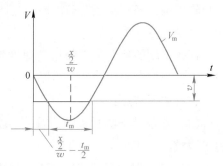

图 15-10　结晶器振动负滑动时间

式中　$\varepsilon$——负滑动率,%，生产中，一般取 5%~10%；

　　　$V_{下}$——结晶器的下降速度，m/min；

　　　$V_{拉}$——连铸机的拉坯速度，m/min。

为了保证生产的可靠性，结晶器下降时必须有一段负滑动。从这一点出发，结晶器的振幅频率选择应当根据拉坯速度来进行。它们之间的关系可用式（15-6）表示：

$$f = \frac{1000V_{拉}(1 + \varepsilon)}{2\pi S} \qquad (15\text{-}6)$$

式中　$f$——结晶器的振动频率，次/min；

　　　$\varepsilon$——负滑动率,%；

　　　$S$——结晶器的振幅，mm；

　　　$V_{拉}$——连铸机的拉坯速度，m/min。

### 15.2.3 结晶器振动机构

结晶器振动机构是使结晶器按照一定的振动方式进行振动的装置。其作用是使结晶器产生具有一定规律的振动。它必须满足两个基本条件：结晶器要准确地沿着一定的轨迹运动，即沿着弧线或直线进行振动；结晶器按一定的规律振动，如按正弦或非正弦速度波形振动。使结晶器实现弧线运动轨迹的方式有长臂式、差动式、四连杆式、四偏心轮式和液压式等。目前常用的主要是四连杆式或四偏心轴式振动机构。

#### 15.2.3.1 四连杆式振动机构

四连杆式振动机构又名双摇杆式或双短臂式振动机构。它是一种仿弧线的振动机构，常用于板坯或小方坯连铸机。其振动原理如图15-11所示。图中 $AD$、$BC$ 是一端铰接的两根摇杆，另一端是由连杆 $DC$ 连接，$DC$ 的位置即结晶器的位置。$DC$ 在某一瞬时的运动是沿着

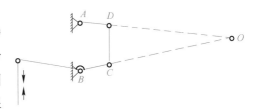

图 15-11　四连杆振动机构运动原理

以 $O$ 为圆心，以 $OD$ 和 $OC$ 为半径的圆弧运动，$OD$ 的长度就相当于弧形连铸机圆弧半径。这是一个瞬时运动，所以四连杆所实现的圆弧振动只是一个近似的圆弧轨迹，由于结晶器的振幅与连铸机圆弧半径相比是很小的，故结晶器弧形振动的误差不大于 0.1 mm，可以忽略不计。在四连杆中，必须使 $AD = BC$，$AD$ 和 $BC$ 的延长线相交于圆弧中心 $O$ 点。

图 15-12 是一种短摇臂仿弧振动机构，它的两个摇臂和传动装置都装设在内弧的一侧，适用于小方坯连铸机，因为小方坯铸机的二冷装置比较简单，不经常维修，把振动装置装设在内弧一侧，使整个连铸设备比较紧凑。图 15-12 中电动机 5 通过安全联轴器 4、无级变速器 3 驱动四连杆机构的振动臂 2，使振动台 1 作弧线振动。

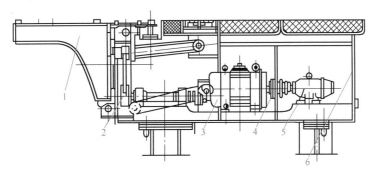

图 15-12　方坯连铸机用的四连杆振动机构

1—振动台；2—四连杆机构；3—无级变速器；4—安全联轴器；

5—电动机；6—箱架

视频　振动台结构

图 15-13 是板坯连铸机的四连杆振动机构，其摇臂和传动装置放在外弧侧，方便维修需经常拆装的二冷区扇形段夹辊。摇杆（即振动臂）较短，刚性好，不易变形。拉杆 4 内

装有压缩弹簧可以防止拉杆过负荷。偏心轴外面装有偏心套，通过改变偏心轴与套的相对位置来改变偏心距，以调节振幅的大小，既准确，又不易变形，且振动误差也较小。双摇杆、振动框架、冷却格栅和二次冷却支导装置的第一段的支撑，都放在一个共同的底座上。这样，无论是钢结构的热膨胀变形或是外部机械力都不会影响连铸机的对中，并且在振动框架上设有与结晶器自动定位和自动接通冷却水的装置。

　　由于这种振动机构运动轨迹较准确，结构简单方便维修，所以得到广泛的应用。

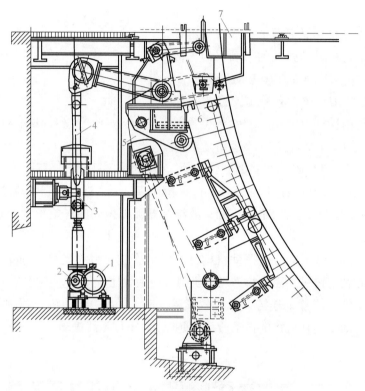

图 15-13　装在外弧侧的四连杆振动机构
1—电机及减速机；2—偏心轴；3—导向部件；4—拉杆；5—座架；6—摇杆；7—结晶器鞍座

### 15.2.3.2　四偏心轮式振动机构

　　四偏心轮式振动机构是 20 世纪 80 年代发展起来的一种振动机构，如图 15-14 所示。结晶器的弧线运动是利用两对偏心距不等的偏心轮及连杆机构而产生的。结晶器弧线运动的定中是利用两条板式弹簧 2 来实现的，板簧使振动台只做弧形摆动，不能产生前后左右的位移。适当选定弹簧长度，可以使运动轨迹的误差不大于 0.2 mm。振动台 4 是钢结构件，上面安装着结晶器及其冷却水快速接头。振动台的下部基座上，安装振动机构的驱动装置及头段二冷夹辊，整个振动台可以整体吊运，快速更换，更换时间不超过 1 h。

　　从图 15-14 看出，在振动台下左右两侧，各有一根通轴，轴的两端装有偏心距不同的两个偏心轮及连杆，用以推动振动台，使之做弧线运动。每根通轴的外弧端，装有蜗轮减

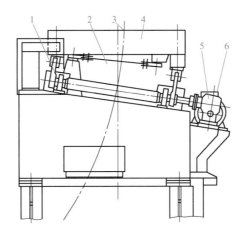

图 15-14 四偏心轮式振动机构

1—偏心轮及连杆；2—定中心弹簧板；3—铸坯外弧；4—振动台；5—蜗轮减速机；6—电动机

速机 5，共用一个电动机 6 来驱动，使两根通轴做同步转动。通轴中心线的延长线通过铸机的圆弧中心。由于结晶器的振幅不大，也可以把通轴水平安装，不会引起明显误差。在偏心轮连杆上端，使用了特制的球面橡胶轴承，振动噪声很小，而寿命很长。

四偏心振动装置具有以下 4 个优点：

（1）可对结晶器振动从 4 个角部位置上进行支撑，因而结晶器振动平稳而无摆动现象；

（2）振动曲线与浇铸弧形线同属一个圆心，无任何卡阻现象，不影响铸流的顺利前移；

（3）结构稳定，适合于高频小振幅技术的应用；

（4）该振动机构中，除结晶振动台的四角外，不使用短行程轴承，因使用平弹簧组件导向，而无需导辊导向。

### 15.2.4 振动状况检测

结晶器振动装置在线振动状况的检测方法有分币检测法、一碗水检测法及百分表检测法等。这些检测方法的主要特点是简单、方便、实用，并且适合于结晶器振动状况的检测。

#### 15.2.4.1 分币检测法

操作方法是在无风状态下将 2 分或 5 分硬币垂直放置在结晶器振动装置上，或放在振动框架的 4 个角部位置或结晶器内、外弧水平面的位置上。硬币放的位置表面应光滑、清洁无油污，如果分币能较长时间随振动装置一起振动而不移动或倒下，则认为该振动装置的振动状态是良好，能满足振动精度要求。分币检测法能综合检测振动装置的前后、左右、垂直等方向的偏移、晃动、冲击、颤动现象。

#### 15.2.4.2 一碗水检测法

一碗水检测法的操作方法是将一只装有大半碗水的平底碗放置在结晶器的内弧侧水箱

或外弧侧水箱上，观察这碗水中液面的波动及波纹的变化情况，来判定结晶器振动装置振动状况的优、劣水平。如果检测用水碗液面的波动是基本静止的，没有明显的前后、左右等方向晃动，则可认为该振动装置在振动时的偏移与晃动量是基本受控的；如果其液面的波动有明显的晃动，则说明该振动装置的振动状态是比较差的。如果其液面在振动过程中基本保持平静、没有明显的波纹产生，则可认为该振动装置的振动状况是比较好的；如果其液面有明显的向心波纹产生，则可认为该振动装置存在垂直方向上的冲击或颤动，其振动状况是较差的。一碗水检测法能综合检测振动装置的振动状况，观察简易直观，效果明显，检测用的平底碗应稳定地置放在振动装置上。

### 15.2.4.3　百分表检测法

百分表检测法的操作按其检测的内容可分侧向偏移与晃动量的检测及垂直方向的振动状态检测等。

#### A　侧向偏移与晃动量的检测

侧向偏移与晃动量检测的操作方法是将百分表的表座稳定吸附在振动装置吊板或浇铸平台框架等固定物件上，然后将百分表安装在表座上，将其测头垂直贴靠在振动框架前后偏移测量点的加工平面上，或左右偏移测量点的加工平面上，并做好百分表零点位置的调整，接着启动振动装置并测量百分表指针的摆动数值。对于垂直振动的结晶器振动装置的前后偏移量不大于 $\pm0.2\ mm$，左右偏移量不大于 $\pm0.15\ mm$；如果经百分表的检测，振动框架的侧向偏移量在上述标准范围内，则可认为该振动装置的振动侧向偏移状况是比较好的，能够满足连铸浇铸的振动精度要求，否则可认为该振动装置的振动侧向偏移状况是比较差。

#### B　垂直方向的振动状态检测

垂直方向振动状态检测的操作方法是将百分表表座稳定吸附在振动装置吊板或浇铸平台框架等固定物件上，然后将百分表安装在表座上，将其测头垂直贴靠在振动框架 4 个角部位置振幅、波形测量点加工平面上，并做好百分表零点位置的调整，接着启动振动装置并测量百分表指针的摆动变化数值。如果百分表指针的摆动变化随着振动框架的振动起伏而连续、有节律地进行，则认为这一测量点的垂直振动状态是比较好的；如果百分表指针的摆动变化出现不连续、没有节律的状态，则说明这一测量点的垂直振动状态是比较差。百分表检测法能精确检测振动装置的侧向偏移与晃动量以及垂直方向振动状况。

**思　考　题**

15-1　结晶器的主要参数有哪些，内壁材质有几种？

15-2　常用结晶器的结构有几种，有何特点？

15-3　结晶器宽度和锥度如何调整和锁定？

15-4　结晶器锥度仪如何使用？

15-5　组合式结晶器如何维护检修？

15-6　结晶器振动规律有几种，主要参数有哪些？

15-7　常见振动机构有几种，有何特点？

15-8　如何检验振动机构在线振动状况？

# 16 铸坯导向、冷却及拉矫设备

课件

铸坯从结晶器下口拉出时，表面仅凝结成一层 10~15 mm 的坯壳，内部仍为液态钢水。为了顺利拉出铸坯，加快钢液凝固，并将弧形铸坯矫直，需设置铸坯的导向、冷却及拉矫设备。设置它的主要作用是：对带有液芯的初凝铸坯直接喷水、冷却，促使其快速凝固；给铸坯和引锭杆以必需的支承引导，防止铸坯产生变形，引锭杆跑偏；将弧形铸坯矫直，并在开浇前把引锭杆送入结晶器下口。从结晶器下口到矫直辊这段距离称为二次冷却区。

视频
拉矫系统

小方坯连铸机由于铸坯断面小，冷却快，在钢水静压力作用下不易产生鼓肚变形，而且铸坯在完全凝固状态下矫直，故二冷支导及拉矫设备的结构都比较简单。

大方坯和板坯连铸机铸坯断面尺寸大，在钢水静压力作用下，初凝坯壳容易产生鼓肚变形，采用多点液芯拉矫和压缩浇铸，都要求铸坯导向设备上设置密排夹辊，结构较为复杂。

## 16.1 小方坯连铸机铸坯导向及拉矫设备

### 16.1.1 小方坯铸坯导向设备

图 16-1 是德马克小方坯连铸机的铸坯导向设备，它只设少量夹辊和导向辊，原因是小方坯浇铸过程不易产生鼓肚。它的夹辊支架用三段无缝钢管制作，Ⅰa 段和Ⅰ段用螺栓连成一体，由上部和中部两点吊挂，下部承托在基础上。Ⅱ段的两端都支撑在基础上。导向设备上共有 4 对夹辊、5 对侧辊、12 个导板和 14 个喷水环，都安装在无缝钢管支架上，管内通水冷却，防止受热变形。

视频　小方坯
二冷扇形段

导向夹辊用铸铁制作，下导辊的上表面与铸坯的下表面留有一定的间隙。夹辊仅在铸坯发生较大变形时起作用。夹辊的辊缝可用垫片调节，以适应不同厚度铸坯。12 块导向板与铸坯下表面的间隙为 5 mm。

在图 16-1 的右上方还表示了供水总管、喷水环管及导向设备支架的安装位置。在喷水环管上有 4 个喷嘴，分别向铸坯四周喷水。供水总管与导向支架间用可调支架联结，当变更铸坯断面时，可调节环管的高度，使 4 个喷嘴到铸坯表面的距离相等。

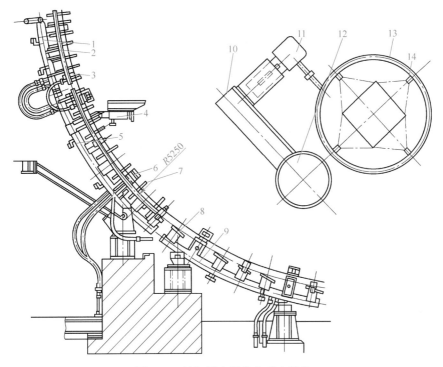

图 16-1　铸坯导向设备和喷水设备

1—Ⅰa段；2—供水管；3—侧导辊；4—吊挂；5—Ⅰ段；6—夹辊；7—喷水环管；8—导板；
9—Ⅱ段；10—总管支架；11—供水总管；12—导向支架；13—环管；14—喷嘴

## 16.1.2　小方坯拉坯矫直设备

小方坯连铸机是在铸坯完全凝固后进行拉矫，且拉坯阻力小，常采用4~5辊拉矫机进行拉矫。

图 16-2 是德马克公司设计的小方坯五辊拉矫机。它由结构相同的2组二辊钳式机架和1个下辊及底座组成，前后两对为拉辊，中间为矫直辊。第1对拉辊布置在弧线的切点上，其余3个辊子布置在水平线上，3个下辊为从动辊，上辊为主动辊。

机架和横梁均为箱形结构，内部通水冷却。上横梁上装有上辊及其传动设备，一端与机架立柱铰接，另一端与压下气缸的活塞杆铰接，由活塞杆带动可以上下摆动，使上辊压紧铸坯，完成拉坯及矫直。气缸是联结在一个可以摆动的水冷框架上，框架下端铰接在机架的下横梁上。

上辊由立式直流电动机1，通过圆锥—圆柱齿轮减速机及双排滚子链条驱动，可实行无级调速。在电动机伸出端装有测速发电机或脉冲发生器，用以控制前后拉辊的同步运动，并测量拉坯长度。在减速机的二级轴上装有摩擦盘式电磁制动器，可保证铸坯或引锭链在运行中停在任何位置上。

拉矫机长时间处于高温辐射下工作，有4路通水冷却系统。除了机架、横梁通水冷却外，其他如上下辊子也通水内冷，两端轴承加水套防热，减速箱内设冷却水管。

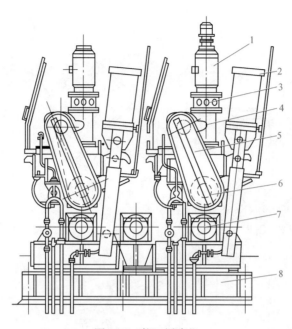

图 16-2　拉坯矫直机

1—立式直流电动机；2—压下气缸；3—制动器；4—齿轮箱；5—传动链；6—上辊；7—下辊；8—底座

拉矫机的气缸由专用的空压机供气，输出压力为 1 MPa，工作压力为 0.4~0.6 MPa，调压系统可调整空气压力以满足浇铸不同断面铸坯需要。

图 16-3 是结构更为简单的罗可普式小方坯连铸机。它的特点是采用了刚性引锭杆，在二冷区的上段不设支撑导向设备，在二冷区的下段也只有简单的导板，从而为铸坯的均匀冷却及处理漏钢事故创造了条件，减少了铸机的维修工作量，有利于铸坯质量的提高。其拉矫机仅有 3 个辊子，1 对拉辊布置在弧线的切点处，另 1 个上矫直辊在驱动设备的传动下完成压下矫直任务。

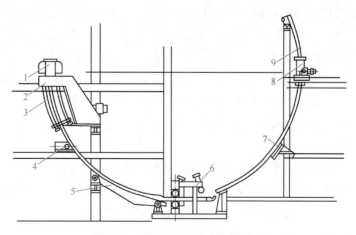

图 16-3　罗可普弧形小方坯连铸机

1—结晶器；2—振动设备；3—二冷喷水设备；4—导向辊；5—导向设备；
6—拉矫机；7—引锭杆托架；8—引锭杆悬挂设备；9—刚性引锭杆

## 16.2　大方坯连铸机铸坯导向及拉矫设备

### 16.2.1　大方坯铸坯导向设备

大方坯连铸机二次冷却各区段应有良好的调整性能，以便浇铸不同规格的铸坯。同时对弧要简便准确，便于快速更换。在结晶器以下 1.5~2 m 的二次冷却区内，需设置四面装有夹辊的导向设备，防止铸坯的鼓肚变形。

图 16-4 为二冷支导设备第一段结构图。沿铸坯上下水平布置若干对夹辊 1 给铸坯以支承和导向，若干对侧导辊 2 可防止铸坯偏移。夹辊箱体 4 通过滑块 5 支撑在导轨 6 上；可从侧面整体拉出快速更换。辊式结构的主要优点是它与铸坯间摩擦力小，但是受工作条件和尺寸限制易出现辊子变形、轴承卡住不转等故障，使得维修不便，工作不够可靠。

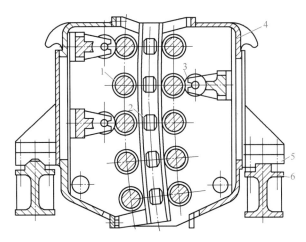

图 16-4　二冷支导设备第一段
1—夹辊；2—侧导辊；3—支撑辊；4—箱体；5—滑块；6—导轨

图 16-5 是另一种大方坯连铸机第一段导向设备。它是由四根立柱组成的框架结构，内外弧和侧面的夹辊交错布置在框架内，夹辊的通轴贯穿在框架立柱上的轴衬内，轴衬的润滑油由辊轴的中心孔导入。这种导向设备的刚度很大，可以有效地防止铸坯的鼓肚和脱方。

在二次冷却区的下部，铸坯具有较厚的坯壳，不易产生鼓肚变形，只需在铸坯下部配置少量托辊即可。

### 16.2.2　大方坯拉坯矫直设备

大方坯在二冷区内的运行阻力大于小方坯，其拉矫设备应有较大拉力。在铸坯带液芯

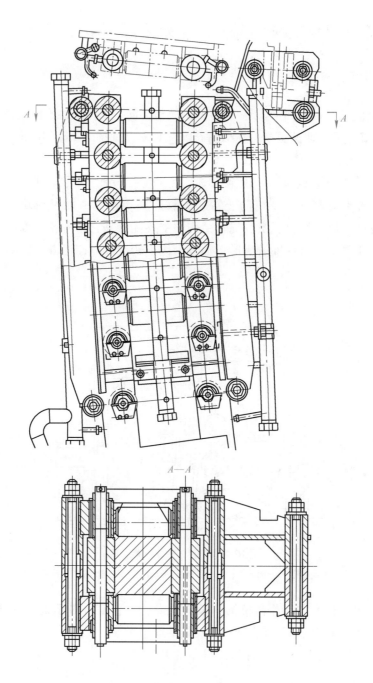

图 16-5 大方坯连铸机的铸坯导向设备

拉矫时，辊子的压力不能太大，应采用较多的拉矫辊。

图 16-6 是早期生产的四辊拉矫机，用在大方坯和板坯连铸机上。拉辊 6、7 布置在弧线以内，主要起拉坯作用。铸坯矫直是由上拉矫辊 6 和上、下矫直辊 10、9 所构造成的最简单的三辊矫直来完成。上矫直辊 10 由偏心轴及拉杆通过曲柄连杆机构或液压缸推动使

其上下运动。过引锭杆时，上矫直辊 10 停在最高位置，当连铸坯前端在引锭杆牵引下到达矫直辊 10 时，辊子压下，对铸坯进行矫直。

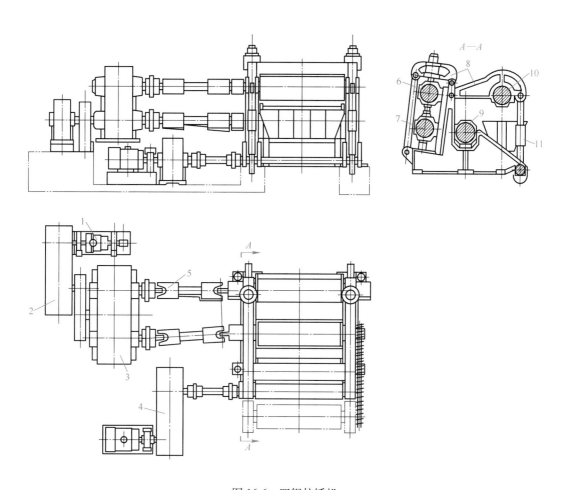

图 16-6　四辊拉矫机

1—电动机；2—减速器；3—齿轮座；4—上矫直辊压下驱动系统；5—万向接轴；6—上拉矫辊；
7—下拉矫辊；8—牌坊—钳式机架；9—下矫直辊；10—上矫直辊；11—偏心连杆机构

两拉辊布置在弧线以内，是为了下装大节距引锭时能顺利通过。由于拉辊布置在弧线内，上矫直辊直径应略小于下矫直辊。四辊拉矫机机架采用牌坊—钳式结构，具有结构简单，重量轻，对大节距引锭杆易于脱锭等优点。但是要求作用在一对拉辊上正压力大，要求铸坯进入拉矫机前必须完全凝固，这就限制了拉速的提高。

图 16-7 是康卡斯特公司设计的七辊拉矫机，用于多流大方坯弧形连铸机上。其左边第 1 对拉辊布置在弧线区内，第 2 对拉辊布置在弧线的切点上，右边的 3 个辊子布置在直线段上。为了减小流间距离，拉矫机的驱动设备放置在拉矫机的顶上，上辊驱动，上辊采用液压压下。

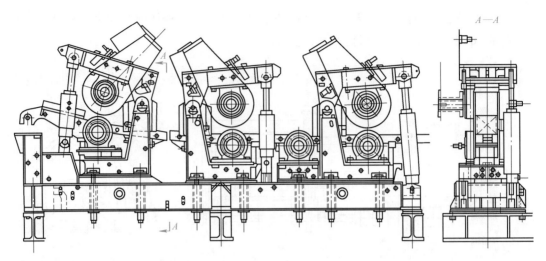

图 16-7　七辊拉矫机

## 16.3　板坯连铸机铸坯导向及拉矫设备

板坯的宽度和断面尺寸较大，极易产生鼓肚变形，在铸坯的导向和拉矫设备上全部安装了密排的夹辊和拉辊。

### 16.3.1　板坯铸坯导向设备

板坯连铸机的导向设备，一般分为两个部分。第一部分位于结晶器以下，二次冷却区的最上端，称为第一段二冷夹辊（扇形段 0）。因为刚出结晶器的坯壳较薄，容易受钢水的静压力作用而变形，所以它的四边都需加以扶持。在第一段之后，坯壳渐厚，窄面可以不装夹辊，一般都是把导向设备的第二部分做成 4~10 个夹辊的若干扇形段。近年来，某些板坯连铸机上没有专门的拉矫机，而是将拉辊分布在各个扇形段之中，矫直区内的扇形段采用多点矫直和压缩浇铸技术。

#### 16.3.1.1　第一段导向夹辊

某厂超低头板坯连铸机扇形段 0 是铸坯导向的第一段，对铸坯起导向支撑作用。在此段对铸坯强制冷却，使刚从结晶器出来的初生坯壳得以快速增厚，防止铸坯在钢水静压力作用下鼓肚变形。扇形段 0 安装在快速更换台内，其对弧可事先在对弧台上进行，以利于快速更换离线检修，缩短在线维修时间。

扇形段 0 由外弧、内弧、左侧、右侧 4 个框架和辊子装配支撑设备及气水雾化冷却系统等部分组成，如图 16-8 所示。

4 个框架均为钢板焊接而成。外侧框架不动，内侧框架可根据不同铸坯厚度，通过更换垫板的方式进行调整。4 个框架是靠键定位，螺栓紧固。左右侧框架为水冷结构。在内外弧框架上固定有 12 对实心辊子。辊子支撑轴承采用双列向心球面滚子轴承，轴承一端

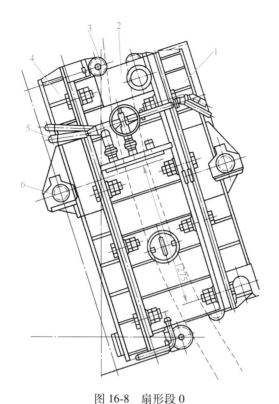

图 16-8　扇形段 0

1—内弧框架；2—左右侧框架；3—辊子装配；4—外弧框架；

5—气水雾化冷却系统；6—支撑设备

固定，另一端浮动。

　　扇形段 0 支撑在结晶器振动设备的支架上，在内外弧框架上分别设置两个支撑座。在左右侧框架上各设有一快速接水板，当扇形段 0 安放到快速更换台上时，其气水雾化冷却水管，压缩空气管就自动接通，气水分别由各自的管路供给，并在喷嘴里混合后喷出，对铸坯和框架进行气水雾化冷却。喷嘴到铸坯表面的距离为 160 mm，喷射角度为 120°，每个辊子间布置 3~4 只喷嘴。

### 16.3.1.2　扇形段

　　板坯连铸机的扇形段为 6 组统一结构组合机架，如图 16-9 所示。机架多为整体且可以互换。扇形段 1~6 包括铸坯导向段和拉矫机，其作用是引导从扇形段 0 拉出铸坯进一步加以冷却，并将弧形铸坯矫直拉出。每段有 6 对辊子，1~3 段为自由辊，4~6 段每段都有 1 对传动辊。每个扇形段都是以 4 个板楔销钉锚固，分别安装在 3 个弧形基础底座上，这种板楔连接安装可靠，拆卸方便。前底座支撑在 2 个支座上，下部为固定支座，上部为浮动支座，以适应由热应力引起的伸长。扇形段 1、2、4 和 6 分别支撑在快速更换台下面的第 1、2、3 支座上；而扇形段 3 和 5 是跨在相邻的两支座上，这样可以减少因支座沉降量的不同而造成连铸机基准弧的误差。

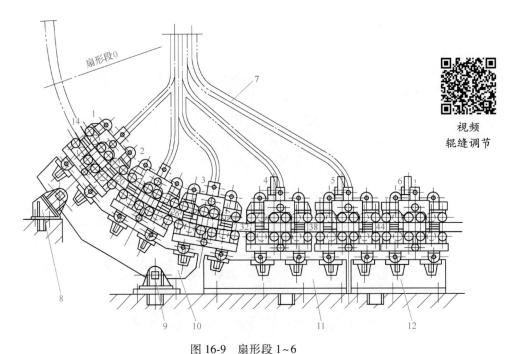

图 16-9 扇形段 1~6

1~6—扇形段；7—更换导轨；8—浮动支座；9—固定支座；10~12—底座

　　每个扇形段由辊子、调整设备、导向设备、框架缸和框架等组成。带传动辊的扇形段内还有传动和压下设备，如图 16-10 所示。每个扇形段上还装有机械冷却、喷雾冷却、液压和干油润滑配管等。

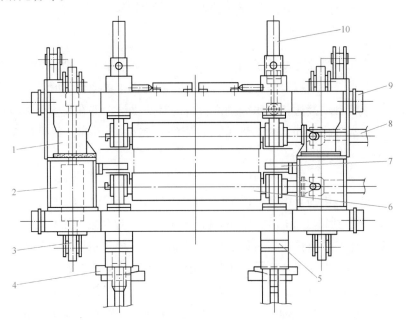

图 16-10 扇形段装配图

1—调整设备；2—边框；3—框架缸；4—斜楔；5—固定设备；6—辊子；7—引锭杆导向设备；

8—传动设备；9—导向设备；10—压下设备

辊子分传动辊和自由辊，均为统一结构，可以互换，辊身为整体辊，中间钻孔，通水冷却。自由辊的两端支撑在双列向心球面滚子轴承上，辊子一端轴承固定，另一端轴承浮动，以适应辊身挠度变化的需要。上传动辊子的每端支撑在两个轴承上，一个是双列向心球面滚子轴承，另一个是单列向心滚子轴承，辊子每端有 2 个轴承，可使轴承不起调心作用，这样上传动辊由夹紧缸带动做上下垂直升降运动时，轴承不至于产生阻卡现象。辊子轴承座与上下框架用螺栓连接，键定位，用垫片调整辊子高度。

主动辊由电动机、行星减速器通过万向接轴传动。电机轴上装有测速电机和脉冲发生器，以测量铸坯和引锭杆的运行速度和行程。下传动辊的传动机构中安装有制动器，使引锭头部准确地停在结晶器内，并防止引锭杆下滑。

16.3.2 **有牌坊机架的拉矫机**

图 16-11 是板坯连铸机的牌坊机架多辊拉矫机。它由 3 段组成，分别固定在基础 8 上。图中辊子中心带有圆的是驱动辊。在第一段上有 7 个驱动辊，第二、三两段的上辊全不驱动，第二段上有 3 个驱动的下辊，第三段的下辊全部驱动。第一段装在铸机弧线部分，第二、三段装在水平线上。在圆弧的下切点处，安装了 1 个直径较大的支撑辊 10，用以承受较大的矫直力。在其轴承座下装有测力传感器，当矫直力达到一定时发出警报，并使液压系统自动卸压。多对拉辊上部都有压下液压缸 3，在一、二段的下辊下面，装有限制拉辊压力的液压缸 9，在第一段上还装有 1 个行程较大的液压缸 11，以便在发生漏钢事故时，把该下辊放到最低位置，便于清除溢出的凝钢。每段机架的上端两侧用联结横梁 2 把各个立柱连接起来，以增强机架的稳定性。在第一、二段的上下拉辊之间，装有定辊缝的垫块 1，用以防止拉辊对尚未完全凝固的铸坯施加超过静压的压力。

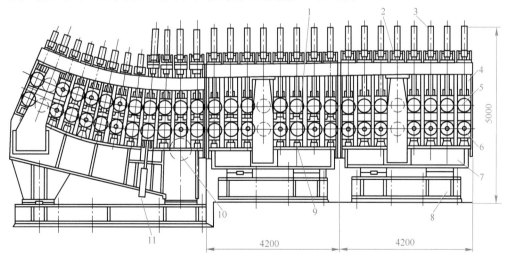

图 16-11　牌坊机架的拉矫机（单位：mm）

1—辊缝垫块；2—纵向联结梁；3—压下液压缸；4—压杆；5—上拉辊；6—下拉辊；
7—机架；8—地脚板；9—下液压缸；10—支撑辊；11—大行程液压缸

拉矫机主要由传动系统和工作系统两大部分组成。传动系统主要包括电动机、行星减速器及万向接轴等，拉矫辊通过电动机、行星减速器及万向接轴驱动。拉矫机在工作中，拉矫辊有较大的调节距离，采用万向接轴能在较大倾角下平稳地传递扭矩。工作系统主要包括机架、拉矫辊及轴承、压下设备等。拉矫辊一般采用 45 号钢制造，为提高寿命，也可选用热疲劳强度较高的合金钢制造，一般都采用滚动轴承支撑，轴承通过轴承座安装在机架内，其轴承座一端固定，另一端做成自由端，允许辊子沿轴线胀缩。辊子有实心辊和通水内冷的空心辊，上下辊子安装要求严格平行和对中。压下设备通常有电动和液压两种。液压压下结构既简单又可靠。

多辊拉矫机一部分辊子布置在弧形区，另一部分辊子布置在直线区。其所有上辊均成组或单个采用液压压下或机械压下。在直线段各辊应有足够的、逐次增加的升程，以供因事故等情况下尚未矫直的钢坯通过，在弧形区的拉矫辊中有几个辊子的传动系统中设置有制动器，以保证开浇前引锭杆送入结晶器停住时及时制动。

拉矫机长期在高温条件下连续工作，为保证其工作的可靠性，除机体本身必须具备的强度和刚度条件外，良好的冷却和充分的润滑也十分重要。冷却有两种方法，一是外部喷水冷却，即外冷法，另一种是在机架内部和拉矫辊辊身内通水冷却，即内冷法。润滑有分散和集中两种方式，现代连铸机，特别是大、中型连铸机，都采用集中润滑系统。

拉矫机都设有必要的防护和安全措施，多辊拉矫机则要求这类措施更为完备。例如，为防止轴承受热，要在轴承座和钢坯间装上挡热板；有的挡热板甚至要用镀锌板包起来的石棉板制成。又如，在矫直钢坯过程中，连铸机弧线拐点处下拉辊的矫直反力最大，故在下辊的下边装设支撑辊，以增加其承载能力，同时还可在下支撑辊的轴承座下安装测力传感器，当矫直反力大到一定程度时可报警，使拉矫机停止运转或液压缸自动卸压，防止设备损坏。

## 16.3.3 板坯拉矫机维护和检修

### 16.3.3.1 日常维护

拉矫机的日常维护、检查工作主要有以下 4 项。

（1）每班应检查轴承座处隔热板是否损坏，是否齐全；活动定距块是否灵活，极限位置是否正确，固定和活动定距块是否有氧化铁皮、渣子等异物；液压设备有无"跑""冒""漏"现象。如果有不良情况就应及时处理，以免小问题转化为大故障。

（2）定期检查减速器有无异常杂音，轴头是否漏油；制动器工作是否正常；各导向块磨损是否严重，液压缸耳轴螺栓有否松动，上辊轴承座与牌坊滑动面是否有油润滑；电机接手的弹性芯子是否损坏等。

（3）拉矫机的传动系统应定期进行清扫、擦抹。

（4）摩擦部位，如辊子轴承、支撑辊轴承、万向接轴、液压缸耳轴关节轴承等，应按润滑的技术要求进行加油或换油。

16.3.3.2 拉矫机的常见故障

（1）拉矫辊子不转动。主要原因是辊子滚动轴承损坏，减速器损坏，或电机与减速器的接手损坏。要查出故障的实际原因进行修复或更换。

（2）引锭杆送入结晶器后下滑。主要原因是制动器的闸瓦间隙调节太大，或制动器各关节处润滑不良，摩擦制动力矩不够。处理方法是调整制动器闸瓦间隙或对各关节进行良好润滑。

（3）拉矫机运行时有异常杂音。常见的原因是辊子间有异物，轴承磨损过大从而使间隙增大。处理方法：根据检查出的原因，清除异物，或根据轴承磨损情况进行调整或更换。

（4）送引锭杆时拉矫机跳电闸。主要原因是辊子间有异物；液压压下太紧，辊子轴承或减速器损坏定距块失落及电气故障等；处理方法：清除异物；调整压下量，修复轴承或减速器损坏的部位或更换、配好定距块。

16.3.3.3 拉矫机的检修

拉矫机在使用一定的时间以后，或者在日常维护中发现某零部件失常而影响运转，就必须进行检修。

A 拉矫辊的检修

拉矫辊有上辊和下辊两种，均布设于弧线段和直线段。为了便于检修时拆装，上下辊多组装成组件形式，以便进行整体吊装。

拉矫辊组装件的常见的损坏部位和形式及处理方法如下。

（1）辊子磨损。若最小辊径超过规定值，则应更换。

（2）辊子弯曲。若弯曲度超出规定范围，可车削消除，若加工后超过最小辊径也应更换。

（3）轴承座导向块磨损。若磨损量超过规定值，就要更换导向块。

（4）滚动轴承磨损，有点蚀、发蓝现象。若磨损后间隙（间隙不可调轴承）超过规定值就要更换。有点蚀、发蓝的也应更换新轴承。

拉矫辊的组装内容如下。

（1）组装前应检查辊子的弯曲度，其值应小于规定值，对安装轴承的部位，要认真检查其尺寸公差，确认符合图纸要求，才能进行装配。

（2）按图纸的要求装配辊子上的有关零部件，如定距环、轴承盖、滚动轴承等。注意各零部件的位置不能装错，轴承必须靠紧轴肩，轴承盖必须密封完好。

（3）装配轴承座，装好后用手转动时不出现卡紧、窜动过大等不良现象。

（4）装冷却设备的有关零件。装前需将空辊芯内部的铁屑、杂物等清理干净，连接必须严密。

（5）装上轴承座的隔热板。

将拉矫辊组件安装于牌坊式机架的方法是：用专用吊具把下拉矫辊组件吊装到牌坊内，放入下辊上面的定距块，再吊装上拉矫辊组件到下辊的上面。最后连接冷却水管的有关接头及安装压下设备等部分。

**B　传动系统的检修**

拉矫机的传动系统是使驱动辊转动的一组设备：电机经减速器、万向接轴传动驱动辊。如前所述在弧形区的拉坯辊中有几个传动系统中在减速器前还设有制动器。

传动系统的检修工作步骤是拆卸、清洗、检查、更换（或修复）磨损零件、装配、调整。在这些工作中重点是减速器的检测和调整、制动器的检查调整以及减速器和电机同轴度的调整。

拉矫机的减速器，在检修时应注意以下几点。

（1）拆开减速器时，要按照原装配位置在零件上作出标记，但不得在配合面上打印，以免装配时引起错乱。

（2）检查齿轮磨损情况，若磨损量超过齿厚的20%必须更换。

（3）装配前要检查轴承的情况，如有点蚀、间隙不可调轴承的间隙超过允许范围，必须更换新轴承。

（4）装配后要检查轴承的间隙，若是间隙可调的轴承，则应调整到合适的间隙；若是间隙不可调的轴承，其间隙超出标准则要更换。

（5）装配后要检查齿轮的啮合情况，如间隙、接触面积和接触位置，应符合规定的要求。

（6）装配后的减速器必须加入润滑油，加入的油量应足够。

（7）减速器合盖后，在未用螺栓紧固前，应用 0.05~0.1 mm 塞尺检查接缝，塞尺塞入深度不能大于剖分面宽度的 1/3。

（8）减速器合盖后，用螺栓紧固局部、间隙。若仍大于 0.05 mm，则应重新研刮剖分面。

制动器的检查和调整内容如下：

（1）检查制动器制动瓦（闸瓦）的磨损情况，磨损厚度超过厚度的 1/3，就要更换；

（2）制动器的安装要在减速器与电机的同轴度调整好以后才进行；

（3）安装后的制动器要调整制动瓦和制动轮的间隙，使其达到合适值，且两侧间隙要相等。

万向接轴的检查：主要是检查连接部分的摩擦副间的间隙及连接螺栓紧固情况。间隙若超出允许值，则要进行修复或更换有关零件。

减速器和电机同轴度的调整：减速器的位置是根据拉矫辊的位置（轴心线）找正的，使其在万向接轴允许的范围内。电机的位置则按减速器的位置来找正，使电机轴与减速器的输入轴的同轴度不大于允许值（一般为 0.10 mm）。

传动系统检修完毕后，还要再次检查各连接部位的连接情况是否完好，润滑部位是否都已按要求加入润滑油。然后可单机试运转。

**C　拉矫机检修质量标准**

（1）拉矫机检修完毕，其开口度的公差应符合要求。

（2）拉矫机的直线段的直线度误差和弧线段的弧线度误差应符合要求。

（3）冷却水系统的水套应无泄漏。

（4）各轴承的径向间隙不能超过允许值。

（5）各润滑部位的润滑良好。

## 16.4 二冷区冷却设备

铸坯二次冷却好坏直接影响铸坯表面和内部质量，尤其是对裂纹敏感的钢种对铸坯的喷水冷却要求更高。总的来说铸坯二次冷却有以下技术要求：

视频 板坯
二冷装置

（1）能把冷却水雾化得很细而又有较高的喷射速度，使喷射到铸坯表面的冷却水易于蒸发散热；

（2）喷到铸坯上的射流覆盖面积要大而均匀；

（3）在铸坯表面未被蒸发的冷却水聚集的要少，停留的时间要短。

### 16.4.1 喷嘴类型

冷却设备的主要组成部分是喷嘴。好的喷嘴可使冷却水充分雾化，水滴小又具有一定的喷射速度，能够穿透沿铸坯表面上升的水蒸气而均匀分布于铸坯表面。同时喷嘴结构简单，不易堵塞，耗铜量少。常用喷嘴的类型有压力喷嘴和气-水喷嘴。

#### 16.4.1.1 压力喷嘴

压力喷嘴的原理是依靠水的压力，通过喷嘴将冷却水雾化，并均匀地喷射到铸坯表面，使其凝固。压力喷嘴的结构较简单、雾化程度良好、耗铜少；但雾化喷射面积较小，分布不均，冷却水消耗较大，喷嘴口易被杂质堵塞。

如图 16-12 所示，常用的压力喷嘴类型有实心或空心圆锥喷嘴及广角扁平喷嘴，冷却

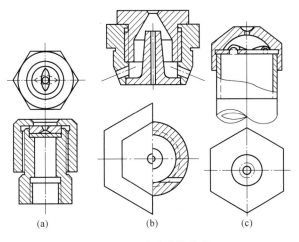

(a)　　　　　　(b)　　　　　　(c)

图 16-12　几种喷嘴结构类型

（a）扁喷嘴；（b）圆锥喷嘴；（c）薄片式喷嘴

水直接喷射到铸坯表面。这种方式使得未蒸发的冷却水容易聚集在夹辊与铸坯形成的楔形沟内，并沿坯角流下，造成铸坯表面积水。使得被积水覆盖的面积得不到很好冷却，温度有较大回升。

### 16.4.1.2  气-水雾化喷嘴

气-水雾化喷嘴是用高压空气和水从不同的方向进入喷嘴内或在喷嘴外汇合，利用高压空气的能量将水雾化成极细小的水滴。这是一种高效冷却喷嘴，有单孔型和双孔型两种，如图 16-13 所示。

气-水雾化喷嘴雾化水滴的直径小于 50 μm。在喷淋铸坯时还有 20% ~ 30% 的水分蒸发，因而冷却效率高，冷却均匀，铸坯表面温度回升较小为 50~80 ℃/m，所以对铸坯质量很有好处，同时还可节约冷却水近 50%，但

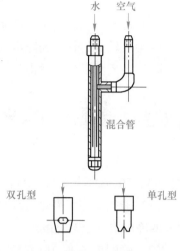

图 16-13  气-水喷嘴结构

结构比较复杂。由于气-水雾化喷嘴的冷却效率高，喷嘴的数量可以减少，因而近些年来在板坯、大方坯连铸机上得到应用。

### 16.4.2  喷嘴的布置

二冷区的铸坯坯壳厚度随时间的平方根而增加，而冷却强度则随坯壳厚度的增加而降低。当拉坯速度一定时，各冷却段的给水量应与各段距钢液面平均距离成反比，也就是离结晶器液面越远，给水量也越少。生产中还应根据机型、浇铸断面、钢种、拉速等因素加以调整。

喷嘴的布置应以铸坯受到均匀冷却为原则，喷嘴的数量沿铸坯长度方向由多到少。喷嘴的选用按机型不同布置如下。

（1）方坯连铸机普遍采用压力喷嘴。其足辊部位多采用扁平喷嘴；喷淋段则采用实心圆锥形喷嘴；二冷区后段可用空心圆锥喷嘴。其喷嘴布置如图 16-14 所示。

（2）大方坯连铸机可用单孔气-水雾化喷嘴冷却，但必须用多喷嘴喷淋。

（3）大板坯连铸机多采用双孔气-水雾化喷嘴单喷嘴，其布置如图 16-15 所示。

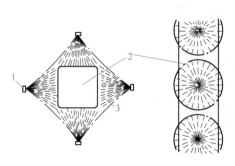

图 16-14  小方坯喷嘴布置图

1—喷嘴；2—方坯；3—充满圆锥的喷雾形式

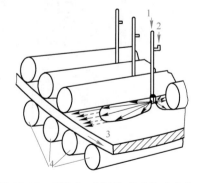

图 16-15  双孔气-水雾化喷嘴单喷嘴布置

1—水；2—空气；3—板坯；4—夹辊

板坯连铸机若采用压力喷嘴，其布置如图 16-16 所示。

对于某些裂纹敏感的合金钢或者热送铸坯，还可采用干式冷却；即二冷区不喷水，仅靠支撑辊及空气冷却铸坯。夹辊采用小辊径密排列以防铸坯鼓肚变形。

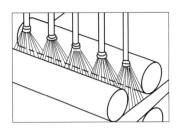

图 16-16　二冷区多喷嘴系统

### 16.4.3　二冷喷嘴状态的维护和检查

（1）喷嘴安装前的检查。

1）旧喷嘴要保证外形完整无损。

2）旧喷嘴要定期清除结垢，保证外形尺寸和喷淋效果。有时需在微酸溶液中清洗后经清水漂洗后才能使用。

3）新喷嘴要用卡尺、塞尺或专门量具等对部分喷嘴外形尺寸抽查，保证符合图纸尺寸。特别要注意喷嘴喷射口和喷射角大小的检查。

4）在喷淋试验台上抽查部分喷嘴，确保喷嘴的冷态特性（流量、水密度分布、水雾直径、速度、喷射面积等）。

（2）喷嘴安装后的检查。

1）检查喷嘴是否安装牢固和密封。

2）检查喷嘴本身安装的角度是否正确，确保喷嘴的喷射面积不落到二冷辊上。

3）检查喷嘴射流方向是否与铸坯表面垂直。

4）检查喷嘴与喷嘴之间的尺寸是否符合工艺要求。

5）检查喷嘴与铸坯之间的距离是否正确。

6）检查喷嘴型号是否与该二冷区要求的型号一致。

7）上述检查可以在线（机上）检查，也可离线（在扇形段调试台上）检查。

（3）检查二冷供水系统，保证冷、热水池水位。对水质进行抽查，开启水泵确保水泵正常运转等（按点检条例进行检查）。

（4）开启水泵，调节二冷各项控制阀门（根据浇铸要求模拟手动或自动），确保压力和流量正常。

（5）在通水的情况下，检查二冷控制室、机上、机旁喷淋管路系统的渗漏情况。

（6）在通水的情况下，检查铸机排水状态是否正常。

（7）注意事项：

1）在安装喷嘴前，应先对管路进行冲洗，以防垃圾堵塞喷嘴；

2）采用离线安装的喷嘴，上机前必须符合工艺要求；

3）喷淋状态不符合要求，不得进行浇铸。

### 16.4.4 二次冷却总水量及各段分配

二次冷却的总水量：

$$Q = KG \tag{16-1}$$

式中　$Q$——二冷区水量，$m^3/h$；

　　　$K$——二冷区冷却强度，$m^3/t$；

　　　$G$——连铸机理论小时产量，$t/h$。

视频
二次冷却

二次冷却区的冷却强度，一般用比水量来表示。比水量的定义是：所消耗的冷却水量与通过二冷区的铸坯重量的比值，单位为 kg（水）/kg（钢）或 L（水）/kg（钢）。比水量与铸机类型、断面尺寸、钢种等因素有关。比水量参数选择比较复杂，考虑因素较多。

二冷各段水量分配主要是根据钢种、铸坯断面、钢的高温状态的力学性能等并通过实践确定的。分配的原则是既要使铸坯较快地冷却凝固，又要防止急冷时使坯壳产生过大的热应力。

实际生产中对二冷区水量的分配主要采用分段按比例递减的方法。把二冷区分成若干段，各段有自己的给水系统，可分别控制给水量，按照水量由上至下递减的原则进行控制。铸坯液芯在二冷区内的凝固速度与时间的平方根成反比。因而冷却水量也大致按铸坯通过二冷各段时间平方根的倒数比例递减。当拉速一定时，时间与拉出铸坯长度成正比。所以二冷区各段冷却水量的分配，可参照式（16-2）~式（16-4）计算。

$$Q_1 : Q_2 : \cdots : Q_i : \cdots : Q_n = \frac{1}{\sqrt{l_1}} : \frac{1}{\sqrt{l_2}} : \cdots : \frac{1}{\sqrt{l_i}} : \cdots : \frac{1}{\sqrt{l_n}} \tag{16-2}$$

$$Q_1 + Q_2 + \cdots + Q_i + \cdots + Q_n = Q \tag{16-3}$$

联立求解上两式，可求得任意一段冷却水量 $Q_i$。

$$Q_i = Q \frac{\dfrac{1}{\sqrt{l_i}}}{\dfrac{1}{\sqrt{l_1}} + \dfrac{1}{\sqrt{l_2}} + \cdots + \dfrac{1}{\sqrt{l_i}} + \cdots + \dfrac{1}{\sqrt{l_n}}} \tag{16-4}$$

式中　$Q_1$，$Q_2$，$\cdots$，$Q_i$，$\cdots$，$Q_n$——分别为各段冷却水量，$t/h$；

　　　$l_1$，$l_2$，$\cdots$，$l_i$，$\cdots$，$l_n$——分别为各段中点至结晶器下口距离，m。

按照上述原则计算出的二冷各段冷却水比例如图 16-17 所示。

这种方案的优点是冷却水的利用率高、操作方便，并能有效控制铸坯表面温度的回升，从而防止铸坯鼓肚和内部裂纹。

弧形铸机内外弧的冷却条件有很大区别。当刚出结晶器时，因冷却段接近于垂直布置，因此，内外弧冷却水量分配应该相同。随着远离结晶器，对于内弧来说，那部分没有汽化的水会往下流继续起冷却作用，而外弧的喷淋水没有汽化部分则因重力作用而即刻离开铸坯。随着铸坯趋于水平，差别越来越大。为此内外弧的水量一般作 1∶1 到 1∶1.5 的比例变化。

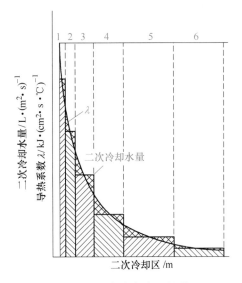

图 16-17  二次冷却水量的分配

### 16.4.4.1  拉速、断面与二次冷却水量关系

比水量是以铸机通过铸坯质量来考虑的，拉速越快，单位时间通过铸坯质量越多，单位时间供水量也应越大。反之，水量则减小。

（1）起步拉坯，拉速为起步拉速，速度较低，二冷供水量小。

（2）正常拉坯，拉速为工作拉速，二冷供水量较大。

（3）最高拉坯，拉速为最高拉速，二冷供水量最大。

（4）尾坯封顶，拉速减慢直至停止拉坯，二冷供水量相应减小。

断面与冷却水量的关系：

（1）方坯断面较小，其二冷水量小，随断面增大其供水量逐渐增大。

（2）板坯断面较大，其二冷水量大，随断面增大其供水量逐渐增大。

### 16.4.4.2  二次冷却与铸机产量和铸坯质量密切相关

在其他工艺条件不变时，二冷强度增加，拉速增大，则铸机生产率提高；同时，二次冷却对铸坯质量也有重要影响，与二次冷却有关的铸坯缺陷有以下 4 种。

（1）内部裂纹。在二冷区，如果各段之间的冷却不均匀，就会导致铸坯表面温度呈现周期性的回升。回温引起坯壳膨胀，当施加到凝固前沿的张应力超过钢的高温允许强度和临界应变时，铸坯表面和中心之间就会出现中间裂纹。而温度周期性变化会导致凝固壳发生反复相变，是铸坯皮下裂纹形成的原因。

（2）表面裂纹。由于二冷不当，矫直时铸坯表面温度低于 900 ℃，刚好位于"脆性区"，再有 AlN、Nb(CN) 等质点在晶界析出降低钢的延性，因此在矫直力作用下，就会在振痕波谷处出现表面横裂纹。

（3）铸坯鼓肚。如二次冷却太弱，铸坯表面温度过高。钢的高温强度较低，在钢水静压力作用下，凝固壳就会发生蠕变而产生鼓肚。

（4）铸坯菱变（脱方）。菱变起源于结晶器坯壳生长不均匀性。二冷区内铸坯4个面的非对称性冷却，造成某两个面比另外两个面冷却得更快。铸坯收缩时在冷面产生了沿对角线的张应力，会加重铸坯扭曲。菱变现象在方坯连铸中尤为明显。

## 思 考 题

16-1 德马克连铸机的导向设备、拉矫设备是何结构？

16-2 罗可普连铸机的导向设备、拉矫设备是何结构？

16-3 板坯连铸机和小方坯的导向设备、拉矫设备主要区别是什么？

16-4 大方坯连铸机和小方坯的导向设备、拉矫设备主要区别是什么？

16-5 二冷喷嘴有几种形式？

16-6 二冷喷水量如何分配？

# 17 铸坯切割设备

课件

连续浇铸出的铸坯若不切割，会给后道工序带来一系列的问题，如运输、存放、轧制时的加热等。为此可根据成品的规格及后道工序的要求，将连铸坯切成定尺长度，因而需在连铸机的末端设置切割设备。

## 17.1 火焰切割机

火焰切割机是用氧气和各种燃气的燃烧火焰来切割铸坯。火焰切割的主要特点是：投资少，切割设备的外形尺寸较小，切缝比较平整，并不受铸坯温度和断面大小的限制，特别是大断面的铸坯其优越性越明显，适合多流连铸机。但切割时间长、切缝宽、切口处的金属损耗严重，污染严重。切割时产生的烟雾和熔渣污染环境，需要繁重的清渣工作。金属损失大，约为铸坯重的 1%～1.5%；在切割时产生氧化铁、废气和热量，需必要的运渣设备和除尘设施；当切割短定尺时需要增加二次切割；消耗大量的氧和燃气。

视频
火焰切割

火焰切割原则上可以用于切割各种断面和温度的铸坯，但是就经济性而言，铸坯越厚，相应成本费用越低。因此，目前火焰切割广泛用于切割大断面铸坯。对坯厚在200 mm 以上的铸坯，几乎都采用火焰切割法切割。

生产中用的燃气多用煤气。切割不锈钢或某些高合金铸坯时，还需向火焰中喷入铁粉、铝粉或镁粉等材料，使之氧化形成高温，以利于切割。

### 17.1.1 火焰切割机的结构

火焰切割机由切割机构、同步机构、返回机构、定尺机构、端面检测器及供电、供乙炔的管道系统等部分组成。如图 17-1 所示，火焰切割设备一般做成小车形式，故也称为切割小车。在切割铸坯时，同步机构夹住铸坯，铸坯带动切割小车同步运行并切割铸坯。切割完毕，夹持器松开，返回机构使小车快速返回。切割速度随铸坯温度及厚度而调整。

#### 17.1.1.1 切割机构

切割机构是火焰切割设备的关键部分。它主要由切割枪和传动机构两部分组成。切割枪能沿整个铸坯宽度方向和垂直方向移动。

切割枪切割时先把铸坯预热到熔点，再用高速氧气流把熔化的金属吹去，形成切缝。切割枪是火焰切割设备的主体部件。它直接影响切缝质量、切割速度和操作的稳定与可靠性。如图 17-2 所示，切割枪由枪体和切割嘴两部分组成。

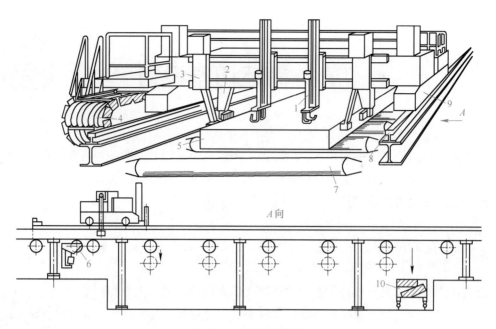

图 17-1    火焰切割设备

1—切割枪；2—同步机构；3—端面检测器；4—软管盘；5—铸坯；6—定尺机构；7—辊道；

8—轨道；9—切割小车；10—切头收集车

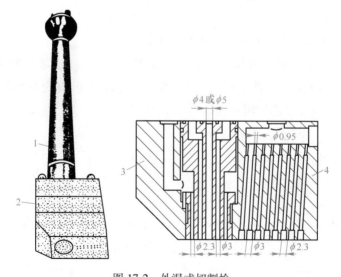

图 17-2    外混式切割枪

1—枪体；2—枪头；3—切割喷嘴部分；4—预热喷嘴部分

切割嘴按预热氧及预热燃气混合位置的不同可以分为以下三种形式（见图 17-3）：

（1）枪内混合式，预热氧气和燃气在切割枪内混合，喷出后燃烧；

（2）嘴内混合式，预热氧气和燃气在喷嘴内混合，喷出后燃烧；

（3）嘴外混合式，预热氧气和燃气在喷嘴外混合燃烧。

前两种切割枪的火焰内有短的白色焰心，只有充分接近铸坯时才能切割。外混式切割枪其火焰的焰心为白色长线状，一般切割嘴距铸坯 50 mm 左右便可切割。这种切割枪长时间使用切割嘴不会过热；切缝小而且切缝表面平整，金属损耗少；因预热氧和燃气喷出后在空气中混合燃烧，不会产生回火、灭火，工作安全可靠，并且长时间使用切割嘴也不会产生过热。常用于切割 100~1200 mm 厚的铸坯。

根据铸坯宽度的大小，可采用单枪切割或双枪切割。铸坯宽度小于 600 mm 时可用单枪切割，大于 600 mm 的板坯须用并排的两个切割枪，以缩短切割时间，如图 17-1 两个割枪向内切割，当相距 200 mm 时，其中一个割枪停止切割，把切割火焰变成引火火焰或熄灭，而后迅速提升并返回原位，另一个割枪把余下的 200 mm 切完后也返回原始工作位置。切割过程中要求两根割枪运动轨迹严格保持在一直线上，否则切缝不齐。

切割时，切割枪应作与铸坯运动方向垂直的横向运动。为了实现这种横移运动，可采用齿条传动、螺旋传动、链传动或液压传动等。当切割方坯时，可用图 17-4 所示的摆动切割枪，切割从角部开始，使角部先得到预热，易于切入铸坯。

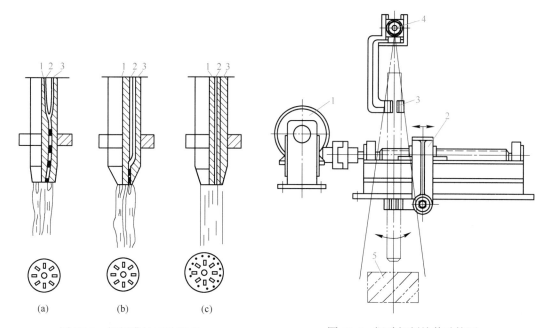

图 17-3　切割嘴的三种形式

（a）枪内混合式；（b）嘴内混合式；（c）嘴外混合式

1—切割枪；2—预热氧；3—丙烷

图 17-4　摆动切割枪传动简图

1—电动机及蜗轮蜗杆减速器；2—切割枪下支架
与螺旋传动；3—切割枪及枪夹；
4—切割枪上支点；5—铸坯

### 17.1.1.2　同步机构

同步机构是指切割小车与连铸坯同步运行的机构。切割小车在与铸坯无相对运动的条件下切断铸坯。机械夹坯同步机构是一种简单可靠的同步机构，应用广泛。

#### A　夹钳式同步机构

图 17-5 是一种可调的夹钳同步机构，它适用于板坯连铸机上。当运行的连铸坯碰到自动定尺设备后，行程开关发出信号，电磁阀控制气缸 2 动作，推动夹头 3，夹住铸坯 4，

使小车与铸坯同步运行，同时开始切割。铸坯切断后，松开夹头，小车返回原位。在夹头上镶有耐热铸铁块，磨损后可予更换。夹头架 3 的两钳距离，可用螺旋传动设备 1 来调节，以适应宽度不同的板坯。

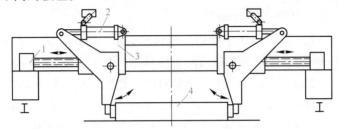

图 17-5　可调夹头式同步机构

1—螺旋传动；2—气缸；3—夹头架；4—铸坯

B　钩式同步机构

在一机多流或铸坯断面变化较频繁的连铸机中，如铸坯的定尺长度不太大时，可采用钩式同步机构。如图 17-6 所示，在切割小车上有一个用电磁铁 2 控制的钩式挡板 1，需要切坯时放下挡板，连铸坯 5 的端部顶着挡板并带动切割小车同步运行进行切坯。铸坯切断后，抬起挡板，小车快速返回原始位置，钩杆的长度是可调的，以适应不同定尺长度的需要。这种机

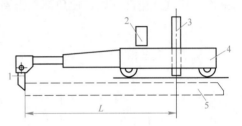

图 17-6　钩式同步机构

1—钩式挡板；2—电磁铁；3—切割枪；
4—切割小车；5—铸坯

构简单轻便，不占用流间面积，对铸坯断面的改变和流数变化适应性强；所切定尺长度也比较准确。但当铸坯的断面不太平整时，工作可靠性差，若铸坯未被切断，则将无法继续进行切割操作。

C　坐骑式同步机构

如图 17-7 所示，坐骑式同步机构的特点是在切坯时使切割小车直接骑坐在连铸坯上，实现两者的同步。

切割车上装有车位信号发生器，发出脉冲表示切割车所处位置，还装有切割枪小车横梁引导设备和横梁升降设备。交流电动机通过传动轴同时传动两套蜗杆、丝杠提升设备，使切割小车横梁升降。横梁上装有两台切割枪小车，切割枪高度测量设备及同步压杆。当达到规定的切割长度时，车位信号发生器发出脉冲信号，横梁下降，使同步压杆压在铸坯上，并将切割车驱动轮抬起，此时切割车与铸坯同步运行。同时高度测量设备发出切割枪下降到位信号，两切割枪小车开始快速相向移动。当板坯侧面检测器测出边缘位置后，发出信号开启预热燃气，进而开启切割氧气进行切割，这时切割枪小车也从快速转为切割速度。

铸坯切断后，横梁回升，切割枪升起，同步压杆离开铸坯，切割车驱动轮仍落到轨道上，这时可开动驱动设备快速返回原位，准备下一次切割。切割区的窜动辊道可避免切割火焰切坏辊道，当切割枪接近辊道时，辊道可以快速避开。

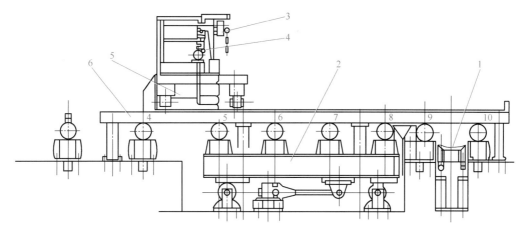

图 17-7　坐骑式同步机构

1—切头输出设备；2—窜动辊道；3—切割嘴小车；4—切割嘴小车升降机构；5—切割车；6—切割机座

### 17.1.1.3　返回机构

切割小车的返回机构一般是采用普通小车运行机构，配备有自动变速设备，以便在接近原位时自动减速。小车到达终点位置由缓冲气缸缓冲停车，再由气缸把小车推到原始位置进行定位。某些小型连铸机则常用重锤式返回机构，靠重锤的重量经钢绳滑轮组把小车拉回到原始位置。

### 17.1.1.4　侧面（端面）检测器

如图 17-8 所示，由于所浇铸坯宽度不同及拉出的铸坯中心线与连铸机的中心线可能不一致等原因，在切割小车上必须安装侧面检测器，使切割枪能准确地从侧面开始切割。在进入切割之前，侧面检测器和切割枪一起向铸坯侧面靠拢，当检测器触头与铸坯的侧面接触后，切割枪立即下降，夹头也夹紧铸坯，随即开始切割。与此同时，侧面检测器退回到距侧面 200 mm 处自动停止。

铸坯侧面检测器可确保切割枪自动地从铸坯侧面开始切割，切断铸坯后还将控制切割枪的切割行程终点。这不但节省了空行程时间，而且也缩短了切割周期，同时还能有效地防止因误操作造成设备的损坏。

### 17.1.1.5　自动定尺设备

为把铸坯切割成规定的定尺长度，在切割小车中装有自动定尺设备。定尺机构是由过程控制计算机进行控制。图 17-9 是用于板坯连铸机的定尺机构。气缸推动测量辊，使之顶在铸坯下面，靠摩擦力使之转动。利用脉冲发生器发出脉冲信号，换算出铸坯长度，达到规定长度时，计数器发出脉冲信号，开始切割铸坯。

另外，为了防止在切割铸坯时把下面的输送辊道烧坏，必须采用能升降或移动的辊道，以避开割枪。铸坯切口下面的粘渣及毛刺要用高速旋转的一组尖角锤头打掉，如图 17-10 所示，避免轧制时损坏轧辊和影响钢材质量。

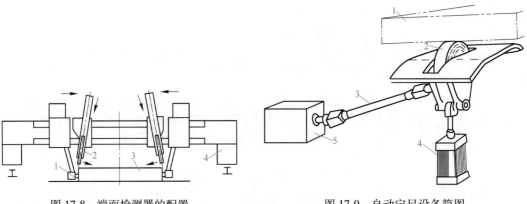

图 17-8　端面检测器的配置

1—检测器触头；2—切割枪；

3—铸坯；4—切割小车

图 17-9　自动定尺设备简图

1—铸坯；2—测量辊；3—万向联轴器；

4—气缸；5—脉冲发生器

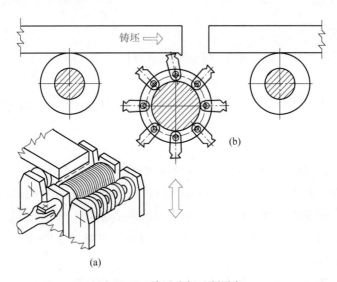

图 17-10　旋锤式打毛刺设备

（a）组装图；（b）工作状况

## 17.1.2　火焰切割机的维护

### 17.1.2.1　日常检查和维护

（1）每班应作如下项目的检查、调整或处理：

1）检查能源介质泄漏情况，如有泄漏应及时处理，检查压力与流量是否正常，并检查电气程序控制元件的工作情况；

2）检查小车走行情况，若有卡住、受阻现象，及时调整走行轮和导向轮，或检修；

3）检查切割枪升降机构、同步机构的大夹臂和夹头的工作情况及火焰是否正常。

（2）对润滑部位，如小车走行减速器、车轮轴承、切割枪升降减速器、横向移动减速器、导向轮、齿轮齿条等，应定期、定量、按规定的润滑剂进行润滑（加油或换油）。

（3）对设备的某些部位，如走行车轮、导向轮、切割枪升降导向轮的位置和间隙以及能源介质的压力与流量等，进行定期测试或调整。

（4）按规定的时间对设备进行清扫。如每周清扫一次积灰和油污，清除杂物，做到设备见本色；每次大修彻底清扫，除锈涂漆。

### 17.1.2.2  火焰切割机的常见故障

（1）小车运行受阻。主要原因有：小车轨道变形错位使车轮受卡，减速器损坏或电气故障等。

（2）同步机构夹头与铸坯间打滑。主要原因有：轨道错位使小车运行受阻；缸或管道漏气或换向阀失灵，使缸不能控制大夹。

（3）切割枪横向移动受阻。主要原因有：走行轮的轴承损坏。走行轨道上有异物，轨道变形；减速器损坏，离合器损坏或打滑不能带动后面传动件运动；电气故障。

（4）切割枪垂直移动（升降）不灵或不稳。主要原因有：减速器损坏；升降夹紧轮损坏或受阻；螺旋传动机构的螺母和丝杠间隙太大，或松脱；联轴器连接部分松脱。

以上主要是机械部分的常见故障。另外切割机的水冷却系统会发生无冷却水的故障，这应从进出水管是否有堵、阀门有无损坏等方面去查找原因；还会有钢坯切割不断的问题则应从切割枪的位置、火焰的长度、氧气量等方面去查找原因。

## 17.2  机械剪切机

剪切连续铸坯的机械剪切机，按其驱动动力有电动和液压两种类型；按其与铸坯同步运动方式有摆动式和平行移动式两种类型；按剪机布置方式可分为卧式、立式和45°倾斜式三种类型；卧式用于立式连铸机，立式、倾斜式用于水平出坯的各类连铸机。

视频
机械切割

液压剪的主体设备比较简单，但液压站及其控制系统比较复杂。电动剪切机的重量较大，但操纵及维护比较简单。机械剪和液压剪都是用上下平行的刀片做相对运动来完成对运行中铸坯的剪切，只是驱动刀片上下运动的方式不同。

机械剪切的主要特点是：设备较大，但其剪切速度快，剪切时间只需2~4 s，定尺精度高，特别是生产定尺较短的铸坯时，因其无金属损耗且操作方便，在小方坯连铸机上应用较为广泛。

### 17.2.1  电动摆动式剪切机

在弧形连铸机上使用电动摆动式剪切机，如图17-11所示。它是下切式剪切机，下部剪刃能绕主轴中心线做回转摆动。

#### 17.2.1.1  传动机构

电动摆动式剪切机的主传动机构是蜗轮副，电机装在蜗轮减速机上面，可使铸机流间距减小到900 mm，适于多流小方坯连铸机。剪切机的双偏心轮使剪切机产生剪切运动。

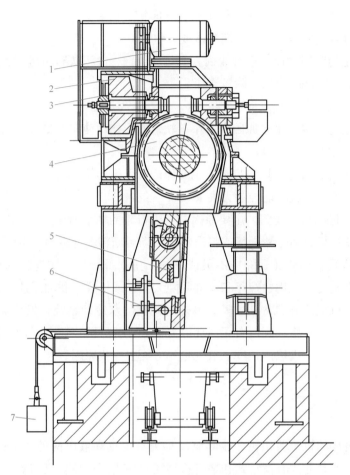

图 17-11    立式电动摆动剪切机

1—交流电动机；2—飞轮；3—气动制动离合器；4—蜗轮；5—剪刃；

6—水平运动机构；7—平衡锤

蜗轮装在偏心轴上，在蜗轮两侧各有两个对称的偏心轴销，其中一个连接下刀台两边连杆的偏心距为 85 mm，另一对连接上刀台两边连杆的偏心距为 25 mm，使得下剪刃行程为 90 mm，上剪刃行程为 50mm。上剪刃的刀台是在下刀台连杆的导槽中滑动。剪切机采用了槽形剪刃，可减少铸坯切口的变形。

采用蜗轮副传动虽然结构紧凑，但其材质及加工精度要求较高。蜗轮及盘式离合器易磨损。

剪切机通过气动制动离合器来控制剪切动作。

**17.2.1.2    剪切机构**

图 17-12 为机械飞剪工作原理图，剪切机构是由曲柄连杆机构，下刀台通过连杆与偏心轴连接，上、下刀台均由偏心轴带动，在导槽内沿垂直方向运动。当偏心轴处于 0°时，剪刀张开；当其转动 180°，剪刀进行剪切；当偏心轴继续转动时，上下刀台分离，直到转动 360°时，使上下刀台回到原位，完成一次剪切。

在剪切过程中拉杆摆动一个角度才能与铸坯同步，因而拉杆长度应从摆动角度需要来考虑，但不宜过大。在剪切铸坯时，剪切机构要被铸坯推动一段距离，剪切机构就会摆动一定角度，同时把铸坯抬离轨道，使铸坯产生上弯。铸坯推动剪切机构在水平方向摆动的距离相同的情况下，连杆越短，剪切机构摆动的角度就越大，铸坯的弯曲越大。另外，剪切机构摆动角度的大小与拉速和剪切速度有关。拉速越快，剪切速度越慢，剪切机构摆动角度越大。连杆长度的确定，要综合考虑各种因素。这种剪切机称为摆动式剪切机；剪切可以上切，也可以下切。上切式剪切，剪切机的下刀台固定不动，由上刀台下降完成剪

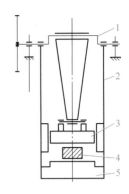

图 17-12　剪切机构原理图
1—偏心轴；2—拉杆；3—上刀台；
4—铸坯；5—下刀台

切，因此剪切时对辊道产生很大压力，需要在剪切段安装一段能上下升降的辊道。

### 17.2.1.3　同步摆动及复位机构

机械剪的同步摆动是通过上下刀台咬住铸坯后，由铸坯带动实现的。

复位是靠刀台和拉杆自重，以及一端用销钉固定在剪切机上另一端与小轴的两端相连的两根连杆，使小轴通过滑块与弹簧的压紧或放松。当剪切机构咬住铸坯时，剪切机构发生摆动，角度越大，弹簧压得越紧。铸坯切断后，剪切机构在自重作用下回摆，弹簧加快复位。

## 17.2.2　液压剪

图 17-13 所示为剪切小方坯用的下切式平行移动液压剪。剪切机装在可移动的小车 3 上，剪切时用液压缸 6 推动，使之随坯移动，移动最大距离为 1.5 m。所切铸坯的定尺长度用光电管控制，可在 1.5~3 m 范围内调节。在剪切机小车后面有一段用来承托和输送剪断铸坯的移动辊道 4，和小车 3 连在一起。辊道上有 8 个辊子，其最后 3 个辊子用链条连接，后退

视频
液压剪

时可沿倾斜轨道 8 下降，以免与后面的固定出坯辊道相碰。为了防止剪断后的铸坯冲击辊道，在第二与第三辊子间安装了一个气动缓冲器 5。

图 17-14 所示为液压摆动式剪切机。剪切机主体吊挂在横跨出坯辊道上方的横梁 1 上，在剪切铸坯时剪切机在铸坯推力作用下可绕悬挂点自由摆动。其主液压缸 5 及回程液压缸的高压水管通过剪切机悬挂枢轴中心，所以不影响剪切机的摆动。在主液压缸柱塞和上刀台 8 之间装有球面垫，在下刀台上装有可调宽导板，用以防止剪切机产生明显的偏心负荷。

液压剪是上切式，上刀台回升液压缸装在立柱窗口内。为了减小剪切机宽度，采用了特殊结构的机架。用主液压缸体 5 作为机架的上横梁，用下刀台作为机架的立柱，立柱的上下两端用键或螺栓与上下横梁相连接。为了降温，机架立柱和上下刀台都淋水冷却。

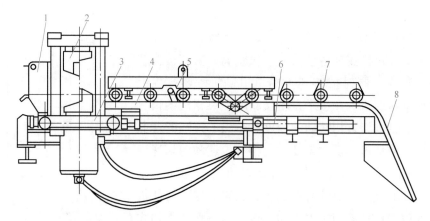

图 17-13　平行移动的液压剪切机

1—铸坯进口导板；2—剪切机；3—小车；4—移动辊道；5—缓冲设备；

6—移动油缸；7—下降辊道；8—倾斜轨道

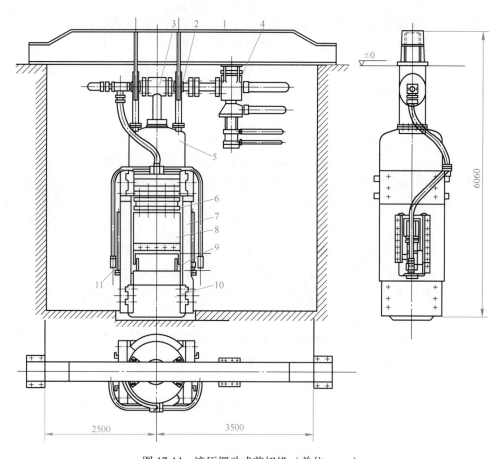

图 17-14　液压摆动式剪切机（单位：mm）

1—横梁；2—销轴；3—活动接头；4—充液阀；5—液压缸；6—柱塞；7—机架；8—上刀台；

9—护板；10—下刀座；11—回升液压缸

思　考　题

17-1　连铸坯切割设备的作用有哪些？

17-2　火焰切割设备有什么特点？

17-3　火焰切割设备由哪些机构组成？

17-4　切割嘴的类型有哪些？

17-5　火焰切割设备的同步机构有几种类型？

17-6　机械剪切有几种类型？

# 18　设备管理基础

课件

人类使用的工具从简单到复杂，其维护和检修模式随工具的进步而发展，设备管理从事后维修逐步过渡到状态维修和预知维修。

设备管理指以企业生产经营目标为依据，通过一系列的技术、经济、组织措施，对设备的规划、设计、制造、选型、购置、安装、使用、维护、修理、改造、更新直至报废的全过程进行科学的管理。它包括设备的物质和价值两个方面的管理工作。

## 18.1　设备管理的发展过程

工欲善其事，必先利其器；君若利其器，首当顺其治。

现代装备硬件飞速发展——利其器。包括设备大型化、生产连续化、运转高速化、性能精密化、高度自动化、机、电一体化、环保节能化。现代化的装备产生高效益；但损失大、费用高。

现代装备软件（管理）要求更高——顺其治。包括四保持和四恢复。四保持是指：保持设备的外观整洁；保持设备的结构完整；保持设备的精度和性能；保持设备的自动化程度。四恢复是指：恢复设备的外观整洁；恢复设备的结构完整；恢复设备的精度和性能；恢复设备的自动化程度。

现代工业出现之前，由于工具比较简单，设备管理的重要性并不迫切，只有一些工匠来掌握工具修造的技巧，未发展成流派或理论。现代工业的出现，大工业迫切需要设备管理模式满足企业的发展，从而出现了不同的管理阶段。如图18-1所示。

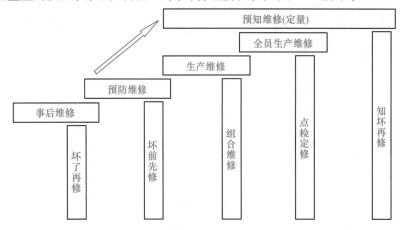

图18-1　维修方式演变历程

### 18.1.1 事后维修（Breakdown Maintenance，BM）阶段

所谓事后维修就是当设备发生故障或性能低下后再进行的修理就称为事后维修。其特点是设备的维修费用最低，适用于辅助作业线的简单设备。

这个阶段由两个"时代"组成，即兼修时代和专修时代。在兼修时代，由于设备比较简单，设备的操作人员也就是维修人员。随着设备技术复杂系数的不断提高，开始有了专业分工，进入了专修时代。这时操作工专管操作，维修工专管维修。

这一时期，设备最显著的特点是半自动、手动操作设备多，设备结构也简单。设备坏了才修，不坏不修。

### 18.1.2 预防维修（Preventive Maintenance，PM）阶段

设备预防维修就是按点检标准所规定的周期和方法对设备进行预防性检查（点检），以确定零部件的更换周期，使故障停机损失降到最小。

设备预知状态维修就是以设备状态为基础，应用设备诊断、状态监测技术来准确掌握设备的劣化程度和部件的剩余寿命，根据测得的定量数据，制订最合适的维修计划。

20 世纪 50 年代以后，开始出现复杂设备。复杂设备大量零件组成，修理所占用的时间已成为影响生产的重要因素。另外，人们发现设备故障总在某个部位出现，因此在维修时主要去查找不弱部位并对其进行改良。为了减少设备修理对生产影响，苏联提出计划预修制度，美国提出预防维修制度，即 PM（Preventive Maintenance）。

这两大制度本质相同，都是以摩擦学为理论基础，但由于在形式和做法上有所不同，效果上有所差异。共同特点是坏前先修。

为了事前发现和找出隐患而对设备实施的周期性的点检、检查。将已查出的隐患及时排除或予以修理，使之复原，如图 18-2 所示。

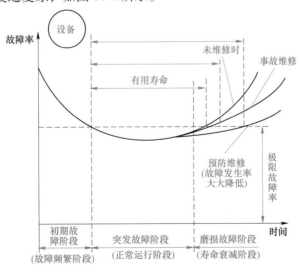

图 18-2　设备的寿命曲线

#### 18.1.2.1　计划预修制

计划预修制是预防维修的一种，旨在通过计划对设备进行周期的修理。其中包括按照设备和使用周期不同安排的大修、中修和小修。一般设备一出厂其维修周期基本上就确定下来。其优点是可以非计划（故障）停机，将潜在故障消灭在萌芽状态；其缺点是维修的经济性和设备保养的差异性考虑不够。由于计划固定，考虑设备使用、维护、保养、负荷不够，容易产生维修过剩或欠修。中国在 20 世纪 80 年代前的工业受苏联影响较多，也基本采用这种维修体制。

#### 18.1.2.2　预防维修制

预防维修制是通过周期性的检查、分析来制定维修计划的管理方法，也属于预防维修体制，多被西方国家采用。对影响设备正常运行的故障，采取"预防为主""防患于未然"的措施，以减少停工损失和维修费用，降低生产成本，以提高企业经济效益为目的。

主要做法是定期检查设备，对设备进行预防性修理，在故障处于萌芽状态时加以控制或采取预防措施，以避免突发事故。预防维修制的优点是可以减少非计划的故障停机，检查后的计划维修可以减少部分维修的盲目性；其缺点是受检查手段和检查人员经验的影响较大，可能使检查失误，导致维修计划不准确，造成维修过剩或欠修。

预防、事后维修分界面示意图如图 18-3 所示。

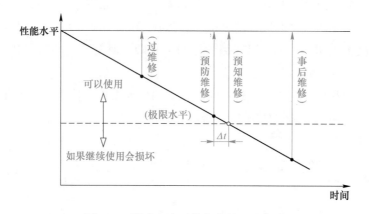

图 18-3　预防、事后维修分界面示意图

从推行 PM 开始，设备管理开始由事后维修向定期预防维修转变，强调采用适当的方法和组织措施，尽早发现设备隐患，通过预防和修理相结合，保证设备的正常运行。

管理界把事后维修和预防维修成为传统的设备管理模式称为传统的设备管理时期。

传统的设备管理模式是以维护修理为其中心点的，其特点是：（1）阶段性管理，把设备的设计制造与使用截然分开，只对设备的使用进行管理，而没有用系统的观点去解决设备的故障；（2）片面性管理，它往往把注意力更多地集中于设备管理中的技术层面，而忽略了设备管理中的经济因素，在现代的企业管理中，有时经济因素比技术因素更重要；（3）封闭式管理。它只限于设备在生产过程中的使用管理，而忽视同设备的设计、制造和销售等外部单位的联系。

在传统的设备管理模式中，往往是等待有明显迹象表明设备性能变差，设备不能正常工作甚至无法工作后才去寻找故障并维修；或根据规程已经到了大修期限，才组织大修。这样就存在以下问题：

（1）其运转情况无法准确统计；

（2）本可不必大修解决的问题拖到了故障累积成必须大修的程度，导致设备维修费用升高，这样做的结果，首先是设备停止运行，影响了正常生产，其次是带病作业会造成部件损坏加剧，到了维修时，甚至会造成必须更换整套设备的地步，使得维修成本巨增；

（3）维修工作被动，变成"头痛医头，脚痛医脚"，工作紧张，备件消耗多，设备稳定性差。

### 18.1.3　生产维修（Productive Maintenance，PM）阶段

生产维修体制是以预防维修为中心，兼顾生产和设备设计制造而采取的多样、综合的设备管理方法。这个阶段的共同特点是组合维修。

以美国为代表的西方国家多采用此维修体制。生产维修由四部分内容组成，即：

事后维修（Breakdown Maintenance，BM）；

预防维修（Preventive Maintenance，PM）；

改善维修（Corrective Maintenance，CM）；人们发现许多故障是周期性出现的，于是出现了通过对设备的改进，以减少故障的发生，或简化对故障的检查和修复，以延长设备寿命的改善活动——改善维修，CM 将维修人员和操作人员共同纳入活动中。

维修预防（Maintenance Preventive，MP）；为了保证设备不出故障，不制造不良品，又出现了维修预防。从设备的设计阶段就开始对设备故障进行控制，其最终目的是实现无故障和简便的日常维护。MP 是依据对设备的运行和维护情况的完整记录，帮助设计人员对设备结构进行改造。

最终，美国通用公司将 BM、PM、CM、MP 四种活动结合起来称之为生产维修。从此出现了设备管理的科学方法，这就是 TPM 的雏形。生产维修不同维修手段如图 18-4 所示。

这一维修体制突出了维修策略的灵活性，吸收了后勤工程学的内容，提出了维修预防，提高设备可靠性设计水平及无维修设计思想。

生产维修（PM）中将设备按重要程度分为关键设备和一般设备。关键设备指在生产过程中起主导、关键作用的设备，具有专用性强、精度高、功能复杂、无在线替代的特点，发生故障时影响生产、安全或造成重大环境污染的设备。一般设备指除关键设备外的所有设备。

设备评价标准表见表 18-1。

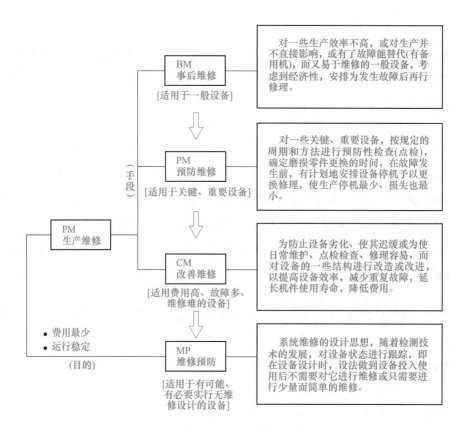

图 18-4 生产维修不同维修手段

表 18-1 设备评价标准表

| 指标区分 | 代号 | 评价项目名称 | 评 价 标 准 | | |
|---|---|---|---|---|---|
| | | | 5分 | 3分 | 1分 |
| 可靠性 25分 | 0 | 故障时可否代替 | 有代替 | 可借代 | 有代替 |
| | 1 | 专用程度 | 完全专用 | 有二台以上供使用 | 有在线备用机可代替 |
| | 2 | 影响作业程度 | 影响全总厂生产 | 影响主要生产作业线 | 不影响主要生产作业线 |
| | 3 | 故障对安全环境的影响 | 可能使作业者伤残 | 影响环境要停止作业 | 可继续工作 |
| | 4 | 对产品的影响 | 决定性 （不良率>15%） | 影响较大 （不良率5%~15%） | 影响轻微 （不良率<5%） |
| 维修性 10分 | 5 | 修理难度 | 外进、特难 | 中央机修、较难 | 生产厂、一般 |
| | 6 | 可修性程度 | 可大修、检修工作量4天以上 | 可大修、检修工作量4天以内 | 无大修价值 |
| 经济性 15分 | 7 | 价值大小 | 20万元以上 | 5~20万元 | 5万元以下 |
| | 8 | 年计划修理次数 （按周期管理表） | 5次以上 | 2~4次 | 1次以下 |
| | 9 | 备件提供难易程度 | 周期1.5年以上 | 周期0.5~1.5 | 制造购买方便 |

根据设备评价标准表可将设备分级。见表 18-2。

**表 18-2　设备分级表**

| 级别代号 | 级别名称 | 评价分数范围 | 考核控制单位 |
|---|---|---|---|
| A | 关键设备 | 40 分及以上 | 公司 |
| B | 重要设备 | 30~38 分 | 各专业归口单位 |
| C | 一般设备 | 16~28 分 | 各生产厂（部、处） |
| D | 次要设备 | 14 分及以下 | 各生产厂（部、处） |

关键设备采取预防维修方式，必须提供适当的资源，在技术、资材、质量上给予充分保证。

一般设备采取预防、预知或事后维修等多种方式相结合的维修策略，避免过维修和欠维修，降低维修成本。

各类维修方式的特点及适用范围见表 18-3。

**表 18-3　各类维修方式的特点及适用范围**

| 维修方式 | 特　点 | 适　用　范　围 |
|---|---|---|
| 预知维修 | 直接维修成本低，过维修少，故障率低 | 可离线或在线进行定期或定量检测、监测或诊断其状态劣化倾向的设备 |
| 预防维修 | 维修成本高、易过维修、故障率较低 | 关键的设备或多故障、难维修、高投入、无备件的设备以及安全型的设备 |
| 改善维修 | 一次性的维修投入高，日后的维修成本低，可完善的性能、功能与精度，或降低故障率 | 需确保功能投入、提高设备精度，延长使用寿命或先天不足的设备，以及不能满足产品质量需求的设备 |
| 事后维修 | 投入的维修成本较低。通过日常或定期的基础保养，可最大限度地延长其零部件的使用寿命 | 适用于非主线的简单设备或备用设备 |

## 18.1.4　全面生产维护（Total Productive Maintenance，TPM）

全面生产维护：日本在美国生产维护的基础上吸收了美国的后勤学和英国综合工程学的思想，提出"全面生产维护"的概念，在全世界，特别是今天的中国得到推广。20 世纪 70 年代是生产部门的 TPM 时代（全员参加）；80 年代是全公司的 TPM 时代；90 年代是 TPM 地域化时代；21 世纪是自动化、信息化工厂的 TPM 时代。TPM 与设备综合工程学在本质上是一致的，只不过 TPM 更具操作性，设备综合工程学更具理论性。

设备综合管理：中国在 20 世纪 80 年代，在苏联的计划预修体制基础上，吸收生产维修综合工程学、后勤工程和日本全员生产维修的内容，提出了对设备进行综合管理的思想，但由于缺乏详细、可操作的规范性，又由于企业不同，对设备综合管理的理解不同，从而使管理实践各有特点，未形成有效的统一模式。

## 18.2　设备管理的本质

设备管理本质就是对设备运动过程的管理。设备的运动有两种形态，一是物质形态，二是价值形态。两种形态形成设备的两种管理，即技术管理和经济管理。设备的技术管理，目的是使设备的技术状况最佳化。设备的经济管理，目的是使设备运行经济效益最大化。而不论是技术管理还是经济管理，都贯穿着科学的组织和计划工作。所以说，设备管理的内容可以概括为技术、经济和组织三个方面，三者之间互相联系、互相渗透有着密切的关联。

### 18.2.1　设备技术管理

设备技术管理主要着眼于保证设备的技术状态完好和实现技术进步。其主要目标是：使设备经常处于良好状态，保证生产正常进行；不断提高设备装备水平，保证企业技术进步。

设备技术管理贯穿设备管理的全过程，其主要内容有：设备前期管理、设备使用和维修管理、备品备件管理、设备润滑管理、设备故障管理及设备档案管理等。

#### 18.2.1.1　设备前期管理

设备前期管理是设备一生管理中的重要环节，它决定着企业投资的成败，与企业经济效益密切相关，同时对提高设备技术水平和设备后期使用运行效果也具有重要意义。实践证明，对于使用设备的生产企业说，设备前期管理也是企业管理中的薄弱环节。

设备前期管理又称设备规划工程，是指从制定设备规划方案起到设备投产为止这一阶段全部活动的管理工作，包括设备的规划决策、外购设备的选型采购、设备的安装调试和设备使用的初期管理四个环节。

重视设备前期管理体现了设备综合管理的一个主要特点——设备全过程管理，同时还有以下几个意义：

（1）设备前期管理阶段决定了几乎全部寿命周期费用的90%，这直接影响到企业产品的成本和利润；

（2）设备前期管理阶段决定了企业装备的技术水平和系统功能，这直接影响到企业的生产效率和产品质量，是后期管理的先天条件；

（3）设备前期管理阶段决定了设备的适用性、可靠性和维修性，这直接影响到企业设备效能的发挥和效益的提高。

#### 18.2.1.2　设备使用和维修管理

人的一生要想健康长寿，良好的遗传基因、适当的保养、合理的治疗缺一不可。也就是说，个体的健康是父母的遗传和个人"三分治、七分养"的结果，设备亦然。对设备来说，父母的遗传是指设备的选型，"三分治"是指设备管理人员所从事的技术管理和备件支持及检修工作；"七分养"是指现场岗位人员的操作、维护、保养、点检，且设备管理人员要协助制定、监督、评价、考核"养生之道、养生之法"是否科学，执行是否规范、到位。

设备使用和维修管理的核心就是要使管理的各个环节实现"从人治走向法制，从经验走向规范"。

要搞好设备使用和维修，首先要建立四大标准，即《维修技术标准》《点检标准》《维修作业标准》和《给油脂标准》。

制订上述四大标准要严肃，制订过程要有一些技术熟练的岗位人员参加，并在运行中不断充实、完善、改进。

《维修技术标准》——设备如何修理主要依据维修技术标准。是根据设备设计制造的原始数据制订的维修标准，标准主要规定把设备的主要运动部位和磨损部位，如齿轮、轴承、衬板等画出简图，标明部位名称、材质及各连接部位的尺寸、配合公差、允许极限磨损量，还规定重点点检项目、方法、周期和更换周期。

主要包含：

（1）主要设备装置、零部件的性能、构造（简明示意图）、材料等；

（2）主要设备装置、零部件的维修特性（劣化倾向、特异现象发生状态）；

（3）主要设备装置、零部件的维修技术管理值。如图面尺寸、安装间隙、容许值、点检方法及周期等。其中容许值不仅包括磨损量，还有温度、压力、流量、电流、电压和振动等。

维修技术标准中最关键的是维修技术管理值的确定，通常投产初期的制订依据来自两个方面：一是制造供应商提供的设备使用说明书；二是参考国内同类生产厂或性质相类似设备的维修技术管理值。在投产后还要根据生产、维修和备品备件等因素，逐步对标准值作相应的修改和完善。

《点检标准》——实施设备点检的规范。是具体指导点检员检查设备的哪些部位、如何检查并做出判断意见的标准。也是点检员标准化作业、编写点检计划、维护好设备的依据。

在标准中应根据设备各部位的结构特点，详细地规定点检位置、点检项目、点检周期、点检方法和点检分工及判定基准（即五定）。

点检标准按照需要采集的数据或判断标准，可以分为定性标准、定量标准。定量标准中又可以按照是否需要做倾向管理分为定量且做倾向管理、定量但不做倾向管理两种。

《维修作业标准》——维修作业标准实质就是一个较精炼、严密的设备检修施工组织计划，每一个独立的检修项目都通过网络图规定了施工作业标准，其包含施工工序、人员、工时和关键线路，同时注明安全、施工技术两个方面的要求。

维修作业标准是检修供应商开展现场维修作业的基准，是点检员确定维修工时、费用的依据。其主要标明定期实施的（主要是发生次数较多）主要检修作业的作业内容、作业顺序、技术要点和现场经辨识度危险源管控的安全措施等主要事项。

《给油脂标准》——在生产过程中，设备润滑工作的地位越来越重要，因为机械润滑可以减少摩擦与磨损，防止锈蚀并能起到冷却和冲洗作用，实践证明大部分设备故障与润滑状况有直接或间接的关系，因此必须要做好设备润滑工作。

给油脂标准中主要包含给油脂部位和点数、润滑方式、油脂牌号等方面内容。

### 18.2.1.3　设备备品备件管理

随着人们对设备运行重要性的认识和对备件管理模式的不断探索实践，设备维修制度历经了事后维修、预防维修、预知维修，生产维修制度的发展和演变，使备件管理从经验管理走向科学管理，进而步入了管理创新阶段，各种新的备件管理模式应运而生。

不同类型的维修制度都存在着积极和消极的方面，采用单一的维修制度去解决设备的全部维修问题是不现实的，不同的维修制度对备件管理的依赖程度是不同的。因此，企业应根据产品结构、设备的重要程度、技术水平、运行状况，不断探索采取先进科学的维修制度和备件管理模式，要做到方法得当、措施可行、运用灵活，不可生搬硬套。与此同时，还要不断探索实施备件"招标、比价、定质比价、单耗承包、总量承包、功能承包"等先进的备件采购方式，降低备件采购成本，才能取得设备管理效益最大化。

## 18.2.2　设备经济管理

设备经济管理是设备管理的重要组成部分，其管理对象是与设备有关的各项费用，其目标是实现设备寿命周期费用最佳化，以获得最高的设备综合效率。设备经济管理的内容不限于设备投产后的维修费用，还包括设备一生的经济性，也就是说，设备经济管理的内容包括设备的研制、设计、制造、购置、使用、维修、折旧、更新、改造及报废等全过程的费用管理。

设备经济管理的主要内容有：

（1）对设备投资方案进行技术经济分析评估，以便确定最佳的投资方案；

（2）分析设备的经济寿命，按照经济寿命确定设备的使用年限和合理地提取折旧费用；

（3）以设备维持费（运行费用和维修费用）与设备故障停机损失费之和最小为目标，确定经济合理的维修方式；

（4）合理确定备件的储备量和备件的流动资金；

（5）强化设备寿命周期费用分析，实现寿命周期费用最佳和综合效率最高。

企业追求效益最大化的一个重要方面就是要使设备寿命周期内的经济效益最大化。图18-5是设备技术性能和运行费用曲线，它是由两个"浴盆"曲线组成：一条是设备的技术性能运行曲线；另一条是设备的运行费用曲线。

图18-5中，$\Delta t = t_2 - t_1$为设备有效服务期；$S$为设备有效服务期内产生的效益。

$S$值的大小与下列因素有关。

（1）与设备的有效服务期$\Delta t$有关。$\Delta t$与$S$呈线性关系。$\Delta t$的大小与下列因素有关：

1）规划、选型、安装、调试；

2）操作、维护、保养、点检、定修、改造。

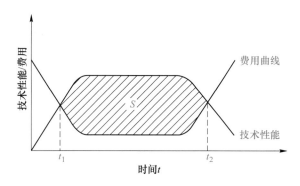

图 18-5　设备的技术性能和费用曲线

（2）与技术性能曲线有关。技术性能与下列因素有关：

1）规划、选型、安装、调试；

2）操作、维护、保养、点检、定修、改造。

（3）与设备运行费用曲线有关。运行费用曲线与下列因素有关：

1）规划、选型、安装、调试；

2）操作、维护、保养、点检、定修、改造；

3）备件、材料的选用，库存方式、合理的修旧、检修力量的选择，节能技术，更新、报废时间的选择等。

通过上面分析可以看出，系统规划、选型、安装、调试对设备的终身技术性能、服务年限、运行费用起着支配性作用。草率规划、盲目选型、只注重一次性投资的大小，急于投产，减少安装和调试中应有的环节，都会对设备寿命周期内技术状态、运行费用造成极大的负面影响。

# 18.3　全面生产维护管理（TPM）

## 18.3.1　TPM 管理的核心

TPM（Total Productive Maintenance）是以设备综合效率和完全有效生产率为目标，以全系统的预防维修系统为载体，以员工的行为规范化为推进过程，以全体人员参与为基础的设备维护、保养、点检和维修体制。

TPM 具体目标指公司在包括生产、开发、设计、销售及管理部门在内的所有部门，从公司上层到第一线员工的全员参与和开展重复的集团活动，以追求生产系统的极限为目标，从生产系统的整体出发；构筑能预防所有浪费发生的有效机制，最终达成"0"故障、"0"浪费、"0"不良的高效率企业，以及部门、班组自主改善的活力型企业。

TPM 本质上是一种企业文化，其核心就是团队精神——协作。

TPM 或 TNPM（全面规范化生产维护）的核心是三个"全"。

（1）以全效率和完全有效生产率为目标。对于设备系统而言，TPM 追求的是最大的设备综合效率。对于整个企业而言，TPM追求的是完全有效生产率，设备综合效率反映了设备本身的潜力挖掘程度，即对设备的时间利用、速度和质量的追求。完全有效生产率反映了整个生产系统的潜力挖掘程度。

（2）以全系统的预防维修体制为载体。全系统的概念是由时间、空间、资源和功能构成的四维空间。时间代表设备的一生，从规划到报废全过程；空间代表从车间、设备到零件的整个空间体系，由外到内、由表及里、包含整个生产现场；资源代表全部的资源要素，由资金、信息等构成；功能代表全部的管理功能，是PDCA循环的拓展，从认识到反馈的科学管理过程，其四维图如图18-6所示。

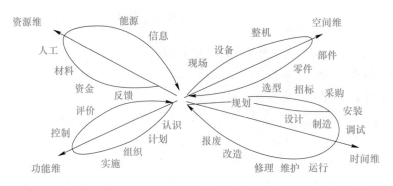

图18-6　TPM实施中的四维系统结构

TPM要求在一个四维空间上讨论预防性维修的运行，是一个全系统、全员的概念。

（3）以全体人员参与为基础，以员工的行为全规范化为过程。

1）横向的全员，即所有部门的参与。生产现场的设备维护体系不仅是设备部门的工作，生产、工程、人力、财务等部门都应介入其中。

2）纵向的全员，即从最高领导到最基层的员工都要重视，规范现场设备的操作、维护保养。

3）小组自主改善活动，是全员的一个具有生命力的细胞。自主式提案管理、单点式教材技术培训，是提高职工素质的有效手段。

规范是对行为的优化，是经验的总结，它是根据员工素质、生产、工艺、设备实际状况等因素而制定的，它是高于员工的平均水平，而通过适当培训，员工可以掌握和执行的规范。规范是适应员工水平和企业设备状况的操作、维护、保养、维修行为标准。规范一旦制定就应要求员工强制、机械地执行，逐渐地员工由被动执行变成主动执行到习惯执行，最后变成素养。任何一个规范、制度都不是十全十美，所以在实施过程一定要坚持以下原则：有制度按制度办；制度不完善，先按制度办，然后修改制度；没有制度先办，根据经验制定制度，然后逐步完善制度。

### 18.3.2　TPM新定义

在 TPM（Total Productive Maintenance）的基础上，新的 TPM（Total Productive

Management）为全面生产性管理或全面生产保全。特点是：

（1）追求生产系统效率（综合效率）的极限为目标——效率化；

（2）从意识改变到使用各种有效手段，构筑能防止停机损失、运行损失、质量损失、生产人工损失、生产线组织损失、人为损失、产量损失、能量损失等所有损失（LOSS）的体系——体系化；

（3）从生产部门开始，到设计、销售、管理等所有部门——全面化；

（4）从 TOP 到一线员工全员参与——活性化。

TPM 的活动等于生产体质的革新，也是企业发展的基石。

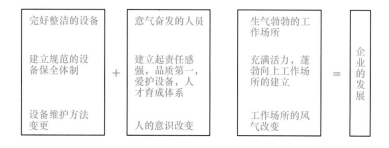

### 18.3.2.1　TPM 六大观念和 TPM 三大体系

TPM 必须是全员参加，特别是生产现场的作业者，必须是通过对现有体制（设备、生产环境、管理者、开发）的改善，提高综合效率，追求生产体系的效率极限，具有强烈的问题意识及改善欲望，善于打破现状。

（1）TPM 的六大观念是：

1）挑战一流的观念（流程上、管理上、文化上）；

2）体系活动的观念（有组织、有计划、有成果）；

3）全员改善的观念（报提案、促交流、能揭示）；

4）执行强化的观念（有机制、有培训、有评价）；

5）预防管理的观念（设备上、质量上、设计上）；

6）环境形象的观念（安全上、环境上、公益上）。

（2）TPM 的三大体系是：

1）公司 TPM 活动推行体系；

2）公司 TPM 活动评价体系；

3）公司 TPM 改善交流发表体系。

（3）TPM 最终目标是：

1）革新生产体系，以追求生产系统效率（综合效率）的极限为目标；

2）有形效果是构筑能防止所有损失（LOSS）的体系，最终达成"0"故障、"0"浪费、"0"不良、"0"灾害的目标。无形效果包括全员意识的彻底变化（自己设备自己管理的自信，排除了扯皮怪圈）；上下级内部信息交流通畅（充满活力的企业循环，保证决策的准确）；设备效率提高增强了企业体质（提升管理竞争力，能抵御任何风险）；员工有成就感与满足感并实现了自我（个人与企业双赢）；明亮的现场使客户感动（企业与顾客双赢）；建立先进的企业管理文化（快速与国际接轨，企业创新有工具）。

### 18.3.2.2　TPM 活动的八大支柱架构

TPM 活动的八大支柱架构如图 18-7 所示。

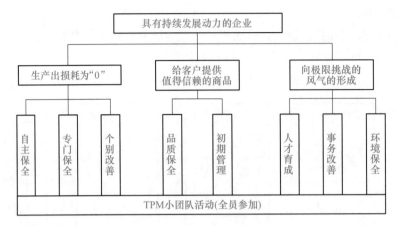

图 18-7　TPM 活动的八大支柱架构

（1）自主保全：

1）自己用的设备自己维护（含计测器、治具、工具）；

2）设备操作者对设备进行日常点检、清扫、给油、修理；

3）要有保全记录，自主保全记录主要为日点检记录。

（2）专门保全：

1）专门保全部门（技术、品保等）对自主保全的支持；

2）计划保全活动（校正周期明确，定期点检、测定等）；

3）改良保全活动；

4）修理；

5）保全记录。

（3）个别改善：

1）物资，精神上对主动改善者奖励体制建立；

2）个人主动积极对现状的改善提案；

3）个别改善包括部门课题改善和员工改善提案两个要素，课题改善称为整体改善或系统改善；改善提案也称为部分改善或单项改善。

（4）品质保全：

1）从生产准备前期（量试阶段）到量产的全过程品质保全；

2）不良再发防止及流出的保全活动（不良包括市场投诉、质检抽样发现的不良、工程内发现的不良、QC 受入检查的不良、部品存放保管的不良及计划错误导致部品长期在库而产生不良等）。

（5）初期管理：

1）从产品开发设计→生产准备（量试）→量产初期的品质保全体系；

2）在最短时间内，能开发并制造出最低成本条件下的优质产品的管理体系；

3）初期管理的内容，产品的初期管理和设备的初期管理；

4）初期管理的目的，易制造又不出现不良的制品；使用操作简单，不出现故障的设备；情报收集，解析及对应；开发→设计→量试→量产时间的缩短，设计目标的确立。

（6）人才育成：

1）建立企业内部的人才育成机制（自主培训）；

2）建立管理改善方法教育的长效机制；

3）提供学习技能的机会；

4）个人主动学习费用给予一定援助；

5）获得经考核认可的技能者，给予技能奖；

6）形成人人愿意学习知识，技能的风气；

7）培养出具有问题意识，并打破现状，不断进取的人。

（7）事务改善：

1）开展行政及事务类部门工作业务效率提高活动；

2）同样业务量时间变短；

3）同样业务量人员减少；

4）增加业务量人员不增加；

5）业务量流程标准化、规范明确化（如同生产线）不要模棱两可；

6）业务工作简单化，复杂的事务用简单的方法完成。

（8）环境保全：

1）工作场所的 6S，彻底、深化、持续；

2）服装干净，整齐并便于工作及保证品质；

3）对待客人及同事、上级有礼貌、大方；

4）接听电话语言文明，给对方一个愉快的心情；

5）遵守社会公德，在社会上树立良好的个人形象，就是树立公司形象。

结合我国企业的实际，将传统外企的八大支柱去繁存精，整合成以五大支柱、一项支持活动的为主的可操作性强的 TPM 推行新模式。

（1）6S 管理（安全环境保全支柱）。

（2）设备保全（自主保全、专业保全支柱）。

（3）改善提案（个别改善支柱）。

（4）课题改善（事务改善、品质保全、初期管理支柱）。

（5）人才育成（人才育成支柱）。

（6）TPM 宣传（TPM 支持活动）。

### 18.3.2.3 设备保全管理体系

TPM 设备保全管理体系如图 18-8 所示。

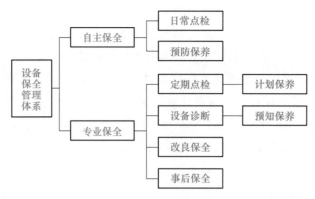

图 18-8 设备保全管理体系

**TPM 推进**

### 18.3.3.1 TPM 的推进方式

（1）建立 TPM 推进事务局（委员会）。

（2）TPM 推进事务局阶段性提出主题（横向推进）。

（3）各部门根据 TPM 推进事务局阶段主题，结合本部门情况不断深入（纵向深入）。

（4）全员不受主题限制，提出对现状的任何改善提案。

TPM 大会，各部门提案发表大会（提案活用、方法推广、改善风气形成）。

### 18.3.3.2 TPM 推进事务局的业务展开

（1）全公司 6S 改善活动的深入展开（活动基础）。

（2）全公司改善活动活性化体系建立推进（活动体系、评价体系）。

（3）公司优秀改善事例的确认与指导（TPM 标准的制定及持续完善）。

（4）改善数据的收集、整理、总结和分析（透明化管理）。

（5）全公司改善人才育成（提案之星的评选、专门活动等）。

（6）公司内、外见学活动的组织与安排（"TPM 之旅"的举办等）。

（7）TPM 层别交流会的筹备、组织举办（发表体系）。

（8）TPM 发表会的监督推进及实施（各部门目标计划）。

（9）揭示场的建立（企业文化展示）。

### 18.3.3.3 推进 TPM 中值得注意的几个问题

（1）最高管理者的决心大小是决定 TPM 活动能否成功的关键。

（2）从计算总有效设备生产率（TEEP）着手，梳理出影响 TEEP 的七大因素，并找出七大因素中每种因素中的前两位关键矛盾，着力解决这前两位矛盾，从而提高 TEEP。

（3）量化措施、责任到人。对制定的改进措施，考核办法一定要达到量化程度，并落实到人头，限时完成对推进 TPM 非常重要。

（4）要有适当的投入。

（5）健全的检查、评估体系和激励机制必不可少。

## 18.3.4 自主保全开展方法和事例

### 18.3.4.1 自主保全的目的

（1）自己的设备自己维护。

（2）成为对设备专精的操作员。

（3）塑造活性化的现场。

### 18.3.4.2 自主保全五步骤

自主保全五步骤见表18-4。

表18-4 自主保全五步骤

| 步骤 | 名　　称 | 目　　的 |
|---|---|---|
| 1 | 初期清扫 | 1. 发现异常能力<br>2. 强制劣化的防止 |
| 2 | 源头对策（部位对策） | 1. 改善能力<br>2. 缩短清扫、给油、点检的时间 |
| 3 | 基准制成 | 1. 维持能力<br>2. 制作点检基准 |
| 4 | 总体点检（效率化） | 1. 学习目视管理的技巧<br>2. 降低设备中断件数 |
| 5 | 自主管理（彻底化） | 1. 设备零故障<br>2. 品质零不良<br>3. 提升工厂可靠度 |

通过自主保全的五步骤达到了TPM培养能力，见表18-5。

表18-5 自主保全培养能力

| 步骤 | 培 养 能 力 | 培养内容及方法 |
|---|---|---|
| 1 | 异常发现能力 | 1. 实际的触摸设备<br>2. 发现设备缺陷、排除设备微缺陷 |
| 2 | 异常处置能力 | 1. 了解缺陷原因、考虑如何改善<br>2. 设备正常状态的调节 |
| 3 | 条件设定能力 | 1. 了解设备的构造和机能<br>2. 明确设备关键部位<br>3. 明确精度和性能维持的条件 |
| 4 | 维持管理能力 | 1. 明确设备性能和品质的关系<br>2. 实施日常清扫点检、倾向管理 |
| 5 | 设备强化能力 | 1. 加强前4项能力<br>2. 学习基本的分解、整修技能<br>3. 钻研设备的修复和改良 |

### 18.3.4.3 某厂设备初期清扫标准及要求

某厂设备初期清扫标准及要求见表18-6。

**表 18-6 某厂设备初期清扫标准及要求**

| 步骤 | 内 容 | 要 求 | 标 准 |
|---|---|---|---|
| 1 | 设备本体清扫 | 见本色 | 以现场作业环境为评价参考 |
| 2 | 微缺陷的发现与复原 | ① 润滑油嘴是否破损堵塞<br>② 设备开关、操作阀是否破损<br>③ 紧固螺栓、螺母是否松动<br>④ 管线、基座等设备附件是否破损<br>⑤ 设备除锈 | 所有微缺陷均得到复原 |
| 3 | 设备标牌 | 规格统一 | 高温区域 1号风机 → 警示牌标准格式(A4大小)<br><br>1号酸洗机 冷轧分厂 → 指示牌标准格式(A4大小)<br><br>控制柜 1号酸洗机 → 控制柜、配电箱标准格式(B4大小)<br><br>开机指示灯 → 小开关按钮标准格式(2×2 CM) |
| 4 | 制作设备初期清扫基准书 | ① 先清扫设备再制作基准<br>② 设备的关键部位：如导轨、转动部位、电机、油箱、减速器、辊轴等部位<br>③ 基准用A4胶套在设备相应部位张贴<br>④ 基准的内容与周期必须是实际能做到的<br>⑤ 分厂、车间必须定期检查基准的执行情况<br>⑥ 基准书按设备动力部的要求统一编号 | 基准图文并茂，能在现场迅速判定是否正常。见表18-7 |
| 5 | 制作设备日常点检基准书 | ① 车间A类设备先制作<br>② 先对设备周身各点检点进行现场目视化标识 | 基准图文并茂，能在现场迅速判定是否正常。见表18-8 |

| 步骤 | 内　容 | 要　　求 | 标　　准 |
|------|--------|----------|----------|
| 6 | 注油点标识 | ① 设备所有注油点均应进行标识<br>② 按照设备本身的颜色和加油周期可自行选定标识颜色 | 连续生产设备用这种<br><br>室内机组设备用这种<br><br>室外电机等零散设备用这种 |
| 7 | 油标液位标识 | ① 设备周身所有油标必须进行正常异常标识<br>② 需在油标上方作制标识说明<br>③ 标识颜色要求全公司统一 | ① 在油标本体刷漆或贴不干胶带<br>② 红色表示油位太低；绿色表示油位正常；黄色表示油位太高<br> |

表 18-7　设备初期清扫基准书

| 焦化分厂清扫基准书 | | | | | | | | |
|---|---|---|---|---|---|---|---|---|
| 所属 | 1 号风机 2 区 | 设备名 | 1 号风机 | 序号 | 名称 | 功能 | 摘要 | 管理编号：030109 |
| | | | | 1 | 盘车器 | 备用机定期盘车 | |  |
| | | | | 2 | 风机机身 | 固定支撑 | 注意不要损坏仪表 | |
| | | | | 3 | 联轴器及护罩 | 连接 | 开机擦拭时注意安全 | |
| | | | | 4 | 风机底座 | 支撑缓震 | | |

续表 18-7

| 序号 | 清扫场所 | 基准 | 方法 | 工具 | 时间 | 周期 | | | 责任人 | |
|------|----------|------|------|------|------|------|------|------|--------|--------|
| | | | | | | 日 | 周 | 月 | 执行者 | 检查人 |
| 1 | 盘车器 | 手摸无积尘 | 擦洗 | 抹布 | 14:00 | ★ | | | 操作工 | ××× |
| 2 | 风机机身 | 手摸无积尘 | 擦洗 | 抹布 | 14:00 | ★ | | | 操作工 | ××× |
| 3 | 联轴器 | 手摸无积尘 | 擦洗 | 抹布 | 14:00 | ★ | | | 操作工 | ××× |
| 4 | 风机底座 | 手摸无积尘 | 擦洗 | 墩布 | 周一 | | ★ | | 操作工 | ××× |

表 18-8　设备日常点检基准书

焦化分厂点检基准书

管理编号：030109

| 所属 | 变速器 | 设备名称 | 1号鼓风机 | 序号 | 点检点 | 点检标准 | 点检方法 | 点检周期 |
|------|--------|----------|-----------|------|--------|----------|----------|----------|
| | | | | 3-1 | 轴瓦 | 温度正常（≤75 ℃） | 测温枪 | 2 h |
| | | | | | | 无异常声音 | 听音 | 2 h |
| | | | | 3-2 | 润滑系统 | 管路无泄漏，回油顺畅 | 目视 | 2 h |
| | | | | | | 油温正常（30~40 ℃） | 测温枪 | 2 h |
| | | | | | | 油压正常（油压范围 0.07~0.2 MPa） | 目视 | 2 h |
| | | | | 3-3 | 油视窗 | 能清晰观察润滑情况 | 目视 | 2 h |
| | | | | 3-4 | 螺栓 | 无松动、标记线无错位 | 目视 | 2 h |

执行者：操作工　　　　　　　　　　　　　检查人：×××

## 18.3.5　六源标准

### 18.3.5.1　六源内容

"六源"指污染源、清扫困难源、故障源、浪费源、危险源、缺陷源。

污染源包括：（1）加工过程中产生的生产中的废气碎屑、废料、料头；（2）设备排放的废水、废渣。

清扫困难源包括：（1）手和普通清扫工具够不到的地方；（2）连续污染部位；（3）高空、高气压、高电压、高放射部位。

故障源包括：（1）员工未按要求操作出现误动作；（2）编排失误、参数调整失误、指令失误；（3）过载、过容、过量、过速引起设备损坏。

浪费源包括：（1）人走灯亮，机器仍空转，气泵仍开动；（2）设备漏油、漏水、漏电、漏汽、漏介质、漏气等能源和材料的浪费；搬运动作、工具，催化材料、还原材料的浪费。

危险源包括：（1）生产热源、产品输送传输的设计、天车运行设计、锅炉安全系统设计；（2）设备传动链条、皮带、齿轮的外露部分保护不当、高电压区保护不当；（3）操作人员使用的操作工具不当如碰撞、掉落造成操作者或他人受伤。

缺陷源包括：由设备或安装环境本身的缺陷造成不稳定、不安全等隐患。

### 18.3.5.2 六源对策方法

六源对策方法见表18-9。

**表18-9　六源对策方法**

| 方式 | 思路 | 处 理 方 法 | 处理对象 | 改善要点 |
|---|---|---|---|---|
| 杜绝式 | 防止泄漏 | 密封、封垫、堵漏技术 | 水、油、冷却液 | 制止 |
| | 防止飞溅 | 装门、护盖 | 加工废屑 | 减低、不积累 |
| | 防止掉落 | 存放、移动方法改变 | 设备零部件 | 修理 |
| | 防止松弛 | 破损、维护、修理 | 工艺装备配件 | 改进 |
| 消除式 | 清除泄漏 | 导槽引导排走 | 水、油、冷却液 | 去除 |
| | 清除飞溅 | 工业吸尘器、空气压缩机吹掉 | 加工废屑 | 吸尘、吹掉 |
| | 堵塞积存 | 清理堵塞部位、装置改善 | 灰尘、角料 | 通堵 |
| 收集式 | 泄漏物循环 | 水、液压油、润滑介质、反应介质、冷却介质的引导集中、处理、再利用 | 水、液压油、润滑介质、冷却液 | 引导、集中、回收 |
| | 飞溅物收集 | 铁屑以及油品飞溅的阻挡、引导、收集和经济处理 | 加工废料、边角料 | 处理、循环 |

### 18.3.5.3 六源标准表

六源标准表见表18-10～表18-12和如图18-9所示。

**表18-10　六源月度发现表**

| 序号 | 六源项目 | 六源类别 | 发现人 |
|---|---|---|---|
| 1 | 水泵油箱进水 | 缺陷源 | ××× |
| 2 | 循环水行车漏油 | 污染源 | ××× |
| 3 | 吸水池低液位不报警 | 故障源 | ××× |
| 4 | 循环水泵D出口阀故障 | 清扫困难源 | ××× |

**表18-11　六源月度处理表**

| 序号 | 六源项目 | 对策方法 | 对策人 |
|---|---|---|---|
| 1 | 水泵油箱进水 | 引流 | ××× |
| 2 | 吸水池低液位不报警 | 更换感应器 | ××× |
| 3 | 循环水泵D出口阀故障 | 制订清扫基准 | ××× |

表 18-12　六源月度未处理表

| 序号 | 六源项目 | 未处理原因 | 责任人 |
|---|---|---|---|
| 1 | 循环水行车漏油 | 配件未到位 | ××× |
| 2 | …… | …… | …… |
| 3 | …… | …… | …… |

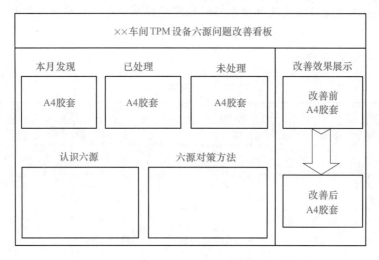

图 18-9　×××车间 TPM 设备六源问题改善看板

## 18.4　点检定修制

### 18.4.1　点检与点检制

设备点检是日本在美国预防维修制的基础上吸收当时世界上的一些先进理念和方法发展形成的一种设备管理方法和制度。

设备点检是一种科学的设备管理方法，它是利用人的五官（视、听、嗅、味、触）或简单的仪器工具，对设备进行定点、定期的检查，对照标准发现设备的异常现象和隐患，掌握设备故障的初期信息，以便及时采取对策，将故障消灭在萌芽阶段的一种管理方法。

点检的目的是防故障于未然，通过对设备进行预防性检查，可查明故障原因，提出消除故障的措施，保持设备性能的高度稳定，延长设备零部件的使用寿命，提高设备效率。

设备点检制是一种以点检为核心的设备维修管理体制，是实现设备可靠性、维护性、经济性达到最佳化，实现全员生产维修（TPM）的一种综合性基本制度。

#### 18.4.1.1　传统设备检查的几种形式与点检

（1）事后检查：事故之后的检查。

（2）巡回检查：按设备的部位、内容进行的粗略巡视，这种方法实际上是一种不定量的运行管理，对分散布置的设备比较合适。

（3）计划检查：采用检查修理法时必须作的一种设备检查。

（4）特殊性检查：这是对特殊要求的设备进行检查，如继电保护整定和绝缘测定。

（5）法定检查：国家法规形式规定的检查，它包括性能鉴定和法定试验，如压力容器。

传统设备检查均属各种检查方法，而点检是一种管理方法。广义的点检是指对设备各维护点的检查、检测、技术诊断的总和，根据这些状态信息最终确定设备的劣化程度，判定设备能否连续运行，并及时安排检修。

点检管理是设备预防维修的基础，是现代设备管理的核心部分。通过对设备进行点检作业，准确掌握设备状态，采取预防设备劣化措施，实行有效的预防检修，以设备受控作业点检管理的目标，从以修为主转为以管为主上来，使设备获得最大的综合效益。

### 18.4.1.2 点检分类

（1）按点检种类分：

1）良否点检——只检查设备的好坏，即对劣化程度的检查以判断设备的维修时间；

2）倾向点检——对重点设备或已发现隐患需加强控制的设备进行劣化倾向管理，预测劣化点的维修时间和零部件更换周期。

（2）按点检方法分：

1）解体点检；

2）非解体点检。

（3）按点检周期分。

1）日常点检：在设备运行中或运行前后，生产岗位操作人员与设备方的专职点检员，用人的五感或借助于简单工器具对设备进行外观的点检，并采用日常维护保养和生产操作相结合的方法，加强对设备的清扫、紧固、调整、给油（脂）等基础保养工作。通过及时发现设备小隐患、小缺陷，适时安排日修或及时处理，使之逐步实现长周期的定修或终生无大修的目标。日常点检周期可根据设备的运行状态予以设定，并可调整。

2）定期点检：为了判断设备内部的状态。专职点检员靠人的五感或借助于简单工器具、仪器及仪表对设备重点部位详细地进行静（动）态的外观点检或内部检查，掌握设备劣化倾向，以判断其维修和调整的必要性。

设备的在线解体检查，按规定的周期在生产线停机情况下，对设备部件进行全部或局部的解体检查，并对机件进行详细检查或测量以确定其劣化的程度。

设备的离线解体检查，对计划或故障损坏时更换下来的单体设备、分部设备或重要部件进行离线解体检查。

定期点检内容包括：劣化倾向检查；设备的精度测试；系统的精度检查及调整；油箱油脂的定期成分分析及更换、添加；零部件更换、劣化部位的修复。

3）精密点检：用精密仪器、仪表对设备进行综合性测试检查，或在不解体的情况下运用诊断技术，用特殊仪器、工具或特殊方法测定设备的振动、应力、温升、电压整定值等物理量，通过对测得的数据进行分析比较，定量地确定设备的技术状况和劣化倾向程度，以判断其修理和调整的必要性，点检周期应根据相关技术标准及设备使用说明等资料而定。

表 18-13 为按点检周期划分的点检方法

**表 18-13 点检方法分类**（按点检周期分）

| 种类 | 点检方法 | 承担部门 | 周 期 | 内 容 |
|---|---|---|---|---|
| 日常点检 | 运转前后或运转中，主要凭五官感觉来检查 | 生产方岗位操作人员或设备方专职点检员承担，具体分工由责任单位的生产与设备双方协商确定 | 日常点检周期可根据设备的运行状态予以设定，并可调整 | 异音、漏油、振动、温度、加油、清扫、调整（开车检查），保证设备每日正常运转 |
| 定期点检 | 运转前后或运转中，主要凭五官及简单仪器来检查 | 点检员 | 按设备而定，点检周期通常为一个月以内 | 振动、温升、磨损、异音、松动等 |
| 定期点检 | 主要用在线或离线解体及循环维修的方法，或用仪器、仪表测试的方法 | 点检员或检修部门 | 按设备而定，点检周期通常为一个月以上 | 精度、劣化程度、给油状况等 |
| 精密点检 | 使用精密或特殊仪器、仪表及特殊方法进行各种诊断点检 | 专职点检员提出计划由检修部门或专业部门实施 | 按点检员具体计划及委托而定 | "对设备可能存在的异常作详细的调查、测定、分析"，其目的是保证设备达到规定的性能和精度 |

### 18.4.1.3 专职点检员的分类

设备专职点检员分为综合点检员与专项点检员两类。

**A 综合点检员的资格要求**

（1）具有三年及以上本专业的点检实践经验。

（2）全面熟悉点检日常业务管理知识，全面熟悉和掌握所管辖区域的工艺流程、工艺参数，能熟练判断和排除所管辖区域复杂的设备故障（事故），熟悉和掌握所管辖区域设备结构及控制原理，并了解相关专业简单的设备结构和控制原理。

（3）具有技师资格，或者受教育年限 12 年及以上且具有本专业高级工等级或助理工程师及以上职称。

（4）具有勤奋工作，吃苦耐劳，对工作高度负责的精神。

（5）具有对点检工作的自信心、进取心和不断改进提高自身能力，提高工作效率的创新思想。

（6）能使用多种测试设备、诊断仪器仪表以及各类特殊工具，在技术技能上是多面手。

B 专项点检员的资格要求

（1）具有一年及以上本专业的点检或检修实践经验。

（2）熟悉和掌握所管辖区域的工艺流程、工艺参数，熟悉点检日常业务管理知识，能熟练判断和排除所管辖区域一般的设备故障（事故），基本熟悉和掌握所管辖区域设备结构及控制原理，并了解相关专业简单的设备原理。

（3）善于协调关联部门工作和果断处理业务中难题。

（4）具有勤奋工作，吃苦耐劳，对工作高度负责的精神。

（5）具有对点检工作的自信心、进取心和不断改进提高自身能力，提高工作效率的创新思想。

（6）使用多种测试设备、诊断仪器仪表以及各类特殊工具，在技术技能上是多面手。

设备专职点检员的资格经设备动力部考核确认后持证上岗，资格考核内容分应会与应知，其中应知包含管理与技能两部分。应会由各生产厂（部、中心）自行考核，考核成绩报设备动力部审核及备案，应知考核由设备动力部组织实施。应会考核不合格者、应知考核两部分均不合格者或应知考核单项不合格经补考仍不合格者，取消其专职点检员资格，调离专职点检员岗位。

专职点检员资格确认考核的专业范围主要为：机械、电器、仪表、通信等，其他专业可根据本专业或行业设备的特点参照执行。

#### 18.4.1.4 点检管理职责

A 设备动力部为公司设备归口管理单位，其在点检管理中的主要职责

（1）设备动力部应指导、督促和检查各单位的点检标准化作业及 TPM 推进工作。

（2）组织（参与）对重大设备事故的处理。

（3）统计、分析公司设备管理实绩，据此提出设备管理的长远规划，为领导的决策提供支撑。

（4）设备动力部各管理、技术部门要以点检定修管理为核心，开展各项工作。

B 各生产厂（部、中心）设备管理室的职责

各设备室主任是组织实施好本区域的点检管理和设备管理工作的责任者，应推进点检标准化作业与各项基础管理工作，以确保设备正常运行，各设备管理室管理人员应做好下列工作：

（1）建立和健全专职点检员的岗位规范及岗位考核制度；

（2）明确设备方各作业区、各专业之间的分工界面；

（3）组织技术人员、专职点检员及相关人员编制设备及零部件编码、维修技术标准（专用）、点检标准、给油脂标准、维修作业标准等基本资料；

（4）不定期抽查专职点检员的记录及设备运行保障人员的手工记录，对点检人员进行必要的监督和检查；

（5）掌握本区域的设备状态，组织对异常或功能不完善的设备进行处理、攻关，不断改善提高设备性能；

（6）贯彻作业长制，组织开展标准化作业、合理化建议及自主管理活动；

（7）为点检作业区提供技术支撑，确保检修用备件、资材的供应；

（8）每月定期组织召开实绩分析会，持续改进；

（9）组织本区域的固定资产实物管理、故障管理及检修管理。

C 岗位操作工的点检职责

（1）岗位操作工根据分工协议的内容，按照设备方提供的点检标准实施日常点检作业。

（2）在当班时间内，岗位操作工必须按日常点检计划表的内容逐项进行点检，并认真做好实绩记录。

（3）当发现设备有异常时应将情况记入点检实绩及交接班簿中，需要紧急处理的要及时处理，不能处理时应尽快通知设备运行维护人员或专职点检员处理。

（4）交接班时，应将当班点检情况向下一班交接清楚。

（5）参与设备故障（事故）的分析与处理。

（6）根据分工协议进行设备的更换和简单的调整工作及给油脂作业。

D 专项点检员的点检职责

（1）专项点检员是其管辖的现场生产设备状态的直接责任者。

（2）对设备及零部件编码、点检标准、给油脂标准、维修技术标准（专用）、维修作业标准、非通用标准工时定额等基础资料进行维护。根据设备状态向作业长提出上述基础资料修改、新增、删除的申请。

（3）根据点检标准合理安排点检计划，并每日按计划认真进行点检作业。对岗位操作工、设备运行人员进行点检维修业务的指导，有权进行督促和检查，每天需查阅岗位操作工的点检作业实绩及有关记录，有问题时要查明情况并及时进行处理。

（4）根据点检结果和点检周期合理安排日、定、年检修计划。编制检修项目预定表，并列出检修工程计划。立项内容来自周期定修项目；劣化倾向管理项目；点检结果；设备、生产安全问题；改善改进项目；上次修理遗留项目等。负责检修项目的施工管理，并与生产方、检修方做好设备检修前的确认、准备工作，对检修质量进行跟踪和过程控制。检修结束后应对检修方的 5S（整理、整顿、整洁、整修、素养）工作进行检查，对检修工作量、质量确认签字。

（5）设备故障（事故）处理要及时，措施得当。参加事故分析处理，提出修复、预防及改善设备性能的意见。

（6）负责点检实绩、设备实际运行状态、事故故障处理、检修过程及验收等各类与设备运行、维护、检修有关的过程记录。确保各类数据的完整、及时与准确。

（7）搜集设备状态信息，进行设备劣化倾向管理，定量分析，及时掌握设备的劣化程度。制定项目——即选定对象设备；制订计划——倾向管理检查表；实施与记录——根据数据统计、作出曲线；分析与对策——预测更换和修理周期，提出改善方案。根据设备状态对不同的设备采取不同的维修方式。

（8）实施或参与设备的精密点检并负责所辖设备的状态受控点工作。

（9）提供维修记录，进行有关故障、检修、费用等方面的实绩分析，提出修复、预防或改善设备的对策和建议。

E　综合点检员的点检职责

综合点检员除专项点检员所列职责（1）~（8）外，还负有以下职责：

（1）负有对专项点检员的点检维修业务及技术进行指导、帮助的职责；

（2）根据点检及维修记录，进行有关故障、检修、费用等方面的实绩分析，制订修复、预防或改善设备的对策。

F　点检区域工程师的工作职责

（1）全面负责所在区域点检的技术管理工作（点检标准的审核修正、点检执行的检查及改进、对点检员的技术指导、设备改善方案的审核、复杂设备故障原因的判定及设备故障（事故）抢修方案的制订）。

（2）根据设备状态及备件预期使用计划和检修计划的需要，做好备件请购（修复）、材料请购等计划编制及资材领用等准备工作（合理考虑备件库存，机旁备件包括修复件、新品，已订合同在途量，已受理未订合同量）。根据点检项目和维修需要，周期定修计划等编制维修费用预算计划，并加以使用。

（3）负责区域储备指标，保证备件供应，承担考核责任。

（4）协助作业长负责责任区域内维修费用的管理工作。

G　点检作业长工作职责

（1）点检作业长要带领全组人员，严格按标准进行点检作业。根据设备在生产过程中所处的地位不同，对设备进行 A、B、C 分级管理。凡重要设备均被列为预防性检查（PM）对象。全面贯彻点检定修制，监督点检员做好设备的点检和维护保养工作，确保所管辖区域的设备状态稳定。

（2）负责故障时间，消耗指标，计划检修率指标分解、落实。每月组织召开作业区实绩分析会，对所发生的故障、费用进行实绩分析，掌握其原因和趋势，及时采取有效的对策措施，按照责任制落实奖罚。

（3）对点检员上岗的点检到位率、有效率，专职点检员的各类点检记录及处理情况及生产方 TPM 执行情况进行监督、检查与考核。每天检查安全执行情况和工作实施情况、进度情况和技术指导，检查生产方的日常点检日志，指导生产方的日常点检技能以及巡视点检员的点检实施工作情况。

（4）认真做好基准信息变更的审核与操作，做好检修、备件、材料等计划的审核及对专职点检员确认完工检修项目的审核报知工作（专职点检员上报后一周之内完成）。

18.4.1.5　点检实施

（1）专职点检员根据设备维修技术标准制（修）订点检标准。

（2）专职点检员根据点检标准安排点检计划，同时岗位操作工根据分工协议编制日常点检计划表。

（3）专职点检员原则上应在每个工作日的上午 8:30~11:00 按照点检计划，携带规定的工器具上岗点检（逢抢修、处理故障时除外）。各生产厂（部、中心）若要调整点检作业时间，应及时报设备动力部审核并备案。

1）按点检路线进行点检，点检内容分如下几种：

① 按点检路线进行、按检查表内容、通过五感或简单工器具进行点检；

② 根据周期管理表上内容进行点检或借助于精密仪器进行倾向性检查；

③ 对经常出故障的部位进行重点跟踪点检；

④ 对操作方、运行方日常点检发现疑问的部位做进一步诊断性检查；

⑤ 对前日或夜间检修方检修、抢修过的部位进行细心的检查；

⑥ 对在点检中发现的设备上较简单的问题进行处理（指用简单工具一个人能处理的问题）。

2）当发生设备故障或事故时，按照抢修负责人安排，立即投入故障抢修处理工作。点检员应负责故障的调查判断、处理方案的制定、抢修施工联络、与生产方联系停产时间等，并为抢修项目准备备件、资材、工具等，抢修结束后，组织试车、验收、恢复生产。

3）对日修项目进行委托并进行检修前"三方安全确认"联络，承担施工中检修协调、过程控制、质量监督、修后验收等任务。在定修期间，专业点检员要对自己管理的项目进行"三方安全确认"联络，承担检修协调、过程控制、质量监督、修后验收等任务。

4）岗位操作工根据日常点检计划表实施每班的操作点检，并将异常信息及时反馈给专职点检员。

5）专职点检人员在点检业务中，应收集记录以下信息数据，并进行分类分析处理：

① 点检实施中的点检结果；

② 岗位操作工提供的设备异常信息；

③ 设备故障和异常信息；

④ 委托施工部门或专业部门进行解体点检、精密点检、检测诊断的信息。

（4）根据点检结果和收集的信息，专项点检员应：

1）提出修订点检标准，给油脂标准等的申请及调整点检计划。

2）提出检修工程项目计划的建议。

3）提出备件、材料需用计划的建议。

4）对计划值、定修计划提出修改意见。

5）完善、修正、制订点检计划表。

6）实绩管理：

① 点检记录——点检计划实施后的设备状态缺陷，处理记录（包括点检检查表、缺陷记录表、周期管理表、给油脂实施记录表）；

② 倾向管理测量记录——测量数据，劣化状态图表整理、绘制；

③ 故障记录——设备故障部位、内容、原因、修理、对策记录；

④ 检修工程记录——设备检修内容、结果、工时、施工单位等记录；

⑤ 备品备件消耗记录——实际备品备件资材名称、品质、数量、价格等记录。

（5）综合点检员应根据点检结果和收集的信息，以及专项点检员提出的检修、备件、资材等建议，合理安排、编制检修、备件、资材计划，并按计划组织实施。点检工作的七项重点管理：点检管理；日、定修管理；备件、资材管理；维修费用管理；安全管理；故障管理；设备技术管理。

（6）专职点检员应将点检、检修、备件等实绩及时、准确地记录，并对实绩进行统计、分析，提出设备改善、改造的措施。

表 18-14 为设备点检管理流程。

**表 18-14  设备点检管理流程**

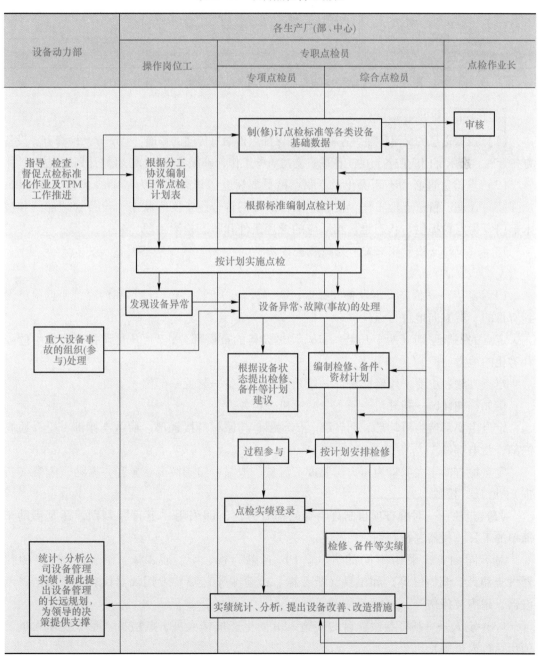

点检携带工器具标准见表 18-15。

**表 18-15　点检携带工器具标准**

| 专业 | 应带工器具 | 专业 | 应带工器具 | 专业 | 应带工器具 |
|------|-----------|------|-----------|------|-----------|
| 机械 | 听音棒 | 电气 | 听音棒 | 仪表 | 试电笔 |
| | 手电筒 | | 手电筒 | | 万用表 |
| | 点检锤 | | 点检锤 | | 螺丝刀 |
| | 扳手 | | 扳手 | | 扳手 |
| | 螺丝刀 | | 螺丝刀 | | 手电筒 |
| | | | 试电笔 | | 尖嘴钳 |
| | | | 尖嘴钳 | | |

注：已配备测振笔、测温笔、数采器的专职点检员应携带测振笔、测温笔或数采器上岗点检。

**18.4.1.6　点检效率保证**

（1）点检信息的交流传递。各单位必须保证点检信息传递的畅通，生产方、检修方、设备方各管理、技术部门应按各自的工作职责支持点检工作，确保各项点检、维修计划的实施。

（2）点检管理必须不断深化，专职点检员要树立以设备状态为基础的状态维修意识，加强倾向管理、精密点检工作，使管理项目的周期符合设备实际状态，设备管理部门和技术部门要为点检提供与状态维修相适应的管理条件和状态检测手段。

**18.4.1.7　点检管理五定和点检检查方法**

**A　点检管理五定**

（1）定点——预先设定设备故障点，明确设备的点检部位、项目和内容，使点检员做到有目的、有方向地进行点检。

定点的一般原则（两个凡是）：1）凡是设备的重要部分；2）凡是设备可能发生故障和劣化的地方。

定点方法：主要采用经验法。一般是区域—设备—装置—部位—项目。

例如：初轧区—初轧机—压下—减速机—齿轮。

定点主要部位为滑动部、回转部、传动部、与原材料接触部、荷重支撑部、受介质腐蚀部、受电部件。

定点检查的十大要素为压力、温度、流量、泄漏、给脂情况、异音、振动、龟裂（折损）、磨损、松弛。

（2）定法——对检查项目制订明确的检查方法，即采用"五官"判别，还是借助于简单的工具、仪器进行判别。

对不同的点，采用不同的方法。1）五感为视、听、嗅、味、触。2）简单的仪器（点温计、测振仪等）和工具（听音棒、检验锤等）。3）专用仪器仪表为数采器、示波器、超声波探伤等。

（3）定人——制订点检项目的实施人员（生产操作人员、点检员、专业技术人员及值班运行人员等）。

操作人员进行日常点检；专职点检人员或检修部门进行定期点检；专职点检人员或检修部门、专业技术人员进行精密点检。

（4）定期——制订点检周期，按设备重要程度、检查部位是否重点等。

设备点检五定中"定期"的含义是指设定检查周期，对于故障点的部位，项目和内容均有预先设定的，并根据点检员素质的提高和经验的积累，进行适当的修改、完善，摸索出最佳的点检周期。

（5）定标——即制订标准，作为衡量和判别检查部位是否正常的依据。设备点检五定中"定标"的含义是指设定故障点部位劣化的判定标准。标准包括维修技术标准（母体）、给油脂标准、点检标准、维修作业标准。其标准如下：

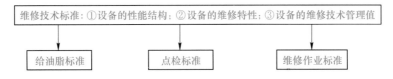

标准编写要"功利主义至上"，保证进厂一年以上的员工能看懂。标准编写不是为了编写而编写，而是要有用；本质上要体现维修和管理一体；技术人员写给工人看的；工人写给工人看的；不是写文章，要简洁、明了，避免冗长的文字描述；形式上尽量图形化、全部表格化。

1）维修技术标准。维修技术标准内容有：A 构造性能，设备名称、装置名称、部位简图、零件名称、材质；B 维修特性，劣化倾向或异常状态；C 维修管理值，图纸尺寸、型号、图纸间隙、劣化、异常许容值、点检方法、点检周期、更换修理周期等；D 异常许容值，磨损量、裂纹、温度、压力、流量、电压、振动。

表 18-16 为某厂维修技术标准表格。

表 18-16  某厂维修技术标准表格

| 部位略图 | 件名 | 材料 | 设备名称 | (1) | 装置名称 | (2) | 设备编号 | (3) | 更换周期 | 备注 |
|---|---|---|---|---|---|---|---|---|---|---|
| | | | 维修标准 | | | 维修标准 | | | | |
| | | | 图面尺寸 | 画面间隙 | 允许值 | 方法 | 周期 | | | |
| (4) | (5) | (6) | (7) | (7) | (7) | (8) | (8) | | (9) | |
| | | | | | | | | | | |
| | | | | | | | | | | |
| | | | | | | | | | | |

表格填写要求：设备名称填写单项设备名称；装置名称填写分部设备名称；设备编号填写该设备装置的编号；画出装置的简单示意图，并标出装置中需要点检部位的名称及易损件名称；填写易损更换件、修理件或修复件的名称。填写易损更换件、修理件或修复件的材质；填写易损更换件、修理件或修复件图纸上所标注的主要尺寸，以及该零件和相关连零件之间主要标准装配间隙和该零件的劣化极限允许值；填写易损更换件、修理件或修复件的点检方法和周期；填写易损更换件、修理件或修复件的更换周期。

维修技术标准样例见表 18-17。

表 18-17　维修技术标准样例

| 设备名 | 初轧机 | 装置名 | 压下装置 | | | | | |
|---|---|---|---|---|---|---|---|---|
| 部位略图 | 件名 | 材质 | 标　准 | | | 检点或检查 | | 备注 |
| | | | 图纸尺寸 | 画面间隙 | 允许量 | 方法 | 周期 | |
| 蜗轮减速机 | 1. 齿接手 | | MT-SMA 150 | | 齿厚磨损 30% | 测定 | 2Y | |
| | 2. 轴承 | SUJ₂ | 22232W33C | 0.17~0.22 | 0.56 | 测定 | 2Y | |
| | 3. 轴承 | SUJ₂ | 22230W33 | 0.11~0.17 | 0.51 | 测定 | 2Y | |
| | 4. 轴承 | SUJ₂ | 46332A | 0.07~0.10 | 0.30 | 测定 | 2Y | |
| | 5. 轴承 | SUJ₂ | 45T3033 | 0.07~0.10 | 0.30 | 测定 | 2Y | |
| | 6. 齿轮 | S50C | OD/144 $M=12$ $N=40$ | 侧隙 0.320~ 1.160 | 齿厚磨损 30% 30% | 测定 | 2Y | |
| | 7. 齿轮 | S40C | $M=12$ $N=46$ | | 30% | 测定 | 2Y | |
| | 8. 齿轮 | S50C | $M=12$ $N=26$ | 0.320~ 1.160 | | 测定 | 2Y | |
| | 9. 蜗杆 | S55C | $M=32$ $N=6$ PCD=$\phi260$ | 0.974~ 1.949 | 10% | 测定 | 2Y | |
| | 10. 蜗轮 | SAE640 | $M=32$ $N=32$ PCD=$\phi1024$ | 0.974~ 1.949 | 20% | 测定 | 2Y | |
| 压下丝杆 | 1. 螺母 | SAE640 | 齿顶厚 21.23 | 0.635 | 齿顶厚磨损 | 测定 | 2Y | |
| | 2. 蜗杆 | | 20.81 | | 30% | 测定 | | 磨损 |
| | 3. 球面垫 | | 80 | | 10% | 测定 | 2Y | 2 mm |
| | 4. 丝杆、 方头 | | 470 | 间隙 | 77 | 测定 | 3M 1Y | 加工 油槽 |
| | 5. 方套 | Sc46 | 470 | 0.40~0.60 | 467 | 测定 | 2Y | |

2）点检标准。点检标准依据：设备的维修技术标准；同类设备的实绩资料；设备的使用说明书和技术图纸；实际经验的积累。

点检标准样例见表 18-18。

3）给油脂标准。给油脂标准依据：设备使用说明书；同类设备实绩资料；技术部门推荐的设备润滑及油脂使用技术管理值。

分工原则：凡人工或手动加油脂的设备，由生产操作工或运行维修人员负责；远离作业线的设备，由专业点检员或运行维修人员负责；凡自动给油脂或一次性给油脂，由专业点检员按计划定期委托。

给油脂标准样例见表 18-19。

**表18-18 点检标准（通用设备）**

周期：S—班，H—小时，D—天，W—调，M—月，Y—年

| 序号 | 设备编号 | 设备名称 | 部位 | 项目 | 点检内容 | 点检周期 | | 点检分工 | | 设备状态 | | 点检方法 | | | | | 点检基准 | 备注 |
|---|---|---|---|---|---|---|---|---|---|---|---|---|---|---|---|---|---|---|
| | | | | | | 生产点检 | 点检 | 生产 | 点检 | 运转 | 停止 | 目视 | 手触 | 听音 | 敲打 | 其他 | | |
| 1 | 070303M01 | 电动葫芦 | 电气部分 | 限制装置 | 上升限位器限位机构 | | 1 M | | ○ | ○ | | ○ | | | | | 控制系统完好 | |
| | | | | | 下降限位器限位机构 | | 1 M | | ○ | ○ | | ○ | | | | | 控制系统完好 | |
| | | | | | 超载限制器 | | 1 M | | ○ | | ○ | ○ | | | | | 安全可靠，显示器调零 | |
| | | | | 电缆 | 电缆保护绳 | | 1 M | | ○ | | ○ | ○ | | | | | 安全可靠 | |
| | | | | | 电缆线卷引绳 | | 1 M | | ○ | | ○ | ○ | | | | | 安全可靠，滑动灵活 | |
| | | | | 控制装置 | 控制盒 | | 1 M | | ○ | | | ○ | | | | | 安全可靠 | |
| | | | | | 电气控制盒 | | 1 M | | ○ | | ○ | ○ | | | | | 安全可靠 | |
| | | | 机械部分 | 轨道 | 轨道 | | 6 M | | ○ | ○ | | ○ | | | | | 安全可靠 | |
| | | | | | 轨道止档 | | 1 M | | ○ | | ○ | ○ | | | | | 安全可靠 | |
| | | | | 钢丝绳 | 钢丝绳卷筒 | | 1 M | | ○ | | ○ | ○ | | | | | 不绳扭断丝槽磨损 | |
| | | | | | 钢丝绳 | | 1 M | | ○ | | ○ | ○ | | | | | 安全可靠 | |
| | | | | | 钢丝绳涂油情况 | | 1 M | | ○ | | ○ | ○ | | | | 测定 | 涂油充分 | |
| | | | | 其他器件 | 导绳器 | | 1 M | | ○ | | ○ | ○ | | | | | 安全可靠 | |
| | | | | | 动滑轮及护罩 | | 1 M | | ○ | | ○ | ○ | | | | | 安全可靠 | |
| | | | | | 起重标志 | | 1 M | | ○ | | ○ | ○ | | | | | 完好，清晰，醒目 | |
| | | | | | 受力构件 | | 6 M | | ○ | | ○ | ○ | | | | | 完好无裂纹 | |
| | | | | | 防脱钩及吊钩 | | 1 M | | ○ | ○ | | ○ | | | | | 安全可靠 | |
| | | | | | 抱闸 | | 1 M | | ○ | ○ | | ○ | | | | | 安全可靠 | |

编制：×××　　　　审核：×××

表 18-19　给油脂标准

| 序号 | 设备编号 | 设备名称 | 装置名称 | 给油脂场所 | 润滑方式 | 油脂牌号 | 润滑点数 | 补充油标准 | | 更换油标准 | | | 分工 | | 备注 |
| --- | --- | --- | --- | --- | --- | --- | --- | --- | --- | --- | --- | --- | --- | --- | --- |
| | | | | | | | | 油量 | 周期 | 油量 | 周期 | 生产 | 点检 | |
| 1 | 070301M01 | 炉顶装料设备 | 旋转布料器 | 减速机 | 油浴 | N150 齿轮油 | 1 | 40 L | 3 M | | | | | 6 M 取样一次 |
| | | | | 支撑轮轴系 | 自动集中 | 0号锂基脂 | 12 | 2/24 mL | 2 h | | | | | |
| | | | | 旋转齿轮 | 涂布 | 0号锂基脂 | 1 | 1 L | 1 M | | | | | |
| | 070301M02 | | 固定料斗 | 移动台车轮 | 油枪 | 1号锂基脂 | 4 | 25/100 mL | 1 a | | | | | |
| | 070710M01 | 出铁场设备 | 泥炮 | 液压油箱 | | 脂防酸脂 | 1 | 20 L | 3 M | 1000 L | 4 a | | | 6 M 取样一次 |

编制：×××　　　　　　　　　　　　　　　　　审核：×××

4）维修作业标准。维修作业标准编制依据：设备图纸资料说明书；实际施工经验积累；维修技术标准。

维修作业标准的内容为各类施工方案、安全措施、技术要求的制定、检修网络图、使用检修人力和专用工器具等。

维修作业标准样例见表18-20。

**表18-20　维修作业标准**

| 设备名称 | 原料输送系统设备 | 作业名称 | X-102BC 皮带更换 | | 1—1 |
|---|---|---|---|---|---|
| 使用工器具 | 气焊工具，电焊机，皮带吊钩夹具 | 作业条件 | 休风时进行，并在事前和检修方协调好 | 保护器具 | 正装 |
| | | 工程车（45T，36T） | 滑轮（6″，8″） | | |
| 作业人员 | 皮带工6名，钳工4名 | 所需时间 | 14 h | 总时间 | 122 h |

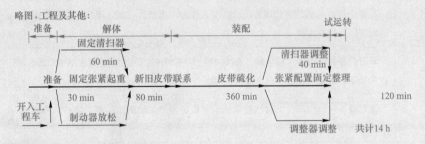

| 作业要点 | 作业内容 | 作业人员 | 技术和安全要点 |
|---|---|---|---|
| 准备 | 1. 召开全体检修会议，明确作业内容和分担任务 | 全体 | 进行危险预知活动 |
| | 2. 会同运转负责人找出动力电源和操作电源，拉警戒线，挂牌 | | 一定要确认电源切断并挂上检修牌 |
| | 3. 工程车准备 | 起重工2名 | 与操作人员明确作业任务及联络信号 |
| 解体 | 1. 吊起清扫器 | 钳工2名 | 清扫器吊起，注意不要损坏皮带 |
| | 2. 返送电磁制动器 | 钳工2名 | 记录好锁紧螺母的位置，确认滚筒是否回转 |
| | 3. 吊起张紧起重并固定好 | 起重工4名 | 因为是2台吊车同时吊装，起重要平行地缓缓升起 |
| | 4. 联接新旧皮带 | 钳工4名 | 联接处要可靠，不要脱落 |
| 装配 | 1. 新旧皮带更换 | 全体 | 明确卷扬机和工程车的型号，当新皮带到尾部时 |
| | 2. 皮带加硫 | 皮带工6名 | 时间要充分 |
| | 3. 安装调整清扫器 | 钳工4名 | 拆下的三角头部，尾部清扫要按原先的位置 |
| | 4. 制动器调整 | 钳工2名 | 与放松前的位置一致，闸瓦间隙要均匀 |

| 作业要点 | 作业内容 | 作业人员 | 技术和安全要点 |
|---|---|---|---|
| 试运转 | 1. 会同运转负责人取下检修牌,接通动力电源和开始试运转 | | 机器运转范围内严禁站人 |
| | 2. 试运转试验 | 钳工 4 名 | 确认周围的安全和皮带的蛇行及联轴器,皮带的联轴器安装恰当 |
| 清理 | 工器具的整理以及将施工中残留的材料运到指定位置 | 起重工 4 名,钳工 3 名 | |

四大标准总结见表 18-21。

**表 18-21  四大标准总结**

| 名　称 | 内　容 | 编制人 |
|---|---|---|
| 维修技术标准 | 各部位(点)的维修管理值,如温度、压力、流量、电流、电压、尺寸公差等允许值和检查方法 | 专业技术人员 |
| 设备点检标准 | 规定设备各部位的点检项目、点检内容、点检周期、判定标准值、点检方法、点检分工,以及在什么状态下进行点检等 | 专职点检人员 |
| 给油脂标准 | 规定设备给油脂部位、给油脂周期、方法、分工、油脂的品种、规格、数量及检验周期 | 专职点检人员 |
| 维修作业标准 | 检修方法、需用工具、拆装顺序、时间等 | 检修人员 |

### B  点检检查方法

点检员应掌握"五感"(视、听、触、味、嗅)点检的方法及要领,并使用点检工器具,结合点检技能、经验,依据点检标准,认真进行点检。及时发现和判断设备故障隐患或劣化现象,采取正确有效的措施,提高设备点检到位率、有效率、命中率。

点检员需掌握设备诊断技术基本原理、方法及相关设备诊断仪器的性能和使用方法,研究设备故障机理。

"视觉""听觉""触觉""嗅觉"与"味觉"总称为"五感"。

"五感"点检法就是综合调动人体脑细胞的"五感"机能与已有的知识、经验相结合所进行的基本活动。

点检活动的基本技能就是充分利用人的"五感"进行的一种创造性活动。日常点检、定期点检、精密点检等各层次的点检工作都离不开"五感",需要通过不断地感觉、理解、再感觉、再理解,循环往复,从而增长才干,积累经验,因此充分利用"五感"技能是作为设备点检维护人员必须培养、训练和研究的课题。

"五感"点检的基本条件包含对设备熟悉、了解生产工艺和区别设备正常与异常的"了解设备"的基本素质、能查找、看懂图纸资料,对设备内部异常能借助于图纸资料查清原因的"熟悉图纸资料"能力、根据设备性能、使用说明及设计资料正确判断设备的负荷状态的"正确判断"能力、具有掌握"点检、给油脂等各种标准"、能区别"设备重要度"和掌握设备"运转标准值"及具有丰富的判断和处理异常的"实践经验"等七个方面的要领。

### 18.4.1.8 点检标准化作业

点检标准化作业就是使点检员能够依据标准化、规范化的点检工作程序，认真执行，并实施点检作业与管理，以切实把握设备的运行状态，制订切实可行的维修计划，防止设备的欠维修或过维修，降低维修成本，提高检修效率与经济效益。

点检标准化包括点检作业标准化、点检台账管理标准化和点检检修管理标准化。

（1）点检作业实施前点检员应首先搜集和听取生产操作人员及运行维护人员提供的设备信息，并查阅他们的记录。

（2）点检员必须携带规定的点检工器具，按点检计划检查内容进行现场点检。

（3）对所管辖的设备各部位的点检项目列出点检周期后，要进行汇总和综合平衡，合理编制点检计划。当设备状态发生变化时，点检计划应及时调整。

（4）根据自己管辖设备的分布范围与点检部位，编制好最短的点检线路图，以达到安全、高效、防止漏检之目的。

（5）点检员应掌握"五感"（视、听、触、味、嗅）点检的方法及要领，并使用点检工器具，结合点检技能、经验，依据点检标准，认真进行点检。及时发现和判断设备故障隐患或劣化现象，采取正确有效的措施，提高设备点检到位率、有效率、命中率。

（6）点检检查的实施。点检作业实施过程中点检员对点检过程中发现的设备问题，要了解清楚五个方面：在什么时候发生的；在什么地方发生的；什么设备、零部件发生了什么问题；什么原因引起的；什么人在操作或什么人发现的。

（7）点检作业实施后点检员应及时记录点检结果，若通过点检作业发现点检标准或计划有明显不妥之处，应及时予以修正。

其次对发现的设备问题要根据有关数据、记录、实际情况及经验进行综合分析研究，若点检发现的设备问题不需马上处理的，应将其列入计划检修项目，填写在计划检修项目预定表中。计划检修项目预定表是检修项目的汇总，其中一部分可以平时处理的，列入日修计划；平时不能处理的，列入定修计划。

点检的作业流程是在点检责任区域划分和优化点检线路图基础上，点检作业流程是一个包含计划、实施、检查、反馈（反馈）四个环节在内的 PDCA 循环作业流程。

图 18-10 为日常点检处理流程。

图 18-11 为定期点检流程。

点检员每天按照点检计划，进行上岗点检。为什么要编制点检计划？主要是当点检员根据所编制的点检标准中项目列出点检周期后，为了平衡工作负荷，就需要对检查内容进行汇总和综合平衡，以合理安排点检作业，所以要依据检查内容和周期进行点检计划的编制。另外当设备状态发生变化时，点检计划应及时调整。

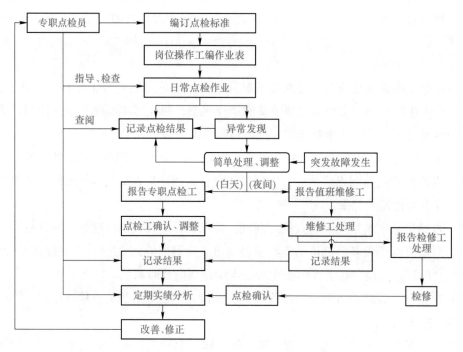

图 18-10 日常点检处理流程

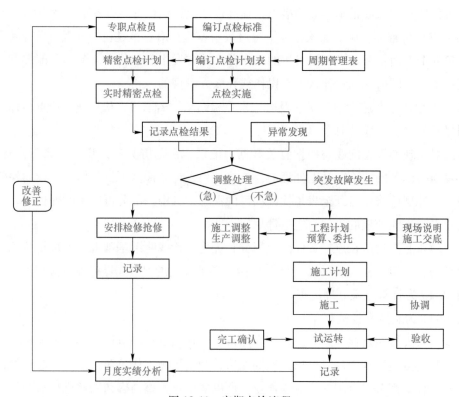

图 18-11 定期点检流程

点检计划排定后，由于实施条件发生变化，应调整实施日期：

（1）当设备发生故障（事故）需紧急抢修时，点检员正常点检计划无法正常实施，但不能因为当日无法实施而取消该计划，因此必须将该计划调整到其他时间实施；

（2）由于点检计划是系统自动排程，因此当计划日期与节假日或定（年）修时间冲突时，也必须调整计划；

（3）产方提出的设备异常需要在点检过程中予以关注或处理的，应增补点检计划或项目。

### 18.4.1.9　设备的五层防护线

所谓五层防护线，就是把岗位日常点检、专业定期点检、专业精密点检、技术诊断与倾向管理、精度测试检查等结合起来，以保证设备健康运转的防护体系。所以说五层防线是点检制的精华，是建立完整的点检工作体系的依据。

岗位日常点检：主要通过岗位操作工人的日常点检，发现异常，排除小故障，进行小修理，这是防止设备事故发生的第一层防护线。

专业定期点检：靠经验和仪器对重点设备、重要部位进行重复的、详细的解体点检和循环维修点检，发现隐患，排除故障，是防止设备事故发生的第二层防护线。

专业精密点检：专职技术人员的精密点检是第三层防护线，即在日常点检和专业点检的基础上，对设备进行严格精密的检查、测定和分析。

技术诊断与倾向管理：与上述"三位一体"的点检制相协同的是技术诊断和倾向管理，技术诊断和倾向管理是点检工作的重要组成部分，是防止设备事故发生的第四层防护线。

精度性能测试：经过上述四层防护，设备能否保持基本特性和精度，要按精度表规定的精度点，半年或一年进行一次精度检测和性能指标检测，计算其精良好率，分析劣化点，以考评和控制设备性能，评价点检效果，这是防止设备事故发生的第五层防护线。

表 18-22 为点检五层防护线。

**表 18-22　点检五层防护线**

| 序号 | 层次 | 负责方 | 方式 | 实施人 | 点检手段 |
|---|---|---|---|---|---|
| 1 | 岗位日常点检 | 运行方 | 3班、24小时 | 值班员和巡视员 | 专业知识+五感+仪表+实践经验 |
| 2 | 专业定期点检 | 设备方 | 常日班、按点检计划 | 专业点检员 | 专业知识+五感+仪表、工具+实践经验 |
| 3 | 专业精密点检 | 设备方 | 按精密点检计划 | 专业点检员、专业技术人员 | 专业知识+精密仪表工具+特殊测试方法+实践经验+理论分析 |
| 4 | 技术诊断与倾向管理 | 设备方 | 按项、按计划 | 专业点检员、专业技术人员 | 专业知识+精密测试+理论分析+科学管理 |
| 5 | 精度性能测试 | 设备方 | 定期测试 | 专业点检员、专业技术人员 | 专业知识+精密测试仪+实践经验+理论分析+科学管理 |

设备的五层防护是设备点检制的精华，是建立完整的点检工作体系的依据。按照这一体系，把企业的各类点检工作关系系统一起来，使运行岗位人员、专业点检人员、专业技术人员、检修人员等不同层次、不同专业的全体人员都参加管理。

把简易诊断、精密诊断以及设备状态监测和劣化倾向管理、寿命预测、故障分析、精度性能指标控制等现代化管理方法统一起来，从而使具有现代化管理知识和技能的人、现代化的技术装备手段和现代化的管理方法三者结合起来，形成了现代化的设备管理体系。

### 18.4.1.10　点检制与巡检制的区别

点检制与巡检制的区别见表 18-23。

**表 18-23　点检制与巡检制的区别**

| 点 检 制 | 巡 检 制 |
|---|---|
| 1. 是一项有关设备工作的基本责任制度。通过点检和诊断掌握设备损坏的周期规律，其点检结果，作为制订维修计划的主要依据 | 1. 只是规定值班维修工人的一种检查方法。其检查结果，仅供编制维修计划时参考 |
| 2. 除值班维修工人外，还必须有生产操作工人参加日常点检，专职点检人员进行定期点检，实行全员维修管理 | 2. 只有值班维修工人参加巡检 |
| 3. 设有专职点检人员，不仅进行定期点检，并按设备分区段进行管理，即具有管理职能（如制定维修计划、掌握设备动态、分析事故、提出维修资材计划等），并按其责任给予相应的权力。同时，做到定区段、定人、定设备 | 3. 参加巡检的人员不固定，且不具有管理职能 |
| 4. 建有一套科学的标准、账卡和制度，以及点检业务流程，点检路线和点检部位、项目内容、周期、方法等规定明确，点检记录完整，所有工作程序均已标准化 | 4. 按巡检路线进行粗略的检查，缺乏检查内容，也无一套完整的检查用标准、账卡和明确的检查业务流程，仅填写一般的检查记录 |
| 5. 在点检的同时，把设备劣化倾向管理和诊断技术结合起来，对有磨损、变形、腐蚀等减损量的点，根据维修技术标准的要求，进行劣化倾向的定量化管理，以测定其劣化程度，达到预知维修的目的 | 5. 无明确的判定标准，其实质是一种不定量的运转管理 |
| 6. 实行三级点检：(1) 日常点检；(2) 定期点检；(3) 精密点检 | 6. 只是实行一级的当班检查 |
| 7. 必须建立一个合理的维修组织机构，原则上必须把点检方与检修方分开 | 7. 修检合一（值班维修工人隶属检修部门） |

## 18.4.2　定修与定修制

### 18.4.2.1　设备定修

设备定修就是在点检的基础上，在主作业线设备（或对主作业线生产有重大影响的设备）停机（停产）条件下，按定修模型进行的，使设备的可靠性和经济性得到最佳配合的计划检修。定修对周期、时间、负荷有严格规定。纳入公司生产计划，由公司设备部统一管理，定修项目安排在月度计划中。

设备定修优点是：停机时间短，生产物流、能源介质损失少，修理负荷均衡受控，检修效率高，检修成本经济。

18.4.2.2    定修分类

A    设备定修按检修时间的长短分类

（1）年修：年修就是连续几天进行的定修。指检修周期较长（一般在一年以上）、检修日期较长的停机检修。纳入公司生产计划，由公司设备部统一管理。

（2）日修：对设备进行小修理的项目。凡不影响主作业线生产，随时可安排停机进行的计划检修称日修。日修不影响公司生产计划可在平日进行，故日修的日期与时间由各二级厂自行安排。

（3）抢修：设备故障发生时非计划性的检修称为抢修。

日、定、年修业务流程如图 18-12 所示。

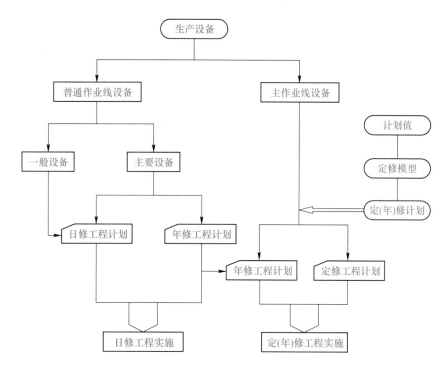

图 18-12    日、定、年修业务流程

B    设备定修按检修性质分类

（1）定期检修：是一种以时间为基础的预防性检修，根据设备磨损和老化的统计规律，事先确定检修等级、检修间隔、检修项目、需用的备件及材料等的检修方式。

（2）改进性检修：指对设备先天性缺陷或频发故障，按照当前设备技术水平和发展趋势进行改造，从根本上消除设备缺陷，以提高设备的技术性能和可用率，并结合检修过程实施的检修方式。

（3）状态检修：是指根据状态监测和诊断技术提供的设备状态信息，评估设备的状况，在故障发生前进行检修的方式。

（4）故障检修：是指设备在发生故障或其他失效时进行的非计划检修。

### 18.4.2.3　定修制

定修制是一种生产设备组织计划检修的基本形式，是以设备的实际技术状况为基础而制定出来的一种管理制度，它的目的在于安全、经济、优质、高效地进行检修，定修制的核心是定修模型。

定修模型就是各生产工序的定修组合，按照能源平衡、物流平衡、生产平衡与修理人员平衡，设定各项定修工程的周期和时间的标准化模式。

定修模型设定的依据是：（1）公司预防与预知相结合的设备维修指导思想；（2）设备状态与维修实绩；（3）生产物流、能源介质和检修力量平衡；（4）对照国内外同类企业的先进管理水平；（5）公司的经营方针和规划。

定修模型样表见表 18-24。

**表 18-24　定修模型样表**

| 序号 | 模型代码 | 作业线名称 | 定修周期 | 定修时间 | 施工日 | 负荷人数 | | | | |
|---|---|---|---|---|---|---|---|---|---|---|
| | | | | | | 机 | 电 | 仪 | 其他 | 合计 |
| 1 | a/d | 炼钢 | 10 d | 10~12 h | 周二、五 | 200 | 130 | 40 | 40 | 410 |
| 2 | b | 烧结 | 1 M | 18 h | 周五、二 | 315 | 51 | 29 | 128 | 523 |
| 3 | c | 炼焦 | 4 W | 4 h | 周四 | 50 | 25 | 10 | 25 | 110 |
| 4 | d | 高炉 | 1 M | 16 h | 周二、五 | 406 | 60 | 66 | 158 | 690 |
| 5 | e | 钢管 | 1 M | 12 h | 周三 | 65 | 40 | 12 | 13 | 130 |
| 6 | a/d | 初轧 | 1 M | 14 h | 周二、五 | 350 | 90 | 20 | 130 | 590 |

### 18.4.2.4　定修项目

定修项目设定原则：能日修安排的不安排在定修，能定修安排的不安排在年修。在主作业线停机最短时间内完成计划的全部检修项目。

在人力、备品备件、材料、专用工器具、技术资料、检修工艺确立的基础上立项。

定修的三个阶段，如图 18-13 所示。

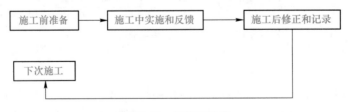

图 18-13　定修三阶段

施工前准备：施工方案的制订、审核和修改，施工交底和备件、材料的准备及确认等。

施工中实施和反馈：施工联络和实施，施工过程中的安全、质量检查，信息的反馈等。

施工后修正和记录：施工中发现问题的记录，错误修正后图纸的记录等。

A 第一阶段：定修项目准备工作

（1）检修方接到委托后，进行现场调查：

1）填写工程调查表；

2）编写维修作业标准；

3）填写《安全联络事项》；

4）工程施工进度表；

5）做好各项修前准备。

（2）组织和召开定修准备会议：

1）确认的事项；

2）各方对本专业的要求；

3）需要其他专业配合的事项；

4）定修的时间带；

5）定修工程的范围和项目；

6）停电（气）时间、安全联络、挂检修牌的数量、位置等检修安全事项；

7）各种移动机械的停车位置；

8）若有在煤气区域动火检修的项目，则必须先由安全部门开具的"动火证"；

9）备件、工程材料；最终确定本次定修的工程项目、进度以及相互配合事项，并根据各单项施工进度制订出综合进度表。

（3）定修开工会。

B 第二阶段：施工中实施和反馈

（1）施工前进行现场安全确认。

1）检修作业前：施工组提前 30 min 到达现场，以班组为单位开展危险预知活动。

2）停机后：点检、操作、检修三方责任者进行安全联络，对开关、阀门的切换位置、安全防护设施进行确认，填写"安全确认书"。

3）当全部设备停车到位、停电、停气后，由三方进行挂牌贴封。

在点检和操作方签发开工许可证后方可开始作业。

（2）施工期间的管理。

1）进入施工现场：各施工组围上安全栏绳，张贴"工时工序表"，摆放好检修用工器具（若要动火的，则应开具"动火证"）。

2）在施工期间：由设备单位负责安全的同志组织由生产、检修方参加的定修安全巡视，检查施工中的不安全因素。

3）中间联络会议：定修中由管理方召集三方负责人开中间联络会议，检查进度，及时解决需协调的问题（定修时间在 4 h 以下可免）。

（3）施工完毕后的试车、验收。

1）施工完毕后：点检确认，以点检方为主组织三方进行安全联络，会同摘取在电源或阀门上检修牌，送上电后进行单体试车和联动试车。

2）试车合格后：由点检人员通知施工人员办理签证验收，即可恢复生产，定修宣告结束。

3）施工完毕后：检修队伍应将现场清理干净，然后再撤离现场，由点检员签发交工证。

注意：施工前后三方安全确认、挂（摘）牌工作一定要认真执行，三方中只要有一方不到位，就不准挂（摘）牌，也就不能进入现场施工（或试车）。

C 第三阶段：定修实绩的统计和总结

（1）完成：定修实绩表的编制及定修项目的报支登录、费用统计。

（2）管理方召集三方召开定修总结会：主要是对这次定修在组织、指挥、进度、质量、安全等方面进行回顾总结，对下次定修可起到改进作用，并对施工单位提出奖惩考核建议。

### 18.4.3 点检定修制

点检制和定修制的关系：点检是定修的前提，定修是点检的继续，点检制和定修制是有互为因果关系的维修管理制度，是不可分割的整体。

点检定修制的实质：以预防维修为基础，以点检为核心的全员维修制。

点检定修制的主要内容：推行全员维修制（TPM），对设备进行预防性管理，在适当的时间里进行恰当的维修。

点检定修制，点检人员既负责设备点检，又负责设备管理。点检、运行、检修三方之间，点检处于核心地位，是设备维修的责任者、组织者和管理者。

点检定修制提出了对设备进行动态管理的要求，要求运行方、检修方和管理方都要参与围绕设备的 PDCA 管理，使设备的各项技术日趋完善，设备寿命周期不断延缓，达到故障为零。

点检定修制可以概括为：（1）动态的维修；（2）设专职点检员；（3）突出预防性检查；（4）以点检为核心的维修管理体制；（5）全员管理；（6）科学方法：PDCA。

## 18.5 设备管理模式实例

### 18.5.1 宝钢设备管理概述

宝钢的设备管理走引进、消化、发展之路。投产以来，在设备管理体制、机制转换、检修组织等方面进行了一系列改革，设备工作的管理目标已从单纯保设备状态转变为保设备功能、精度的投入与提高；从降低设备故障（事故）时间转变为防止重复事故、责任事故发生而采取的纠正措施的落实；从预防维修转变为以预知状态维修方式为主的多种维修方式并存的维修策略，以最经济的投入确保设备最有效的运行，追求设备管理的整体效益。

18.5.1.1 宝钢分公司设备系统现行组织体制

图18-14为宝钢分公司设备系统现行组织体制。

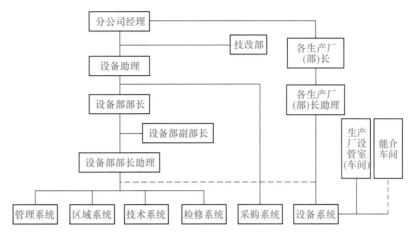

图18-14 宝钢分公司设备系统现行组织体制

图18-15为宝钢分公司设备部现行组织体制。

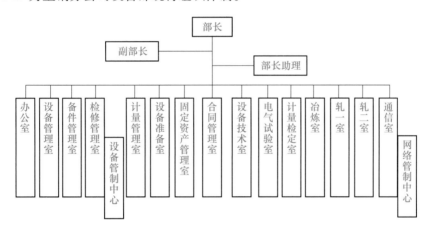

图18-15 宝钢分公司设备部现行组织体制

设备部的主要管理职责如下。

（1）组织制订中长期设备规划，建立有效的、有计划的设备维护体系，推进和完善设备维修综合管理信息系统。

（2）负责公司固定资产（含非生产性设施）的实物归口管理。负责公司房产、土地权属和权益管理、固定资产租赁（托管）及处置管理，合理配置公司固定资产实物资源，提升固定资产使用效率，推进设备一生管理。

（3）负责宝钢分公司设备的技术管理，组织解决有关设备方面的重大问题。

（4）负责分公司的定、年修模型和计划管理，合理安排、配置维修资源，降低故障停机时间，提高主作业线设备有效率。

（5）负责分公司测量管理体系的策划和运行管理，建立、实施和完善公司计量检校机构的质量保证体系，保证测量数据准确可靠。

（6）负责分公司物料计划、备件修复和备件本土化管理。

A　宝钢分公司设备系统组织体制的设计原则

设备管理系统组织结构设计既要适应当代设备管理的发展需要，又要使设备管理的功能得到充分的发挥。

（1）统一生产厂部的设备管理体制与组织结构的原则：建立一个机构简约，运行机制高效，控制闭环的设备管理系统；创建一个管理功能强化，组织形式淡化的设备维修管理运作体系。

（2）集中一贯与区域管理相结合的原则：设备部是在宝钢分公司领导下的所有专业设备的总归口管理的职能部门。对主体生产厂、部所属的各设备管理室实现集中一贯的业务指导。

（3）区域管理重心下移的原则：把重要的专业技术力量转移到生产现场，把区域管理的职能和权限下放到生产厂、部，使生产和设备的界限更加淡化，更有利于 TPM 的推进。

（4）集中管理功能强化的原则：设备部突出宏观管理、指导作用，突出设备管理制度、管理责任的制定与落实；突出管理中技术经济功能的研究，内外维修管理力量的协调，维修资源的整合管理功能；为基层设备管理与维修的实施，创造更适宜的后勤环境、制度环境、责任环境和信息环境。

（5）优化基层设备管理组织结构的原则：整合人力资源，点检员层次由原三个层次（初、中、高）优化为两个层次（综合与专项），缩短管理流程，实现快速反应。

（6）设备维修综合管理信息系统支撑的原则：强化管理功能，提高管理效率，要依赖于不断完善的设备维修综合管理信息系统的支撑。

B　宝钢分公司设备系统组织体制的主要特点

（1）设备"集中一贯"管理。体现了"专业归口、统一管理、重心下移、精干高效"的原则。虽然炼铁、炼钢、热轧、冷轧、条钢、厚板、冷轧薄板、钢管、电厂九个主体厂和能源、运输的设备管理室全部由各二级厂部领导，但是设备业务管理的总归口部门则由设备部实行统一管理。

（2）四个组织层次对应四个管理层次。组织层次和管理层次对应如图 18-16 所示。

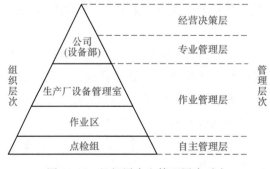

图 18-16　组织层次和管理层次对应

（3）推行全员设备管理。TPM——Total Productive Management，即全体人员参加的生产维修。

最终目的是要减少企业在生产过程中的八大损失：停机损失、运行损失、质量损失、生产人工损失、生产线组织损失、人为损失、产量损失、能量损失。

TPM 模式如图 18-17 所示。

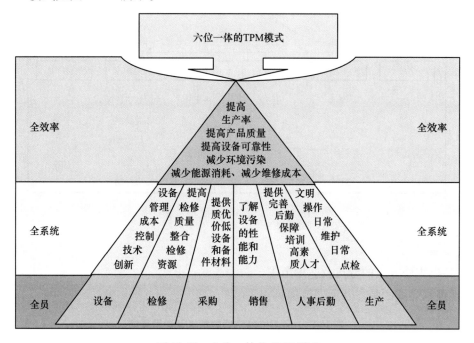

图 18-17　六位一体的 TPM 模式

### 18.5.1.2　建立一流的设备管理系统

设备管理系统如图 18-18 所示。

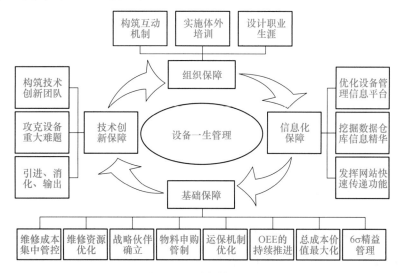

图 18-18　设备管理系统

设备管理配套系统如图 18-19 所示。

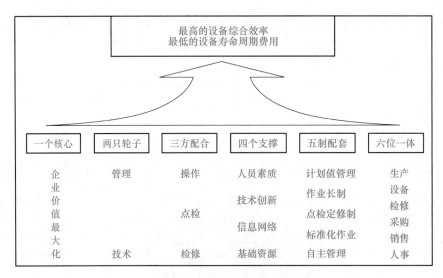

图 18-19 设备管理配套系统

A 维修策略

a 各类维修方式的特点及适用范围

各类维修方式的特点及适用范围见表 18-25。

表 18-25 各类维修方式的特点及适用范围

| 维修方式 | 特 点 | 适 用 范 围 |
| --- | --- | --- |
| 预知维修 | 直接维修成本低，过维修少，故障率低 | 可离线或在线进行定期或定量检测、监测或诊断其状态劣化倾向的设备 |
| 预防维修 | 维修成本高、易过维修、故障率较低 | 关键的设备或多故障、难维修、高投入、无备件的设备以及安全型的设备 |
| 改善维修 | 一次性的维修投入高，日后的维修成本低，可完善设备的性能、功能与精度，或降低故障率 | 需确保功能投入、提高设备精度，延长使用寿命或先天不足的设备，以及不能满足产品质量需求的设备 |
| 事后维修 | 投入的维修成本较低。通过日常或定期的基础保养，可最大限度地延长其零部件的使用寿命 | 适用于非主线的简单设备或备用设备 |

b 以预知状态维修为主的多种维修方式并存的维修策略

以预知状态维修为主的多种维修方式并存的维修策略如图 18-20 所示。

B 设备管理的评价

（1）设定评价指标包括设备综合效率（OEE）、设备故障时间、设备有效（日历）作业率、设备功能投入率、精度保持率等指标。

（2）评价形式见表 18-26。

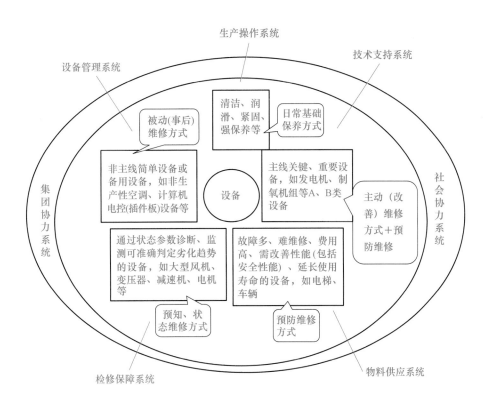

图 18-20　以预知状态维修为主的多种维修方式并存的维修策略

**表 18-26　设备管理评价形式**

| 周期 | 形　式 | 主　要　内　容 |
|---|---|---|
| 周 | 设备状态例会、检修例会 | 对现场设备管理实绩及存在的问题、隐患进行评价，形成《一周设备概览》等资料下发，帮助基层改进工作 |
| 月 | 公司设备例会 | 对公司每月维修成本、设备状态管理指标及定（年）修管理指标的完成情况进行评价，指出不足，促进整改 |
| 年 | 公司设备大检查 | 对设备、管理状况进行评价，发现问题及时整改，为确保设备状态稳定打下良好的基础 |
| 不定期 | 设备专项检查 | 不定期开展，形成专题报告，持续改进 |

## 18.5.2　宝钢设备点检定修制

### 18.5.2.1　设备点检制

设备点检制是一种以点检为核心的设备维修管理体制，是实现设备可靠性、维护性、经济性达到最佳化、实行全员设备维修管理（TPM）的一种综合性的基本制度。

A　设备点检制特点

（1）生产操作人员参加日常设备点检维护。

（2）有一支专业从事点检工作的点检员队伍。

（3）有一套推进工作的科学的组织体制。

（4）有比较完善的检测手段和现代化的维修设施。

（5）操作、点检、维修三方密切配合、共同掌控设备状态。

（6）推行以作业长制为中心的基层管理方式。

B　点检组织体系

点检组织体系如图 18-21 所示。

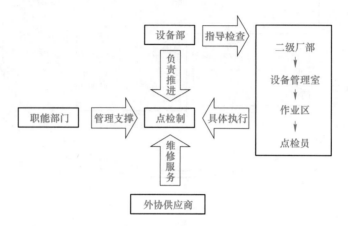

图 18-21　点检组织体系

C　点检员的工作职责及上岗要求

a　点检员的工作职责

（1）是所管辖的现场设备状态的直接责任者。

（2）在信息系统中对设备编码、四大标准、标准工时定额等基础资料进行维护、完善。

（3）合理安排点检计划，认真进行点检作业。指导督促和检查操作工、设备运行人员的点检维修业务，有异常或发生设备故障时及时处理，措施得当。

（4）合理安排日、定、年检修计划。负责检修项目全过程的施工管理。

（5）各类维修实绩完整、及时并准确地在信息系统中登录。

（6）实施设备劣化倾向管理，及时掌握设备的劣化程度并采取合适的维修方式。

（7）参与实施精密点检并推进设备状态受控点工作。

（8）进行有关故障、检修、费用等方面的实绩分析，提出修复、预防或改善设备的对策和建议。

（9）指导与帮助专项点检员的点检维修业务。

（10）在信息系统中编制资材计划。负责责任区域内维修费用的管理工作。

b　点检员上岗要求

（1）点检员的资格经考核确认后持证上岗。

（2）点检员资格确认考核的专业范围。

主要是机械、电气、仪表专业，其他专业可根据本专业或行业设备的特点参照执行。

D　点检作业管理的要点

点检作业管理的要点：

（1）制订标准；

（2）编制点检计划；

（3）编制点检路线；

（4）点检实施；

（5）点检实绩管理。

E　点检台账管理

点检台账有基础类、标准类、计划类、实施类、实绩类、管理类。

台账管理，要结合点检实绩及设备状态分析的情况，不断总结提高，定期加以修正和完善。

台账管理，要充分发挥其指导作用，即：根据设备状态制订检修计划及编制维修备件、资材计划，防止过维修，以降低维修成本。

F　点检标准化作业

a　点检作业标准化

（1）专职点检员每个工作日的正常点检作业内容包括早会、检修施工管理（日、定、年修及紧急故障处理）和其他。

（2）专职点检员上岗点检规定：设备系统的所有专职点检员在每个工作日的 8:30~11:00，必须携带规定的点检工器具，按点检计划检查内容进行现场点检，必须做到二穿二戴，做到行为举止规范化，树立专职点检员的良好形象。

（3）编制点检线路图：专职点检员要根据自己管辖设备的分布范围与点检部位，编制好最短的点检线路图，以达到安全、高效、防止漏检之目的。

（4）携带的点检工器具标准。

（5）点检检查的方法（见图18-22）：

专职点检员应掌握"五感"（视、听、触、味、嗅）点检的方法及要领，并使用点检工器具，结合点检技能、经验，依据点检标准，认真进行点检。及时发现和判断设备故障隐患或劣化现象，采取正确有效的措施，提高设备点检到位率、有效率、命中率。

专职点检员须掌握设备诊断技术基本原理、方法及相关设备诊断仪器的性能和使用方法，研究设备故障机理。

（6）点检作业的实施。

b　点检软件管理标准化

（1）点检软件台账按基础类、标准类、计划类、实施类、实绩类、管理类实施分类管理。

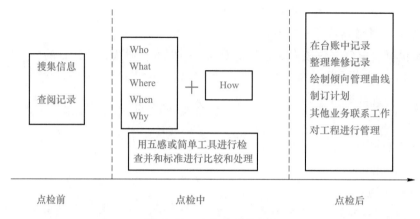

图 18-22 点检检查的方法

（2）专职点检员要确保信息登录及时、准确，并结合点检实绩及分析的情况，不断加以修正和完善。

（3）专职点检员要根据设备状态制订检修计划，综合点检员订购维修备件、资材，防止过维修，以降低维修成本。

G 点检实绩管理

点检实绩是掌握设备运行状态的信息资料，它包括实绩记录和实绩分析两部分。

（1）实绩记录：

1）缺陷异常记录；

2）故障（或事故）记录；

3）倾向管理记录；

4）检修计划和检修实绩记录；

5）维修费用实绩记录。

（2）实绩分析：

1）点检效果分析；

2）功能、精度实绩分析；

3）故障分析；

4）定（年）修计划实施结果分析；

5）维修费用分析。

18.5.2.2 设备定修制

A 定修模型

以各生产工序定修工程为组合模块，同时对各项定修工程的定修周期与日期、检修时间和检修的负荷工作量，进行科学的事前标准化的综合设定。这是对定修实行一种有效的标准化管理。用于指导定修计划的制定，因此是搞好设备维修管理的最佳形式。

a 定修模型的作用

（1）体现了有宝钢特色的设备检修形式。

（2）均衡检修力量，大大提高检修效率。

（3）定修模型可以对设备的检修停机时间按生产计划需求进行迅速调整平衡，可做到按周期、检修时间及检修负荷人数组织定修。

（4）定修模型和计划值可为公司原料、生产、运输、能源、安环等计划编制提供依据。

b  定修模型设定的依据

（1）公司的经营方针和经营规划。

（2）公司设备维修方针和维修策略。

（3）设备前期的运行状态与模型运作实绩。

（4）生产物流、能源介质和检修人力资源平衡。

（5）内外同类企业的管理水平。

定修模型设定关联因素图如图18-23所示。

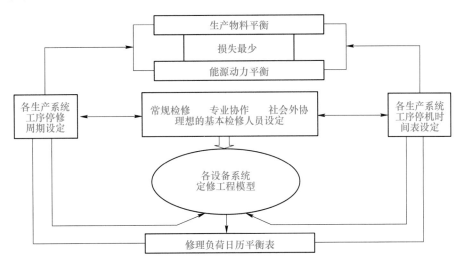

图18-23　定修模型设定关联因素图

c  定修模型设定的方法

（1）在公司编制下一年度生产经营计划前两个月由设备部下发通知，布置定修模型设定工作及要求。

（2）各单位按设定的指导思想和公司经营规划，结合设备运行实绩，组织人员研讨，提出定修模型设定依据及需求。

（3）设备部核定检修负荷人数，结合生产组织需要编制主作业线定修模型综合表，由主管部长组织各二级单位和制造部、能源部、销售部对综合表（草案）共同研讨，修改完善后，将定修模型设定说明报公司领导。

（4）按公司领导批示要求，再次修改完善后，将最终审定的定修模型设定表纳入公司年度生产经营计划并下达执行。

（5）模型确定后，结合年度计划编制要点，按5%松紧度给定各主作业线年度检修计划值，随编制报告上报公司。纳入公司年度计划并下达执行。

　　B　定修计划

　　为维持和提高生产工序设备的性能和开动率，保障设备运行稳定，以检修模型和计划值为基础进行编制的各主作业线设备定修必须停产检修时间和按周期决定的修理日期，包括有关事项说明，并反映工序检修组合等要求的计划，称为定修计划。

　　定修计划是控制设备计划停机，它是定修模型在计划管理过程中的具体化。

　　定修计划分为：长期定修计划、年度定修计划、季度定修计划和月度定修计划。

　　（1）编制定修计划的基本原则：

　　1）充分有效原则；

　　2）经济合理原则；

　　3）统筹安排原则；

　　4）有利于生产运营和市场营销原则。

　　（2）定修计划编制的具体要求。

　　1）充分掌握设备实际状况及生产计划的执行状况，将生产和设备二者有机结合。

　　2）设备定修停机时间的确定，在相对符合设备检修周期的情况下，必须兼顾生产平衡，以充分满足生产物料协调和能源平衡作为前提，避免造成原材料和能源的浪费。

　　3）在提交定修计划需求的同时要制定备件、资材需要计划，并保证备件、资材在定修前一周（年修前一个月）到达现场。

　　4）编制内容中的定修时间和周期，正常情况下不得超过维修计划值及定修模型的规定。

　　5）凡同一主作业线上的设备由几个设备单位分管时，则在编制定修计划时应由主体设备单位负责协调，将最终意见报设备部。

　　6）凡影响两条以上（含两条）主作业线生产的能源动力设备计划检修需求，由能源部负责协调后向设备部申请，纳入公司定修计划管理，并做好检修过程的组织管理。

　　（3）定修计划变更管理。

　　1）月度定修计划确立（定案）后，不得随意变更，擅自变更的视作非计划停机。

　　2）定案后的设备定修计划，如因生产组织、设备状态、能源介质和检修力量平衡等原因需要变更计划的，所在部门设备管理室至少提前三天向设备部检管室提出书面申请。

　　3）设备部对申请内容进行审核。如确需变更，则由设备部检管室与制造部、销售部、能源部的专业管理室和主承修单位协调平衡，下发变更通知。

　　（4）定修实绩管理。

　　定修实绩管理是定修管理总体业务中不可缺少的一个主要组成部分，是定修管理PDCA工作方法中的一个重要环节，通过实绩管理不断总结经验，积累设备检修数据资料，经汇总整理综合分析，作为改进完善定修管理方式，提高定修模型水平，提高管理效率的根据。

　　定修实绩数据来源于基层设备点检方的汇总和检修部门正确的信息反馈，经对实绩结果和综合积累的数据资料进行分析判断，提出设备改善改进方案。

（5）定修工作的评价指标。

1）定修计划时间命中率：对定修计划时间精确度的考核，其计划管理值为100%，考核的目标为95%，其命中率计算公式为

$$定修计划时间命中率 = \frac{计划定修时间(h) - \left|实际定修时间(h) - 计划定修时间(h)\right|}{计划定修时间(h)} \times 100\%$$

2）定修计划项目完成率：用于考核设备检修项目的计划命中程度与点检对设备技术状况的掌握情况的考核指标。

$$定修计划项目完成率 = \frac{实际定修完成计划项目数}{定修计划项目数} \times 100\%$$

3）定修时间延时率：考核定修工程管理的综合时间效率。

$$定修时间延时率 = \frac{实际定修时间(h) - 计划定修时间(h)}{计划定修时间(h)} \times 100\%$$

### 思 考 题

18-1　什么是设备管理？

18-2　简述设备管理发展的历史。

18-3　设备管理的基本内容是什么？

18-4　设备维修标准包括哪几项？

18-5　目前 TPM 国内外的发展情况如何？

18-6　TPM 的思想核心是什么？

18-7　什么是点检，点检目的是什么？

18-8　什么是点检制？

18-9　什么是标准化作业？

18-10　点检标准化作业的含义是什么，点检标准化作业可分成哪三部分？

18-11　点检员的主要职责是什么？

18-12　点检作业的核心是什么？

18-13　什么是定修制？

18-14　定修的特点是什么？

18-15　什么是宝钢设备定修模型？

18-16　定修模型设定的依据是什么？

18-17　设备点检与定修之间有何关系？

18-18　点检定修制的核心是什么？

18-19　点检定修制有哪些特点？

18-20　编制点检标准的依据是什么？

18-21　点检按照种类、方法、周期可进行怎样的分类？

18-22　设备定期点检的内容包括哪几项？

18-23 点检工作分别由哪些岗位人员承担?

18-24 点检工作重点管理是哪七项?

18-25 什么是点检作业流程?

18-26 什么是点检标准?

18-27 点检标准的划分依据是什么?

18-28 维修技术标准的含义是什么?

18-29 为什么要编制点检计划?

18-30 在那些情况下点检计划需要调整?

18-31 什么是精密点检?

18-32 什么是精密点检的方法与内容?

18-33 在点检管理中"五定"的内容是什么?

18-34 什么是点检作业中的"定点"?

18-35 什么是点检作业中的"定期"?

18-36 什么是点检作业中的"定标"?

18-37 点检检查有哪些方法?

18-38 什么是"五感"点检法?

18-39 什么是"五感"中的"视觉"?

18-40 什么是"五感"中的"听觉"?

18-41 什么是"五感"中的"触觉"?

18-42 什么是"五感"中的"嗅觉"?

18-43 什么是"五感"中的"味觉"?

18-44 "五感"的点检要领有哪些?

18-45 点检种类如何划分?

18-46 点检分工基本原则是什么?

18-47 日常点检主要检查内容是什么?

18-48 定期点检主要检查内容是什么?

18-49 点检作业前点检员应首先做什么准备?

18-50 在点检作业实施过程中如设备有异常应了解哪些方面的原因?

18-51 点检员在点检作业实施后应做哪些方面的工作?

18-52 点检五层防线含义是什么?

18-53 为什么说点检五层防线是点检制度精华?

# 19 冶金故事汇

## 北京科技大学牢记嘱托，努力培养新时代的钢铁脊梁
### ——百炼成钢攀高峰

（资料来源：《中国教育报》2023-07-24 第一版）

回信时间：2022 年 4 月 21 日　收信人：北京科技大学的老教授们

习近平总书记强调：民族复兴迫切需要培养造就一大批德才兼备的人才。希望你们继续发扬严谨治学、甘为人梯的精神，坚持特色、争创一流，培养更多听党话、跟党走、有理想、有本领、具有为国奉献钢筋铁骨的高素质人才，促进钢铁产业创新发展、绿色低碳发展，为铸就科技强国、制造强国的钢铁脊梁做出新的更大的贡献！

因钢而生、依钢而兴、靠钢而强。寥寥 12 字，是对北京科技大学七十余载办学历史的生动注解。

"如今，中国已经成为世界上当之无愧的钢铁强国，北科大对此贡献很大。我们 15 位老教授联名写信，就是想把好成绩和新发展汇报给习近平总书记。"谈及在建校七十周年之际给习近平总书记写信的缘由，中国工程院院士、北京科技大学老教授蔡美峰脸上露出了笑容。"我们最大的愿望是继续为中国钢铁事业做出更大贡献，培养更多人才，培养出一批栋梁之材、领军之才。"

2022 年 4 月 21 日，习近平总书记给老教授们回信，希望老教授们继续发扬严谨治学、甘为人梯的精神，坚持特色、争创一流，培养更多听党话、跟党走、有理想、有本领、具有为国奉献钢筋铁骨的高素质人才，促进钢铁产业创新发展、绿色低碳发展，为铸就科技强国、制造强国的钢铁脊梁做出新的更大的贡献！

嘱托牢牢记心间，北科大聚焦习近平总书记回信中提到的"铸就科技强国、制造强国的钢铁脊梁"的时代课题，切实承担起为党育人、为国育才的历史使命，在服务高水平科技自立自强的道路上不断实现新跨越。

### 钢铁雄心：为国而生，兴钢铁之大业

"北京科技大学自成立以来，为我国钢铁工业发展做出了积极贡献。"习近平总书记的充分肯定，有着深刻的历史背景。

"一辆汽车、一架飞机、一辆坦克、一辆拖拉机都不能造。"对于 1949 年诞生的新中国而言，要从落后的农业国变为强大的工业国，何其难。彼时，在工业化的赛道上，美英

等西方国家已经遥遥领先，中国还在起点徘徊。

发展工业首先要发展钢铁工业。为培养专门冶金人才、服务新中国工业发展所需，1952年，北京科技大学（原北京钢铁工业学院）由天津大学、清华大学等高校的部分系科组建而成。由此，新中国第一所钢铁院校拔地而起。

这所应国家之需而生的高校，带着"举矿冶之星火，抚百年之国殇"的印记，注定要与中国的钢铁工业一同壮大变强。"'为国而生、与国同行'是北科大自诞生之日起就不变的初心使命，'钢铁强国、科教兴邦'也早已熔铸到每一位北科人的血脉。"北京科技大学校长杨仁树说。

七十余载日夜兼程、步履不停。一代代钢筋铁骨逐梦人，面向世界科技前沿，锚定国家重大需求，创造出一个个"第一"：研制发明世界第一台弧形连铸机，我国第一台大型电渣炉、第一台国产机器人、第一颗人造地球卫星"东方红一号"和第一枚洲际运载导弹的壳体材料……

七十余载立德树人、培育英才。北科大让一代代钢铁青年在"钢铁摇篮"中淬炼成长，为钢铁工业之崛起提供数十万名"钢小伙""铁姑娘"，其中包括41位两院院士、一大批冶金企业总经理和总工程师，为国民经济建设尤其是冶金、材料行业的发展壮大立下不朽功劳。

抚今追昔，老教授蔡美峰感慨之余，更是心潮澎湃。"习近平总书记对北科大建校以来工作的肯定，是对我国钢铁工业的重视。我们很受鼓舞，决心在促进钢铁产业创新发展、绿色低碳发展等方面把钢铁工业做得更大、更强、更好。"

展望未来，年轻一代正接过时代的接力棒。北京科技大学冶金与生态工程学院大四学生吴晨豪表示，要奋勇前行，努力锤炼本领，为科技支撑碳达峰碳中和贡献力量。

### 钢铁脊梁：求实鼎新，奉科技以自强

"材料也有'生老病死'，我们设法给材料'延年益寿'。"北京科技大学国际合作与交流处处长、教授张达威喜欢将自己的工作概括为"给材料看病"。

"材料腐蚀问题严重危害着基础设施和工程装备'安全服役'，不能等闲视之。"据张达威估算，材料腐蚀问题如建筑物的垮塌等各类安全事故，每年给中国造成的直接经济损失超过GDP的3%。如果算上各类安全事故背后的间接次生灾害，损失可能更大。

针对"一带一路"倡议沿线区域高温、高湿、高盐、多雨等造成的材料腐蚀防护难题，张达威带领团队开展钢铁材料腐蚀与防护数据积累共享工作，为"中国制造"走出国门提供关键数据和技术支撑。"北科大是材料腐蚀研究的发源地之一，在这个关键领域我们已经做到世界领先。"张达威对此颇感自豪。

"促进钢铁产业创新发展、绿色低碳发展"，这是习近平总书记的殷切期望，也是新时代给北科大出的新课题。

如何回答新课题？答案就藏在北科大"求实鼎新"的校训里。在张达威看来，"求实"是根，意味着实用为先；"鼎新"为魂，意味着创新为要。

立足于解决实际问题，"求实"的北科人坚持把论文写在中国大地上。在北科大，学生随便侃几句都能切到学科中的实际问题，进而延伸到学术的交流探讨；在北科大，许多教授的科研项目，瞄准的就是我国关键领域的"卡脖子"难题。

面对各类亟待解决的科研问题，北科人不墨守成规，而是与时俱进、革故鼎新。北京科技大学材料科学与工程学院 2020 级博士研究生汪鑫聚焦国家"双碳"目标，参与研发了适配我国能源产业的新型迭代催化制氢装备。而他的导师张跃教授则瞄准关键基础材料领域的"卡脖子"问题，紧抓后摩尔时代集成电路发展的重要机遇，致力于建立与硅基技术融合的新型关键基础材料发展技术路线，推动我国集成电路关键材料产业从受制于人向战略反制变革性发展。

"求实鼎新"更体现在北科大的学科建设方向上。学校面向国家战略和行业发展明确科研方向，主动承担重大科研任务，面向新兴行业和重点领域实体化成立智能科学与技术学院、矿产资源战略研究院等机构。积极布局"新工科"建设，凝练智能采矿、低碳智慧冶金、新材料、智能制造等学科交叉方向。

为鼓励科研人员勇挑重担，北科大还持续完善"评晋聘"三位一体的职称职级岗聘体系，对承担关键核心技术攻关任务，取得重大基础研究和前沿技术突破，解决重大工程技术难题，促进钢铁产业创新发展、绿色低碳发展的教师，允许破格参加职称评聘。目前，有 19 位 35 岁以下青年教师破格晋升正高级专业技术职务。

### 钢铁摇篮：立德树人，育强国之栋梁

北京科技大学牢记习近平总书记嘱托，坚持特色、争创一流，努力培养更多听党话、跟党走、有理想、有本领、具有为国奉献钢筋铁骨的高素质人才。

今年 6 月，北京科技大学材料科学与工程学院大四学生刘旭东毕业，在校期间，他积极参与和科研相关竞赛并多次获奖。谈及参与科研的起点，刘旭东认为是大二参加的大学生科研训练计划（SRTP）让自己"小试牛刀"，尝到了做科研的甜头。

刘旭东在本科生导师郑裕东的指导下，申报"可注射型壳聚糖基复合水凝胶的制备改性与性能调控"项目，制备一种可治疗牙髓感染的根管填充材料。"导师郑裕东对我的指导，让我亲身感受到科研从理论变成实践的魅力。"刘旭东说。

郑裕东是刘旭东的本科生导师，不仅指导科研训练，还帮助他规划成长路径。北京科技大学材料科学与工程学院党委副书记王进表示，学院通过辅导员、班主任、本科生导师、引航学长"四位一体"的育人模式，实现全程育人。其中，本科生导师队伍是最贴近学生的育人力量。

本科生全程导师制是北科大常态化推进"三全育人"综合改革的"关键一招"。每名本科生从入学开始，就配备有一位全程导师，围绕学生生涯规划、学业辅导、创新能力等进行全程指导，引导本科生早进课题组、早进实验室、早进科研团队，尽早明确学业发展目标、提升学术科研能力。

打造"钢铁摇篮"，培育更多的栋梁之材，需要一支"严谨治学、甘为人梯"的高水

平教师队伍。北京科技大学坚持"两手抓"：一是抓实师德师风建设，将"严谨治学、甘为人梯"精神作为北科大教师精神风范，将其融入教师荣誉表彰体系，积极选树师德先进典型；二是抓好高层次教师队伍建设，坚持引育并举，延揽钢铁行业技术领军人才加盟学校，同时长期稳定支持在钢铁冶金等领域取得标志性成果和突出业绩的优秀青年教师。

为让人才培养更好服务于国家发展所需，学校深化产教融合，实施"一生双师百企千人"人才培养模式改革，拓宽行业企业与学校的双向人才交流渠道。同时，学校加快推进"新工科"建设和卓越工程师培养，为钢铁行业关键核心领域培养急需紧缺的高层次人才。

深挖"钢筋铁骨"内涵，北科大还深化以"大国钢铁"公开课、学科论坛、课程思政示范课为主的 3 个层次课程思政育人体系建设，组建学生党员、辅导员和校友宣讲团，开展老教授精神系列寻访活动，对学生开展立体式的思想政治教育。

新时代新征程，北科大正砥砺奋进。"北京科技大学将以习近平新时代中国特色社会主义思想和习近平总书记重要回信精神为指引，心怀'国之大者'，抓好'立德树人、科教兴邦'具体实践，促进钢铁产业创新发展、绿色低碳发展，为实现中华民族伟大复兴的中国梦作出新贡献。"北京科技大学党委书记武贵龙说。

# 春秋战国钢铁的冶炼

（资料来源：百度文库）

春秋时代是我国由奴隶社会向封建社会转变的阶段。促成这一社会变革的物质因素，是社会生产力的发展。

劳动工具是社会生产力发展的重要标志。铁制工具的广泛使用，促进了我国由奴隶制向封建制的过渡。商代用陨铁制作了铁刃铜钺，说明对铁的性质和锻打嵌铸的技术已经有了一定的认识和掌握，但当时尚不知人工炼铁。

春秋时期，铁器已经在农业、手工业生产中使用。农业生产中使用铁锄、铁斧等。铁器坚硬、锋利，胜过木石和青铜工具。晋国用铁铸刑鼎，铸鼎的铁是作为军赋向民间征收的，可见晋国民间铁已不少。在江苏六合县程桥、湖南长沙龙洞坡等地出土了春秋时的铁器。战国初或稍早已发明铸铁技术，这是我国劳动人民对冶金技术的重大贡献，比外国早一千八百年左右。河北兴隆县寿王坟出土了大量战国时的铁范，其中有较复杂的复合范和双型腔，还采用了难度较大的金属型芯，反映了当时的铸造工艺已有较高水平。战国时发明的用柔化退火制造可锻铸件的技术和多管鼓风技术是冶金技术的重要成就，比欧洲早二千年左右。战国时还掌握了块炼铁固态渗碳制钢的方法和淬火技术。

块炼铁的方法也就是"固体还原法"。由于块炼铁是铁矿石在较低温度下从固体状态被木炭还原的产物，所以质地疏松，还夹杂有许多来自矿石的氧化物，例如氧化亚铁和硅酸盐。这种块炼铁在一定温度下若经过反复锻打，便可将夹杂的氧化物挤出去，力学性能就改善了。从江苏六合县程桥东周墓出土的铁条，就是块炼铁的产品。春秋末期和战国初期的一些锻造铁器也是以块炼铁为材料。

在反复锻打块炼铁的实践中，人们又总结出块炼铁渗碳成钢的经验。从河北易县武阳台村的燕下都遗址 44 号墓中曾出土 79 件铁器，经分析鉴定，它们的大部分都是由块炼钢锻成的，这证明至迟在战国后期块炼渗碳钢的技术已在应用，块炼铁质柔不坚，块炼钢虽经渗碳处理，变得较坚硬，但在生产上仍嫌不足。人们在生产实践中又摸索出块炼钢的淬火工艺，这就进一步提高了块炼钢的力学性能。上述燕下都出土的锻钢件，大部分是经过淬火处理的，这又表明在当时，人们对淬火工艺也较熟悉了。

生铁的冶铸工艺，在原料、燃料上与块炼法基本一样。它们之间主要的差别在冶炼温度的不同。块炼法的炉温大约在 1000 ℃，离纯铁的熔点（1534 ℃）相差很远，而生铁冶炼时，炉温达到了 1100~1200 ℃。在冶炼中，被还原生成的固态铁会吸收碳，这种吸收随着温度的升高，速度就会加快。

另一方面吸收碳后，铁的熔点随之降低，当含碳量（质量分数）达到 2.0% 时，熔点降至 1380 ℃；当含碳量（质量分数）达到 4.3% 时，熔点为最低，仅 1146 ℃。在这种条件下，炉温就可使铁熔化，从而得到了液态的生铁。液态生铁就可以直接浇铸成器，冶铸过程简化了，就使铁器的生产有了大发展的可能。

江苏六合程桥东周墓出土的铁丸，洛阳出土的公元前5世纪的铁锛、铁铲都是生铁器物，这证明在块炼法的同时，我国已出现生铁冶铸工艺。生铁与块炼铁同时发展，是我国古代钢铁冶金技术发展的独特途径。世界上许多其他国家，从块炼铁发展到生铁，大约经历了上千年的时间。就拿欧洲一些国家来说，虽很早已有块炼铁，但出现生铁则在公元13世纪末和14世纪初。

生铁的生产效率高，铸造性能又较好，这为广泛使用铁器提供方便。在冶炼生铁的初期，由于温度还不够高，硅含量也较低，致使生铁中的碳在冷却凝固时不能成为石墨状态，而成为碳化三铁（$Fe_3C$），与奥氏体状态的铁在1146 ℃共晶。因此，炼出的生铁性脆而硬，铸造性能虽好，但强度不够，这种生铁，人们称它为白口铁，它只能铸造某些农具。从河北兴隆燕国矿冶遗址出土的大批锄、范等，就是由白口铁铸成的。

为了克服白口铁的脆性，在战国早期，人们就创造了白口铸铁柔化处理技术。所谓柔化处理就是将白口铸铁长时间加热，使碳化铁分解为铁和石墨，消除了大块的渗碳体，这对减少脆性、提高韧性可以起良好的作用。处理后的白口铁就变成了展性（韧性）铸铁。长沙出土的战国铁铲，辉县出土的战国中期铁带钩，易县燕下都出土的战国晚期铁镢、锄等，都是属于这种展性（韧性）铸铁。

# 独特的中国钢铁冶炼

（资料来源：百度文库）

东西方的冶铁技术是循着不同的途径发展的。如果说西方早期的铁器文化是一种锻铁的文化，那么中国早期的铁器文化是一种以铸铁为主的文化。

已知中国最早的铁器是河北出土的商代铁刃。后确认为是用含镍较高的陨铁锻成。另外有同时代的北京平谷的陨铁刃，河南商末的铜兵铁刃。这些说明，原始民族早期使用天然铁是具普遍性。

我国许多地区都有丰富的铁矿藏。特别是在中原地区，源远流长的古代青铜技术的故乡，也是中国古代冶铁工艺的摇篮。

在公元前6世纪前后，中国就发明了生铁冶炼技术。尤其是在春秋战国时期，块炼铁和生铁冶炼两种工艺，几乎是同时产生，这两种方法在我国历史上曾长期平行发展，在不同情况下发挥各自的作用。

块炼铁的方法即"固体还原法"。从江苏六合县程桥东周墓出土的铁条，就是块炼铁的产物。

在春秋末期和战国初期，以块炼铁为材料，在反复锻打块炼铁的实践中，人们又总结出块炼铁渗碳成钢的经验。因块炼铁质柔不坚，渗碳块炼钢又太坚硬，人们又发明了炼钢的淬火工艺，进一步提高了块炼钢的力学性能。在河北易县武阳台村的燕下都遗址出土的19件铁器，大部分就是经过淬火处理的。块炼铁的炉温大约1000 ℃，离纯铁的熔点（1534 ℃）相差甚远。生铁的冶铸工艺与块炼法的差异在于，它的炉温达到1100～1200 ℃。在这种炉温下，通过被还原生成的固态铁吸收碳，降低其熔点，从而得到液态的生铁，液态生铁可以直接浇铸成器。江苏东周墓出土的铁丸，洛阳出土的铁锛、铁铲等，都是那个时期的生铁器物。生铁的早期发明，是中国对世界冶金技术的杰出贡献。欧洲一些国家，虽很早出现块炼铁，但出现生铁则是公元13世纪末到14世纪初。

铁器的较多使用，标志着新一代社会生产力的形成，春秋战国之交中国已进入铁器时代。人们日常用语"陶冶""就范""范围""模范"等也是由冶铸技术转变而来的，取得普遍意义，在中国文学中表现铁匠形象也甚多。

从战国到西汉，生熟铁并用平行发展。早期的铸铁都是白口铁，铸造性能较好。但碳是以化合碳的形式存在于铁中，导致生铁脆硬，不耐碰击。那么中国早期冶铁匠师就面临双重难题，一是如欧洲古代铁匠那样使柔软的块铁变硬，另外是设法使脆硬的白口铁变软。因此，在战国早期，人们就创造了白口铁柔化术。即通过长时间加热，将白口铁中的碳化铁分解为铁和石墨，消除大块的渗碳体，这对提高铁的柔性起了良好作用，而欧洲的铸铁柔化术是在17世纪晚期才出现的。

战国中期以后，铁器已取代铜器成为主要的生产工具。《管子·海王篇》说："一女必有一针、一刀""耕者必有一耒、一耜、一铫"。"不尔而成事者，天下无有。"正是铁器的普遍应用，才极大推动社会生产发展，使奴隶制向封建制转变，造就了战国时期经济繁荣，百家争鸣的昌盛局面。邯郸等地以冶铁致富，并设有专门管理炼铁的"铁官"，专门经营炼铁的"铁商"。

西汉，在块炼渗碳的基础上兴起了"百炼钢"技术。它的特点是增加了反复加热锻打的次数，这样既可加工成型，又使夹杂物减少、细化和均匀化，大大提高了钢的质量。如河北满城一号西汉墓出土的刘胜佩剑、钢剑和错金宝刀，就是"百炼钢"的产物。"百炼成钢""千锤百炼"成语由此而来。西汉中期，又出现了炒钢，即将生铁炒到成为半液体半固体状态，并进行搅拌，利用铁矿物或空气中的氧进行脱碳，借以达到需要的含碳量，再反复热锻，打成钢制品。这省去了繁难的渗碳工序，又使钢的组织更加均匀。山东苍山县东汉墓出土的炼环首钢刀，就是用炒钢锻打而成的。炒钢的发明，也打破了先前生铁不能转为熟铁的界限，使原先各行其是的两个工艺系统得以沟通，成为统一的钢铁冶炼技术体系。这是继生铁冶铸之后，中国古代钢铁技术史上又一重大事件。

从古铁器分析中，中国科学工作者，陆续发现了汉魏时期的球状石墨的铸铁工具多件，引起了国内外学术界的重视，而球墨铸铁是现代科技的产物，是 1949 年由英美学者发明的。经测定，西汉时期的石墨性状铸铁不逊于现代球墨铸铁的同类材料，这是冶铸史上一件很有意义的事。

西晋南北朝时，新的灌钢技术出现。它是将生铁炒成熟铁，然后同生铁一起加热，由于生铁的熔点低，易于熔化，待生铁熔化后，它便"灌"入熟铁中，使熟铁增碳而得到钢。这种方法比生产炒钢容易掌握，也使钢铁技术较为完备，成为南北朝以后的主要方法。

在汉代，钢铁业的发展通过多方面展现。如炉型有了扩大，用石灰石作熔剂，风口也从一个发展到了多个，鼓风设备从以前的人力鼓风，畜力鼓风到创造了水力鼓风的"水排"。这项发明比欧洲早一千二百多年。

从唐代到明代，是古代钢铁技术全面发展和定型的时期。唐宋时期实现了农具从铸制改为锻制这一具有重大意义的历史性转变。以生铁冶炼—生铁炒炼熟铁—生、熟铁合炼成钢为主干的钢铁工业体系趋于定型。

到了明代，采用了"生铁淋口"法锻制生产工具。这种方法的原理是和灌相同的。这在宋应星的《天工开物》中有记载。另外，《天工开物》还描述了冶炼史上的半连续性系统，即把炼铁炉流出的铁水，直接流进炒铁炉里炒成熟铁，从而减少了再熔化的过程。这时，人们不仅懂得了炼焦，还用焦炭进行了冶炼。明代中叶到清末，传统钢铁技术继续缓慢发展，生铁年产量达数十万吨。炼铁竖炉高 9 m，佛山炼铁厂还采用装料机械（机车）代人力加料。

总之，在 18 世纪中叶工业革命之前，中国冶铁工业的生产规模和技术水平与当时的英法等国相比并不逊色，各领风骚。中国的封建制度发展到明代已进入衰亡阶段，极端腐败的专制主义政治，庞大的官僚机构和腐朽的上层建筑，严重束缚了生产的发展。明末矿税之害迫使各阶层人民群起反抗，阶级矛盾异常尖锐。继起的清政府是镇压了农民起义和抗清斗争之后建立起来的，满汉地主阶级联合专政的专制政府。康熙、雍正和乾隆三朝号称盛世历时 134 年（公元 1661—1795 年）。但正在此时，西方爆发了工业革命，其工业、科技、军事实力却以封建制度无法想象的速度发展起来，在很短时期就把中国抛在后面。而清政府恰从雍正时代起顽固地实行闭关自守政策，自封天朝大国，对世界范围的重大变化茫然无知，更谈不上采取措施迎头赶上。在随后的帝国主义侵略和清廷卖国行径的内外夹攻下，旧有的手工业和传统技术随之衰落，濒于破产和失传，曾经独树一帜的中国冶炼工业也黯然失色，失去了建立独立的金属工业，使传统工艺发展为现代金属技术的可能性。

　　纵观五千年的中国冶金技术，它的发生和发展，进退和起落都是和中华民族的发生和发展、兴衰和荣辱息息相关的。

# 钢铁情谊，像多瑙河水永流长

（资料来源：《共产党员》2018年上半月第11期）

相知无远近，万里尚为邻。

2016年6月19日，习近平主席亲临河钢塞尔维亚公司（以下简称河钢塞钢）视察，并叮嘱："中国同塞尔维亚传统友谊深厚，彼此怀有特殊感情，值得我们倍加珍视。"

穿过近千个风雨同行、携手共进的日日夜夜，有着不同肤色、说着不同语言，却有着相同使命、共同梦想的中塞两国人民，在河钢塞钢早已结下了浓得化不开的钢铁情谊。两年来，习近平主席所期待的"弘扬传统友谊，推动互利合作，造福两国人民，把中塞关系推到新的高度"，已经在这里变为现实。2018年上半年，实现销售收入5.7亿美元，利润接近上年全年水平，开创了企业发展的新纪元。

## 半年扭亏，打造中塞合作典范

"中国人讲言必信、行必果，一诺千金，我们所承诺的事情，一定要兑现。"2016到2018，两年时间或许很短，习近平主席情真意切的话语言犹在耳。

两年来，党和国家领导人深切关注。2016年7月，习近平总书记在视察河北唐山期间，关切询问河钢塞钢项目进展情况，并再一次叮嘱河北一定要把这件事做好。2017年7月，时任全国人大常委会委员长的张德江在访问塞尔维亚期间，专程前往河钢塞钢视察钢厂恢复情况。2017年10月，中央政治局委员、全国人大常委会副委员长张春贤出访期间，再一次视察河钢塞钢。工业和信息化部、国家发展和改革委员会、商务部、中国驻塞使馆均从不同角度给予大力支持。

两年来，省委、省政府关怀备至，多次专门听取河钢集团党委书记、董事长于勇关于河钢塞钢生产经营和发展情况的汇报，对打造中塞合作典范进行指导。

两年来，河钢不遗余力，致力于将其打造成为欧洲最具竞争力钢铁企业。河钢先后派出11批次、近200人的技术管理团队，深入产线对各系统、各工序进行起底式专业诊断；组成国际专家团对该公司进行深度诊断和技术评估；组建银团为该公司提供低成本项目融资，降低企业资金压力；投入1.58亿欧元，相继启动热轧粗轧机、高炉热风炉、热轧加热炉等技改项目和高炉煤气回收柜、烧结机等新建项目；发挥河钢国际全球化采购铁矿石的规模优势及河钢德高在110多个国家开展商业活动的渠道优势，为河钢塞钢稳定原料供应、扩大产品出口提供了巨大平台。

与此同时，塞尔维亚政府也为项目建设和企业运行提供了最大力度的支持，为河钢塞钢创造了良好的经营发展环境。

"我相信，只要双方密切合作，充分发挥各自优势，提高企业竞争力，斯梅代雷沃钢厂就一定能够重现活力，为增加当地就业、提高人民生活水平、促进塞尔维亚经济发展发挥积极作用，成为中塞务实合作，以及中国和中东欧国家国际产能合作的样板。"两年前，习近平主席对河钢塞钢寄予了最高信任；两年后，河钢人将一个全新的河钢塞钢呈现在世人面前：

——2016 年 12 月，河钢塞钢成立仅仅半年，便结束了长达 7 年连续亏损的历史。

——2016 年下半年，铁、钢、材产量同比增长 50% 以上，实现产值 3.13 亿美元，同比增长 73%；高附加值产品冷轧板比上半年产量增长 112%。

——2016 年，产品出口美国、西欧、中欧、东南欧等国家和地区，一跃成为塞尔维亚第二大出口企业。

——2017 年，全年产钢 148 万吨、钢材 125 万吨，实现营业收入 7.5 亿美元，较上年增长 51.8%，对塞尔维亚 GDP 贡献率达到 1.8%。

——2018 年，预计产钢 180 万吨，将创建厂以来最高纪录。

而今的河钢塞钢，已经真正成为塞尔维亚的骄傲，频频获得中塞两国领导人点赞。2018 年 9 月 18 日，国家主席习近平在会见来华出席夏季达沃斯论坛的塞尔维亚总统武契奇时指出：我高兴地得知，中国河钢集团与塞尔维亚斯梅代雷沃钢厂的合作运营良好，已成为塞尔维亚第二大出口企业。7 月 6 日，李克强总理在会见塞尔维亚总理布尔纳比奇时指出：河钢斯梅代雷沃钢厂项目是中塞乃至中国与中东欧国家产能大项目合作的成功范例。塞尔维亚总统武契奇多次表示，河钢的收购让斯梅代雷沃钢厂获得成功和进步，斯梅代雷沃钢厂起死回生是个成功的典范。

# 汉代的钢铁冶炼技术

（资料来源：百度文库）

汉代的钢铁冶炼技术，在战国的基础上又有了长足的发展，勤劳的中国人民在这方面又有了不少的创造和发明。

汉代铁金属在工业、农业和军事中的作用愈显重要，官府对冶铁业的管理越加严格，汉武帝时任用孔仅为大农丞，将盐、铁、税利的巨业，收归官府经营管理，实行一系列严格措施，使冶铁业得到空前的发展。孔氏家族原本是梁国的冶铁商贾，素有经营冶铁的管理才能，所以他能在汉武帝时一跃而成为大司农丞要职，在任职的短短十余年间，从组织管理到冶铁技术和农具的推广，做出了巨大的努力，为汉武帝的雄才大略的扩展提供了雄厚的经济基础。

西汉时"百炼钢"的技术兴起，使钢的质量较前提高。这种初级阶段的百炼钢，是在战国晚期块炼渗碳钢的基础上直接发展起来的，二者所用原料和渗碳方法都相同，因而钢中都有较多的大块氧化铁-硅酸铁共晶夹杂物存在；但不同的是增多了反复加热锻打的次数。锻打在这里不仅起着加工成型的作用，同时也起着使夹杂物减少、细化和均匀化，晶粒细化的作用，显著地提高了钢的质量。

从河北满城一号西汉墓出土的刘胜佩剑、钢剑和错金宝刀，它们虽与易县燕下都钢剑所用的冶炼原料相同，但金相检查表明，钢的质量却有显著的提高，它正是"百炼刚"技术兴起的产物。

西汉中期以后，又出现炒钢。这是因为块炼铁虽然能制造渗碳钢，但产量不大，效率很低，不能适应当时封建社会生产发展的需要，"供不应求"即生产量与需要量的矛盾，促使出现了用生铁炒成为钢的新工艺。但是生铁的产量已相当大，用生铁作为制钢原料，是炼钢史上的一次飞跃发展，也是一次重大的技术革新。

炒钢的产生，即将生铁炒到成为半液体半固体状态，并进行搅拌，利用铁矿粉或空气中的氧，进行脱碳，借以达到需要的含碳量，再反复热锻，打成钢制品，利用这种新工艺炼钢，既省去了繁难的渗碳工序，又能使钢的组织更加均匀，消除了由块炼铁带来的严重影响性能的那种大共晶夹杂物，使质量大大提高。1974 年 7 月，山东苍山县东汉墓出土的东汉永初六年卅炼环首钢刀，经有关单位鉴定就是用炒钢为原料，反复锻打而成的。

与此同时，百炼钢的原料也由原来的块炼铁，发展到用生铁炒成的钢或熟铁作为原料，经过渗碳锻打而成。这样一来，原料的改变即铁基体有了变化，使钢的质量也随之大大提高，从而百炼钢也发展到成熟阶段。

百炼钢虽然是汉代风行一时的炼钢工艺，但固体渗碳工序费工费时；而在炒钢过程中控制钢的含碳量则是一个复杂的工艺，比较难以掌握控制。生产的发展，必然要求进一步发展工艺简单、保证质量而成本较低的炼钢方法。为此在两晋南北朝时期又出现了以灌钢为主的炼钢技术。

钢铁业在汉代的大发展，也从炼炉的形状及冶炼设备上反映出来。西汉时期炼铁的竖炉就已得到发展，炉型有了扩大。炼铁已用石灰石作为熔剂。为了适应竖炉加大的需要，对鼓风设备也进行了改革。早期开始用皮囊人力鼓风，既笨重又不适用，后来在长期的生产实践中，劳动人民不断总结经验，创造出新，采用畜力代替人力鼓风，出现了马排，但还远远不能满足高炉生产的需要。

公元 31 年，东汉后期南阳太守杜诗总结了南阳冶铁工人的实践经验，创造了水力鼓风的"水排"。利用"水排"鼓风生产钢铁，比用人力、畜力鼓风"用力少，见功多"。我国"水排"的出现比欧洲早一千二百多年。到魏晋时期，得到了更广泛的应用。

# 集结！坚决打赢关键核心技术攻坚战
## ——论深入学习贯彻党的二十大精神

### 《中国冶金报》评论员

（资料来源：《中国冶金报》2022 年 11 月 11 期 01 版）

党的二十大报告再次强调"实施科教兴国战略，强化现代化建设人才支撑"，报告用一整个篇章对此做出部署，强调必须坚持科技是第一生产力、人才是第一资源、创新是第一动力，深入实施科教兴国战略、人才强国战略、创新驱动发展战略，加快建设教育强国、科技强国、人才强国，实现高水平科技自立自强，并对科技改革发展提出一系列新任务、新要求，这在我党历史上是第一次。

我们可以看到，党的十八大以来，党中央对科技创新做出了一系列谋划部署，从创新驱动发展战略到提出创新是引领发展的第一动力，再到加快实现高水平科技自立自强、建设世界科技强国，既一脉相承，又与时俱进。在党的指引下，钢铁行业在党的十八大以来的 10 年里致力于科技创新转型升级，如今已建立起基本完善的科技创新体系，科技实力和创新能力显著增强，装备现代化水平不断提升，为促进中国钢铁工业既大又强发展增添了强劲动力，为实现制造强国奠定了坚实基础。

今天，钢铁行业站在了新征程的新起点上，继续前行，支撑行业高质量发展的动力在哪里？如何不断塑造发展的新动能和新优势？党的二十大重申科教兴国战略，便为此指明了方向：集结！坚决打赢关键核心技术攻坚战。

坚决打赢关键核心技术攻坚战，就要以时不我待的紧迫感和埋头苦干的钉钉子精神突破发展瓶颈。我们要清醒地认识到，中国钢铁工业正面临着内有需求、外有压力的情况。从内在需求看，中国经济发展正从要素驱动转向创新驱动，对行业科创实力提出明确要求；从外部压力看，今天的中国已经"动了别人的奶酪"，对我国科技和经济发展进行打压的外部压力日趋常态化。在此背景下，提升钢铁科技实力迫在眉睫。当然，我们同时也要意识到，如今中国钢铁生产的国际先进水平的产品、技术不断涌现，已经完全有实力攻克"卡脖子"难题。对此，钢企一要找准科技创新的关键点和突破口，瞄准科技发展前沿，抢抓科技发展先机；二要下定决心、下大力气、下真功夫，真正在科技创新上加大资金、人才、时间投入力度，加强关键共性技术、前沿引领技术、颠覆性技术的创新，实现关键核心技术自主可控；三要强化标准的引领和支撑作用，对标学习世界标准化领域一流企业，以高标准引领钢铁行业高质量发展，提高关键核心技术标准创新能力，抢占科技创新制高点，为国际标准制定乃至全球技术治理提供"中国智慧"和"中国方案"，为建设制造强国贡献"钢铁智慧"。

坚决打赢关键核心技术攻坚战，就要增强问题意识，以反听内视的清醒理性发现问题、着力解决问题。作为钢铁产业关键核心技术攻坚主战场的钢企，近年来不断推进科技创新转型发展，但在长期存在的旧发展理念驱动下的一些行为方式仍有待彻底改变。比如，在一些科技项目研发领域，企业各自为战、重复投入，造成创新资源浪费；一些企业和科研院所仅瞄准效益好、见效快的短期项目发力，缺乏长期科研项目规划，造成某些关键基础性研究缺失；"一窝蜂"冲向时下热门项目，存在无序发展、浪费资源等隐忧。此外，面对实现高水平科技自立自强的任务，我们还面临着智能制造数据经验积累不足、科研体制机制等尚待改革重构、协同创新利益"藩篱"有待打破、知识产权保护意识有待增强等问题。钢企要以刀刃向内的勇气和自我革命的态度，正视问题、直面问题、解决问题，以新发展理念为统领，将打赢关键核心技术攻坚战落实到钢铁行业发展的战略层面，系统谋划，对症下药，扫清障碍，理顺机制，轻装前行，务求突破，真正一步一个脚印夯实行业科创基础。

坚决打赢关键核心技术攻坚战，就要笃定航向，探索好、建设好关键核心技术攻关新型举国体制的"钢铁路径"。一方面，钢铁行业要加快建立关键核心技术攻关的权威决策指挥体系，形成清晰的顶层架构，构建协同攻关的组织运行机制，尤其是跨企业、跨领域、跨学科、跨区域协同创新，高效配置科技力量和创新资源，健全关键核心技术人才体系建设，多措并举激发科技创新活力，营造突出原创、自由探索的创新氛围，形成关键核心技术攻关的强大合力。另一方面，要强化企业科技创新主体地位，聚焦并完善企业治理机制、用人机制、激励机制、创新机制；进一步发挥科技型骨干企业引领支撑作用，打造行业原创技术策源地、行业领军科技人才聚集地、科技成果转化和产业化培育地，蹄疾步稳走好钢铁行业科技创新转型发展之路。

身处百年未有之大变局，如何于变局中开新局、危机中育新机？我们看到，今年前三季度，钢企虽然经济效益同比大幅下降，但研发费用同比增长11.9%，足见钢铁行业科技创新转型发展笃定不移的决心和实实在在的行动。我们相信，在党的全面领导下，钢铁行业必将继续踔厉奋发、勇毅前行，以科技创新引领高质量发展，深入贯彻落实习近平总书记给北科大老教授们回信的重要指示精神，汇聚攻克关键核心技术的强大合力，以高水平科技自立自强的崭新面貌，为铸就科技强国、制造强国的钢铁脊梁做出新的更大贡献！

# 悉心浇铸祖国"钢铁脊梁"

（资料来源：矿冶网 2020 年 11 月）

有这样一批人，他们为新中国"钢铁脊梁"能够傲然挺立倾注毕生心血。作为学者，他们苦心钻研，助力国家从百废待兴走向钢铁强国；作为教师，他们甘为人梯，为我国钢铁事业能够稳步发展培养大批人才，育就桃李芬芳。他们就是新中国钢铁冶金专业的第一批博士生导师是林宗彩教授、朱觉教授、杨永宜教授、杜鹤桂教授、李文采教授。

## 林宗彩教授

林宗彩教授是我国著名的冶金学家、教育家，也是我国转炉炼钢技术研究和开发的先驱者之一，为我国转炉炼钢生产技术的完善和发展做出了重要的贡献。他领导的科研组针对我国独特的多组元共生铁矿资源的开发利用开展研究工作，在理论上和实践上都取得了重大成果。

林宗彩教授是我国早期的转炉炼钢技术推广者。1963 年底，我国第一座氧气顶吹转炉在石景山钢铁厂建成准备投产，林宗彩教授组织试验研究，为该转炉厂顺利投产做出了重要贡献，受到了冶金工业部的表扬。1970 年，他与校内其他同事合作，在北京钢铁学院建立了全国第一个喷枪试验室，从事氧气顶吹转炉用喷枪的三孔及多孔喷头性能的研究；之后连续许多年对全国许多炼钢厂的顶吹转炉用氧气喷枪喷头的性能进行测定，对不同的喷头设计提出改进意见，并在全国推广。

林宗彩教授在综合利用我国独特的多组元共生铁矿资源方面进行了长期的研究与开发。1975 年，他开始应用铁液中元素选择氧化的理论进行多组元共生铁矿资源的综合利用研究，任研究小组课题技术指导，在"铁水脱铬和半钢炼钢研究"项目中，阐述了碳、铬的选择性氧化特征，完成了脱铬后半钢的炼钢研究工作，该项目荣获 1978 年冶金工业部科技成果奖一等奖。

从 1987 年起，林宗彩教授开始研究从攀钢铁水和钒渣中提取金属元素镓，是中日政府间合作项目"攀枝花复合矿物中所含稀有元素有效利用的共同研究"中的提镓项目的中方负责人之一，该项目历时 5 年，进行了大量的理论探索和实验，系统地对镓元素在铁水、钒渣中的行为和各种提取方法中的去向进行了研究，中方的研究结果通过了冶金工业部组织的鉴定。

林宗彩教授也是我国高等院校冶金专业教育的开拓者之一，为培养中国的几代冶金人才倾注了毕生的心血。从教 50 多年来，林宗彩教授为我国培养了大批的冶金专门人才，这其中不乏国家各级政府部门的领导人，但更多学生成为了我国冶金领域生产、科研、教育部门的中坚力量。

## 朱觉教授

朱觉教授是我国电渣冶金的奠基人之一，创建了我国电冶金专业教育。在从事电冶金和特种熔炼的教学和科学研究工作的 40 余年中，朱觉教授取得了多项科研成果，培养了大批冶金科技人才，为我国的冶金教育事业和特殊钢工业的发展做出了重要贡献。

朱觉教授是我国电渣冶金的奠基人和开拓者，1959 年他最先在我国开展电渣重熔航空滚珠钢的研究，1960 年在北京钢铁学院建成了第一台工业性电渣重熔装置，并开展电渣重熔过程夹杂去除机理等理论研究，"电渣重熔合金钢工艺"的研究成果获得 1964 年国家发明奖。在他的大力倡导下，我国的电渣冶金技术得到成功应用和大发展，成为我国高品质特殊钢冶炼的必备技术。

此后，朱觉教授又提出了"有衬电渣炉"的设想，1960—1961 年，开发了"单相双极串联有衬电渣熔炼"技术和"三相有衬电渣熔炼"技术，其中的"单相双自耗极有衬电炉"获 1983 年国家四等发明奖；1965 年，与上海重型机器厂合作，建成第一台 100 吨电渣炉，经过八年反复试验，于 1979 年又建成 200 吨电渣炉，"200 吨电渣炉及其重熔工艺"项目获 1987 年国家科技进步奖三等奖。

1982 年 11 月，朱觉教授赴日本参加第七届国际真空和特种冶金会议，宣读关于我国电渣冶炼发展的学术论文，得到与会代表的好评。1988 年在美国召开的第九届国际真空冶金会议上，北京钢铁学院作为对国际特种冶炼做出重大贡献的单位之一，朱觉教授作为对国际特种冶炼做出重大贡献的个人之一，受到了大会评奖委员会和美国真空冶金学会的表彰和奖励。

除了科研，朱觉教授坚持在三尺讲台上执教 40 余年，开设、讲授《钢铁冶金学》《铁合金》《金属材料》《采矿学》等课程，翻译了《电冶金学》（上、下册）《铁合金》《黑色电冶金学》（上册）苏联教材。为了解决没有我国自行编写的电冶金教材，他组织教研室教师编写了《电炉炼钢学》，还改革了铁合金的内容体系，提出"一原理三方法"——"选择还原原理，电热法，电硅热法，炉外法"，代替原来以铁合金品种为纲的繁杂体系，取得了很好的教学效果，为国家培养了众多的电冶金专门人才。

## 杨永宜教授

杨永宜教授是我国钢铁冶金专家，参与了首钢公司"高炉喷煤技术开发"及包钢"含氟稀土铁矿石冶炼"等攻关工作。在炼铁学及高炉过程数学模拟及自动控制等方面有重要贡献。

杨永宜教授是我国高炉冶炼新科技的试验开拓者。20 世纪 60 年代，多项新理论、新技术在高炉冶炼上的应用提到了日程上。杨永宜教授发挥其特长，在多项新兴技术开发试验攻关中，作出了许多具有开拓性的贡献。在工业生产过程自控技术水平尚不发达的年代，高炉生产过程一向被认为是个"黑匣子"。杨永宜教授利用其深厚的数学基础，精细观察、深入分析，总结并发表了《高炉悬料力学机理的研究》《高炉气流压强梯度场的研究及其理论和实际意义》《高炉内煤气分布和炉料运动研究的新进展》以及《高炉风口回旋区及高炉下部煤气运动特性及分布的研究》等多篇高质量及高度理论性的论文，为高炉过程的自动控制打下了坚实的理论基础。

80 年代初，在研究包头含氟复合稀土金属铁矿石的项目中，为了取得第一手资料，杨永宜教授作为高校代表参与了包头矿高炉冶炼的试验工作，发表了《含氟稀土渣的粘度》《碱金属及氟引起高炉结瘤的机理及防治结瘤的措施》等论文。并在实验室小型矿热炉及小型试验的基础上，发表了《高炉法冶炼稀土硅铁合金试验分析》和《碳化铌（NbC）滞留带的发现与研究》，为开发多种工艺对多金属多方面的综合利用指明了发展方向，开辟了新的途径。

杨永宜教授不仅是科研路上的开拓者，在教书育人方面也是桃李满天下。从 1953 年起，杨永宜教授就在北京钢铁学院冶金系任教，后被任命为炼铁教研室主任。为适应当时我国大力发展钢铁工业的形势需要，炼铁教研室部分成员和杨永宜教授的部分学生毕业后或是到全国各大钢铁生产基地支援，或是作为骨干奔赴到鞍山、马鞍山、武汉、包头、西安等十大冶金高等院校任教，为我国形成完整的冶金高等教育与生产相结合的完整体系作出重要贡献。

## 杜鹤桂教授

杜鹤桂教授是我国炼铁专家，高炉炼铁强化冶炼理论奠基人之一，曾参加建立高炉冶炼钒钛磁铁矿理论，完善了冶炼工艺。在富氧喷煤、高炉布料等技术研究及应用领域取得了令人瞩目的成就。

1959 年在总结我国高炉强化实践的基础上，杜鹤桂教授首次在世界上提出高炉"吹透强化"理论，认为强化冶炼首先要活跃炉缸中心，缩小死料柱，使高温煤气流吹透中心，维持炉缸工作均匀、活跃和稳定。高炉强化和下部调节理论，在当年全国高炉会议上得到肯定，并为此后 30 余年国内外大量生产实践和研究所验证，现已成为各国高炉工作者下部调节共同遵循的准则。

杜鹤桂教授也为攀钢的发展做出了重要贡献。高炉冶炼钒钛磁铁矿是世界性难题，由于含 $TiO_2$ 炉渣在还原过程中会失去流动性，因此只得采用低炉温酸性渣冶炼，造成生铁质量和高炉顺行之间的严重矛盾。20 世纪 60 年代初，杜鹤桂教授作为技术主要负责人，在马钢 300 $m^3$ 高炉上组织承德钒钛矿的冶炼试验，提出烧结矿高碱度，适宜炉温的操作方针，使高炉基本做到渣铁畅流、生铁合格，给承德钢铁厂生产带来生机。

为了进一步完善和提高攀枝花流程水平，杜鹤桂教授在试验室研究的基础上深入现场，亲自组织两次新技术攻关的冶炼试验。两次冶炼试验的成功促进了攀钢高炉技术的进步和生产的上升，给攀钢带来了十分显著的经济效益，这两次成果均已通过冶金部技术鉴定，攀钢为杜鹤桂分别发给科技进步奖一等奖荣誉证书。

杜鹤桂教授还开创了新的高炉装料法，摸清炉顶布料规律。为了改变高炉传统的层状装料法，1987 年他进行矿焦混装试验研究，在国内首次提出矿焦的布料理论基础和预期效果。1988 年主持了济南钢铁厂 100 m³ 高炉连续 9 个月的矿焦混装工业试验，取得了增产 6.3%，降焦 3.2% 的好效果。其中首创的矿焦混装方法和控制等工艺，为高炉装料技术开辟了新途径，经济效益显著，很快在国内同类高炉操作中得到推广。

在东北大学任教期间，杜鹤桂教授凭借其生动的授课风格，将理论联系实际，深受广大学生欢迎。从教 40 多年来，杜鹤桂教授为国家培养了数千钢铁技术人才，除大学本科生外，还先后培养了硕士、博士近百名，他们大多工作在国内外冶金行业中，其中很多已成为各级领导和技术骨干。

### 李文采教授

李文采教授是我国最早开展氧气顶吹转炉炼钢、连续铸钢、钢水真空处理和热压焦试验研究的组织者和参加者。他进行了直接用非炼焦煤与铁矿石冶炼铁水的试验和含碳球团熔融还原炼铁研究，提出了多项对钢铁工业具有较大意义的新工艺技术的研究，对指导我国钢铁冶金新工艺技术的开发做出了重要贡献。

李文采教授是我国现代炼钢技术的开拓者。1954 年，他出任钢铁工业试验所所长，两年后在所内建立了半吨级氧气顶吹试验转炉。当年 4 月起，他组织开展了我国首次半吨级氧气顶吹转炉试验，吹炼了 100 余炉次，获得了合格钢水，为首钢建设氧气顶吹转炉提供了技术参数和经验。之后与鞍钢合作进行了平炉氧气炼钢试验，又与抚顺钢厂合作进行了电炉氧气炼钢的试验，推动了我国用氧炼钢的发展。

在我国，李文采教授最早倡导和研究钢锭快速凝固和薄板坯连铸技术。1965 年李文采指导研究人员开展"钢锭的快速凝固"研究。当时模铸法占的比例很高，钢水因为凝固速度慢，内部存在许多缺陷且生产率低，需要研发钢水在铸模中快速凝固的方法。他组织了在锭模的钢水中加入冷铁粒或块的试验，可以减少钢水凝固过程中带来的中心偏析和疏松，改进铸锭的内在质量。此后国外也进行了类似的试验。

80 年代初，薄板坯连铸技术在有色金属行业得到了生产应用，1983 年李文采教授即指导博士研究生选定了"薄板坯连铸及其快速凝固机理研究"的课题，开展试验研究。由他培养的博士与攻关组一起，在"七五"完成了半工业性试验。

在培养人才上，李文采教授坚持言传身教。80 年代，他指导研究生开展熔融还原的原理及当时我国最大规模（3 t/h）的含碳球团煤粉炼铁的半工业试验，取得了阶段成果和发明专利；1983 年，他指导博士研究生开展"薄板坯连铸及其快速凝固机理"的研究。除学术之外，他淡泊名利、胸襟开阔、真诚坦率的为人处世之道也在潜移默化地影响着学生，使之受益终身。

五位教授在科研上都获得了丰硕的成果，在教学上都为国家发展培养了栋梁之材。他们的贡献值得我们铭记，他们的精神更值得我们学习。

# 协同创新　推动钢铁工艺技术的进步

近年来，我国钢铁工业在经历了快速发展后，进入了调整结构、转型发展的阶段。钢铁企业努力消化引进技术，提高管理与生产操作水平，同时大力进行技术创新，着力开发绿色化、智能化的新技术、新工艺、新装备，不断开发新产品，以增强企业核心竞争力。一个个重要的关键、共性技术被攻克，一批批国家急需的重要产品源源不断地提供给国民经济各个部门，我国钢材自主供应能力得到极大提高。冶金工业规划研究院在钢铁行业的发展方向、策略、路线和技术等方面，承担并完成了大量艰巨而重要的研究任务，发挥着政府机构参谋部、行业发展引领者、企业规划智囊团的作用，为钢铁行业的可持续发展、企业转型、新技术的推广与应用做出了巨大贡献。

## 一、 钢铁行业近年主要的工艺技术进步

### （一） 难选低品位矿选矿及尾矿处理

近年来，我国铁矿石的进口量急剧增加，2016 年我国铁矿石对外依存度高达 87.3%以上。因此开发与利用我国复杂、难选铁矿资源，增加我国铁矿资源可利用储量，战略意义重大。东北大学 2011 协同创新中心资源与环境方向，基于矿石本身性质差异，分别提出了分步浮选—中矿深选、深度还原—高效分选、干式强磁预选等一系列技术，研发了干式强磁预选装备，成功解决了复杂、难选铁矿资源的利用难题，并将分步浮选—中矿深选技术成功应用于工业实践。针对我国复杂难选铁矿开发出悬浮焙烧技术，提出了复杂难选铁矿石"预氧化—蓄热还原—再氧化"悬浮焙烧理念，研发了位于四川峨眉的复杂难选铁矿石悬浮焙烧新型实验室及半工业装备。2014—2015 年，分别以东鞍山烧结厂正浮选尾矿、眼前山磁滑轮尾矿经强磁选的精矿，酒钢粉矿、东鞍山原矿、鞍钢矿业公司东部尾矿为原料，进行了扩大连续试验，悬浮焙烧系统能够连续稳定地获得高质量焙烧产品，磁化焙烧产品经磁选后均得到了优异的指标。在此基础上，正在酒钢集团选烧厂、鞍钢集团矿业公司分别开始实施工业化生产。

### （二） 炼铁

#### 1. 高炉大型化立方米高炉

高炉大型化是高炉炼铁技术的重要发展趋势，我国沙钢自主建设的 5800 m³ 高炉，从 2009 年 10 月 20 日点火开炉，于 2010 年 5 月达到设计指标，2011 年 1—10 月沙钢高炉生产进入平稳期。首钢京唐公司 1 号和 2 号高炉均为 5500 m³，1 号高炉于 2009 年 5 月 21 日开炉点火，2012 年 4 月实现了设计指标。在宝钢湛江项目中，中冶赛迪凭借自主设计和研发，实现了 5000 m³ 大型高炉装备的全自主集成，并且主要技术指标均达到国际一流水平，其高炉大型化技术还输出到海外，设计建设台塑越南河静 2×4350 m³ 高炉、

JSW 1 号 4323 m³ 高炉和 TATA KPO 2 号 5800 m³ 高炉等具有重大国际影响力的项目，开创了我国特大型高炉技术向海外整套输出的新纪元。

2. 热压铁焦新型低碳炼铁炉料制备与应用

东北大学 2011 协同创新中心炼铁—炼钢—连铸方向，将适宜粒度和质量比例的铁矿粉加热到一定温度后，与烟煤和无烟煤的混合物快速混合，再将矿煤混合物加热到设定的热压温度，随后使用热压机热压成型，并使用内热式炭化炉进行炭化干馏处理，最终经冷却得到热压铁焦。通过将热压铁焦制备与优化、热压铁焦反应性和反应后强度优化、高炉综合炉料配加热压铁焦低碳冶炼等，进行创新性组合，最终形成了热压铁焦新型低碳炼铁炉料制备与应用关键技术集成。研究结果表明，在炼焦过程中铁氧化物被还原成金属铁，起到催化作用，因而铁焦具有高反应性。生产铁焦用煤可以是弱黏结煤或非黏结煤，从而扩大了冶金炼焦用煤的范围，缓解了优质炼焦煤资源匮乏问题。高炉使用铁焦后，可降低高炉热储备区温度，降低焦比，提高冶炼效率，最终达到 $CO_2$ 减排的目的，这对于我国煤炭工业和钢铁工业的可持续发展具有重要意义。研究工作得到国内钢铁企业的高度关注和评价，目前正与企业开展应用合作研究，在实验室研究的基础上进行热压和炭化处理工艺优化，以及关键装备选型设计工作，并开展深入的工业化试验，验证实际效果。本技术投资少，应用于实际高炉后节能减排和降低成本效果显著，将为我国低碳高炉炼铁起到推动作用。

3. 非高炉炼铁技术的探索

（1）熔融还原。宝钢率先进行了非高炉炼铁技术的引进和开发。2005 年产铁量 150 万吨的罗泾 1 号 COREX 熔融还原工程，正式开工建设。随后在 2007 年又引进第二套。投产后，实现了连续 4 年顺行生产。但是，宝钢认为，COREX 的能耗和生产成本高于高炉炼铁工艺，商业上缺乏竞争力。因此，2014 年宝钢将 COREX 熔融还原炼铁工艺的资产，搬迁至新疆地区，利用新疆地区优良的矿石和煤炭资源条件，由新疆八一钢铁有限公司继续发展此项新工艺。2015 年 6 月完成 COREX（称为欧冶炉）的改造搬迁，在新疆八一钢铁有限公司点火投产，继续进行熔融还原技术的应用和开发。期望宝钢能够引进、消化、再创新，开发出切合我国实际、具有我国特色的熔融还原技术。

（2）气基竖炉直接还原。与其他炼铁工艺相比，气基竖炉直接还原法的优点是单套设备产量大、不消耗焦煤、低能耗、低 $CO_2$ 排放，是直接还原无焦炼铁技术的一项主流技术。在过去 20 年间，煤气化技术获得较大发展，在缺乏焦煤而非焦煤资源丰富且廉价的地区，大型煤制气—竖炉海绵铁联合流程具有很强的竞争力。我国在煤制气方面已经有大量的工程实践，利用非焦煤制气在成本上已经具有一定竞争力。东北大学 2011 协同创新中心完成的"超级铁精矿与洁净钢基料短流程制备技术"研究，可以为气基竖炉直接还原低成本地提供合格的制球团用超级铁精矿粉，利用 Consteel 电炉连续热装直接还原铁炼钢及后续精炼技术也已经比较成熟。开发气基竖炉直接还原技术，生产高洁净钢基料，为制造业提供高端坯料，已经具备条件。因此，目前一些研究单位和高校的研究人员与有条件的企业合作，正在积极筹建煤制气—竖炉直接还原工程。

（三）炼钢与连铸

1. 洁净钢冶炼平台建立

近年来，我国各炼钢厂普遍建立了洁净钢生产平台。首钢总公司迁顺产线、京唐产线、首秦产线利用洁净钢生产平台，优化了 KR 铁水脱硫的生产工艺参数，理顺了"KR+转炉+RH+连铸"流程，生产低硫钢种（$w[S] \leqslant 0.0030\%$）；围绕转炉"全三脱"的特点进行高效低成本脱磷，控制增氮的工艺研究；开发了 SGRS 工艺，转炉炼钢石灰、轻烧白云石消耗降低 30% 以上；针对不同钢种的使用要求，采取相应措施，使钢中非金属夹杂物得到良好控制；开发了倒角结晶器技术，通过采用倒角结晶器，改善了铸坯冷却及受力状态，铸坯角部横裂纹发生率降低到 0.4% 左右；进行了高拉速连铸工艺研究，实现了拉速提升。开发了厚板坯防窄面鼓肚技术，对足辊区的足辊数量、排布方式、喷淋冷却进行优化设计，保证了 400 mm 厚连铸坯的质量控制。

2. 倒角结晶器、曲面结晶器，解决微合金化钢连铸坯角部横裂纹问题

钢铁研究总院连铸中心采用带倒角的结晶器生产连铸坯，解决微合金化钢连铸坯角部横裂纹问题，同时微合金化钢宽厚板以及低碳、超低碳钢热轧带钢的边部直裂（或称翘皮），可以减少 70% 以上，为解决微合金钢板坯边部裂纹难题提供了一条途径。该项技术已应用于首钢京唐、重钢、华菱涟钢、济钢、邯钢、莱钢、武钢和鞍钢等企业。

针对微合金钢连铸过程频发铸坯角部裂纹缺陷，东北大学 2011 协同创新中心炼钢连铸方向开发了凸型曲面结晶器技术和铸坯二冷高温区晶粒超细化智能控冷新工艺与装备技术，从根源上消除了致使微合金钢连铸坯角部裂纹产生的脆化晶界及低塑性组织结构。该技术已成功应用于梅钢、唐钢等企业基础上，进一步推广至鞍钢、舞阳钢铁、河北敬业钢铁以及邯钢等企业，实现了含铌等微合金钢连铸坯批量化生产过程中角部裂纹的稳定控制。

3. 电弧炉炼钢复合吹炼技术

国内外通常采用超高功率供电、高强度化学能输入等技术，但未从根本上解决熔池搅拌强度不足和物质能量传递速度慢等问题；受炉内高温烟气流扰动影响，氧气利用率低，钢液过氧化严重。北京科技大学、钢铁研究总院等单位与企业合作，以电弧炉炼钢高效、低耗、节能、优质生产为目标，首次提出并研发了电弧炉炼钢复合吹炼技术。以集束供氧、同步长寿底吹搅拌、高效余热回收利用等新技术为核心，实现了电弧炉炼钢智能化吹炼的技术集成。供电与多种集束供氧方式（埋入式、炉壁、炉顶）组合优化供能，气体和粉剂混合喷吹强化熔池搅拌，炉内供能与烟气余热回收实现动态控制。采用该技术后，吨钢平均冶炼电耗降低 13 kW·h，钢铁料消耗降低 15.5 kg，余热回收 15.8 kg 标准煤，二氧化碳减排 46.3 kg，成本降低 64.20 元。项目推广到天津钢管集团股份有限公司等 60 余家国内外钢铁企业百余座电弧炉，相关技术及产品已出口至意大利、俄罗斯、韩国等国家。该成果提升了我国电弧炉炼钢工艺及装备制造水平，有利于我国高端装备制造业的发展，推动了电弧炉炼钢技术进步。

# 在传承与奋进中擦亮"冶金建设国家队"金字招牌

（资料来源：中国有色金属协会 2020 年 10 月 8 日）

沐浴着金秋的阳光，怀揣着丰收的喜悦，我们迎来了新中国成立 71 周年。71 年波澜壮阔的变革，是一段我们共同见证和参与的岁月，也是一段正在发生的历史。回望中国钢铁工业恢宏壮丽的 71 年征程，从建立独立完整的冶金工业体系，到实现钢铁冶金工业现代化，再到迈入世界一流钢铁工业强国行列，中冶集团始终坚持以钢铁强国、国家富强、民族振兴为己任，心无旁骛聚焦冶金建设这一主责主业，数十年如一日用心铸造世界，创造了一个又一个冶金建设的伟大奇迹，谱写了一曲又一曲荡气回肠的奋进之歌。历经 71 年风风雨雨，"冶金建设国家队"这一品牌从来没有暗淡过。今天，让我们比历史上任何时期都更有底气、更有实力打造世界第一冶金建设国家队，也比历史上任何时期都更有信心、更有能力实现"聚焦中冶主业，建设美好中冶"的愿景目标。

打造冶金建设国家队是中冶忠党报国的"责任田"。冶金建设是中冶的天生禀赋和融入血脉的成长基因。作为共和国长子，从 1948 年投身"中国钢铁工业的摇篮"鞍钢的建设，到建设武钢、包钢、太钢、攀钢、宝钢等，中冶集团先后承担了国内几乎所有大中型钢铁企业主要生产设施的规划、勘察、设计和建设工程，用拳拳赤子之心构筑起新中国的"钢筋铁骨"。不管是新中国成立初期"三皇五帝"工业布局建设，还是"大三线"时期国防安全保障；不管是改革开放现代化腾飞，还是党的十八大以来绿色化智能化发展，中冶人始终以"骨子里的信念忠诚、激情澎湃的热血忠诚"干事创业，有力地支撑了钢铁工业每一阶段的发展与进步，为推进中国钢铁工业从站起来、富起来、强起来做出了卓越贡献。

打造冶金建设国家队是中冶稳健发展的"压舱石"。冶金建设是中冶集团最熟悉、最擅长、最拿手的看家本领，任何时候也不能舍弃，否则中冶不能称之为中冶，中冶的优势和特色将不复存在。我们的冶金建设业务稳占全球市场 60%、国内市场 90%，这一主责主业为中冶提供了几十年稳健发展的支撑和动力，解决了数十万中冶人的生存问题，并助力我们成为世界 500 强、成为全球最大最强的冶金建设承包商和冶金企业运营服务商。我们只有牢牢巩固冶金建设这一基础"存量"，才能创造新的"增量"发展空间。离开这一主责主业，中冶的大船就会偏离方向、脱离轨道，驶向未知的迷途。中冶恒通、中冶纸业、葫芦岛有色"三座大山"就是脱离主业的历史惨痛教训，为我们敲响了长鸣的警钟。

打造冶金建设国家队是中冶基业长青的"聚宝盆"。冶金建设是中冶的立足之本、根基之源，是中冶过去、现在、未来发展的不竭动力源泉；没有冶金的"立"与"升"，就没有其他业务的"生"与"扩"。我们只有紧紧聚焦"冶金建设"这一主责主业，以核心技术的迭代升级再拔尖、以全产业链集成整合优势再拔高、以持续不断的革新创新能力实现市场的内拓外展再创业，才能牢牢占据世界第一冶金建设国家队的地位，并稳步拓展40%全球冶金市场增长空间；只有将冶金领域的先天优势基因和资源禀赋合理地移植、转化到市场前景更广阔的基本建设和新兴产业领域，在地下综合管廊、大型体育场馆建设以及污水处理、垃圾焚烧、主题公园、钢结构等领域大展身手，才能创造新的增量发展空间，实现企业的转型换挡和持续稳定增长。特别是在当前机遇与挑战并存、风险与隐患叠加的新形势下，持续打造冶金建设国家队更是事关中冶集团基业长青、长富久安这一根本性问题。

"中国冶金建设从无到有、从小到大、从弱到强、从中国走向世界，打造冶金建设国家队也是一个不断运动提升、再认识再升级的过程。当前，面对世界百年未有之大变局，要努力在危机中育新机、于变局中开新局，打造冶金建设国家队升级版。"在2020年8月27日召开的中国五矿冶金建设国家队行动方案专题座谈会上，中国五矿总经理、党组副书记、中冶集团董事长国文清以恢宏的历史视野，深刻阐释打造冶金建设国家队的新方位、新特点，进一步为中冶集团打造冶金建设国家队指明了方向和路径。

打造世界第一冶金建设国家队的根魂在于"报国之忠"。怎么样把企业和国家命运、国家安全绑在一起，把企业战略与国家战略结合起来，是我们时刻萦绕于心的头号主题。当前，面对世界百年未有之大变局和国内国际双循环相互促进的新发展格局，我们必须深刻认识到打造冶金建设国家队的意义不同于以往，承担的国家责任不同于以往，必须进一步增强责任感和紧迫感，不仅不能有丝毫松懈，而且必须随着钢铁冶金不断地向前发展、乘势而上。要以"国家队"的自信、"国家队"的底气，矢志不渝推动冶金建设主责主业高质量发展；要以"引领和带动中国乃至世界钢铁工业发展"为使命担当，以科技创新引领为战略基点、以提升产业链控制力为关键，进一步加快补短板、锻长板，重塑新型高端供给体系，实现产业链基础能力和产业链现代化水平持续迭代升级，牢牢占据世界第一冶金建设国家队的地位，真正成为支撑中国钢铁强国的"国之重器"。

打造世界第一冶金建设国家队的本领在于"强国之能"。创新是高质量发展第一驱动力，大力推进科技创新是支撑引领新发展格局的大势所趋，也是冶金建设国家队无论在任何时候都要高高举起的旗帜。我们要紧密围绕钢铁发展的技术路线图加强攻关，将科技创新补短板、强基础和促提升统筹协调起来；要积极融入国家科技创新体系，主动牵头承担国家重大重点研发任务，体现国家队创新实力；要加强钢铁冶金前沿技术跟踪，加强钢铁产业发展趋势前瞻性研判，提前谋划应对之策；要切实提高成果转化成功率，加快打造示范钢铁基地和冶金装备产业园，把技术装进"保险盒"，把核心技术搭载在装备和产品的列车上，发向"一带一路"、发向世界各地；要不断改革科技人才队伍建设机制，加大对关键核心技术的研发支持，最大限度调动科研人员创造性。

打造世界第一冶金建设国家队的贡献在于"兴国之力"。能否构建安全稳定的产业链、供应链、价值链决定新时代的国家命运，特别是疫情过后全球产业链和供应链面临空前的危机，更是需要我们顺应全球产业技术变革大势，引领全球冶金建设产业链、供应链重构。我们要继续以打造千亿内部市场为牵引，强化自身产业链一体化价值创造；要以固链、强链、补链、延链为基础，持续做强核心业务，增强全产业链及关键环节的控制能力；要不断提升协同水平，加快体系化集成，实现第一梯队设计类与施工类子企业无缝对接；要合理解决利益分配平衡问题，保护好子企业打造冶金建设国家队的积极性。

打造世界第一冶金建设国家队的使命在于"扬国之威"。品牌是品质和品位的集中体现，也是产品、服务、企业在国际价值链中地位的反映。怎样持续提升冶金建设"国家队"的品牌影响力与竞争力，是中冶当前面临的迫切任务。我们要进一步提升品牌影响力，筛选 50 个目前正在合作的重点客户和 50 个正在开发的重点客户，建立高层对接机制，提供"点对点"优质服务；要与钢厂构建新型战略合作关系，把冶金建设各环节业务深度嵌入到钢厂全流程运营服务中；要以战略竞争的高度、以更大的魄力开展股权合作、项目合作，全力以赴确保国内钢铁市场第一的地位不动摇；要在行业内部、国家层面主动发声，以"国家队"的自信和底气充分展现服务国家战略的大担当、大贡献，不断擦亮冶金建设国家队金字招牌。

新时代有新的使命，也有新的考验。中冶集团将始终坚持以习近平新时代中国特色社会主义思想为指导，牢记初心使命、勇于担当负责，秉持"一天也不耽误、一天也不懈怠"的中冶精神，矢志不渝打造世界第一冶金建设国家队，为决胜全面建成小康社会、实现"两个一百年"奋斗目标做出新的更大贡献！

# 在建设现代化产业体系中挺起"钢铁脊梁"

## 谭成旭

（资料来源：《求是》2023 年 18 期）

党的二十大报告提出，"建设现代化产业体系"。习近平总书记在二十届中央财经委员会第一次会议上强调，"现代化产业体系是现代化国家的物质技术基础"，"加快建设以实体经济为支撑的现代化产业体系"。2023 年 9 月 7 日，习近平总书记主持召开新时代推动东北全面振兴座谈会强调，"加快构建具有东北特色优势的现代化产业体系"。钢铁作为国民经济建设最重要的基础材料之一，被称为"工业的粮食"。钢铁工业是我国现代化产业体系建设和制造强国建设的重要基石，也是我国最具全球竞争力的产业之一。鞍钢集团有限公司（以下简称"鞍钢集团"）是新中国最早建成的钢铁生产基地，被誉为"共和国钢铁工业的长子""新中国钢铁工业的摇篮"。在全面建设社会主义现代化国家新征程上，鞍钢集团深入贯彻落实习近平新时代中国特色社会主义思想和党中央决策部署，加快推进智能化、绿色化、融合化转型升级，在建设具有完整性、先进性、安全性的现代化产业体系中挺起钢铁脊梁。

## 一、筑牢实体经济根基

习近平总书记强调，"实体经济是一国经济的立身之本，是财富创造的根本源泉，是国家强盛的重要支柱""必须把发展经济的着力点放在实体经济上"。我国钢铁工业从弱到强的发展史，是一部党领导实体经济发展壮大的奋斗史。从新中国成立初期的"缺钢少铁"到粗钢产量稳居世界第一、全球占比 50% 以上，我国钢铁工业创造了世界钢铁发展史上的奇迹，有力支撑了国家基础设施建设、国防工业、装备制造等各项事业的稳步发展，为强国建设、民族复兴铸就了"钢筋铁骨"。

钢铁行业平稳运行的关键在于实现供需动态均衡。党的十八大以来，在党中央坚强领导下，钢铁行业坚决贯彻新发展理念，着力推动高质量发展，克服自身产能过剩、行业集中度低等痛点，以壮士断腕、刮骨疗伤的决心和勇气，大刀阔斧去产能、调结构，推动供给侧结构性改革。"十三五"期间，我国钢铁行业退出过剩产能超 1.5 亿吨，取缔"地条钢"产能 1.4 亿吨，产能利用率恢复到合理水平。钢铁企业加快结构调整和转型升级步伐，有力推动兼并重组。截至 2022 年，我国粗钢产量排名前 10 位的企业，合计产量占全国粗钢产量的 43.4%，比"十三五"前的 2015 年提高了 7.3 个百分点，产业集中度大幅提升。通过持续深化供给侧结构性改革，钢铁行业发展格局得以重构，供给体系质量和效率明显提升，对现代化产业体系支撑更为有力。

鞍钢集团坚决贯彻党中央关于供给侧结构性改革部署，以强化战略重组促产业优化升级。2021 年，成功实施鞍本（鞍钢集团和本钢集团）重组，重组后粗钢产能达到 6300 万吨,成为我国第二、世界第三大钢铁企业,形成"南有宝武、北有鞍钢"的钢铁产业新格局;2023年,与辽宁省朝阳市签署凌钢集团股权转让协议,成功参股凌钢,持续放大规模效应、协同效应、集聚效应。

进一步推动钢铁行业高质量发展,需要坚定不移巩固去产能成果,加快创建新发展环境下钢铁产能治理新机制,使钢铁产能按照市场需求合理释放,促进优胜劣汰、供需平衡。要把实施扩大内需战略同深化供给侧结构性改革有机结合,加快推进钢材应用拓展计划,密切关注下游行业转型升级新需求,加强产业链合作,确保行业供需保持动态平衡。鞍钢集团将聚焦钢铁主业,持续推进鞍本整合融合和区域重组整合,朝着粗钢产能7000万吨级目标迈进,推动构建钢铁产业新格局,提高企业核心竞争力,增强核心功能,加快建设具有国际竞争力的世界一流企业,坚持壮大发展实体经济,锻造高质量发展的"硬核实力"。

## 二、 坚持科技自立自强

中国式现代化关键在科技现代化。建设现代化产业体系从根本上讲,就是要建设由科技创新支撑引领的产业体系,以先进生产技术和现代化生产组织方式推动产业质量变革、效率变革、动力变革。科技创新是推动钢铁行业高质量发展的核心驱动力,也是钢铁材料助力制造业迈向产业链中高端的有力支撑。党的十八大以来,习近平总书记多次考察钢铁企业,强调"产品和技术是企业安身立命之本""加强新材料新技术研发,开发生产更多技术含量高、附加值高的新产品,增强市场竞争力",为钢铁行业推动科技创新提供了科学指引。

我国钢铁行业深入实施创新驱动发展战略,不断在品种开发、流程优化、工艺创新、装备升级等方面加大研发投入力度,加快锻造自主创新能力。中国钢铁工业协会数据显示,2022年,重点统计会员钢铁企业在改进工艺、提高产品质量、研发新产品方面投资同比增长14.0%,占固定资产投资额的31.2%。钢铁产品更加高端,自主可控能力更强,汽车用钢、大型变压器用电工钢、高性能长输管线用钢、高速钢轨等钢铁产品进入国际第一梯队,第三代高强度汽车钢、高等级管线钢板、宽幅超薄精密不锈带钢等高端产品实现由"跟跑"向"领跑"的跨越。我国22类钢铁产品自给率超过99%,其中19类达到100%。鞍钢集团坚持把科技创新摆在突出位置,近3年平均研发经费投入强度达3.8%以上,持续加大关键核心技术攻关力度,"鞍钢制造"广泛应用于"华龙一号"核电站、"蓝鲸一号"超深水钻井平台、港珠澳大桥、神舟系列等国家重大工程,挺起了大国重器的钢铁脊梁。鞍钢钢轨独家供货中国高铁"海外首单"印尼雅万高铁,在"一带一路"建设中助推中国制造美名远扬。

智能制造是实现我国从制造大国走向制造强国战略目标的重要路径,必须以智能制造为主攻方向推动产业技术变革和优化升级,推动制造业产业模式和企业形态根本性转变。我国钢铁工业抢抓数字蝶变机遇,大力推动数字技术和钢铁场景深度融合,第五代移动通信技术(5G)、工业互联网、人工智能等新一代信息技术为钢铁工业注入新型生产力,鞍钢集团等企业建立起"黑灯工厂"、智能车间，多家钢企投入一键炼钢系统，我国钢铁工业关键工序数控化率达到 70.1%，引领工业领域智能化升级。鞍钢集团连续多年将"数字鞍钢"建设列入工作重点，聚力数字化转型，以数据赋能，为场景赋智，近 5 年累计投资 64.5 亿元，实施 463 个数字化智能化项目。鞍钢股份鲅鱼圈分公司打造新冶金流程智慧透明工厂，产线自控化率 100%，5500 mm 厚板产线全流程数字化车间入选工信部"智能制造试点示范"项目。

当前，我国钢铁行业正处在从"并跑"到"领跑"的新征程上，要形成布局结构合理、资源供应稳定、技术装备先进、质量品牌突出、智能化水平高、全球竞争力强、绿色低碳可持续的高质量发展格局，离不开技术创新的推动。促进钢铁工业高质量发展，必须把增强创新发展能力作为首要任务。鞍钢集团将一以贯之把科技创新作为"头号任务"，在践行新型举国体制中强化企业创新主体地位，坚持以国家战略需求为导向，集中力量开展原创性引领性科技攻关，持之以恒打造原创技术策源地，加快锻造国家战略科技钢铁力量。

### 三、着力维护产业安全

习近平总书记强调，"打造自主可控、安全可靠、竞争力强的现代化产业体系"。在世界百年未有之大变局加速演化背景下，必须充分认识到维护产业安全的极端重要性，在关系安全发展的领域加快补齐短板，提升战略性资源供应保障能力。

钢铁是工业的粮食，铁矿石是钢铁的粮食。我国每年铁矿石消费量超过 14 亿吨。铁矿石资源供应不足、高度依赖进口，是影响我国钢铁行业产业链供应链安全的核心问题。为防止钢铁产业被"卡脖子"，我国已将铁矿石列为国家战略矿产资源，全面启动新一轮战略性矿产国内找矿行动，正式启动"基石计划"，提升资源保障能力，取得明显成效。2022 年，全国采矿业固定资产投资增长 4.5%，其中黑色金属矿采选业固定资产投资增长 33.3%，投资增长位居采矿业之首，增速比上年扩大 6.4 个百分点，部分重点项目加快推进。

鞍钢集团拥有铁矿石资源储量 140 亿吨，占全国的 16%，是国内最具铁矿石资源开发优势的企业。鞍钢集团以保障产业链供应链安全为己任，确定了钢铁、矿业"双核"发展战略，对辽宁和四川地区铁矿石资源进行系统规划，成立鞍钢资源有限公司，实施产能稳定化、生产柔性化、矿山绿色化、管控智能化、产品市场化、资产证券化的世界级矿山建设路径，加快建设世界一流资源开发企业。铁精矿产量近年来连创历史最好水平，2022 年达到 5260 万吨，其中国内 4528 万吨，占全国产量的 15.8%，铁精矿规模保持国内第一、居世界第五，有力发挥了自有资源对提升战略性资源供应保障能力的基础性、关键性作用。全力推动"基石计划"，18 个项目入选该计划，6 个已开工建设，其中西鞍山铁矿建设刷新了国内新建矿山项目要件办理时间最快纪录，建成投产后有望成为技术领先、绿色、智能、无废、无扰动的世界一流地下铁矿山，可增加千万吨级铁精矿产量。

面对严峻复杂的国际环境，我国钢铁行业必须加快建设更具韧性的供应体系。要增强国内矿产资源基础保障能力，稳定和提升国内矿石供应能力，提升铁矿石自给率。积极探索海外矿产资源利用方式，降低铁矿石供应集中度。同时，扩大废钢替代产品应用，进一步完善废钢加工配送体系建设，充分利用国际国内废钢资源，从源头上减少铁矿石需求。鞍钢集团将坚定不移推进"双核"战略，以打造"世界级成本、世界级产品、世界级规模"为目标，加快建设具有全球竞争力的矿产资源企业，加快实施"基石计划"，确保到2025年铁精矿产量比2020年增长20%，2030年实现翻一番，打造保障我国钢铁产业链供应链安全的"压舱石"，构筑国家发展安全的钢铁屏障。

### 四、 推动绿色低碳转型

党的二十大报告提出，要"加快发展方式绿色转型""实施全面节约战略""发展绿色低碳产业"。绿色化是现代化产业体系的基本特征之一。钢铁行业作为典型的资源和能源密集型产业，能源消费总量约占全国能源消费总量的11%，碳排放量约占全国碳排放总量的15%，是节能减排的"主战场"。在"双碳"目标指引下，推动钢铁产业体系绿色化，是钢铁行业高质量发展的内在要求。

党的十八大以来，我国钢铁工业持续践行绿色发展理念，以节能、减污、降碳为重点突破方向，持续推动绿色低碳转型，成为引领世界钢铁绿色低碳发展的重要力量。在节能方面，极致能效工程深入推进，通过技术、结构、管理系统优化，2022年重点统计会员钢铁企业总能耗同比下降2.5%，主要工序能耗持续下降。在减污方面，执行全球最严格的污染物超低排放标准，截至2023年6月30日，全国已有62家钢铁企业3.14亿吨粗钢产能完成全流程超低排放改造并公示，重点统计会员钢铁企业大气污染物排放强度已基本低于国际先进钢铁企业。在降碳方面，以能源结构、工艺结构和材料技术迭代推动产业链协同降碳，2022年我国钢铁行业吨钢碳排放量相较于2000年下降约40%。

鞍钢集团努力走生态优先、绿色低碳高质量发展道路。长期以来，我国钢铁行业以高炉—转炉长流程工艺为主，2021年我国长流程钢企吨钢二氧化碳排放量约为1.8 t（碳排放核算边界到钢坯工序），其中炼铁环节碳排放占约70%以上。鞍钢集团积极发展低碳炼铁新技术，以氢气作为燃料和还原剂，使炼铁过程摆脱对化石能源的依赖，从源头上解决碳排放问题。2022年9月，全球首套绿氢零碳流化床高效炼铁新技术示范项目在鞍钢集团开工，将形成万吨级流化床氢气炼铁工程示范。近年来，鞍钢集团在节能、减污、降碳方面取得一系列新进展：制定绿电发展实施方案，充分利用自有厂区及矿山闲置土地、厂房屋顶等自有资源开发光伏及风电，提升绿色竞争力；"基于低碱高硅球团的低碳排放高炉炉料解决方案及其应用"获世界钢铁协会低碳生产卓越成就奖；鞍钢集团矿山绿化复垦保持国内同行业领先水平，累计完成绿化复垦面积3800余公顷，复垦率达91.6%；等等。

未来10年是中国钢铁产业发展由"大"到"强"的关键期。钢铁行业需要强化以绿色低碳需求为创新导向，加大创新资源投入，重点围绕氢冶金、低碳冶金、薄带铸轧、极致能效、绿色环保等领域关键共性技术，形成一批前瞻性、突破性、颠覆性技术，打造世界钢铁绿色低碳原创技术策源地。鞍钢集团将坚定不移把绿色低碳转型作为驱动高质量发展的重要引擎，积极参与全球低碳冶金创新联盟等平台，加快研发应用低碳冶金技术，深挖节能降碳潜力，让绿色成为高质量发展的鲜亮底色，为建设现代化产业体系、建设美丽中国贡献钢铁力量。

# 中国合金钢与铁合金生产的奠基人之一——周志宏

（资料来源：九三学社中央委员会 2009 年 9 月 22 日）

周志宏（1897 年 12 月 28 日—1991 年 2 月 13 日），出生于江苏扬州。冶金学家、冶金教育家。1955 年当选为中国科学院学部委员（院士）。1953 年加入九三学社。

周志宏出生于扬州市一个普通银行职员家庭。1913 年从两淮小学毕业，考入扬州中学。1917 年毕业后，考入天津北洋大学。1923 年毕业，获工学院学士学位。1924 年去美国南芝加哥炼钢厂工作，积累了丰富的实践经验。1925 年秋，他进入美国匹兹堡卡内基理工学院，1926 年获冶金硕士学位。他的毕业论文《中锰钢结构研究》（The Study on the Structure of Medium Manganese Steel），引起了正在匹兹堡讲学的被誉为美国冶金之父的苏佛（Sauveur）的重视，要他去哈佛大学攻读博士学位。在苏佛教授的指导下，周志宏于1927 年提前完成了博士论文。在《高速冷却对纯金属马氏体组织的形成》的研究论文中，周志宏解决了在尚无真空冶炼设备的条件下，防止纯金属从高温状态冷却到低温过程中被氧化的难题，为马氏体相变研究奠定了基础。哈佛大学教授会议第一年即授予他冶金工程师学位，并为他申请到了海林-介林（Henning-Jenning）奖学金。1928 年，他获得了科学博士学位。随后，经苏佛推荐，他到美国国家钢管公司劳伦钢铁厂任研究员。厂方给了他一个不易解决的课题——消除钢管表面缺陷。不久，厂方主管工程师意外地收到了周志宏的研究报告，惊愕不已，立即给他加了工薪，表示从优续聘。周志宏思乡回国心切，婉言谢绝了。

周志宏是我国合金钢与铁合金生产的奠基人之一。1929 年秋，周志宏回到祖国，任南京国民政府兵工署兵工研究委员会助理委员。1930 年出任兵工署下属的上海炼钢厂厂长。在周志宏主持下，上海炼钢厂不仅供应兵器用材，还承担了当时一些重要工程的大型设备的生产。他为钱塘江大桥设计和制造的大型桥座钢铸件，经受了半个多世纪的风浪冲击。他还主持了南京龙潭水泥厂转窑的 6 吨大直径齿轮、逸仙舰主轴的浇铸和大量军工铸、锻件的生产。

周志宏是我国第一位飞机炸弹制作者。在国外，炸弹是压制出来的。我国由于没有大型设备，周志宏因地制宜首创用铸造方法来制造。由于他严格进行冶炼成分的控制和炉后理化检验，产品质量有可靠保证。他试验用我国丰富的锰和钼代替或部分代替贵重的镍铬以冶炼高强度合金钢，使上海炼钢厂的产品能与美国、德国的名牌产品竞争，为民族钢铁工业做出了杰出的贡献。

1935 年，周志宏被派往欧洲检验进口钢材及考察钢铁工业。1937 年，"七七事变"发生，他立即返回祖国，受命筹备汉阳铁厂复工。当时兵工署在重庆成立了材料试验处，他任该处技正（总工程师）兼处长。1942年，兵工署第28厂成立，周志宏又兼任厂长。他领导研制和生产合金钢厂的产品不仅解决了兵工生产和民用生产之急需，而且把中国冶金技术的发展推向了新阶段。当时在政府战时生产局工作的美国专家格雷罕姆（Graham）和哈里（Harry）等先后参观了材料试验处和合金钢厂，给予高度评价，并代表美国南芝加哥钢厂钢铁协会聘请周志宏为荣誉会员。

在重庆8年间，周志宏还担任重庆大学教授。他十分重视对青年的教育培养，带领和造就出了一批冶金专家、学者，这些人在我国冶金界中发挥了重要作用。

1947年年底，周志宏由重庆到南京，接受交通部聘请，筹备交通部研究所。1948年，周志宏由南京回到上海，等待解放。

中华人民共和国成立后，周志宏在上海大同大学担任机械系主任。1951年周志宏在第二次钢铁会议上，提出了加强理化检验的建议，并接受重工业部委托，在上海办了一个钢铁理化检验培训班，为全国输送了一批检验技术干部。

1952年高等学校院系调整后，周志宏先后任上海交通大学机械系主任、金属热处理教研室主任、冶金系主任、副校长，上海交通大学分校校长、名誉校长。他创办金属学及热处理专业，建成了具有中间生产规模的热处理实验室。经过不断努力，上海交通大学由当初的金属热处理教研室发展为两个系和四个专业研究所，周志宏为此倾注了大量的心血。在培养我国金属材料和热处理专业人才、发展我国热处理事业方面，周志宏做出了不可磨灭的贡献。

1958年，上海交通大学成立冶金系，他亲自带研究生从事专题学术研究。过去所使用的显微镜是静态的，他很想有一台动态的高温金相显微设备。1957年他赴苏联、捷克参观访问时，曾用心考察这种设备，可是没有找到。1962年，他与研究生一起设计，研制成我国第一台高温金相显微镜。样品可以在显微镜的镜头下进行加热、冷却和保温，以观察或拍下温度变化过程中金属的相变过程和组织结构的照片，为动态研究创造了条件。

这台设备经过研究生、青年教师的不断改进，定型为JD-1型高温金相显微镜。周志宏的《亚共析钢中魏氏组织长大速率》和《贝氏体相变的动力学特征》，便是在这台高温显微镜下取得的科研成果。1979年，美国材料科学访华讲学团来上海交通大学讲学时，饶有兴趣地观看了这台显微镜下金属相变的动态，给予了高度评价。

周志宏为我国氧气顶吹转炉、顶底复合吹炼和直接还原炼钢等技术做出了重要贡献。1958年以后，周志宏把主要精力投向氧气炼钢技术的研究与实践上。当我国还沉浸在全民大炼钢铁的狂热中，正在推广小型蜗鼓型侧吹转炉时，他却从1956年奥地利林茨钢厂发明的氧气顶吹转炉炼钢法中敏锐地觉察到一场炼钢工艺的革命已经开始了。周志宏撰文介绍氧气炼钢的优越性。他作为第二届全国人大代表，曾在代表大会上提出在我国开展氧气炼钢的建议，获得周恩来总理的肯定和支持。

周志宏率先在上海交通大学冶金系建立了我国第一个氧气炼钢实验室，指导研究生和青年教师开展了一系列氧气转炉炼钢法的试验研究，在水力学模拟试验、热模拟试验、烟气除尘和回收方面取得了一批研究成果。在他的指导和上海市工业生产委员会的具体组织下，上海冶金设计院与上海第一钢铁厂合作，于1962年把一座5 t侧吹转炉改建为氧气顶吹转炉的试验炉。通过一系列中间试验，取得了大量的数据，促使该厂三车间在上海兴建起第一座年产30万吨钢的氧气顶吹转炉。以后又陆续改造了两座转炉，使三车间成为年产100万吨钢的氧气转炉炼钢车间。氧气转炉炼钢技术已在我国普遍应用，周志宏是最有力、最积极的播种者。

1976年，周志宏教授直接领导氧气炼钢研究组，深入实验室指导开展氧气底吹炼钢的基础研究，并把顶底双吹氧气转炉炼钢工艺扩展应用到铁合金生产上，在上海铁合金厂采用顶底双吹氧气转炉冶炼中、低碳铬铁获得成功。以氧代电，取得了很大的经济效益，又为顶底双吹氧气转炉炼钢的工艺试验打下了良好的基础。这项研究成果荣获1982年上海市重大科研成果一等奖。

周志宏为宝钢建设也做出了重要贡献。他担任宝山钢铁厂副首席顾问的10年间，应用他丰富的学识和经验，为宝山钢铁厂的建设做出了令人难以忘怀的贡献。1985年10月，已89岁的周志宏亲赴宝山钢铁厂为高炉开工点火，感到无限欣慰和自豪。在他92岁寿辰时，他说，为宝钢第一座高炉点火是他一生中最快乐的事情。

这位在我国最早从事金属结构研究并在学术界享有盛名的冶金学家从没有把自己的眼光盯在个人已有的成就上，而是放眼于国家的需要。他看到我国炼钢工业技术落后，迫切需要引进新技术、新思想，就把自己的研究方向转向了这一新的领域。他的一生和我国现代冶金工业分不开，他的晚年更是和我国炼钢事业紧密相连。这位不知疲倦的科学家，年届九秩时还积极为上海老钢铁企业面临的废钢与生铁短缺问题出谋划策，开展直接还原法的研究，在他的直接指导下进行的自还原性矿块的成型、还原研究以及热模拟竖炉中的冶炼试验于1989年通过了上海市科学技术委员会的专家鉴定。这是他一生中最后完成的一项课题，充分体现了他的进取精神。

周志宏执教近50年，为培养冶金和机械方面人才做出了贡献。他主张教学民主，注重理论联系实际，重视实践性教学环节，坚持以身作则，言传身教。他培养和造就的人才中，有学部委员、省市级领导干部、高等学校校长、研究所所长、总工程师和高级工程师，他们正在祖国的四个现代化建设和国际学术活动中发挥重要的作用。

周志宏热爱年轻一代，关心他们的成长。为鼓励从事冶金和材料科学而勤奋学习、成绩优异的学生和研究生，周志宏于1987年捐出他多年积蓄2万元，设立"周志宏奖学金"基金，每年颁发一次。

周志宏是全国人民代表大会第二、三届代表，全国政协第五届委员，中国金属学会第一、二、三届理事，1986年当选为荣誉委员，上海市金属学会理事长，中国机械工程学会热处理学会理事长。

　　周志宏一生中为我国钢铁冶金研究和人才培养做出了重大贡献。他在 90 岁寿辰时说：
"我追求的是实现祖国社会主义现代化。对此我始终满怀信心和希望。我认为物质生活是
有限的，而我们需要的精神世界则是无限的。它随着我们在学术和事业上的进取和生活上
的改善而日益充实和丰富。年轻的同志，难道人生不应该是这样吗？"这是周志宏在人生
道路上走过了 94 个春秋后留下来的宝贵的精神财富。

## 参 考 文 献

[1] 张昌富，等. 冶炼机械 [M]. 北京：冶金工业出版社，1991.

[2] 王庆春. 冶金通用机械与冶炼设备 [M]. 北京：冶金工业出版社，2004.

[3] 贾联慷. 冶炼机械设备 [M]. 北京：冶金工业出版社，1989.

[4] 严运进. 炼铁机械 [M]. 北京：冶金工业出版社，1990.

[5] 王平. 炼铁设备 [M]. 北京：冶金工业出版社，2006.

[6] 王宏启，等. 高炉炼铁设备 [M]. 北京：冶金工业出版社，2008.

[7] 郝素菊，等. 高炉炼铁设计原理 [M]. 北京：冶金工业出版社，2003.

[8] 万新. 炼铁设备及车间设计 [M]. 北京：冶金工业出版社，2007.

[9] 北京钢铁设计研究总院冶金设备室. 冶金机械液压传动系统 100 例 [M]. 北京：冶金工业出版
社，1986.

[10] 时彦林. 液压传动 [M]. 北京：化学工业出版社，2011.

[11] 王令福. 炼钢设备及车间设计 [M]. 北京：冶金工业出版社，2007.

[12] 郑沛然. 炼钢设备及车间设计 [M]. 北京：冶金工业出版社，1996.

[13] 罗振才. 炼钢机械 [M]. 北京：冶金工业出版社，1989.

[14] 王令福. 炼钢厂设计原理 [M]. 北京：冶金工业出版社，2009.

[15] 潘毓淳. 炼钢设备 [M]. 北京：冶金工业出版社，1992.